新编21世纪心理学系列教材

用户体验
理论与实践

User Experience: Theory and Practice

葛列众 许 为 主编

U0386194

中国人民大学出版社
·北京·

主 编 简 介

葛列众，浙江大学心理科学研究中心教授，工学博士，中国心理学会工程心理学专业委员会主任委员。三十多年来，一直从事工程心理学和认知心理学的教学和科研工作，主要研究方向有人机交互、用户体验和产品可用性、面部认知等。已主持国家和省部级项目 16 项，国防军工项目 14 项，国际合作项目 6 项，华为、阿里巴巴等公司的用户体验和产品可用性研究项目 40 余项，出版论著 8 部（主编、副主编和参与写作），发表学术论文 170 余篇，多次获得省部级奖项。

许为，浙江大学心理科学研究中心教授，留美人因学博士和计算机科学硕士，工程心理学硕士。硅谷知名高科技企业 IT 人因工程中心资深研究员、IT 跨领域人机交互及用户体验技术委员会主席、中国心理学会工程心理学专业委员会委员、国际标准化组织（ISO）工效学技术委员会（TC 159/SC 4）专家审核委员会成员，ISO 标准起草技术工作组（TC 159/SC 4/WG 6）成员，中国商飞上海飞机设计研究院咨询专家。主要研究方向为人机交互、航空人因工程、用户体验。三十多年来，一直在国内外高校、知名 IT 和民用航空企业中从事人因工程、用户体验等方面的研究、设计、标准开发工作，主持与参与众多重大项目，许多成果已应用在国内外多种飞机型号和计算技术等产品中，获众多奖项（包括原航空工业部等部级科技奖 3 项）。担任 *Theoretical Issues in Ergonomics Science* 编委，以第一作者身份在 *Human Factors*、*Ergonomics*、*International Journal of Human-Computer Interaction*、*ACM Interactions*、《心理学报》等重要期刊发表论文近 30 篇，自 2003 年起为《应用心理学》撰写"以用户为中心设计"系列论文，出版著作 5 部（主编中文著作 1 部，参与写作英文著作 3 部、中文著作 1 部），主持与参与开发国内外人因工程/人机交互技术标准 20 多部。

内 容 简 介

　　本书是一本理论和实践相结合的用户体验教材，共分 5 篇、12 章：第一篇"导论"，包括第一章，论述了用户体验的基本概念和相关的理论构架以及"以用户为中心设计"（UCD）的理念；第二篇"需求"，包括第二章至第五章，从用户、场景和任务三个方面论述了以用户为中心的产品设计的需求和约束；第三篇"设计"，包括第六章至第八章，在分析原型设计的基础上，重点论述了用户界面设计和服务设计这两个不同领域的用户体验设计；第四篇"测评"，包括第九章和第十章，系统地论述了用户体验测评的体系和方法；第五篇"实践与展望"，包括第十一章和第十二章，讨论了组织中的用户体验实践和用户体验专业人员的个人职业成长，并展望了用户体验驱动的智能化设计和创新设计的未来。

　　本书有以下特点：

　　（1）权威性：以国际标准化组织（ISO）发布的 ISO 9241-210 为准则，并将"以用户为中心设计"的理念、流程、活动和方法作为主线索贯穿于各个章节。

　　（2）理论性：系统介绍了众多的用户体验设计原理和方法。

　　（3）实践性：全面展现了用户研究、设计、测评和应用的各种实例，并详细介绍了在组织中开展用户体验实践以及有助于个人职业成长的策略。

　　（4）创新性：创造性地将用户体验设计的基础扩展为需求分析、任务分析和场景分析三大部分，并在此基础上论述了人机交互设计、服务设计及其测评。

　　（5）可学性：作为国内用户体验领域第一本教材，各章都列出了教学目标、学习重点和相关的思考题，以便于读者学习。

　　（6）前沿性：系统介绍了新型人机交互设计、服务设计、智能化设计和创新设计等用户体验设计的新进展。

　　本书适合作为心理学、工业设计、人工智能、计算机及相关专业的本科生教材，也可以作为用户体验实践者的参考资料。

前　言

1986 年，Donald Norman 首先提出了"以用户为中心设计"（user centered design，UCD）的概念。UCD 为开展用户体验实践提供了理论和方法论的基础。UCD 提倡在开发交互式产品（即具有人机用户界面的各种办公、互联网、计算机、手持移动数字设备等软硬件产品）过程中，将用户放在中心位置上考虑，从而开发出符合用户需求和拥有最佳用户体验的产品。在发展初期，应用 UCD 的目的主要是达到产品的可用性，应用领域主要集中在桌面电脑的办公应用程序等交互式产品的开发上。随着用户需求的多样化和 UCD 实践经验的积累，目前，应用 UCD 的目的更多的是达到最佳的用户体验，UCD也被越来越多地应用到业务流程设计、服务设计、新商业模式和业态设计等各个方面。用户体验的重要性已经成为整个社会的共识。

写一本理论和实践相结合的用户体验教科书一直是我们团队所有成员的梦想。现在这个梦想终得实现。

《用户体验：理论与实践》共分五篇：第一篇"导论"介绍了用户体验的基本概念和相关的理论构架以及"以用户为中心设计"的理念；第二篇"需求"则从用户、场景和任务三个方面论述了以用户为中心的产品设计的需求和约束；第三篇"设计"，在分析原型设计的基础上，重点论述了人机交互设计和服务设计这两个不同领域的用户体验设计；第四篇"测评"系统地论述了用户体验测评的体系和方法；第五篇"实践与展望"讨论了组织中的用户体验实践和用户体验专业人员的职业成长，并展望了用户体验驱动的智能化设计和创新设计的未来。

本书有以下特点：

（1）权威性：以国际标准化组织（ISO）发布的 ISO 9241-210 为准则，并将"以用户为中心设计"的理念、流程、活动和方法作为主线贯穿于各个章节。

（2）理论性：系统介绍了众多的用户体验原理和方法。

（3）实践性：全面展现了用户研究、设计、测评和应用的各种实例，并详细介绍了在组织中开展实践以及有助于个人职业成长的策略。

（4）创新性：创造性地将用户体验设计的基础扩展为需求分析、任务分析和场景分析三大部分，并在此基础上论述了人机交互设计、服务设计及其测评。

（5）可学性：作为国内用户体验领域第一本教材，各章都列出了教学目标、学习重点和相关的思考题，以便于读者学习。

（6）前沿性：系统介绍了新型人机交互设计、服务设计、智能化设计和创新设计等用户体验设计的新进展。

本书兼顾用户体验相关理论的介绍和具体方法的应用，所以既可以作为用户体验相关专业的教科书，也可以作为广大用户体验工作者的参考资料。

本书各章作者如下：第一章为葛列众和许为（浙江大学），第二章为施臻彦（屈臣氏集团），第三章为葛贤亮、潘运娴、钟建安（浙江大学）和林钦（上海艺士界面设计有限公司），第四章和第五章为徐杰（浙江大学），第六章为万华根和许为（浙江大学），第七章为宋晓蕾（陕西师范大学），第八章、第九章和第十章为李宏汀（浙江理工大学），第十一章和第十二章为许为（浙江大学）。葛列众和许为对全书各个章节的写作做了详尽的指导和修改。

本书得以出版，首先要感谢浙江大学心理科学研究中心主任麻生明院士，在他的鼓励与鞭策下，我们萌生了撰写本书的想法。其次，要感谢本书的策划编辑张宏学和责任编辑郦益，感谢他们的督促与鼓励，以及对书稿认真严谨的编辑加工。我们还要感谢本书的每一位作者，你们的辛劳不仅让我们完成了一个任务，而且构建了我们心目中的一座大厦。同时，我们也要感谢浙江大学潘运娴博士、科研助理黎家豪和孙鹏媛，陕西师范大学研究生易凤、李家琪和程杜漪涵，浙江理工大学研究生王宪宇、陈杨洁和黄惠仪，感谢你们做了大量的格式修订和文献检索工作。作为主编之一的葛列众，特别想感谢同门师弟许为博士，他为本书的撰写提出了许多新的观念和架构，其实他更像第一主编。另外，我们要感谢我们共同的导师，中国工程心理学和人因学学科领域的开拓者朱祖祥教授。先生在世时经常教导我们要注重理论与实践的结合，要开展能解决社会实际问题的应用研究。本书就是将先生的愿望付诸行动的一个体现。最后，感谢所有作者的家人和朋友。你们的关爱、支持是我们工作、生活的源泉。我们爱你们，我们的一切都应该毫无保留地归功于你们。

本书的部分内容借鉴了我们以前的相关论著和其他作者的前期论著。我们在书中尽可能地加了标注。在此，我们向前期的其他作者一并致谢，如有疏漏之处，敬请谅解。

二十多年来，我国的用户体验实践从无到有，并得到广泛的普及。当下，用户体验实践进入深水区，理论、技术和方法都需要与时俱进。我们希望本书能够助推我国的用户体验实践的进一步发展。

本书编写中如有不当之处，请广大读者批评指正，以便再版时做进一步的修改。

葛列众　许为

2020 年元旦于浙江大学西溪校区

目　录

第三篇 设计

第四篇 测评

第五篇 实践与展望

第一篇

导论

第一章

概　论

- 掌握可用性和用户体验的基本概念。
- 理解可用性和用户体验研究的发展历程。
- 明确可用性和用户体验代表性理论的概念和基本观点。
- 理解以用户为中心设计（UCD）的理念、流程、主要活动以及为什么要采用该理念。

- 第一节重点：掌握可用性和用户体验等基本概念；了解可用性和用户体验研究的相关学科及其发展历程。
- 第二节重点：掌握用户体验的可用性和美感理论、结构和过程理论，以及心流理论等代表性理论的基本内容及其特点。
- 第三节重点：理解以用户为中心设计（UCD）的理念、流程、原则、主要活动；把握 UCD 的特点及其与传统开发方法的区别；理解我们为什么要采用 UCD 的理念和方法。

- 我们经常会在报刊上看到有些文章提到我们已经进入用户体验的时代。对此，你是怎么理解的？
- 有人说一个产品只要有用就可以了，是不是容易使用不重要。对此，你怎么认为？
- 假定你拥有一个电子购物网站，你发现营业状况不太好，而且经常有顾客打电话进来，抱怨你的网站非常难用，他们经常没法完成购物全流程，你有什么工作思路来改进这种状况？

本章是全书的概论。在第一节，我们将论述可用性和用户体验等基本概念，并简要论述可用性和用户体验研究的相关学科及其发展历程。在第二节，我们将介绍用户体验的可用性和美感理论、结构和过程理论、心流理论等代表性理论。在第三节，我们将阐述以用户为中心设计的理念和方法。

第一节　用户体验概念及其发展

一、可用性和用户体验

随着科技水平和生活水平的提高，产品可用性研究得到了快速的发展。

关于产品可用性的概念，国际标准化组织（ISO）和相关的权威机构曾有如下表述：

- ISO 9241-11（1998）：某一特定用户在特定的任务场景下使用某一产品能够有效地、高效地、满意地达成特定目标的程度。
- ISO/IEC 9126-1（2001）：在特定使用情景下，软件产品能够被用户理解、学习、使用，以及能够吸引用户的产品属性。
- IEEE Std. 610-12（1990）：系统及其组件易于用户学习、输入及识别信息的属性。

基于上述概念，产品可用性可以概括为产品的有效、易学、高效、好记、少错和令人满意的程度。

产品可用性的研究之所以得以快速发展，其原动力主要在于社会生产力的发展和用户需求的提高。

首先，社会生产力发展水平较低时，生产更多数量的产品以满足社会数量上的需求是最重要的；但是，当社会生产力发展到较高水平时，就会出现产品数量供远大于求的情况。在这种情况下，结合用户的心理生理特点和使用产品的特性，注重产品的可用性自然就成为促进生产的必要因素。其次，随着社会生产力的发展，人们的生活水平必然得到相应的提高，在人们基本需求得到满足的情况下，社会文化等各种因素使得不同用户的产品需求和产品使用的差异性都得到了凸显。这些差异性也必然使得在产品生产过程中，需要重视产品用户的不同需求和使用特点，强化产品的可用性研究。可以说，注重产品可用性是时代发展的必然产物。

对企业来说，可用性已经成为现代产品的核心竞争力。强调可用性不仅可以明显降低产品生产的成本，避免产品不必要的功能设置，降低产品的后期维护甚至返工的成本，还可以在很大程度上提高产品的竞争力，因为可用性研究可以使产品操作的错误和学习使用的时间得到明显的降低，使产品更受用户的青睐。

产品可用性研究就是为了提高产品可用性程度所做的相关研究。如图1-1所示，产品可用性研究主要包括用户研究和产品研究两个大类。

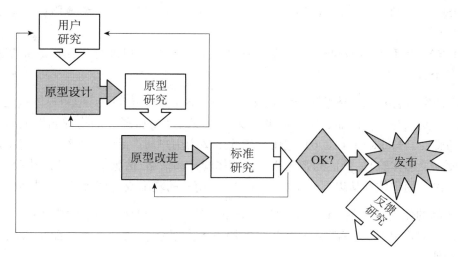

图1-1　以用户为中心的产品设计开发流程

（来源：葛列众主编，2012，415页）

如图1-1所示，用户研究是针对用户的可用性研究。用户研究的内容主要有用户特征、用户需求特点和操作特点。例如，汪颖和王萍萍（2016）采用绩效测试和访谈法研究了老年用户使用铁路售票自助终端的操作特点，结果发现，相比于年轻用户，老年用户在操作过程中有效点击率低。这说明老年用户更难准确、及时地觉察到系统的反馈。结果还发现，老年用户使用产品目的性较强，无关信息的出现会分散用户注意力，严重干扰操作。同时，老年用户已习惯的操作方式不容易被改变。焦阳、龚江涛、史元春和徐迎庆（2016）通过实验分析了针对盲人用户的触觉图形显示器的可用性，结果发现，盲人用户习惯在A4纸大小的平面上触摸静态盲点，动态图形触觉显示器的触觉信息过于局限，盲人用户需要更多认知引导，以避免增加对图形理解的记忆负荷。同时，盲人用户对大的图像点阵理解的时间虽然更长，但是能理解更多细节信息，整体理解完整度更高。赵军喜、江南、孙庆辉和李响（2015）采用问卷调查方法分析了汽车用户（车载导航）、专项用户（盲人、自行车爱好者）、徒步行进者（手持导航）和普通用户（网络电子地图应用）四种不同类型用户使用导航电子地图的操作需求和应用特征，最终构建出面向用户应用特征的导航电子地图要素分级体系。

如图1-1所示，产品研究是针对产品的可用性研究。基于产品设计开发流程的不同阶段，产品可用性研究可以分为原型研究、标准研究和反馈研究。其中，原型研究是在产品开发早期针对产品原型的可用性研究，其目的是为改进产品原型提供科学依据。标准研究是在产品开发后期针对产品可用性标准的研究，其目的是测试产品是否符合可用性标准。反馈研究是在产品投放市场后针对产品使用的可用性研究，其目的是反馈用户在产品使用后的可用性问题，为进一步改进提供科学依据。

随着产品可用性研究的不断深入，产品可用性逐步向用户体验研究拓展。

国际标准化组织等权威机构曾对用户体验（user experience，UX）的概念下过如下定义：

- ISO 9241-210（2010）：用户使用或预期使用一个产品、系统或服务时的感知和反应。
- UPA（2010）：用户与一个产品、一项服务或一个公司进行交互形成完整感知的各个方面。

也有研究者曾对用户体验进行了定义。例如，Shedroff（2005）把用户体验定义为用户、客户或受众与一个产品、服务或事件交互一段时间后所形成的物理属性上的和认知层面上的感受。Hekkert（2006）把用户体验定义为用户与产品交互的结果，包括感官的满意程度（美感体验）、价值的归属感（价值体验）和情绪/情感感受（情感体验）。

可以说，用户体验从以下三个方面对产品可用性的范围或者理解进行了拓展：

- 产品的使用已经不是简单的现实状态下的使用，还包括用户的假想使用。
- 用户对产品的关注甚至包括产品的服务、产品所在公司品牌，而不仅仅是产品功能。
- 用户对产品的体验涵盖了美感、价值和情感三个不同的层面，而不是单一的满意体验。

可见，用户体验是在产品可用性概念基础上，以用户为中心，从更高层面对产品功能、操作及其相关的服务、公司品牌提出的要求。可以说，产品可用性是用户体验的核心内容，用户体验是产品可用性的拓展或者延伸。

从产品可用性到用户体验的拓展，反映了产品生产和用户之间的关联日益密切。在未来社会发展中，不考虑用户特点的产品必然会被逐步淘汰。另外，这种拓展也反映了以往产品可用性研究在实际应用中的不足，相关的研究正向整体或者系统方面发展（许为，葛列众，2018）。

二、相关学科

用户体验研究涉及多门不同学科的基础知识，而且它和这些学科有着一定的重叠或者互补的关系。

(一) 基础学科

心理学、生理学和统计学是用户体验研究的学科基础。

心理学是研究人的心理特点和规律的学科。正是根据心理学，特别是认知心理学对人的研究成果，我们才可以从人的心理特点和规律出发进行相关的体验研究。用户体验的研究方法也可以直接应用心理学的研究方法。

生理学是研究人的生理特点和规律的学科。根据生理学，特别是能量消耗、基础代谢、肌肉疲劳和易受损伤性等各个方面的研究成果，我们可以从人的生理特点和规律出发进行相关的体验研究。

统计学是收集、分析、表述和解释数据的一种有效工具。它是用户体验研究的数据基础，用户体验的实验数据分析和处理都需要借助于专门的统计学知识。

（二）互补学科

设计类学科、制造业相关学科与用户体验研究之间的关系是互补的。

用户体验研究必然涉及产品的设计和优化，这些都和设计类学科和制造业相关学科密切相关。用户体验研究的成果有助于产品的设计和制造。设计类学科和制造业相关学科的知识和方法也有助于用户体验研究。用户体验研究的成果需要通过设计和制造最终得以体现。用户体验研究中产品优化的构思、评价原型的构建也需要专门的设计和制造相关知识。

（三）重叠学科

工程心理学和人类工效学、人机工程学、人机环系统工程和人机交互等学科在研究内容上与用户体验研究有不少重叠。这些学科都研究产品、系统或者交互界面上的人的因素问题，其目的在于有效且无误地操作、使用产品和系统，建立良好的人机关系。而良好的用户体验又和有效、无误的产品操作和使用直接相关。因此，工程心理学及其相关学科和用户体验研究有许多重叠的部分。

三、我国的用户体验研究

目前，我国的产品可用性研究已经涉及各领域的产品设计和优化，不仅被广泛应用于日常生活中的移动终端、车载设备、智能家居、互联网 App 等产品优化上，还被应用于公共服务终端、军用飞机、医疗设备、安防监控等界面设计中。

移动终端产品可用性研究有：移动终端的手势操作研究（张瑞秋，褚原峰，乔莎莎，2015；孙岩等，2015）；移动终端的眼动交互研究（董占勋，许若楠，顾振宇，2015）；智能手机的键盘优化研究（殷晓晨，姚能源，2018）；手机使用场景交互设计研究（刘源，李世国，2015；朱建春，2017；谭浩，冯安然，2018）；触屏手机的界面优化研究（朱婧茜，何人可，2014；杨洁，2018）；触屏手机的按键设计研究（王琦君等，2017）。

车载设备产品可用性研究有：车载信息系统界面设计研究（李永锋，李慧芬，朱丽萍，2015；曾庆抒，赵江洪，2015；宗威，陈霖，凌杰豪，2017；孙博文等，2019）；车载武器界面布局对搜索绩效影响研究（薛庆，王萌，刘敏霞，洪玮博，2016）；汽车导航界面设计研究（张超，赵江洪，2015，2016）；汽车座椅舒适性研究（张谷雨，2015；吴明，张娟，2017）；车载平视显示功效研究（张燕军等，2018）；特种车辆平时显示功效研究（赵晓枫等，2017）；装甲车辆显控界面设计研究（李耀伟，钱锐，张洋，2015）；智能车载音乐服务系统交互设计研究（谭浩，李谟秧，2015）。

智能家居产品可用性研究有：智能水壶交互设计研究（曹木丽，张昆，张宁，胡振明，2017）；智能微波炉界面设计研究（郭芳，钟厦，耿飒，2018；安景瑞，张凌浩，2018）；智能洗衣机界面设计研究（黄升，张凌浩，曹鸣，2015；黄升，张凌浩，2015；朱丽萍，李永锋，2017；夏春燕，2018）；智能电视人机交互设计研究（黄兴旺，孙鹏，韩锐，刘春梅，2016）；智能电饭煲界面设计研究（刘司媛，李银霞，2016；赵志俊，张凌浩，2017；汪海波，胡芮瑞，郭会娟，王选，2018）；智能化办公室家具体验设计研究（陈骏，张朋朋，2016）。

互联网 App 产品可用性研究有： 阅读类 App 交互设计研究（韩静华，武丽莎，2017）；直播类 App 交互设计研究（王馨，王峰，2017）；社交类 App 情感交互设计研究（覃京燕，续爽，2017）；健身 App 交互设计研究（陈金亮，赵锋，张倩，2018）；智慧医疗 App 交互设计研究（覃京燕，雷月雯，2017）；网络购物平台交互设计研究（蒋璐珺，巩淼森，蒋晓，2018），游戏类 App 交互设计研究（王波，2015；董好杰，2016；杜桂丹，2018；高广宇，2018）。

公共服务终端可用性研究有： 公共自助服务终端界面可用性研究（施王辉，辛向阳，2016）；酒店自助登记服务终端界面交互设计研究（张宁，刘正捷，2013）；ATM 机界面可用性研究（黄展，刘芳，2015；汪颖，吕富强，2017）；自动售货机界面可用性研究（关斯斯，于帆，2019）；自助挂号机界面可用性研究（任宇飞，李金，2014；李晓英，周大涛，黄楚，孙淑娴，2018）；地铁售票终端界面可用性研究（刘明蔚，贺雪梅，2017）。

军用飞机可用性研究有： 飞机仪表界面布局研究（杨坤，高温成，白杰，2016；肖康，高虹霓，李康，2018；凡明坤，刘星，孙有朝，郭云东，2018）；战斗机显示器人机工效研究（熊端琴等，2016）；歼击机座舱人机工效研究（刘潇，2018）；飞机驾驶舱人机工效研究（谈卫，孙有朝，2016；叶坤武，包涵，魏思东，2018）；显示器字符颜色对飞机显示器影响研究（杨坤，杜晶，2018）。

医疗设备可用性研究有： 医疗软件人机界面设计研究（鄂东，刘静华，胡磊，2015）；医疗设备人机界面设计研究（王熙元，张依云，郑迪斐，2018）。

安防监控可用性研究有： 地震模拟系统人机交互设计研究（莫璐宇，2019）；安防监控软件界面交互设计研究（邓学雄，吴楚洲，熊志勇，李冰，2016）。

此外，还有一些其他领域的产品可用性研究，例如：基于老年人用户的厨房交互设计研究（黄悦欣，宋端树，陈媛，2017；宋端树，黄悦欣，许艳秋，侯宏平，2018；丁宇珊，陈净莲，2019）；科学实验系统界面布局设计研究（李瑶等，2017）；数控机床人机界面优化研究（曹小琴，邓韵，翟橙，魏晓，2017）；核电厂数字化人机界面优化研究（蒋建军等，2015）。

以往，在我国的产品可用性研究中，研究者主要使用绩效评估和主观评价方法测量和评估产品可用性。随着科学技术的发展，越来越多的研究者尝试用更严谨、更科学的测量方法来提高产品可用性的研究水平，如使用眼动追踪技术、生理测量技术和脑电技术。杨坤等（2016）通过收集记录 12 名飞行员在驾驶三种型号飞机中的眼动数据，分析了这三种型号飞机的飞行仪表布局对飞行员操作绩效的影响，并进一步评估了不同飞行仪表布局的人机工效。研究结果表明，飞行仪表布局越优化，飞行员的扫视轨迹长度越短，所以扫视轨迹长度指标可用于飞机仪表布局的工效学评估。李晓军、肖忠东、孙林岩和李经纬（2015）采用皮肤电导水平（skin conductance level，SCL）作为可用性测试的数据指标，让 24 名被试在四种存在不同可用性问题的界面进行测试任务，分析可用性问题严重程度对 SCL 的影响。结果发现，系统界面中存在的可用性问题的严重程度对

SCL 变化速度具有显著性影响，所以 SCL 可以作为可用性测试的有效数据指标。王雪霜、郭伏、刘玮琳和丁一（2018）以加湿器为研究对象，通过采集 15 名被试对不同加湿器外观情感偏好判断过程中的脑电信号反应，分析脑电各成分波幅的差异来反映被试情感变化。研究发现，N1 成分、P2 成分和 LPP 成分能够反映被试的情感变化，这说明通过脑电技术测量被试对产品的情感偏好是有效可行的。

也有研究者不仅对原有的设计界面进行评价优化，而且尝试根据研究结果，提出新的设计原则，设计新的人机界面来取代传统的产品人机界面以提高产品的可用性。例如，胡信奎、葛列众和胡绎茜（2012）采用实验的方法对电脑控制式微波炉的传统操作界面和新设计的傻瓜操作界面进行了比较，其目的是为设计优化微波炉的操作界面提供科学的依据。实验采用系列目标任务，被试共有 16 名。他们的实验结果表明，新设计的微波炉傻瓜操作界面比传统操作界面具有更高的可用性，微波炉操作界面的设计应该遵循操作次序清晰、任务状态明确、操作提示明了三个原则。

此外，国内还组建有可用性、用户体验的研究团体，如 UXPA（用户体验专业协会）、IXDC（国际体验设计协会）和 UXACN（中国用户体验联盟）。

第二节　用户体验的相关理论

用户体验的相关理论大致可以分成强调单一因素的可用性和美感理论，强调结构以及过程的结构和过程理论，以及强调心流体验的心流理论。

一、用户体验的可用性和美感理论

（一）用户体验的可用性理论

可用性理论强调产品可用性对用户体验的重要性。有不少的早期研究表明，高可用性对用户体验有着明显的促进作用（Nielsen，1993a；Norman，1988）。国内也有不少的研究很好地说明了这一点，例如，张怡（2012）提出可以内容、易使用性、促销、定制服务、情感因素等构建可用性度量评价体系，从而促进用户对网站的用户体验。但是，有研究表明，可用性并不是影响用户体验的唯一因素。例如，在以娱乐为目的时，产品的可用性和满意度呈低相关关系（Hassenzahl，2004）。这表明，可用性是影响用户体验的因素之一，高效的产品使用可以提高用户体验，而追求享受或者娱乐本身同样可以提高用户体验。

（二）用户体验的美感理论

美感理论强调美感对用户体验的决定性作用。在一项取款机输入键盘的界面研究中（Kurosu & Kashimura，1995），研究者分析了用户对每个版本的主观美感（how much they look beautiful）、主观可用性（how much they look to be easy to use）和客观可用性评价。结果表明，美感与主观可用性呈正相关，而主观可用性却与客观可用性呈弱相关。因此，研究者认为：是否好看在主观体验中有着决定性作用。有不少后续研究都支持了这个观点（例如 Tractinsky，Katz，& Ikar，2000；Lindgaard & Dudek，2003；谢丹，2009）。但是，也有研究得出了相反的结论。例如，Hassenzahl（2004）对 MP3 界面的研究表明，美感和主观可用性间仅存在着弱相关，正向的美观感受不一定带来可用性高的评价。王铭叶（2010）也认为，智能家电的产品界面如果单纯只是美反而会适得其反。这些看似矛盾的结果表明，用户体验的决定因素并不是单一的。

二、用户体验的结构和过程理论

（一）用户体验的结构理论

结构理论强调用户体验的结构成分，并从结构成分出发分析用户体验的影响因素及其作用。典型的结构理论有 Hassenzahl（2003）的实效/享乐价值结构理论、Jetter 和 Gerken（2006）的双层结构理论。

1. Hassenzahl 的实效/享乐价值结构理论

该理论认为可以把用户体验分为实效价值（pragmatic value）和享乐价值（hedonic value）两个部分：实效价值指的是用户能有效地、高效地使用产品，而享乐价值指的是用户能表达个性价值，追求新奇和刺激。Hassenzahl（2004）认为，实效价值体现了产品可用的特点，享乐价值体现了产品美好的特性，而这两种价值的综合则体现了产品有益（goodness）的特性。

2. Jetter 和 Gerken 的双层结构理论

该理论认为可以把用户体验分成用户-产品和企业-产品两个层面：用户-产品体验涉及产品如何满足个体的价值需要，包括产品对于用户的实效价值和享乐价值。企业-产品体验则涉及企业商业目标和价值如何被用户感知（如品牌力量、市场形象等）。

（二）用户体验的过程理论

过程理论重视分析用户体验的动态形成过程，进而主张探讨影响用户体验的因素。下面是四种典型的过程理论：

- Forlizzi 和 Ford（2000）认为，用户的情感、价值和先前体验形成了产品使用前的心理预期，这一预期在当前的任务场景和社会文化背景下，又通过对产品特性的感知形成了完整的对产品的用户体验。
- Arhippainen 和 Tähti（2003）认为，用户、产品、使用场景、社会背景和文化背景这五个因素共同交互作用决定了产品用户的体验。
- Hassenzahl 和 Tractinsky（2006）提出，用户体验的形成过程是用户、场景和系统作用的结果。
- Roto（2006）认为，整体用户体验是由若干单独使用体验以及和使用无关的用户既有的对于系统的态度和情感共同作用而形成的，而且当前的用户体验又会改变用户的心理预期和态度因素，进而影响以后的用户体验。

三、用户体验的心流理论

心流（flow）理论最早是由 Csikszentmihalyi（1975）提出的。他认为，心流指的是人们对特定活动或事物的沉浸、忘我、流畅的情绪体验。心流体验有以下九个表现：技能-挑战平衡；行动-意识融合；目标清晰；反馈清楚；高专注；富有控制感；自我意识消失；时间感扭曲，即感觉时间比平时或快或慢；产生自成目标体验，即这种持续性的行为动机和奖励性体验来源于行动自身，而不是最终结果或者外部奖励（Csikszentmihalyi，1990）。

（一）心流理论的主要种类

1. 心流的通道理论

Csikszentmihalyi（1975）提出了心流的三通道理论，认为是个体技能和任务挑战水平之间的匹配程度决定了心流体验。当任务难度过高于个体技能水平时，个体会体验到焦虑；当任务难度过低时，个体则会体验到无聊。只有当个体技能和任务挑战水平之间匹配时，个体才会产生心流体验。Csikszentmihalyi 等此后还提出了心流的四通道和八通道理论。在四通道理论中，Csikszentmihalyi（1988）对不同个体技能水平和不同的任务挑战水平进行了对应的匹配，即：在低技能匹配高任务挑战时，个体会产生"焦虑"体验；在低技能匹配低任务挑战时，个体会产生"冷漠"体验；在高技能匹配低任务挑战时，个体会产生"无聊"体验；而在高技能匹配高任务挑战时，个体会产生"心流"体验。在八通道理论中，Csikszentmihalyi 等（2005）将四通道理论中的四种体验扩展为八种，即除上述四种外，还增加了如下四种：当外在挑战过高时，个体可能不会产生焦虑，反而会出现一种无所谓的"觉醒"状态；当挑战只是稍高于个体的能力时，个体也可能不会产生焦虑体验，只是会出现"担忧"等心理体验；当个体的能力远远高于他所面临的挑战时，个体有可能不会产生无聊体验，而是产生"轻松"和"富有控制感"等体验。

2. 心流的 PAT 模型

Finneran 和 Zhang（2003）提出了心流的 PAT 模型，从前兆、体验和结果三个阶段来建构心流因果结构。他们认为，心流是由前兆阶段的人（P）、人工制品（A）和任务（T）这三个部分决定的。

3. 基于游戏设计的心流模型

Kiili（2005）提出了基于游戏设计的心流模型，他在 PAT 的基础上认为，即时反馈、可用性、控制感和清晰目标、技能和挑战水平的匹配是决定游戏心流体验产生的重要因素。

（二）各种心流理论的比较

综上所述，目前已经有多种用户体验的理论，这些理论各有特点。

首先，可用性理论和美感理论都是单因素理论：前者强调产品的实际使用体验，而后者则重视产品的美感体验。然而，单因素理论或多或少忽视了其他影响产品用户体验的因素。

其次，结构理论和过程理论都是多因素理论：前者强调影响用户体验的各个因素的组成及其相互关系，后者则重视用户体验形成的动态过程中各个影响因素之间的交互作用。理论上讲，在分析用户体验的影响因素上，多因素理论比单因素理论更为系统、全面。但在多因素理论指导下，如果要对特定产品的用户体验进行测量，不仅要花费更多的成本和代价，而且在实际的可操作性上会存在一定的困难。

最后，心流理论和单因素和多因素理论都不同，该理论强调心流体验在产品设计和使用中的重要性。但是，如何对心流进行操作性定义，进而实现对心流概念的数量化定义是心流理论运用于用户体验研究的关键。

第三节 以用户为中心设计的理念和方法

一、以用户为中心设计的理念

Donald Norman（1986）首先提出了"以用户为中心设计"（user centered design, UCD）的概念。UCD为开展用户体验实践提供了理论和方法论的基础。UCD提倡在开发交互式产品（具有人机用户界面的各种办公、互联网、计算机、手持移动数字设备等软硬件产品）过程中，将产品的用户放在中心位置上考虑，从而开发出符合用户需求和拥有最佳用户体验的产品。

概括地说，UCD就是在产品开发早期和整个过程中，围绕产品用户这个中心，通过用户需求收集和分析、用户场景和任务分析、一系列逐步逼近最佳设计的迭代式（iterative）的用户界面快速原型化以及可用性测试（usability test）等活动来达到产品的可用性。这种可用性主要是基于产品能提供满足用户需求的功能和与用户经验、能力等匹配的用户界面来支持用户有效地完成任务。

从应用的目的来说，UCD在发展的初期主要是为了达到产品的可用性。随着用户需求的多样化和UCD实践经验的积累，UCD的应用目的开始向达到最佳的用户体验转变，其中包括可用性（许为，2017）。

从应用的范围来说，UCD的理念在发展的初期主要是针对交互式产品的开发，如桌面电脑的办公应用程序、智能手机的App。目前，UCD的应用已经超越这种狭义的范围。UCD的理念和方法可以应用于超越传统交互式产品的设计，可以应用于业务流程设计、服务设计、新商业模式和业态设计等等，因为这些系统存在许多与用户发生交互的触点，从而产生各种用户体验。例如，一个宾馆服务系统就包括顾客网上预订、车站机场接送、大厅登记、客房服务、餐饮服务等项目，每一个项目都直接与顾客发生交互，整个宾馆服务系统设计的用户体验取决于顾客在各个服务项目上所获取的体验。

二、以用户为中心设计的基本原则

根据 ISO 9241-210（2010），UCD 的实践要遵循下列五项主要原则。

（一）基于用户特征、用户需求、用户使用场景和用户任务的设计

产品设计要基于用户特征、用户需求、用户使用场景、用户任务等。产品设计所需要达到的用户体验目标要基于指定的用户和他们使用产品的目的，保证用户在指定场景使用产品时，能够快速有效地、安全地、满意地完成所需的操作任务。例如，为年轻人在智能手机上下载音乐所提供的用户界面，可能就不同于为商业用户在平板电脑上下载公司业务数据报表所提供的用户界面，因为两个不同的用户群体代表了他们不同的目的、任务、使用场景以及所使用的相关设备。用户的参与为设计和开发提供了用户对产品的需求、用户使用场景、用户任务等重要信息。参与的用户应代表实际使用产品用户的能力和经验等特征，如果一个产品拥有多个用户群体，它就应该同时考虑多个群体的需求。为此，可以在设计过程中测评设计方案、提供有效的反馈意见，保证设计充分考虑了产品用户群体的需求、使用场景和任务（详见第二、三、四、五章）。

（二）快速迭代式原型设计

快速迭代式原型设计（rapid prototyping）包括定义用户需求、制作产品的早期设计原型（用户界面的设计概念模型、低保真用户界面设计原型）、获取用户反馈信息（通过对设计原型的用户体验测评）、根据用户反馈意见修改设计原型、进行用户体验测评来进一步收集用户反馈、再修改设计原型等活动。这一过程体现了快速的原型设计和用户体验测评相结合的迭代式、逐步接近最佳设计方案的 UCD 方法，可以将开发产品时用户体验相关的风险降到最小（详见第六、七章）。

（三）用户体验测评驱动的设计

用户体验测评是 UCD 实践的重要组成部分。在开发初期收集用户需求的前提下，用户体验测评是在具体的开发设计流程中进一步确保设计满足用户需求的重要手段。基于用户体验测评（例如，根据可用性测试和用户反馈，不断对设计进行改进），可以最大限度地降低产品无法满足用户需求的风险。在开发的早期，用户体验测评可改进初步的设计概念和低保真设计原型；随着开发的进展，对高保真交互式设计原型进行用户体验测评可帮助逐步完善产品的设计；在产品投放市场以后，用户体验测评还可获取用户对产品实际使用的反馈意见，为下一轮产品的改进提供重要的用户需求信息（详见第九、十章）。

（四）体现全部用户体验的设计

在 UCD 实践的初级阶段，UCD 的目标主要集中在产品可用性上。随着技术的发展、

用户需求和用户体验的丰富化、产品竞争的日益加剧，全部用户体验（total user experience）设计逐渐成为 UCD 实践的主要目标（Vredenburg，Isensee，& Righi，2002；董建明等编著，2016；许为，2005，2017）。全部用户体验设计充分考虑了影响用户体验的各个方面，主要包括：用户在使用产品过程中通过用户界面与产品的交互；用户使用产品过程中与产品功能、产品内容、在线帮助、业务流程、用户培训、用户支持和维护等触点的交互；用户以往的经历、态度、情感、技能、偏好、习惯和个性等；用户在产品引入市场、运营、更新升级以及退出市场过程中的体验。

全部用户体验设计要求 UCD 的实践范围不仅仅局限于产品的用户界面，而且要充分考虑影响用户体验的其他方面，包括产品的业务流程设计再造、数据整合、产品技术平台搭建、用户跨设备使用、用户订购流程设计、用户文档开发、在线帮助开发、产品更新、系统升级、用户支持和维护、用户培训、品牌广告和市场推广、产品包装等等。全部用户体验设计的原则促使 UCD 的实践将用户与产品的这一系列交互点融入整个产品策略定义、用户需求定义、设计、开发、测试、市场投入、运营、产品更新、产品退出市场等整个产品生命周期的优化设计中，从而为用户提供最佳的体验（详见第十一章）。根据全部用户体验设计的理念，目前 UCD 实践已经超出了对一般交互式产品的设计，扩展到了服务设计等领域（详见第八章）。

（五）多学科的设计和开发团队

基于全部用户体验开展 UCD 实践已经不再仅仅是用户体验专业人员的责任，还需要包括市场、业务流程再造、内容开发、用户支持、数据系统、技术平台系统等部门专业人员的密切合作。因此，一般来讲，UCD 实践的进一步开展，需要更多学科的专业人员参与进来，需要更强化的跨专业合作（许为，2017）。UCD 团队不一定要非常庞大，但团队成员所代表的学科和领域应该尽可能多样化，以便设计能充分考虑到各方面的因素。另外，UCD 团队的规模和多样性也取决于其他一些因素，如产品的复杂性、组织对用户体验设计的投入。一个理想的开发团队应该包括具有以下领域技能和知识的成员（详见第十一章）。

- 人因学（human factors）和工效学（ergonomics）、可用性、无障碍（accessibility）设计、人机交互、用户研究、用户界面、视觉设计。
- 用户、其他利益相关者（stakeholder）群体（与产品有一定利益关系的部门，比如业务部门）。
- 业务领域专业知识、业务分析、系统分析。
- 营销、品牌、销售、技术支持、技术写作、培训、服务管理。
- 硬件和软件工程、编程、生产/制造和维护。

三、以用户为中心设计的流程和主要活动

UCD 既是产品开发的一种理念，同时又定义了在开发中实现这种理念的结构化流程以及所需的主要活动。ISO 9241-210（2010）定义了 UCD 的流程，以及其中的主要活

动。参照 ISO 9241-210 的定义，图 1-2 展示了 UCD 的流程和主要活动。如图 1-2 所示，UCD 的流程和主要活动的安排就是为了实现 UCD 的理念。UCD 的流程并不是单向的，通过用户体验测评活动所获取的用户对产品设计原型的反馈意见可以帮助进一步确定用户的需求和改进设计原型，这种流程以及活动之间的关系充分体现了 UCD 中迭代式设计的理念。

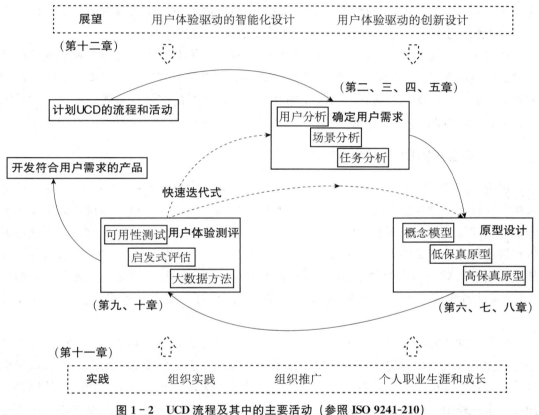

图 1-2 UCD 流程及其中的主要活动（参照 ISO 9241-210）

如图 1-2 所示，为便于读者理解 UCD 的理念，本书后面章节的结构基本按照 UCD 的流程安排。本节简单地概括了 UCD 的流程和主要活动，便于读者有一个大概的了解，详细的内容将在本书后面的章节展开。总的来说，一旦确定了产品的开发需要采用 UCD 的方法，UCD 的流程就有以下三个主要阶段以及相应的主要活动。

（一）确定用户需求

用户需求主要包括用户特征、用户的使用场景（包括产品使用的组织、技术和物理环境等）、任务和目标等信息。这些信息可以通过各种用户研究方法来收集和分析，而用户研究需要在 UCD 流程的初期进行。有许多种用户研究方法可供选择，以便开展对用户、使用场景、用户任务的数据采集和分析活动。现有产品（如果存在的话）的使用场景和环境也有助于确定新产品的使用场景和环境，这些信息可以帮助确定新产品的用户需求或者对现有产品更新的用户需求。如果产品有多个用户群体，确定用户需求的活动就需要充分考虑产品的全部用户群体。

需要指出的是，UCD方法虽然强调从用户需求出发来驱动产品的设计，但并非不考虑其他方面的需求（比如，组织的业务需求、技术需求）。从UCD活动和方法上来说，在收集用户需求的基础上，用户体验设计人员应该与项目团队紧密合作，收集和确定其他利益相关者的需求（比如，企业的业务发展策略、业务需求等）。最终的详细产品设计是以用户需求为出发点，同时兼顾其他利益相关者的需求，从而能够为用户提供最佳体验、为组织产生经济效益、在技术上有可行的产品解决方案。

在整个开发过程中，用户参与活动的程度和频率具体取决于产品类型和规模、产品用户的规模和多样性、产品市场的成熟度、团队的用户体验文化、用户体验专业人员的配置等。随着项目团队和用户之间合作的开展，用户参与的有效性也随之增加（详见第二、三、四、五章）。

（二）构建符合用户需求的产品设计原型

确定了用户需求和产品功能，项目团队就可以开始构建基于用户场景和任务、符合人机交互设计原则（根据所采用的人机交互技术平台）的产品人机界面设计原型。一般来说，构建设计原型是按照从设计概念模型、低保真设计原型、高保真设计原型这样的流程逐步地完善产品的人机交互设计。设计中要考虑现有的技术和用户体验设计标准等，然后让用户来参与对设计概念模型和设计原型的测评并提出反馈意见（见下面的第三步），项目团队进一步理解和确认用户需求、修改设计，整个过程是一个迭代式设计过程。

原型设计的方法因设计阶段而异。在设计初期，人机交互的复杂性会导致设计人员不可能完全理解用户的需求、使用场景和任务，因而无法完全准确地为产品的人机界面设计出有效的人机交互。采用快速迭代式原型设计方法，设计人员可以对最初的用户界面设计概念模型、低保真用户界面设计原型，直到设计后期的交互式高保真用户界面设计原型进行用户体验测评，从而使得在产品设计的各个阶段，设计人员都有机会进一步理解用户的需求。UCD的这种设计和测试方法不同于传统的方法，后者是在开发流程后期的质量测试阶段才收集用户的反馈意见。尽管在设计开发的初期，UCD方法可能会多花费些时间，但是由于整个过程是快速迭代的，更重要的是用户参与了整个设计过程，相对于传统开发设计方法忽略用户需求和测评，UCD方法可以避免设计失败或者大范围重复设计开发。因此，UCD方法提高了开发效率，降低了产品开发的整体风险（详见第六、七章）。

（三）运用用户体验测评来验证用户需求和改进设计

用户体验测评是UCD流程中的必需活动，图1-2中的虚线充分反映了用户体验测评在迭代式设计过程中的作用。在不同的设计开发阶段，用户体验测评可以起到不同的作用，应根据用户体验测评的目的和设计原型的类型，采用合适的用户体验测评方法和测评指标。

在设计的最初阶段，通过用户体验测评评估解决方案的设计概念，可以帮助更好地了解和验证用户需求。这是因为用户通过执行一些任务，在使用设计概念或者低保真设计原型的过程中获取了体验，从而能更加准确地表达和确认什么是他们真正所需要的；同时，用户体验专业人员也可以在测试中通过观察用户的行为和分析采集的数据更加客观地确认在用户研究阶段所获取的用户需求。这种用户体验测评主要是基于用户参与的可用性测试方法，主要可用于：收集有关用户需求的新信息；从用户的角度提供有关设计解决方案优缺点的反馈以改进设计；建立产品用户体验测评的基线或对不同设计方案进行比较。在开发后期的质量测试阶段，用户体验测评应该作为产品最终验收的一个要求，以确认设计是否能满足用户的需求。在产品使用期间，用户体验测评（例如，大数据方法）可以进一步收集用户的反馈，从而为未来的设计提供用户需求。除了用户体验测评，产品开发过程中还可以采用用户体验专家主导的启发式评估来改进和优化产品的设计（详见第九、十章）。

四、为什么要提出以用户为中心设计的理念？[①]

在 Norman（1986）正式提出 UCD 概念的 30 多年前，人们在开发计算机类产品时不必过多地考虑用户将如何使用，因为开发者本身即代表了产品的专业用户群体，产品的竞争力主要取决于系统的功能。作为一个典型的例子，Unix 操作系统的用户界面设计是基于文本的一系列系统功能指令，而且这些指令由开发者随意确定，非常难记忆。由于该系统的用户基本上是专业开发人员，所以这种设计没有造成很大影响。这是一个典型的"专家为专家设计"的时代。

计算机技术的发展和普及，带来了用户群体的扩大、功能的复杂化和市场竞争的加剧，对可用性的要求也随之增加。人们逐渐认识到可用性在提高用户工作效率、增加产品竞争力、降低开发成本和减少用户支持费用等方面的经济效益。当技术、用户和市场发展到一定规模时，可用性在 20 世纪 90 年代开始成为影响交互式产品竞争的因素。Norman（1986）早就预测到"可用性是下一个竞争的战场"。如今，用户体验的重要性已经逐渐成为整个社会的共识。

（一）UCD 和传统产品开发模型在方法论上的区别

UCD 是针对传统产品开发模型中过分地强调以技术和功能为中心而忽视用户需求的状况提出的。其中，瀑布（waterfall）模型是最常用的传统产品开发模型（Sommerville Ed.，2000）。该模型将整个开发流程线性地划分为计划、需求、设计、开发和测试等阶段。这种基于非交互式系统开发的模型不鼓励在开发早期进行用户界面的快速原型化，

① 本小节参考了许为（2003）的文章《以用户为中心设计：人机工效学的机遇和挑战》。

其各阶段的相对独立性会给开展迭代式的 UCD 活动带来困难，而且用户的参与通常是在开发后期的测试阶段。另外，这种文档-驱动型开发模式在需求和设计阶段不利于有效地定义用户需求和界面。另一种具有代表性的传统产品开发模型是由多重周期组成的风险-驱动型螺旋（spiral）模型（Sommerville Ed.，2000）。在该模型中，每一周期均保留了瀑布模型的主要阶段，进入每一个周期前，项目经理都需要评估风险以决定该周期的活动。虽然其多重周期的特点鼓励 UCD 的迭代式设计和测试活动，但可用性和用户体验等方面的风险却因项目经理知识的限制而往往不能得到充分考虑。

表 1-1 对比了 UCD 和传统产品开发模型的区别。由表 1-1 可知，两者之间在设计理念、设计目的、工作重点和方法论等方面存在很大的不同。但是，两者间具有互补性，最佳的产品开发和设计方法应该是整合两种方法论，为用户提供既有用又可用的产品，从而提供最佳的用户体验。

表 1-1 　　　　　　　　　　　　　UCD 和传统产品开发模型的对比

	UCD	传统产品开发模型
设计理念	以用户为中心，强调满足用户的需求以及用户、技术、产品功能之间的匹配	以技术为中心，强调产品的功能、数据质量、可靠性等
设计目的	可用的（usable）产品（易用、易学、提供好的用户体验等）	有用的（useful）产品（可靠、提供有用的功能等）
工作重点	用户需求、能力、任务、使用场景、人机交互等；考虑在特定的使用场景中帮助用户有效地完成所期望的任务	产品功能、技术和数据；考虑通过一定的技术手段使得产品能为用户提供所期望的功能和数据
方法论	以定性、描述性为主的行为科学方法，涉及用户界面设计概念、用户任务层次结构、人机交互模型、现场观察法、可用性测试等	以结构化分析和建模为主的工程设计方法，涉及系统架构、实体-关系图、数据流程图、面向对象编程方法等

（来源：许为，2003）

（二）UCD 实践的投资-回报分析

回顾 IT 发展的历史，IT 行业曾经因为没有考虑 UCD 方法和用户体验而付出了代价。例如，美国公司在 1995 年投资了 2 500 多亿美元在 175 000 多个 IT 项目上，但其中800 多亿美元的项目最终被取消（Johnson，1995）。Standish Group 开展了一项涉及 365名 IT 主管和 8 380 个项目的研究，以便了解项目失败的原因（Kreitzberg & Shneiderman，2001）。结果表明，三个主要原因分别是缺乏用户参与、管理层不支持和项目需求不明确。Keil 等（1998）要求有经验的美国、中国香港和芬兰的项目经理确认影响 IT 项目成败的因素，最后确认的五个主要因素中包括缺乏用户的参与和不符合用户的期望。以上这些研究表明，UCD 倡导的用户参与和满足用户需求等是项目成功的重要原因之一。

与此同时，UCD 的实践为用户、开发商、制造商和供应商带来了很大的经济效益。

在 20 世纪 90 年代的美国，许多用户体验从业人员开展了大量的研究和个案调查来量化地分析 UCD 所带来的经济效益，这些研究促进了当时各方面对 UCD 实践的投入和推广。表 1-2 总结了当时采用 UCD 方法而带来的各种经济效益。从方法论上讲，这种投资-回报的分析方法依然适合今天的 UCD 实践。

表 1-2　　　　　　　　　　　　　　　UCD 实践的投资-回报分析

类别	指标	案例
产品开发：减少开支	节省开发费用	大约 63％的大型软件项目是超预算的，其中第四大原因与可用性工程有关（Nielsen, 1993）。
	节省开发时间	将用户体验整合在产品开发中的目标之一是加速开发满足用户需求的产品；25％的延迟将产品推向市场的尝试可能导致产品利润的 50％的损失（Conklin, 1991）。
	降低维护费用	整个软件生命周期费用的约 40％出现在维护阶段，而且与未满足用户需求、未提供满意的用户体验有关（Nielsen, 1993）。
	节省重复设计费用	Sun 公司发现，花费 20 000 美元可产生 1.52 亿美元节省，也就是每 1 美元的投入可产生 7 600 美元节省（Rhodes, 2000）。
产品销售：增加营业额	增加产品销售	可用性和用户体验方面的努力可以产生至少 100％的网站流量或销售量的增加（Nielsen, 1999）。
	增加流量和消费者数量	通过可用性和用户体验的改进，在 1999 年 2 月份重新推出的"Shop IBM"每月的网店流量增加了 100％，销售量增加了 400％（Battey, 1999）。
	留住消费者	超过 83％的网络用户可能离开网站，如果他们需要许多点击才能发现他们需要找的东西的话（Arthur Adersen, 2001）。
	吸引更多消费者	在调查影响网上购物最重要的五个原因时，83％的人认为"容易下订单"是最重要的原因（Nielsen, 1999）。
产品用户：提升效率	增加成功率，减少用户差错	在 Jared Spool 对五大商业网站的研究中，尽管用户都从正确的主页开始，但是用户只能发现 42％的信息（Nielsen, 1998）。
	提高生产率（减少用户完成任务所需的时间）	在软件开发中没有充分考虑可用性和用户体验所导致的生产力下降每年估计对美国经济造成约 310 亿美元的损失（Landauer, 1995）。
	提高用户满意度	Gartner Group 的一项研究表明，如果系统满足用户需求，可用性方法可以提高用户 40％的满意等级（Harrison et al., 1994）。
	减少用户支持成本	微软公司 Word 产品的早期打印功能导致许多用户拨打需求帮助电话（平均等待时间 45 分钟）。重新设计和可用性测试后的新版本发布后，用户电话急剧下降，用户支持成本大大减少（Ehrlich & Rohn, 1994）。
	减少用户培训成本	AT&T 改进系统的可用性后，节省了 2 500 000 美元的培训支出（Harrison et al., 1994）。

（来源：Bias & Mayhew Eds., 2005）

总的来说，UCD 实践在提高用户工作效率、提高组织的运作效率、增加销售额和收入、降低培训和支持成本、减少开发时间和成本、提高产品竞争优势、改善品牌形象、降低维护成本、提高客户满意度等方面体现了它的经济和社会效益。

五、以用户为中心设计实践的发展阶段

回顾 UCD 实践的发展历史，根据技术平台、应用领域、用户需求、人机界面、工作重点等特征，我们可以将 UCD 实践划分为三个阶段（见表1-3）。2007 年，苹果公司发布的基于大屏幕手机、多点触屏等技术的首款 iPhone 创新了智能手机的人机交互方式和体验，促进了基于移动互联网技术的一系列应用和创新的发展，标志着 UCD 实践第二阶段的开始。在过去的近 20 年中，UCD 实践在中国从无到有，得到了很大的普及，尤其在以互联网和移动技术为主的消费商业领域。2015 年谷歌公司 AlphaGo 人工智能（AI）产品的问世，标志着基于 AI、机器学习（ML）、大数据、云计算等技术的大众化应用的智能时代的来临，也标志着 UCD 实践的第三阶段的开始。

表 1-3 UCD 实践的三个发展阶段

	第一阶段 个人电脑/互联网时代 （1980 年代后期至 2000 年代中期）	第二阶段 移动互联网时代 （2000 年代中期至 2015 年）	第三阶段 智能时代 （2015— ）
设计理念	以用户为中心	以用户为中心	以用户为中心
技术平台	个人电脑、互联网	＋移动互联网、智能手机、平板电脑	＋AI、大数据、云计算、5G 网络、区块链等
应用领域	互联网网站、电商零售、个人电脑应用	＋移动互联网、消费/商业互联网、App	＋垂直行业（智能医疗、家居、交通、制造等）、物联网、工业互联网、机器人、无人驾驶、虚拟现实等
用户需求	产品功能性、可用性	＋用户体验、个人隐私、信息安全	＋智能化、个性化、情感、伦理道德、自主权、技能成长等
人机界面	图形用户界面等显式界面	＋触摸屏用户界面	＋自然化（语音交互、体感交互等）、多模态、智能化、隐式化、虚拟化
工作重点	可用性	用户体验（包括可用性）	全部用户体验设计＋用户体验驱动的创新设计和智能化设计

（来源：许为，2019a）

UCD 在第一、二阶段的实践相对比较简单，对 UCD 方法的要求相对较低，加上社会和用户对 UX 的需求以及来自多学科 UX 从业人员的参与，这些都促进了 UCD 实践在初级阶段的普及。智能时代的人机关系、用户需求、应用领域、人机界面、技术平台等都呈现出一系列复杂的新特征，因此 UCD 实践进入第三阶段标志着其走过了门槛低、多学科磨合的最初普及阶段，开始进入实践的深水区，对相关方法的要求也随之提高。现有的 UCD 方法主要是基于非智能系统的设计和 UCD 初级阶段的实践发展而来的，因此 UCD 的实践和方法本身也需要适应智能时代（许为，2017，2019a）。在 UCD 实践的第三阶段，全部用户体验设计理念将得到进一步强化，用户体验驱动的创新设计和智能化设计也将成为 UCD 实践的工作重点（详见第十二章）。

概念术语

可用性，用户体验，心流，以用户为中心设计（UCD），迭代式设计，全部用户体验

本章要点

1. 产品可用性可以概括为产品的有效、易学、高效、好记、少错和令人满意的程度。

2. 产品可用性研究主要包括用户研究和产品研究两个大类。

3. 用户体验从以下三个方面对产品可用性的范围或者理解进行了拓展：首先，产品的使用已经不是简单的现实状态下的使用，还包括用户的假想使用；其次，用户对产品的关注包括产品的服务、产品所在公司品牌，而不仅仅是产品功能；最后，用户对产品的体验涵盖了美感、价值和情感三个不同的层面，而不是单一的满意体验。可见，用户体验是在产品可用性概念基础上，以用户为中心，从更高层面对产品功能、操作及其相关的服务、公司品牌提出的要求。

4. 心理学、生理学和统计学是用户体验研究的学科基础。设计类学科和制造业相关学科与用户体验研究之间的关系是互补的。工程心理学、人类工效学、人机工程学、人机环系统工程和人机交互等学科在研究内容上与用户体验研究有不少重叠。

5. 用户体验的可用性理论强调产品可用性对用户体验的重要性，而美感理论则强调美感对用户体验的决定性作用。

6. 用户体验的结构理论强调用户体验的结构成分，并从结构成分出发分析用户体验的影响因素及其作用。

7. 用户体验的过程理论重视分析用户体验的动态形成过程，进而主张探讨影响用户体验的因素。

8. 用户体验的心流理论强调情绪体验对用户体验的重要性。心流体验的表现有：（1）技能-挑战平衡；（2）行动-意识融合；（3）目标清晰；（4）反馈清楚；（5）高专注；（6）富有控制感；（7）自我意识消失；（8）时间感扭曲，即感觉时间比平时或快或慢；（9）产生自成目标体验，即这种持续性的行为动机和奖励性体验来源于行动自身，而不是最终结果或者外部奖励。

9. 以用户为中心设计（UCD）的理念提倡将产品的用户放在中心位置上考虑，从而开发出符合用户需求和拥有最佳用户体验的产品。它是针对传统开发模型过分地强调以技术和功能为中心而忽视用户需求的状况提出的。

10. UCD 就是在产品开发早期和整个过程中，围绕产品用户这个中心，通过用户需求收集、用户任务分析、一系列逐步逼近最佳设计的迭代式的用户界面快速原型化以及用户体验测评等活动来实现产品的可用性并达到最佳的用户体验。

11. 国际标准 ISO 9241-210 对于 UCD 的实践提出了五项主要原则。

12. 国际标准 ISO 9241-210 定义了 UCD 的流程，以及其中的主要活动。

13. UCD 和传统系统开发模型在方法论上有着本质的区别。
14. 有效地开展 UCD 实践能使投资有良好的回报。

复习思考题

1. 什么是可用性？
2. 什么是用户体验？
3. 用户体验的相关理论有哪些？其基本内容是什么？
4. 以用户为中心设计（UCD）所提倡的理念是什么？
5. 举出 ISO 9241-210 对于 UCD 实践提出的至少三项原则。
6. ISO 9241-210 对 UCD 流程的定义中包括哪几项主要活动？
7. 举出 UCD 与传统产品开发模型在方法论上的两个区别。
8. 举出有效地开展 UCD 实践会带来的三个好处。
9. UCD 实践经历了哪三个发展阶段？分别列出各个发展阶段的两个特点。

拓展学习

葛列众，等. 工程心理学. 上海：华东师范大学出版社，2017.
BIAS R G，MAYHEW D J. Cost-justifying usability：an update for the Internet age. San Francisco，CA：Morgan Kaufmann，2005.

第二篇

需求

第二章

用户及其特征和需求

教学目标

- 掌握用户的定义，以及为什么要研究用户。
- 掌握用户特征的类型及其在用户体验设计中的应用。
- 掌握用户需求的定义、分类和特征。
- 理解为什么要满足用户需求。

学习重点

- 第一节重点：掌握用户的定义、研究用户的主要原因，以及用户特征的主要分类。
- 第二节重点：掌握用户需求的定义、分类和特征；理解为什么要满足用户需求。

开脑思考

- 谁是我们所说的用户？用户是怎样与我们的产品产生交集的？
- 用户的需求是怎样的？用户在使用产品时会产生哪些方面的需求？
- 我们为什么要在产品设计前去研究用户和用户的需求？

本章是第二篇"需求"的开篇。在第一节，我们将论述什么是用户，并探讨为什么要研究用户以及用户的主要特征。在第二节，我们将论述什么是用户需求、用户需求的分类，探讨为什么要满足用户需求，最后引出研究用户需求的方法，以及用户需求的文档和表征。

第一节　用户及其特征

一、什么是用户？

（一）人

用户首先是人，拥有人类所共同具备的基本属性。进化心理学家们认为人类虽然生活在各个不同的社会群体中，但群体之间有相似性。这种相似性是进化和基因所带来的，这就是人类的普遍性属性（Buss Ed.，2005）。比如，我们大脑运作的方式、记忆的局限、情绪的唤起、行为的特点在不同的人种和人群中都是相似和普遍的存在。

其次，人类具有交互性。作为一种综合的生物体，人拥有意识、认知、记忆、情绪，等；作为社会群体中的一员，人会使用语言、工具，进行科技创新，等等。人始终都是一个与自己和环境交互的个体，人的各个脑区交互指导着行为，人的行为和周边的人交互影响着社会，人类和社会交互影响着环境（Sapolsky，2017）。

（二）产品使用者

用户是产品的使用者。我们可以通过把产品的使用者拆分为产品、使用和使用者三个方面来理解用户。在 ISO 9241-210（2010）的定义中，用户使用的产品包括实体产品、系统或服务。实体产品包括电子产品和非电子产品。大到航空航天仪器，小到每天穿的袜子、鞋子都是实体产品。系统指我们使用的电脑、手机系统，也包括公司、政府的组织系统。而服务则包括我们生活、工作中直接和间接接触到的公共交通、医疗等各种服务。

用户的使用是指用户接触产品的全部过程，也就是全部用户体验（total user experience）。如图 2-1 所示，用户在使用产品前、使用产品时和使用产品后都会表现出情绪、信仰、偏好、期待，以及生理与心理的反馈、行为与成就（Law et al.，2009）。在实际应用中，用户体验设计团队常常使用的用户旅程图（user journey mapping）就是从全部用户体验的模式中发展而来的。有关用户旅程图的相关内容可参见本书第五章和第八章。

使用者不仅指产品或系统的当前使用者，也包括未来和潜在的使用者（董建明等编著，2016）。

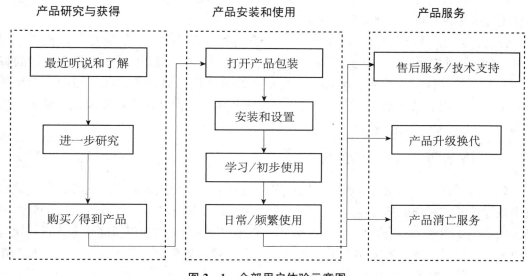

图 2 - 1　全部用户体验示意图

（来源：董建明等编著，2016，14 页）

二、为什么要研究用户？

"良好的用户体验虽然不能保证成功，但糟糕的用户体验肯定会导致产品失败。"（古德曼等，2015，24 页）Norman（2007）指出，我们的未来需要的产品是更自然的产品，这种产品能够为我们每天的生活带来更丰富的信息，而这种丰富的信息应该较少来自侵入型的刺激，更多来自自然的刺激。自然的刺激是人通过进化而适应的刺激。只有把人作为设计的起点和目标，才能通过自然的刺激设计出我们现在的或者未来的适用的产品。

（一）研究用户对产品设计的意义

设计师是产品设计的关键人物，但是设计师不是用户，也无法取代用户。虽然设计师自己可能也是产品用户的一员，但设计师对产品具有的知识和用户有着巨大的差别。因此，设计师在进行有意识思维时，会把自己的解释和信念投射到用户的行为上。也就是说，设计师是无法真正理解用户的想法和行为的（诺曼，2010）。所以，想要真正设计出以用户为中心的产品，必须通过研究终端用户来达成。

研究用户为产品设计提供了设计的核心和基础。比如，我们为谁设计产品？我们的产品应该具备什么功能？这些产品设计的核心问题都可以通过用户研究来得到解答。如果说我们设计产品是为了解决用户的问题，那么设计就是对如何解决这个问题所提出的各种假设。用户研究正是对这些假设进行的科学验证。

研究用户让设计人员有了设计的依据。比如人物画像，通过定量和定性的方法将用户特征用人物角色表现出来。设计师们在设计产品的时候，以人物画像为原型进行设计，就可以避免以自己的想法为参照，也可以避免设计团队的成员们在讨论时分别从自己的角度出发来进行评价（穆德，亚尔，2007）。

只有更好地了解用户，才能设计出真正适合用户的产品，不仅满足用户情感上的需求和期待，同时也包容、防止用户的使用和操作失误。了解用户作为人会出错的特性，对产品的设计同样重要。并且，研究用户给验证设计提供了方向。在产品设计的验证中，可使用成功指标[①]来检验和量化设计的质量，从而确定用户体验是否满足决策目标。

（二）研究用户对产品开发的意义

在产品开发的早期就投入用户研究可以降低开发出一个失败的产品的可能性，确保每个被设计的产品都能拥有自己的价值，并为潜在的用户服务。作为全球最大的管理咨询公司之一，爱尔兰的埃森哲（Accenture）曾经对 630 个美国和英国高管进行过一次跨行业调查。结果发现，其中 57% 的高管认同"不能满足消费者的需求"是新产品或新服务开发失败的主要原因（引自古德曼等，2015）。一直崇尚用户体验至上的苹果公司早在1995 年，就通过创建用户体验需求文档（user experience requirements document, UERD）来引导整个产品的开发过程（Norman et al., 1995）。

用户研究的各种方法都能促进产品的开发过程。比如，人物画像，不仅在概念设计的阶段起到至关重要的作用，对产品内容和视觉的设计有很大的影响，也为产品的测试计划提供了直接的用户细分（穆德，亚尔，2007）。甚至，人物画像还能够帮助用户体验团队更有效地与管理层和技术团队进行沟通。可视化的人物画像还能帮助各团队对用户产生共情，真正从用户角度进行产品开发。

从用户研究出发可确保产品开发的每个过程都能够围绕着最初的核心。当前在业界被一直强调和广泛应用的设计思维（design thinking）其实就是将以用户为中心设计（VCD）的理念植入产品开发的各个阶段。设计思维有六个阶段（见图 2-2）：共情（empathize），确定问题（define），形成概念（ideate），制作原型（prototype），测试（test），实行（implement）。这种灵活和迭代的方法，可以根据对用户的研究来解决用户的问题，将想法转化成产品。在第八章，我们将详细讨论设计思维的方法。

（三）研究用户对商业决策的意义

商业决策是企业发展的指导思想，给企业指明了发展和在竞争者中生存的方向。如何取得竞争优势是商业决策的重点。目前，随着电子信息化的飞速发展，通过用户体验来做到产品差异化而取得竞争优势已经成为商业竞争中的主流思路（Levy, 2015）。

乐高公司就曾经受益于用户研究。2006 年至 2010 年金融危机期间，乐高公司逆势增长，公司收入增加了 105%（引自古德曼等，2015）。另外，互联网数据也表明，超市

---

① 成功指标是指对项目的预定目标是否达到进行度量的标准。在用户体验领域，常用的成功指标有系统易用性量表（system usability）、净推荐值（net promoter score, NPS）、任务完成时间、任务完成准确率等。项目要根据自己的目标来确立所需要的成功指标。

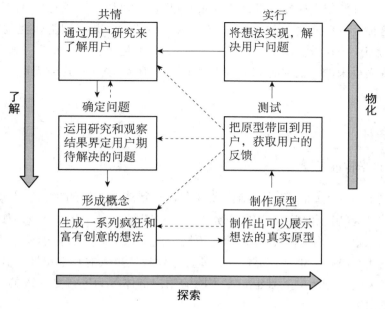

图 2-2 设计思维示意图

（来源：Gibbons，2016）

巨头沃尔玛在重新设计网站以后，网站的访问量增长了 200％。

诺曼（2010）指出，为了给最终用户提供高品质的体验，公司更应将工程、市场和设计等各方面无缝链接，做到全面发展（见图 2-3）。用户研究为企业提供了商业目标。用户体验研究的成果，比如人物画像、用户旅程图，将企业中的开发、设计、市场、管理等部门团结起来，提高了商业决策的效率，最大限度避免了商业策略的失败（穆德，亚尔，2007）。

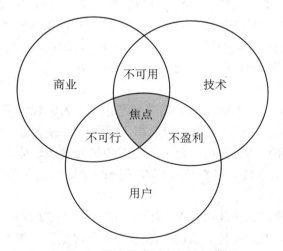

图 2-3 研究用户对商业的重要性

（来源：Banfield，Walkingshaw，& Eriksson，2017）

在整个产品的开发过程中持续地进行用户研究可以帮助公司节省成本和提高效率。

越来越多的企业开始使用敏捷开发模式（agile）[①] 去应对快速发展的客户市场，以实现产品的创新。这种开发模式也使得用户研究更能贯穿其中，并得到更快捷的响应和应用。比如，成功的创业公司爱彼迎（Airbnb），其产品并不是通过什么商业计划和仅仅几周的用户体验发现而得来的，而是通过长年累月的用户研究才发展到今天的状况的（Levy，2015）。

三、用户特征

（一）人口学特征

人口学主要研究人口的数量、结构和分布，及其动态变化的过程。由于不同人口群体具有不同的行为特征和规律，用户研究人员会按照各种人口学的分组，如性别、年龄、教育水平、收入水平、婚姻状态等来研究不同分组的用户特征。虽然同一人口学分组会体现出相似的用户特征，但在产品的用户研究中仅仅通过人的基本属性来分类是不够的。为此，需要在人口学分组的基础上，对不同的用户群体行为进行更深入的研究，比如进行人物画像的研究。

（二）感知觉特征

1. 视觉

人类获取信息最重要的通道是视觉，我们所获取的信息中有 80% 来自视觉。眼睛是人类的视觉器官，眼球中的神经细胞高度发达，并具有完善的光学系统及各种使眼睛转动并调节光学装置的肌肉组织（孟昭兰主编，1994）。正常工作的晶状体可以调节自身的形状来保证图像准确地聚焦在视网膜上，但是，在某些情况下，晶状体无法调节，比如近视或远视，此时物体的可见性就会减弱（威肯斯，李，刘乙力，贝克，2007）。视网膜是眼睛的感光系统。神经科学家已经证实大脑中至少有 80 个区域为视觉服务，它们分别控制着形状、颜色、位置、运动等物体的属性（Kalat，2015）。

视觉的特点主要包括颜色分辨、视觉对比和侧抑制。

（1）颜色分辨

不同频率或波长的可见光谱段的电磁波分别作用于人的视觉系统，人就会产生不同颜色光感觉。在整个光谱上，人眼可以分辨出 150 种不同的颜色。

我们的视觉系统不仅能够分辨颜色，还能够通过光线在物体上的反射结合物体周围的光线来保持颜色的恒常性，以保证我们在不同的光照情况下都能分辨出物体的颜色（Kalat，2015）。

色觉正常的人通常用三种波长的光来匹配光谱上任何其他波长的光，而色觉缺陷者，包括色弱和色盲的人，对这三种波长的光的感受能力均低于正常人。色盲又分为局部色

---

① 敏捷开发是一种新型的软件开发方法，能应对需求的快速变化。敏捷开发模式强调程序员团队与业务专家之间的紧密协作、面对面的沟通（认为比书面的文档更有效）、频繁交付新的软件版本、紧凑而富有自我组织性的团队、能够很好地适应需求变化的代码编写和团队管理方法，也非常注重软件开发过程中人的作用。

盲和全色盲。色弱和色盲的男性大约占 6%～8%，女性占 1%以下。色弱患者、局部色盲患者和全色盲患者，对颜色的分辨能力分为从部分缺陷到完全丧失各种不同的程度。

（2）视觉对比

视觉对比是由光刺激在空间上的不同分布引起的视觉经验，可分为明暗对比和颜色对比。明暗对比是由光强在空间上的不同分布造成的，而颜色对比则是物体的颜色受周围物体颜色的影响而发生色调变化的现象（彭聃龄主编，2012）。

（3）侧抑制

侧抑制是指相邻的感受器之间能够相互抑制的现象。在视觉中，侧抑制能够帮助强化对比和边缘的突出（Kramer & Davenport，2015）。著名的马赫带现象就是视觉侧抑制的例子：在区域的边界上，侧抑制使我们能看到亮区边界更亮、暗区边界更暗的现象。

视觉是用户接触产品时非常重要的一个信息来源，尤其是网站、手机等视觉优先的产品。因此，遵循用户的视觉特征来进行设计和开发就显得尤为重要。比如：通过颜色的对比和凸显来提高用户视觉搜索的效率，帮助用户更快速地找到重要的信息；利用侧抑制的特点设计不同区域，如菜单边框等，帮助用户更有效地进行视觉搜索和定位。

2. 听觉

听觉是人类获取信息的另一个重要来源。耳朵是人的听觉器官，由外耳、中耳及内耳三部分组成。听觉系统的单个神经元编码声音的频率（或音调），不同神经元对不同频率有最大的敏感性（彭聃龄主编，2012）。感觉神经性听力损伤是由纤毛或听神经损伤引起的。这种听力损伤会随着年龄的增长而增多。研究表明，65 岁以上的老年人会损失40%的纤毛，从而导致听力损伤（Willott & Lister，2003）。

近年来的研究发现，我们听到的声音不完全来自外界，认知在听觉中有着相当大的作用，可以帮助我们调整、修复听到的内容和质量。也就是说，当听觉环境不利时，我们会根据自己的经验和记忆对听到的内容进行再加工（Rönnberg，Rudner，& Lunner，2011）。

听觉特征主要包括耳廓效应、听觉适应和疲劳。

（1）耳廓效应

声音经过耳廓的反射后到达鼓膜的声波频谱特征与其声源的方向有关。由于每个人的耳廓形状不尽相同，其对声波的折射和绕射效果也就会出现差异。人可以通过这一特性来判断声音的方位，这就是耳廓效应（葛列众主编，2012）。但是，声音的定位精准度较视觉定位有一定的偏差。因此，声音定位的作用常常是引导头和眼睛的移动，以便做出更精准的定位（威肯斯等，2007）。而正因为耳廓的特点，如果改变耳廓形状，我们听到的声音也会随着改变。在产品设计中，为了在听觉上给用户带去更好的体验，可以有多种技术对耳廓效应进行应用。比如，在 3D 虚拟实境多媒体应用的发展中，可以利用耳廓效应设计 3D 音讯，从而给用户带来更完善的 3D 感官体验（吴耀丰，2013）；音频定位技术（赵蕊，2006）也是通过应用耳廓效应来增强三维仿真环境的逼真度和沉浸感的。

（2）听觉适应和疲劳

听觉适应是指较短时间内对某一频率的声音产生适应。声音长时间连续刺激造成的听觉感受性显著降低的现象，称为听觉疲劳。听觉适应可以在短时间内发生也可以在短时间内恢复，而听觉疲劳需要很长的时间来进行恢复（葛列众主编，2012）。

虽然视觉是我们获取信息的主要通道，但是在产品设计中，听觉信息也有着和视觉信息同样重要的作用。声音可以在我们的视觉无法起作用，或者超负荷的时候，给我们提供需要的信息。自然的声音还能给我们提供物体之间复杂的交互信息，如物体的材质、软硬、大小等特性（诺曼，2010）。声音在用户体验的设计中通常被用作通知声音或交互声音。在 iOS 系统中，仿型（skeuomorphism）设计不仅用于视觉设计也用于听觉设计。操作失败的声音模拟的就是物体碰撞到平面突然停下来这一低频短促声音，从而让用户能更快地了解到当前操作任务的状态。

3. 肤觉

皮肤是人体最大的器官，肤觉也是感知觉的一个重要部分，主要分为触压觉、冷觉、温觉和痛觉。以下主要介绍一下触压觉。

触压觉可以帮助我们认识事物的空间特性，并可以结合视觉与听觉，帮助我们更全面地了解物体。触压觉是由作用于皮肤上的非均匀分布的压力引起的。其中，使皮肤轻微变形的为触觉，使皮肤明显变形的为压觉。另外还有振动觉、痒觉等。

触压觉的感受器不均匀地分布在身体的不同部位，因此身体各个部位的触压觉都有所不同。一般来说，由精细肌肉控制的身体部位对于触觉定位比较敏感。面部和手指是人体最敏感的部位。例如，手指能感知距离非常小的两点间的距离。触摸屏的普遍应用需要用户体验设计时充分考虑到用户手指运动的特点。Hoober（2013）对 1 300 多人的触摸屏操作行为进行研究发现，人们在操作不同尺寸的触摸屏时会使用不同的手指和手指运动，在触摸屏中操作不同的任务时还会在单手或双手之间进行切换。可见，进行用户体验设计时要根据人们不同的触摸行为来设计适合的功能按键和界面。

4. 感知觉的共同属性

感知觉的共同属性主要包括适应性、注意选择性和冲突性。

（1）适应性

所有的感知觉都有适应的特点。当感觉接收器对持续性刺激的感应越来越弱时，感觉适应就会产生；反之，感觉接收器通常对变化的刺激能更快更好地感应。在产品界面的迭代更新中，为了减少适应性造成的操作失误，我们可以提供新异刺激的设计，比如高亮等。

（2）注意选择性

人类选择性的注意会影响人的感知觉。即使是高强度的痛觉，也可以通过注意的转移来帮助消减。另外，人的期待和预测也会影响人的感知判断。用户在浏览网站时，有一种常见的习得性行为就是注意选择性的结果，那就是广告忽视行为（banner blindness）。通过长期的网站使用，用户不仅能忽视网站中广告的位置，还能忽视类似广告的设计风格。即使用户浏览的是一个新网站，也会通过预测广告可能出现的位置而将其忽视。

（3）冲突性

由于在进化过程中人的感知觉和大脑已经形成了稳定的协调关系，当前庭系统获取的感觉和人眼及身体获取的感觉不匹配时，人就会出现头晕、恶心等症状。这就是感觉冲突理论（sensory conflict theory）所描述的典型现象（Coon & Mitterer，2015）。这种现象在人们体验虚拟现实产品时十分常见。

（三）行为反应特征

1. 人的反应差异

人的身体各部位的反应有着很大的差异，比如眼睛、耳朵等的反应时间就存在差异。不同人种之间在运动反应上存在差异，比如黑种人在爆发力强的运动中比黄种人就更有优势。不同性别的人在身体反应上存在差异，比如男性在力量和强度上优于女性，而女性在精细操作的灵活性上优于男性。同一个人在成长的不同阶段，身体各部位会不断变化，比如：从婴儿到成人，头部的体积和重量不断变大；从成年到老年，脊椎不断弯曲、下肢不断缩短；等等。这些变化，导致人在不同时期的身体反应表现出差异。不同年代由于物资、科技水平的不同，人体也会存在差异，比如：近年来人的平均身高不断增长；青少年更早地进入性成熟阶段；等等（张一芩，2010）。因此，不同时代的人的身体反应也是不同的。掌握和了解人的各种反应差异，有助于我们设计出更适合用户使用的产品。

2. 运动反应类型

人的运动系统由骨骼、关节和肌肉三部分组成，它们通过神经系统的支配，产生各种各样的反应。人的运动反应特性会影响到工作姿势、活动范围等等（葛列众主编，2012）。人的运动反应特性也会随着时间的推移而引起全身疲劳甚至健康问题（威肯斯等，2004）。

（1）简单反应

简单反应是指人对单一刺激做出的单一反应。反应者通常在反应前对刺激的内容和反应方式是已知的。简单反应时通常较短，不过不同感官的反应时有所差异，如表2-1所示。因此，在交互设计中，我们可以根据不同感官的反应时来控制元素的呈现时间，让用户既有足够的时间做出响应而不错过信息，又不会因为呈现时间过长而转移注意力或者感到厌烦。

表2-1 不同感官的反应时差异

类型	反应时（ms）
触觉	110～160
听觉	120～160
视觉	150～200
冷觉	150～230
温觉	180～240
嗅觉	210～390
痛觉	400～1 000
味觉	330～1 100

（来源：项英华编著，2008，87页）

（2）复杂反应

复杂反应是指人对不同刺激做出的非单一反应。复杂反应包括辨别反应和选择反应。

辨别反应是指当某一特定刺激出现时对其进行预定的反应，而对其他刺激不做反应。选择反应是指对不同的刺激分别做出不同的反应，反应和刺激之间要一一对应。复杂反应需要对复杂的刺激内容进行辨别、判断和选择。其中选择反应的时间比辨别反应更长，简单反应需要的时间最短。

复杂反应的时间较长，反应也容易出错。可是，在现实生活的操作中，需要做的往往是复杂反应（葛列众主编，2012）。日常生活中的驾驶就是典型的复杂反应，需要驾驶者做出视觉、听觉等反应。过多的附加任务很可能会导致驾驶者分心，进而发生事故。导航仪器的设计，要尽可能减少通道的冲突，减少选择反应。

3. 用户与产品交互时的反应

用户与产品的交互过程中会产生一些不可避免的反应，比如疲劳。不论是人的器官还是人的大脑，在长时间工作下都会出现疲劳反应。另外，反应准确性的问题和行为中的失误也可能伴随着用户使用产品而出现。

（1）疲劳

用户在长时间操作后会产生疲劳，而疲劳需要较长的时间才能恢复。之前我们讨论过的视觉和听觉都会出现疲劳，视觉疲劳或听觉疲劳会影响感觉的输入。同样，我们的运动系统也会出现疲劳，进而影响运动操作的进行和准确度，甚至导致事故。

在驾驶操作中，疲劳会造成唤醒水平降低、感觉-运动系统功能下降、信息加工过程被破坏、对非常规和紧急情况的处理能力下降等（Mascord & Heath，1992）。驾驶疲劳也会导致非随意注意能力、注意加工能力的下降（宋国萍，张侃，2009）。而这些能力的下降带来的危害往往是致命的。因此，在用户体验的设计中要充分考虑到疲劳在实际操作中的出现规律，从而尽可能地降低疲劳带来的危害。

（2）反应准确性

反应准确性对操作有直接的影响，如较低的准确性会造成操作的失败，甚至导致事故。在用户反应中，反应时与反应准确性之间在一定程度上存在"边际递减"的规律。也就是说，随着反应时的增加，准确性最初会迅速提高，但是当准确性不断接近极限时，反应时的增加对准确性的提高作用就会逐渐变小（葛列众主编，2012）。例如，网站导航菜单中现在较流行的大矩阵菜单（mega menus），是一种可扩展的导航菜单。在这种设计中，用户通过鼠标悬停和点击来显示下一级菜单。因此，用户鼠标悬停和下一级菜单的显示时间都会影响用户体验。对此，我们可以根据用户反应准确性的特点，来设计出最佳的鼠标悬停菜单显示时间。

（3）失误

失误通常是由动作之间的相似性造成的。这种相似的动作可能是外界客观存在的，也可能是我们脑海中主观发生的。失误有六类：撷取性失误（capture errors）、描述性失误（description errors）、数据干扰失误（data-driven errors）、联想失误（associative activation errors）、忘记动作目的造成的失误（loss-of activation errors）和功能状态失误（mode errors）。

撷取性失误是指一种经常做的动作突然取代了想要做的动作。描述性失误是指人们在头脑中对预定动作没有做到完整精确的描述，将这个动作和其他相似的动作相混淆。

在空间上越接近就越容易发生描述性失误。数据干扰失误是指由外界刺激引发的动作干扰了某个正在进行的动作，从而做出未曾计划的动作。联想失误是指外界信息可能引发的某种动作与内在的思维产生的联想同时作用而引起的失误。比如，有时我们会提起电话说："请进来。"忘记动作目的造成的失误是指产生目标的机制在动作完成前已经衰退，从而忘记动作的目的而引起的失误。有时，我们会只忘记动作的一部分。这样的例子非常常见，比如，我们走进房间却忘记自己想要拿什么东西。功能状态失误一般出现在使用多功能物品的情况中。比如，在控制器有着双重功能的情况下，用户对不同功能状态的使用就很可能产生失误（诺曼，2010）。

怎么帮助用户避免失误，以及失误后怎样补救是用户体验设计中需要关注的重点。产品或系统的设计应该能够在用户的操作过程中检测出错误，并且提供简单、容易理解的处理错误的手段，其内容应该包括出错位置、出错原因及出错修改建议等。系统还应该具备保护和恢复功能，使系统能恢复到出错前的状态（罗仕鉴，朱上上编著，2010）。诺曼（2010）提出的强迫性功能，可以帮助降低失误带来的危害。强迫性功能是一种物理限制因素，用户如果不执行某一项操作，就无法进行下一步操作。比如，在汽车设计中，如果用户不关闭所有的灯光，就无法使汽车熄火。这种设计能很好地避免用户因忘记关灯而导致电瓶失效的状况发生。

（四）记忆特征

记忆是头脑中积累和保存个体经验的心理过程。用信息加工的术语解释，记忆就是人脑对外界输入的信息进行编码、存储和提取的过程（彭聃龄主编，2012）。记忆在我们的生活中有着不可或缺的作用，没有记忆，我们就不能正常地生活、学习和工作。我们认识自己和家人是记忆的作用，生活和工作中小到骑车、开门，大到科学研究都要通过记忆来实现。

1. 记忆的分类

根据记忆的来源和保存特点，记忆可分为感觉记忆、短时记忆和长时记忆，如图 2-4 所示。

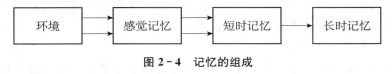

图 2-4 记忆的组成

（来源：Baddeley, Eysenck, & Anderson, 2009, p. 6）

当客观刺激停止作用后，感觉信息在极短的时间内被保存下来，这种记忆叫感觉记忆，其保持时间大约为 0.25~4 秒，储存容量大约为 4~5 个组块（Baddeley et al., 2009）。

短时记忆是暂时储存少量信息的记忆，是感觉记忆和长时记忆的中间阶段，其保持时间为 5 秒~1 分钟，储存容量大约为 7±2 个组块。网站的界面通常会在同一时间呈现超过人们短时记忆容量的信息量。但是，设计者可以根据短时记忆的特点进行优化设计，从而减少用户的记忆负荷，帮助用户提高任务操作的效率，提升用户体验。比如多利用组块的设计，呈现用户熟悉或对其有意义的内容，或者通过视觉凸显来减少当前信息呈现，等等。

工作记忆是在短时记忆的基础上提出的，是指信息加工过程中，对信息进行暂时存储和加工，从而帮助实现更复杂任务的记忆系统（Baddeley et al.，2009）。研究者认为工作记忆是思维的基础，可以同时在短时记忆和长时记忆中提取资源（Miyake & Shah，1999）。

长时记忆是指能够长时间（1分钟以上）保存信息的记忆系统。长时记忆的容量没有限制，其信息来自对短时记忆内容的加工。长时记忆可分为外显记忆和内隐记忆。外显记忆是我们可以有意提取的记忆，而内隐记忆是无法通过意识来提取的记忆（Baddeley et al.，2009）。长时记忆是有组织的记忆，我们的知识在长时记忆中以语义网络的形式组织在一起。这种描述信息的组织称为图式，主要有三种：脚本、心理模型，以及认知地图。

描述典型活动顺序的图式就是脚本，人们关于设备或系统的动态图式称为心理模型，而类似于工作记忆中的视空间模板的长时记忆图式叫作认知地图（威肯斯等，2007）。在这三种图式中，心理模型在产品认知中十分重要，有研究者认为用户界面的设计应该以用户心理模型为基础（Cooper & Reimann，2003）。用户心理模型有六大负面特质：不完整、有局限、不稳定、没有明确的边界、再建构、反复迭代（诺曼，2010）。因此，如果产品的设计能够帮助用户避免那些负面的心理模型特质，就能提高用户的绩效和体验。

2. 记忆的提取

关于记忆的提取，主要有再认和回忆两种方式。再认是指对感知过、思考过或体验过的事物，当它再度呈现时人们仍能认识的心理过程。再认的效果随再认的时间间隔而变化，间隔的时间越长，效果越差。回忆是人们过去经历过的事情以形象或概念的形式在头脑中重新出现的过程。回忆是比再认更难的提取过程，有些事情可以再认，但无法回忆（彭聃龄主编，2012）。比如，在搜索引擎的智能推荐中，会通过用户输入的字词进行联想，给用户提供可以选择的搜索结果，从而大大减少了用户去回忆完整名称的负荷，同时也提高了用户体验。

组块在记忆中有积极的作用，能够增加工作记忆的容量，减少工作记忆的负荷，也使长时记忆中的信息更容易被回忆起来。另外，记忆内容的强度和关联性也直接影响长时记忆信息的提取难度（威肯斯等，2007）。

3. 遗忘

遗忘是指记忆的内容不能保持，或者在提取时发生困难的现象。遗忘受时间因素的影响，比如我们熟知的艾宾浩斯遗忘曲线：遗忘在学习之后立即开始，最初的遗忘很快，之后逐渐变慢。但是，遗忘也会受到其他因素的影响，比如识记的内容越形象，遗忘就越慢；记忆的动作完成得越熟练，遗忘就越慢；识记的数量越少，遗忘就越慢；等等。遗忘还存在系列位置效应：根据记忆内容呈现的顺序，最先呈现的材料较易回忆，遗忘较少；同时，最后呈现的材料也较易回忆，遗忘较少。这两种现象分别被叫作首因效应和近因效应。而中间呈现的内容遗忘最多。不过，对于内隐记忆而言，记忆项目的数量、记忆间隔时间和干扰因素等所产生的影响并不大（彭聃龄主编，2012）。在用户研究中，可记忆性（memorability）是测试可用性时的一个重要维度：测试用户在长期不使用产品或系统的前提下是否依然能记住如何使用。在用户体验设计中，我们可以加入足够多帮助用户回忆或再认的线索。比如，我们可以将图标和文字的设计相结合来避免用户对单纯图标设计的遗忘。

我们的长时记忆虽然没有容量的局限，但其中的信息要通过记忆搜寻来提取，这造成了提取上的不易用性。而与长时记忆中的信息相对应的外界信息，虽然不能够长期储存，也会受到环境的限制，但却有较高的易用性（诺曼，2010）。因此，在产品设计中，如果能有效地利用外界信息来帮助用户唤醒和快速提取长时记忆中的信息，就能帮助用户高效完成任务，提高用户的体验。

（五）思维特征

思维是借助语言、表象或动作实现的对客观事物的概括和间接认识，是认识的高级形式，主要表现为概念形成、推理和问题解决（彭聃龄主编，2012）。我们的生活中充满各式各样的信息，信息本身并没有什么特别的，但是人对信息的处理却能产生强大的作用（Pinker，1997）。这其中，思维的重要性不言而喻。

思维有概括性，可以把同一类事物的共同特征和规律抽取出来。思维也有间接性，人们是借助一定的媒介和知识经验对客观事物进行认识的。思维还是发现事物的新特征和新关系的心理过程，所以需要对已有的经验不断地进行更新和改组（彭聃龄主编，2012）。

1. 概念形成

概念是具有共同属性的一类事物的总称。人们掌握了概念，对事物的认识就能超越感知的范围。概念形成是指个体掌握概念本质属性的过程。概念形成的假设检验说认为，概念的形成过程是不断提出假设和验证假设的过程。另外一种样例学习说则认为假设检验说是建立在人工概念基础上的，但自然概念与人工概念不同，人们在生成自然概念时以概念样例学习为主，记忆有代表性的一个或者几个样例作为概念的原型（彭聃龄主编，2012）。我们的思维并不都是有条理、有逻辑的，有时候会根据以往的经验，在不同的想法之间跳跃，建立联系，形成新的理解和概念。这也正是创造性的来源。因此，人有时形成概念是为了对身边的事物加以解释，以便帮助理解这类事物，并预测行为结果。这种针对事物作用方式、时间发生过程和人类行为方式的概念模型称为心理模型（详见前文长时记忆部分）。

2. 推理

推理是指根据一般原理推出新结论，或者从具体事物或现象中归纳出一般规律的思维活动。前者叫演绎推理，后者叫归纳推理。推理的过程就是创建和检验心理模型的过程。人们在理解前提时，会形成与前提有关的、类似于感知或想象的情景。如果建立的各模型间没有冲突，就接受开始得出的结论，否则就得出另一个结论（彭聃龄主编，2012）。为了降低用户在使用不同的产品或系统时建立不同推理思维的难度，对于一些高频使用元素，设计时应保持使用一致性，以帮助用户更快地学会使用新的产品或系统，或者给用户在不同的产品或系统之间切换时带来更好的体验。

3. 问题解决

问题解决是指按照一定的目标，应用各种认知活动、技能等，经过一系列的思维操作，使由一定的情景引起的问题得以解决的过程（彭聃龄主编，2012）。问题解决是一种复杂的思维过程，需要推理、抽象思维、工作记忆、选择注意、持续注意，以及策略制定等心理活动的配合，才能完成（Kafadar，2012）。

问题解决通常有三个阶段：第一阶段是开始阶段，包括发现问题、确定目标；第二阶段是尝试探讨规律和解决问题的策略，包括确定步骤和子目标；第三阶段为确定状态和完成目标（Plotnik & Kouyoumdjian，2010）。而 Newell 和 Simon（1972）认为，问题解决的过程分为认识过程和搜索过程两个阶段。

问题解决是较复杂的认知活动，人们通常不能在工作记忆中保持超过两个或三个有关问题原因的假设（威肯斯等，2007）。因此在问题复杂的情况下，人会更容易产生错误。影响问题解决的因素有很多。第一，知识会影响问题解决，专家比新手就能够更好地解决问题。第二，无关信息会影响甚至误导问题解决。第三，知识的表征方式会影响问题解决，不同的语言和信息表达会对问题解决造成不同的结果。第四，定势和功能固着会影响问题解决，定势和功能固着可以让问题解决更加高效，但也可以成为抑制的因素。第五，我们的动机和情绪也会影响问题解决，适度增强动机有助于提升问题解决的效率，但同时过强的动机却有可能降低问题解决的效率。此外，乐观、平静等积极情绪也有助于问题解决（彭聃龄主编，2012）。

人的问题解决过程也和其他思维过程一样具有局限性。近年来提出的一种联结主义理论认为人的思维过程是由细胞的联结和同时活动引起的，并不完全遵循逻辑原则。联结单位之间相互发送和接收正值信号（兴奋性信号）和负值信号（抑制性信号）。每一个单位对所接收的信号进行整合后再传送给下一个联结单位。当外界事物出现时，各种信号合作整合，产生一种可能的解释。这样的相互合作和整合是自动进行的，速度非常之快。因此，人们提出的问题解决方案可能只是基于自己以往的经验，而不是逻辑推断的结果。当然，这种新的理论在科学界依然存在争议（诺曼，2010）。但无论如何，人们在解决问题时，都会不可避免地发生错误。在可用性设计中，必须要对用户出错这个因素进行考量。

（六）情绪特征

情绪是以个体的愿望和需要为中介的一种心理活动。情绪由独特的主观体验、外部表现和生理唤醒三种成分组成。主观体验是个体对不同情绪状态的自我感受。不同的人对同样的刺激的情绪体验是不同的，因此我们通常是通过自我报告来获取个人的情绪体验。外部表现也就是表情，包括面部表情、姿态表情和语调表情。生理唤醒是指情绪产生的生理反应。比如人的心率、血压、呼吸频率等等，都会在情绪变化时发生变化。情绪影响我们认知活动的效果，如学习、记忆、创造力等等。

情绪可以分为基本情绪和复合情绪。基本情绪是人与生俱来的情绪，而复合情绪通常由两种或以上的基本情绪组合形成，如图 2-5 所示。

情绪还可以分为积极情绪和消极情绪。积极情绪对人们的认知活动、社会行为都有积极的效果，比如帮助问题解决、改善人际关系等等；而消极情绪则可能会产生负面的影响，消极情绪的长期存在还会导致相应的心理疾病（彭聃龄主编，2012）。

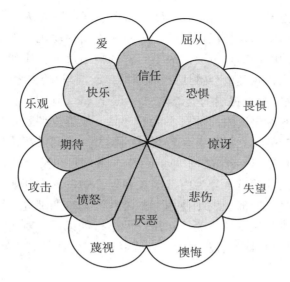

图 2 - 5　基本情绪和复合情绪

注：内圈为基本情绪。外圈为复合情绪的例子，这些复合情绪由两种相邻的基本情绪混合而成。另外，不相邻的基本情绪相混合也可以产生复合情绪。

（来源：彭聃龄主编，2012，414 页）

情绪是用户体验中不可或缺的部分，因为情绪总是和我们的行为交织在一起（Carver & Scheier，1998；Hassenzahl，2010）。Cenfetelli（2004）的研究发现，技术接受模型（technology acceptance model，TAM）在电子商务环境中的易用性和情绪相关，积极情绪与易用性有正相关，而消极情绪则是负相关。另外，Beaudry 和 Pinsonneault（2010）的研究以愤怒、焦虑、兴奋和幸福感这四种情绪为框架，发现这些情绪直接或间接地与用户在工作环境中使用信息技术产品的体验相关。社交网络的使用也和用户的情绪表达直接相关（Lin，Tov，& Qiu，2014）。

（七）动机特征

动机是概括了所有引起、支配和维持生理和心理活动的内部过程。首先，动机激发人的行为；其次，动机将行为指向一定的对象或目标；最后，动机帮助维持行为。因此，动机对人的行为的作用是贯穿且持续的。

动机可分为生理性动机和社会性动机：前者是维持生命最基本的动机；后者是以人的社会文化需要为基础的，比如社交、学习、权利、成就等等。动机的强弱并不和工作效率成正比，太强或太弱的动机都会使工作效率下降。而价值观直接影响人的行为动机，人对目标的价值认定越高，激发的动机也就越强。

动机的诱因理论认为，动机是驱力和诱因综合作用的结果。驱力供给集体力量或能量，使需要得到满足，进而减少驱力。而人的行为由习惯来支配，习惯为行为提供方向。另外，外在环境中的诱因是引发行为、满足个体需要的刺激物，激发个体驱向目标。动机的诱因理论可用公式表示为：

$$P = D \times H \times K$$

式中，P 为有效的行为潜能，D 为驱力，H 为习惯强度，K 为诱因。

动机的归因理论指出，人会把自己的行为归因为内部动机和外部动机。不同的归因方式，会影响人下一次的行动，也会造成不一样的情绪反应。比如，将成功归因为内部动机时，人就会更努力，并且也会感到更积极和自豪（彭聃龄主编，2012）。

Eyal 和 Hoover（2014）提出的成瘾模型（the hook model）在网络公司中获得了广泛的应用，帮助公司开发出让用户欲罢不能的产品。成瘾模型就是从人的动机出发建立的一个让用户能够与产品建立习惯并保持忠诚的模型。成瘾模型由四个部分组成：触发机制（trigger）、行动（action）、奖励（variable reward）和投资（investment）。

触发机制也就是人的动机，分为内部触发和外部触发。内部触发深入用户的内部动机，促使用户使用产品。外部触发则使用一些外在因素，如邮件、链接等引发用户采取行动。行动是人在动机下触发的行为。在用户做出行动以后，对用户进行奖励以维持用户的兴趣。最后，让用户对产品投入一些自己的精力或时间等等，使用户建立使用习惯。

（八）人格特征

人格是一个人的思想、情感及行为的独特模式。这个独特模式包含一个人区别于他人的稳定而统一的典型心理品质。人格由气质和性格组成。气质表现为心理活动的强度、速度、灵活性与指向性，是一种稳定的心理特征，也就是我们说的脾气。性格是一种与社会相关最密切的人格特征，在性格中包含有许多社会道德成分。性格表现了一个人对现实和周围世界的态度，并表现在他的行为举止中（彭聃龄主编，2012）。性格的形成受多方面因素的影响，既有生理因素，也有长期的社会生活因素。

用户使用不同产品时的行为是用户人格的体现。Ferwerda 和 Tkalcic（2018）通过研究用户使用 Instagram 的情况来预测用户的人格。他们的研究发现，视觉特征和内容特征可以预测用户的人格特征。这里的视觉特征是指用户所使用图片的色彩要素，如色相、明度、饱和度等；内容特征是指用户所使用图片的内容。Kosinski 等（2014）通过研究用户使用 Facebook 发现，用户的人格特征影响他们使用社交网络的行为。他们还指出，可以把用户不同的人格特征，应用到内容个性化、搜索优化，或者网络广告改善中。

五因素模型是当前最受认可的人格特质模型，包括外倾性、宜人性、责任心、神经质或情绪稳定性、开放性。Yik 等（2002）认为，这五种特质都会在不同程度上影响人的行为。外倾性高的人通常更热情，有更积极的情绪状态；宜人性高的人往往比较安静、低调，较少参与社会活动；神经质高的人有较多的负面情绪；开放性高的人往往兴趣爱好广泛；责任心高的人做事严谨，行为更有条理性。

每个人的人格都有独特性，个体之间存在很大的差异；同时也具有稳定性，一般来说，不会发生很大的改变。这是因为人格由遗传、社会文化环境和家庭环境因素共同作用而形成。

随着 AI 的发展，现在越来越多的产品和服务通过区分人格特征来满足用户个性化的需求，也有越来越多的推荐系统是以用户的人格为基础建立的。比如，通过五大人格特质分类建立推荐系统，使推荐系统越来越情感导向（Tkalcic, Kunaver, Tasic, & Kosir, 2009）；在推荐系统中根据人格特征推荐个性化的活动方案，以帮助人们改善主观幸福感（Tkalcic et al.，2009）；在音乐流系统中，通过了解用户的人格特征，为用户提供相应的音乐分类方式，以提升用户体验（Ferwerda，Yang，Schedl，& Tkalcic，2019）。

（九）产品使用环境与用户心理特征

产品使用环境包括文化环境、自然或物理环境和社会环境。

文化差异带来的用户使用习惯、思维方式和认知上的差异，是产品设计需要考虑的部分。研究者认为，文化行为准则以基模的形式存在于我们的大脑中。基模是一种知识结构，由一般规则和信息组成，用于解释情境，指导人们的行为（诺曼，2010）。一般而言，违背文化行为准则的设计很难在该文化背景下被用户认同和使用。

用户在不同的自然或物理环境下使用产品会产生迥异的体验。室内外环境、天气情况、用户的穿着类型都是产品使用的自然或物理环境（威肯斯等，2007）。就互联网来说，电脑屏幕尺寸和分辨率的不同、浏览器的不一致、网络运行速度的差异都属于物理环境的差异。在工作场所，不同的光照条件会影响工作人员的工作效率和健康。不充足的光照条件会增加任务操作失败甚至造成伤害的风险。在商业场所，使用不同的光照条件，也会给购物者带来不同的体验。

随着智能产品的不断开发，用户对产品的社会使用环境有了更高的要求。比如，智能家居产品的使用就需要与家庭环境相匹配。再比如，在社会环境中进行面部表情识别、手势识别、人脸和身体追踪等，都要求对环境的复杂性进行考量（董建明等编著，2016）。另外，在社会环境中使用智能产品还要注意保护用户的安全与隐私。

关于产品使用环境，本书第四章将有较为详细的论述。

（十）特殊人群与用户体验设计

早期的用户体验研究主要针对一些精通科技的年轻人，然而，随着科技产品的普及化，老年人、儿童、残疾人等都成了科技产品的使用者。这些人群对产品有着特殊的需求，因此也是用户体验设计中需要考虑到的重要因素。例如，《Web 内容无障碍指南》（WCAG 2.0；ISO/IEC 40500：2012）就为 Web 设计提供了如何增加特殊人群可用性的建议。

针对不同特殊人群的特殊需求，我们也会设计出截然不同的产品。比如，为了保护儿童，我们会使用安全锁等方式来增加产品操作的难度。但是，这种看似不易用的设计并不代表这个产品真的难以使用，而只是从特殊人群的角度出发进行的设计。

在美国，截至 2019 年的一项人口普查显示，65 岁以上的老年人中有 73％ 在使用网络。但随着年龄的增长，人体的各种感知和运动机能都会退化，比如光敏度、对眩光的抵抗力、动态和静态视力、视觉搜索和模式识别能力等的下降。这些都会影响他们使用产品界面的效果（Camisa & Schmidt，1984）。然而，现今针对老年群体的用户体验设计却远远无法满足他们的需求。

在中国，根据中国残疾人联合会公布的数据，2010 年末，中国的残疾人总数超过8 000 万。联合国的数据则显示，2014 年，中国的残疾人总数超过 1 亿。很多的残疾人不仅能够生活自理，也同样对科技产品有较高的需求。

　　世界上大约有 10％的人有着不同程度的色弱和色盲，他们中的很多人和正常人一样每天有使用网站和 App 的需求。因此，我们在产品设计上要充分考虑到这些人的需求。比如使用单色进行设计，然后将颜色作为冗余编码信息，从而帮助色弱色盲用户在使用产品时可以有效提取到需要的信息（威肯斯等，2007）。再比如，利用手机智能语音助手的功能，将色弱色盲用户的需求结合进设计中。

　　特殊人群有着身体灵活性低、反应速度慢、视力听力弱等特征。如果忽视这些用户的这些特征和需求，那么对他们来说，用户体验将会是极差的。设计师需要在设计中考虑特殊人群的特征，增加产品的使用弹性，允许用户根据自己的需求进行调整，从而增加用户的广度（诺曼，2010）。

第二节　用户需求

一、需求概述

　　需求是有机体内部的一种不平衡状态，表现为有机体对内部环境和外部生活条件的一种稳定要求，并成为有机体活动的源泉。这种不平衡状态包括生理的和心理的。需求得到满足时，不平衡状态会暂时消除；但当出现新的不平衡时，新的需求又会出现。

　　最早的需求理论是 Murray 在 1938 年提出的。他认为，需求有初级和次级两大类：初级需求由生理过程产生，帮助个体应对特定的刺激或事件，使躯体达到正性或负性的状态；次级需求则由初级需求产生，受其影响，次级需求共有 17 种，但相互之间没有等级之分。

　　现在被广泛引用的需求理论是马斯洛的需求层次理论。他提出，人的需求从最基础的生理需求开始，到安全需求、归属与爱的需求，递进到尊重需求，最后是自我实现需求。低层次需求的满足是更高层次需求的基础，需求层次越低，力量却越强大。这些不同层次的需求，是激励和指引个体行动的力量。生理需求，是对生存和繁衍的需求，如饮食、呼吸、睡眠、性等。安全需求，是对稳定、受保护、有秩序、能免除恐惧和焦虑等的需求。归属与爱的需求，是与其他人建立感情的需求。尊重需求，是对自尊等的需求。自我实现需求，是实现自己的能力和潜能的需求。见图 2-6。马斯洛的需求理论在诸多领域都得到了应用和扩展，如消费心理学的消费者六大需求（Foxall & Goldsmith，1995）、个体使用媒介所表达的五大需求（Katz, Blumler, & Gurevitch, 1973）等。

二、用户需求的分类

　　在马斯洛需求层次的基础上，有研究者提出了五种用户需求，分别为感觉需求、交互需求、情感需求、社会需求和自我需求（罗仕鉴，朱上上编著，2010）。这些需求层层递进，如图 2-7 所示。

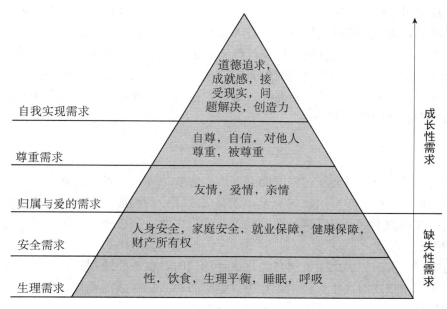

图 2-6　马斯洛需求层次理论

（来源：彭聃龄主编，2012，371 页）

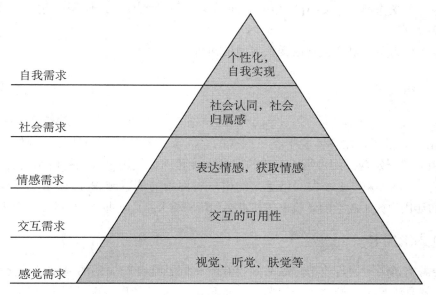

图 2-7　用户需求的层次

（来源：罗仕鉴，朱上上编著，2010，17 页）

（一）感觉需求

感觉是产品用户体验的第一步，是用户对产品的生理感受，包括视觉、听觉、肤觉等。研究发现，让用户最不满意的体验通常是由最直接的生理感受问题带来的（Partala & Kallinen，2012）。在感官审美上令人快乐的产品能让用户更好地工作，用户会主观上认为这类产品可用性更高。Kurosu 和 Kashimura（1995）的研究就发现，在功能和操作完全相同的两台自动提款机的比较中，人们认为界面设计美观的机器更易用。

感觉需求是用户需求的基础，但是仅仅满足感觉需求是不够的。某些产品为了追求极致的美观体验，忽略了用户使用时的其他需求。比如，某些让用户不知应该是推还是拉的门、某些让人无从下手的遥控器等，这些产品的设计都因为无法满足用户的交互需求，而造成产品设计的失败。

（二）交互需求

交互需求是人与产品交互过程中能够准确、有效地完成任务，达到自己使用产品目的的需求，也就是用户对可用性的需求，涉及完成任务的时间、效率、是否顺利等。可用性研究中使用的指标——可学习性、效率、可记忆性、容错率和满意度等就是对交互需求的检测。

人有控制的需求，因此在重视自动化设计的同时，也不能忽视用户的控制权，过度追求自动化。用户在与产品交互的过程中，追求可供自己探索的系统。但是，想要设计出可供用户探索的系统，必须满足以下三个条件（诺曼，2010）：

- 在系统的每一个状态下，用户能够轻易地看出哪些操作是允许的。
- 每一个操作所产生的结果必须显而易见、易于解释，以便用户建立正确的心理模型。
- 操作行为不应对产品造成无法挽回的损害。

（三）情感需求

情感需求是人在操作产品过程中表达情感，以及获取情感的需求。Hassenzahl（2010）指出，情感是用户体验中不可或缺的，甚至可能处于核心地位。例如，对 Facebook 使用的研究发现，用户情感表达的需求直接和用户使用个人网络的密度、个人网络的大小有关，Facebook 上个人网络越大的用户表现出的情感越积极（Lin，Tov，& Qiu，2014），而让用户最不满意的体验也往往直接和情感相关（Partala & Kallinen，2012）。

（四）社会需求

社会需求是用户通过使用产品来获得社会认同、社会归属感的需求。社交网络的流行和普及就是满足了人们的社会需求，比如 Facebook 的使用就满足了人们维持社交关系和融入社会的需求（Joinson，2008）。同样，用户通过使用微信与他人进行交流，也能产生较强的归属感（Church & de Oliveria，2013）。玩网络游戏也是对用户社会需求的满足，其中涉及社交、和他人保持长期有意义的关系，以及团队合作（Yee，2006）。

（五）自我需求

自我需求是指用户实现个性化体验，并在产品使用中达到自我实现的需求。网络游戏会使青少年沉迷其中从而危害身心健康，但不可否认的是，网络游戏之所以让人如此深陷其中，是因为网络游戏能够满足人们自我实现的需求，比如升级和获取能力（Yee，2006）。另外，网络游戏也能满足人们的社会需求（如社交）、情感需求（如宣泄情绪），以及感觉需求（如在感官上得到愉悦）。研究发现，最让用户满意的体验往往都是个性化体验；反之，没有满足个性化需求往往会导致不满意的用户体验（Partala & Kallinen，2012）。

三、用户需求的特征

（一）用户需求的层次性

研究各个层次的用户需求，有助于设计出层次完整的产品。从用户需求出发，更能创造出以用户为中心的新的设计和体验模式（罗仕鉴，朱上上编著，2010）。与用户的五层需求相对应的设计理念自下而上有：美学设计、交互设计、情感化设计、品牌战略设计、个性化定制设计（见图2-8）。产品设计能满足的用户需求层次越高，给用户带来的体验就越优质，从而带来塑造品牌形象的作用。

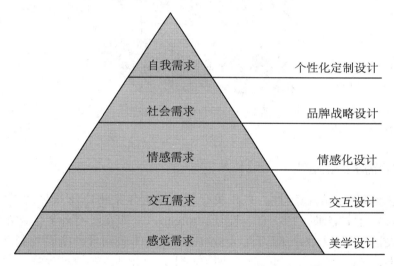

图2-8 用户需求层次与设计理念

（来源：罗仕鉴，朱上上编著，2010，20页）

基于网站设计，Garrett（2000，2011）提出了用户体验元素模型，认为用户体验设计存在五个平面：决策平面（the strategy plane）、范围平面（the scope plan）、结构平面（the structure plane）、骨架平面（the skeleton plane）和表面平面（the surface plane）。这五个平面自下而上层层递进，只有当下层平面被满足时，上层平面才能得到推进。也就是说，每一平面都是上一层平面实现的基础。不仅如此，元素模型还有着自下而上的涟漪效应（ripple effect），即下一层的决策会对上一层的决策产生不可逆转的效果。因此，最底层的决策平面就显得尤为重要，而决策平面的其中一个关键要素就是用户需求（见图2-9）。

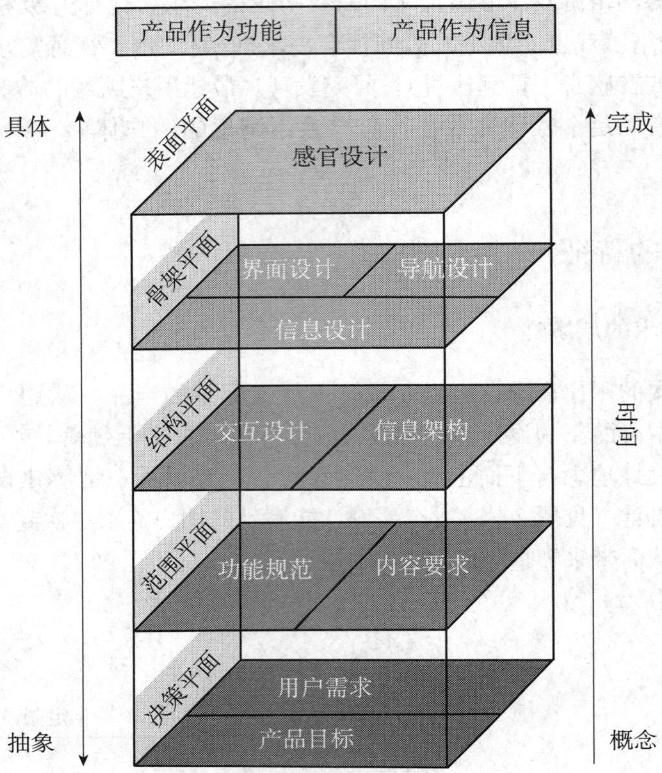

产品作为功能	产品作为信息

具体 ←——→ 完成

表面平面 —— 感官设计

骨架平面 —— 界面设计 / 导航设计
信息设计

结构平面 —— 交互设计 / 信息架构

范围平面 —— 功能规范 / 内容要求

决策平面 —— 用户需求
产品目标

抽象 ←——→ 概念

时间

图 2-9　用户体验元素模型

（来源：Garrett，2000）

（二）用户需求的稳定性

用户需求具有一定的稳定性。自我决定理论是近年来被广泛认可的需求相关理论，该理论认为人的基本需求包括：自主性（autonomy），即在没有外界影响的前提下，能积极自主地决定自己的行为；能力（competent），即体验到自己能够控制环境和能够可靠地预测结果；关联性（relatedness），即关心他人，和他人建立联系。这三种需求决定了个人幸福感（Deci & Ryan，2000；Reis et al.，2000）。自我决定理论认为人的基本需求能预测个体的一系列积极感受，并且这种预测在一定程度上不受文化和地区的影响，具有一定的稳定性（Ryan & Deci，2008）。

另外，从人格的视角来看，个体内部的需求也是稳定的。Murray（1938）认为，个体之间的人格差异是由人生来就有的一系列需求的差异造成的。因此，如果说人的人格具有稳定性，那么人的需求也应该具有稳定性。

（三）用户需求的成长性

如果说用户需求的稳定性是开展用户研究的基础，那么用户需求的成长性就是用户研究的动力。就像前面的多层次模型所示，用户需求包含从低到高的发展过程，虽然短期内可能是相对稳定的，但长期来看则具有成长的动态特性。正是由于用户需求的成长性，以用户为中心设计（UCD）的理念才强调要不断开展用户研究，来洞察用户需求。

经过二十多年的实践发展，如今以用户为中心设计的重点或产品竞争点已经不再仅仅是单一的可用性和用户行为特征，而是用户体验驱动的多层次的用户需求。因此，设计者应该根据用户的任务目标系统地考虑各个层次需求相对于整体设计的优先权，同时还应考虑如何采用有效的人机交互模型将多层次的用户需求体现到设计中（许为，2017）。

如今人工智能快速地渗透到日常产品中，给人们带来的不仅是技术创新驱动下的产业升级，更带来了用户体验的升级。人工智能将人和产品的交互向更自然的一面推进，如手势和语音交互等。这些新的交互方式也需要新的用户需求研究做后盾，这样才能真正给用户带去更自然的交互体验。

人的自我实现需求在人类的发展长河中一直推动着社会和科技的进步；与此同时，社会和科技的发展也在进一步改变人的自我实现需求。可见，需求是从不平衡到满足，再到从新的不平衡到新的满足的动态循环过程。因此，以用户为中心设计也要保持发展和变化，这样才能真正满足用户需求的成长性要求。

（四）用户需求的差异性

通用性设计尽管能满足大多数人的需求，但是，仅仅考虑通用性是不够的。以用户为中心设计需要面对的是不同的人群。不同的文化下，人们的需求也有所不同，尤其是情感需求、社会需求、自我需求这样的成长性需求和文化有着密不可分的关系。不同的生理条件下，人们的需求也有所不同。红点（Red Dot）概念设计大奖作品 Accordion Bathtub 正是同时满足了成人和孩子的不同需求，设计出可以根据人体变化而变化的浴缸（引自罗仕鉴，朱上上编著，2010）。

人的需求还会因产品使用的环境等有所差异。比如对于手持移动设备、可穿戴设备，在设计时要充分考虑用户在不同的环境或状态中的需求差异，为用户带来适合于当前使用场景的优质体验。

四、为什么要满足用户需求？

Norman 强调，用户体验设计的第一要务就是满足用户的需求（诺曼，2010）。人的基本心理需求是推动人作为用户去采取行动的动力，因此，满足用户不同层次的需求可以给用户带来良好的体验（Hassenzahl，2008；Hassenzahl，Diefenbach，& Gordita，2010）。以用户为中心设计实质上就是强调设计时以用户需求为源头，因为只有从用户需求出发才能带来优质的用户体验（Partala，2011）。

当然，用户需求和企业的商业目标并不是完全吻合的。因此，用户体验研究人员需要了解用户需求，寻求其和商业目标相契合的部分。比如广告，用户不想要广告，但是企业需要广告来盈利。因此，广告也成了用户体验的组成部分，企业需要通过软件搜集用户信息，了解用户的人口统计学、地域、以往的行为等特征，从用户的角度来设计广告（古德曼等，2015）。

关注用户需求能够更好地辅助实现商业目标，因此商业目标要包含能为用户带去的价值。在当前产品的技术差异化日益缩小的情况下，最大限度地满足用户需求就成了产品能给用户带去的最能体现产品差异化的价值。

关注用户需求的企业，能够获得更高的用户忠诚度。品牌是以消费者为中心的概念，消费者在使用某一品牌产品时，不仅有物质方面的体验，也有精神方面的体验。当不同产品都能满足用户物质体验的情况下，消费者就更愿意将目光放在能给自己带来更高精神体验的产品上。比如，宝马、奔驰汽车给消费者带来的身份象征，满足了用户的社会需求；星巴克给消费者带去的浪漫小资的体验，满足了用户的情感需求；等等。再如，很多电脑游戏的开发就是从满足用户心理需求角度出发的，通常能获得用户的高度忠诚，甚至使用用户产生成瘾行为（罗仕鉴，朱上上编著，2010）。

五、用户需求的获取

用户的需求是通过用户研究来获取的，用户研究通常有定性和定量的方法。定性的用户研究方法主要包括问卷法（也可获取定量的结果）、观察法、访谈法、焦点小组法等，定量的方法有实验法等。详细内容参见第三章。

六、构建用户需求的文档

为了更好地将用户需求应用到产品开发中，同时也为了更好地记录和表征用户需求，将以用户为中心设计的理念推广到组织中，为项目团队建立更好的沟通，可以采用多种工具来构建用户需求的文档，包括人物画像、用户旅程图。详细内容参见第三、五、八章。

概念术语

用户，全部用户体验，用户旅程图，成功矩阵，设计思维，敏捷开发模式，人口学，视觉，色盲，视觉对比，侧抑制，听觉，耳廓效应，听觉适应，听觉疲劳，肤觉，适应性，注意选择性，感觉冲突，简单反应，复杂反应，疲劳，反应准确性，失误，记忆，短时记忆，工作记忆，长时记忆，图式，脚本，心理模型，认知地图，再认，回忆，遗忘，可记忆性，思维，概念形成，推理，问题解决，情绪，基本情绪，复合情绪，动机，诱因理论，归因理论，成瘾模型，人格，五因素模型，文化环境，自然或物理环境，社会环境，特殊人群，需求，需求层次理论，用户需求，感觉需求，交互需求，情感需求，社会需求，自我需求，用户体验元素模型

本章要点

1. 用户首先是人，具有人类的普遍性和交互性属性。

2. 用户是实体产品、系统或服务的全部过程的使用者。

3. 研究用户首先为产品设计提供了设计的核心和基础，让设计人员有了设计的依据，为验证设计提供了检验的方向。其次，用户研究促进了产品的开发过程。最后，用户研究为企业提供了商业目标，并将企业不同部门团结起来，提高了商业决策的效率。

4. 人口学有助于研究不同分组的用户特征。

5. 人类获取信息的通道有视觉、听觉、肤觉等。用户研究应考虑到感知觉的特征，如适应性、注意选择性、感觉冲突等。

6. 人的行为反应特征，如疲劳、失误等会影响用户体验。

7. 用户与产品交互时出现的疲劳、反应准确性变化、失误都是我们在以用户为中心设计中需要注意的因素。

8. 人的记忆，如短时记忆、工作记忆和长时记忆，有其特征和局限。记忆的提取也有不同的方式，并且遗忘是不可避免的。在用户体验研究中，都不能忽视这些用户特征。

9. 思维主要表现为概念形成、推理和问题解决，它们都会影响人们使用产品时的体验。

10. 情绪不仅会影响用户的认知活动，也会影响用户在使用产品时的体验。

11. 动机是用户体验研究中非常重要的用户特征，能帮助开发出更让用户有忠诚度的产品。

12. 人格是每个人独特的用户特征，也可以用于预测用户体验，开发更个性化的体验。

13. 产品使用环境对用户体验有着深刻的影响，如文化环境、自然或物理环境、社会环境，都是用户体验研究中需要注意的方面。

14. 在用户体验设计中，必须考虑到特殊人群的需求。

15. 马斯洛的需求层次理论是后来各个领域需求理论的基础。用户需求的层次也在这个基础上提出，分别为感觉需求、交互需求、情感需求、社会需求和自我需求。

16. 不同层次的用户需求层层递进，互相影响。在以人为中心设计中，只有满足用户需求才能给用户带去优质的体验。

17. 用户需求的特征包括层次性、稳定性、成长性和差异性。

18. 用户体验设计的第一要务就是满足用户的需求。

复习思考题

1. 用户作为人的基本属性是什么？
2. 什么是用户？
3. 研究用户对产品设计的意义是什么？
4. 研究用户对产品开发的意义是什么？
5. 研究用户对商业决策的意义是什么？
6. 用户的感知觉特征有哪些？如何应用？
7. 用户的行为反应特征有哪些？如何应用？

8. 用户与产品交互中有一些什么特性？

9. 用户的记忆特征有哪些？如何应用？

10. 用户的情绪特征有哪些？如何应用？

11. 用户的动机特征有哪些？如何应用？

12. 用户的人格特征如何影响用户体验设计？

13. 哪些产品使用环境会影响用户体验？怎样影响？

14. 特殊人群是指哪些人群？为什么要关注他们的用户体验？

15. 什么是用户需求？

16. 用户需求特征有哪些？

17. 为什么要满足用户需求？

拓展学习

董建明，傅利民，饶培伦，等. 人机交互：以用户为中心的设计和评估. 5 版. 北京：清华大学出版社，2016.

诺曼. 设计心理学. 北京：中信出版社，2010.

彭聃龄. 普通心理学. 4 版. 北京：北京师范大学出版社，2012.

许为. 再论以用户为中心的设计：新挑战和新机遇. 人类工效学，2017，23（1）：82-86.

古德曼，库涅夫斯基，莫德. 洞察用户体验：方法与实践. 2 版. 北京：清华大学出版社，2015.

Pew Research Center. Internet/broadband fact sheet. （2019-06-12）. https：//www. pewinternet. org/fact-sheet/internet-broadband/.

第三章

用户研究方法

教学目标

- 了解问卷法、观察法、访谈法、焦点小组法、人物画像法和实验法的定义，以及它们的主要特点、不同分类、实施流程和数据分析。
- 了解问卷法的设计步骤、问卷的信效度，以及问卷研究中需要注意的问题。
- 了解访谈法的实施技巧，以及访谈数据的分析。
- 了解人物画像的创建和使用，以及研究中需要注意的问题。
- 了解实验法的实验设计（实验变量及其控制），以及实验数据分析中的描述统计和推断统计（非参数检验、参数检验）。

学习重点

- 第一节重点：掌握问卷设计方法，理解问卷信度和效度，掌握问卷施测过程。
- 第二节重点：了解观察法，掌握观察法的实施和数据分析。
- 第三节重点：了解访谈法，掌握访谈法的实施和数据分析。
- 第四节重点：了解焦点小组法，掌握焦点小组法的实施和数据分析。
- 第五节重点：了解人物画像法，理解人物画像的创建过程和使用，注意人物画像法使用问题。
- 第六节重点：了解实验法，理解实验设计，掌握实验法的实施和数据分析。

开脑思考

- 如果你要对一款游戏的界面设计进行用户调研，你会选择什么方法来开展？
- 如果你有一家公司，那么你会如何分析你公司产品的客户群体？

用户研究通常指的是针对用户的可用性研究或者用户体验研究。研究的内容主要有用户特征、用户需求、用户使用场景和用户任务等。在以用户为中心的产品设计开发流程中，用户研究是极为重要的一环。本章主要论述用户研究的基本方法，包括问卷法、观察法、访谈法、焦点小组法、人物画像法和实验法。值得注意的是，这些方法也可以用于产品的可用性测试或者用户体验测评。

第一节　问卷法[①]

一、概述

问卷法也称问卷调查法，是一种通过问卷收集数据的研究方法。

19世纪末20世纪初，国外的心理学家就开始使用问卷法研究人的心理、精神和人格等方面的问题。到了20世纪30年代，商业机构和教育机构开始大量使用问卷法进行相关问题的研究。在这个时期，问卷法的科学性得到了进一步的发展和规范。

在用户研究中，问卷法大多用来了解用户对各种产品设计的主观评价和偏好，也用来获得诸如用户年龄、身高、教育程度等基本数据。

问卷法相比其他研究方法有以下三个特点：

- 效率高。该方法可以在短时间内获得大量的数据信息，而且不用投入太多的资金和人力。
- 数据便于统计分析。问题的表达、提问的顺序、回答的方法都经过严格的设计，得到的数据可以方便地进行统计分析。
- 数据的可靠性易受到受测者的态度等各种因素的影响。问卷施测时，受测者对测试的态度和对问卷中各种问题的理解都会影响到问卷数据的可靠性。

基于上述三个特点，使用问卷法进行用户研究时，需要考虑到研究目的和具体实施的要求，合理地设计问卷，认真执行问卷施测，对问卷进行信度和效度的检验，并规范化地进行数据处理，撰写问卷调查报告。

二、问卷设计

（一）问卷的组成

问卷设计首先要明确问卷的基本组成。通常，完整的问卷包含标题、卷首语（封面语）、指导语、问卷主体和结束语等五个部分。

1. 标题

问卷的标题就是问卷的名称。问卷标题应能简明扼要地把问卷要调查的内容概括出来。

---

① 本节部分参考了葛列众主编的《工程心理学》（2012）。

2. 卷首语

卷首语是问卷的说明语。卷首语中需要说明问卷调查的内容，包括调查目的、保密措施声明（如问卷匿名的保证等）、填写要求、感谢语和问卷施测方的身份与联系方式等。

3. 指导语

指导语用于告知受测者如何填写该问卷。有总指导语和分指导语两种指导语。总指导语是对问卷所有题目填写的说明，一般写在卷首语最后，如："问答本问卷的题目时最多只能选择1个答案。"分指导语是对问卷主体中部分题目填写的说明，如："如果本题选择'是'请跳过第3题，从第4题开始回答。"

4. 问卷主体

问卷主体是问卷的主要部分，包括基于研究目的的具体问题，以及受测者基本信息这两大部分。具体问题是问卷的主要内容。受测者的基本信息，通常包括人口统计学信息（如性别、年龄等），以及其他信息（如"您每天使用几小时电脑?"）。

5. 结束语

问卷的结束语指的是位于问卷主体部分之后，用来结束问卷调查的简要说明。结束语通常用于问卷施测方对受测者的感谢，以及对切勿缺项或复核等工作的提醒。

（二）问卷设计步骤

问卷的设计有确定框架、起草问卷、测试问卷和问卷定稿这四个步骤。

1. 确定框架

确定问卷框架时，可以按照研究目的和假设列一个明细表。该列表由与研究相关的问题和这些问题的具体表现组成。明细表有助于根据研究目的决定问卷中各种问题的维度。

2. 起草问卷

起草问卷时，要根据受测者的理解能力，确定合适的题目，并选择合适的回答方式。同时，还要注意问卷的结构，包括问卷指导语、每个问题和结束语的排版，每个问题的顺序，等等。

3. 测试问卷

这里的测试问卷是指问卷的预测试，可以用来检验问卷在实际测试情境中的可操作性。

4. 问卷定稿

问卷定稿是问卷设计的最后一个步骤，通常在测试问卷的基础上，修改问卷初稿，并最终定稿。

（三）问卷题目类型

对于问卷题目，主要有以下两种分类方法。

1. 根据内容分类

根据问卷题目内容的不同，问卷题目可以分为行为类问题、态度类问题和背景类问题三个大类。其中，行为类问题的内容与受测者的行为特点和规律相关，这类问题如："请问您通常使用什么手机 App 查看新闻？"态度类问题的内容与受测者的态度、意见等主观感受和主观认识相关，这类问题如："您对××聊天 App 的聊天页面设计是否满意？"背景类问题的内容与受测者的一些背景资料和信息相关，这些背景资料和信息主要有人口统计学信息（如姓名、性别、年龄、职业、学历等）和相关经验（如产品的使用时间）。通常，可以根据背景类问题对受测者做不同人群的分类分析，从而反映不同类型受测者的问卷回答情况。

2. 根据备选答案的类型分类

根据问卷题目备选答案类型的不同，问卷题目可以分为开放型问题、封闭型问题和半封闭型问题三个大类。其中，开放型问题指的是一种只提问题，不规定答案，让受测者自主作答的问题形式，例如："您觉得现在××购物网站有什么需要改进的地方？"

封闭型问题也称为限定型问题或定选型问题，是一种已经事先规定好若干项可能答案或者限定答案，让受测者选择合适的答案填写的问题形式。根据限定选项的个数和是否需要对答案进行排序，封闭型问题又可以分成多项单选、多项多选、多项任选和多项排序等四种形式。具体的案例如下：

> 请问您喜欢哪款手机？
> A. 苹果　　B. 小米　　C. 三星　　D. 华为　　E. OPPO　　F. vivo

在上述例题中，即使问题和备选答案都相同，但如果指导语不同，则要求受测者做出的选择和回答，以及问卷题目类型也是不同的。

- 如果指导语是"请从答案中选出一款您最喜欢的手机品牌"，那么这是要求受测者在多个备选项目中选择一项作为对问题的回答。这种问题的类型是多项单选。
- 如果指导语是"请从答案中选出三款您最喜欢的手机品牌"，那么这是要求受测者在多个备选项目中选择三项作为对问题的回答。这种问题的类型是多项多选。
- 如果指导语是"请从答案中选出若干款您最喜欢的手机品牌，个数不限"，那么这是要求受测者在多个备选项目中选择若干项作为对问题的回答。这种问题的类型是多项任选。
- 如果指导语是"请从答案中选出三款您最喜欢的手机品牌，并按重要性程度排序"，那么这是要求受测者在多个备选项目中选择三项并排序作为对问题的回答。这种问题的类型是多项排序。

半封闭型问题，又称为混合型问题。通常，半封闭型问题之后有若干个备选答案提供给受测者作选择，也有留白［"其他____"］，以便受测者在备选答案不足以完全反映实际情况时，按自己的意愿回答问题。半封闭型问题的题型如下：

> 请问您最喜欢哪款手机品牌？
> A. 苹果　B. 小米　C. 三星　D. 华为　E. OPPO　F. vivo　G. 其他____

在问卷研究的实际操作中，需要按照研究的目的和要求选择合适的问卷题目类型。

三、问卷的信度和效度

问卷信度是指问卷测试的可靠性程度。根据不同的测试条件，问卷信度可以用内部一致性、复本信度、重测信度和对半信度等不同的相关系数表示。问卷效度指的是有效性程度，即问卷测试确实能测出其所要测试特质的程度。常用的效度有内容效度、效标关联效度和建构效度三种。问卷的信度和效度越高，越能保证问卷测试的科学性。

（一）问卷的信度

问卷信度通常用相关系数表示。内部一致性、复本信度、重测信度和对半信度等是常用的信度指标。

1. 内部一致性

内部一致性指的是问卷内部所有题目间的一致性程度。内部一致性常使用阿尔法系数和协方差矩阵这两种方法来计算。[①]

2. 复本信度

复本信度指的是使用两个严格平行的问卷复本测试同一组受测者，然后计算同一组受测者在两个不同复本上所得结果的相关系数。在实际操作中，为测试建立完全平行的问卷复本通常花费较高，并且难以编制。

3. 重测信度

重测信度指的是使用同一问卷在两个时间段测试同一组受测者，然后计算得出的同一组受测者在两个不同时间段所得结果的相关系数。重测信度受到测试环境、测试时间等因素的影响。前后两次测试的环境的不同会造成一定程度的测试误差。两次测试的间隔时间越长，通常测试误差越大。但是，当两次测试的间隔时间较短时，受测者往往能够回忆出第一次测试时的问题及其答案，这也会造成一定程度的测试误差。

4. 对半信度

对半信度指的是把问卷测试的结果随机分成两半后，计算得出的这两半问卷结果之间的相关系数。

（二）问卷的效度

常用的问卷效度有内容效度、效标关联效度和建构效度三种。

1. 内容效度

内容效度指的是问卷的题目所测得的内容能够包含问卷所需测量的整个领域、技能或行为等范围的程度。一个设计良好的问卷所测得的结果能够真实反映出受测者对所测内容的态度、反应或行为等。

2. 效标关联效度

效标关联效度即预测效度，指的是问卷所测得的结果与通过其他方式获得的"金标

[①] 这里的信度计算和下面各种信度的计算请具体参见心理测量相关书籍（例如戴海崎等主编，2011）。

准"之间的相关。例如，操作负荷问卷得分与受测者的操作绩效之间的相关就可以作为该问卷的效标关联效度。效标关联效度会受到群体差异、问卷长度、效标污染等许多因素的影响。

群体差异的影响指的是选取的测试用户群体的性别、年龄、人格特点对效标关联效度的影响。受测者群体越同质，效度系数越低。此外，作为某个效标的预测问卷，不仅要对一个用户群体有较高的效标关联效度，对另外一个用户群体也应该有较高的交叉效度（cross validation）。交叉效度指的是，对不同的用户群体施测同一问卷的结果在不同的用户群体中保持一致的程度。

问卷长度对效标关联效度的影响表现为：增加问卷长度，并在特征差异较大的用户群体中施测可得到较高的预测效度；相反，则较低。

效标污染指的是研究人员所选取的效标本身或效标测量的方法存在问题对效标关联效度造成的影响。

3. 建构效度

建构效度指的是问卷符合研究者的构思的程度。可以通过多种方法检验问卷的建构效度，如专家测评、计算问卷之间的相关等。

问卷信度和效度是比较复杂的问题，在使用问卷法进行用户体验研究时，建议研究者进一步参考相关的心理测量书籍（例如戴海崎等主编，2011）。

四、问卷施测

问卷施测就是发放、要求填写、回收问卷的过程。问卷施测有很多种方式。

根据施测时是否在线，问卷施测可以分成离线和在线施测。离线施测也称纸笔施测，是传统的问卷施测方式，要求受测者用笔在纸质问卷上填写相关内容。在线施测是在相关网站的网页上呈现问卷，要求受测者通过点击在网页上填写相关内容。相比于离线施测，在线施测更加便捷、成本更低，但受测者的匿名性更容易对问卷数据的可靠性产生不良影响。

根据施测时的填写方式，问卷施测可以分成自填式施测和代填式施测。自填式施测要求受测者本人亲自填写问卷。代填式施测则是由施测者按照受测者的叙述填写问卷。问卷研究通常采用自填式方式。但是，当受测者不在现场，需要施测者通过电话与之沟通时，或者当受测者文化程度不高，不能通过阅读填写问卷时，就需要采用代填式施测。

在实际操作中，常常需要研究者根据具体的情况选择合理的、可操作性强的问卷施测方式。

问卷施测中，问卷回收率是个重要的指标。通常要求问卷的回收率应不低于70%（周德民，廖益光，曾岗主编，2006）。另外，问卷样本量与统计置信度（如95%）和用户总体数等因素有关。一般来说，为保证同一水平上的统计置信度，用户总体数越小，需要的问卷样本量占用户总体数的比例越大。

问卷回收后，就需要进行编码录入和数据处理，并最终形成研究报告。问卷数据的处理可以用 Excel 或 SPSS 之类的专用软件完成。

问卷结果统计后，需要撰写问卷调查报告。一个完整的问卷调查报告至少应该包括调查目的、调查方法的详细描述（样本、方法等）、调查结果（结果数据、研究结论和各种支持研究结论的图表等）、问卷的信效度检测，以及其他附录文档（调查问卷、样本等）。

值得注意的是，在用户研究中，也经常需要对智力、能力、成就和个性等用户的心理特征进行测量。通常，采用测验法对这些心理特征进行测量。测验法也属于问卷法，但测验法往往采用标准化的测试材料（各种测试量表），而且需要把测量的结果和常模[①]进行比较，进而对所测的心理特征做出评价。用户研究中经常用到测验（测试量表）有智力测验（intelligence tests）、能力倾向测验（aptitude tests）、成就测验（achievement tests）和人格测验（personality tests）。关于测验法，可具体参见心理测验相关书籍（例如陈国鹏主编，2005）。

五、问卷研究中需要注意的问题

为了保证问卷研究在实际操作中的有效实施，达到预定的研究目标，需要注意以下问题。

（一）选用、编制合适的问卷

如果有现成的经过信度效度检验的问卷，可以选用现成的问卷，但不能随意将若干问卷叠加使用，或随意增减、修改问题条目。如要编制问卷，编制人员需要具备相关专业知识以确保问卷题目与研究目标相匹配。问卷在编制或使用之前都需要经过信度和效度的检验。DeVellis（1991）提出，信度系数为 0.66～0.70 的问卷可勉强接受，为 0.70～0.80 的问卷可接受，为 0.80～0.90 的问卷较为理想。

（二）选用合适的语言

编制问卷时，编制人员必须充分了解研究目的和受测者，选用受测者熟悉的语言，清晰、准确、简短地表达题项，避免使用行话或者技术术语。

（三）注意用词

编制问卷过程中，编制人员应采用中性态度对题项进行表述，避免使用诱导性或暗示性的词语。施测时，研究人员应采用中性态度回答受测者提出的问题。与此同时，研究人员应尊重受测者的隐私权，受测者有权决定是否回答关乎他们自身信息的问题。

（四）注意防止反应定势

反应定势（response set）指的是受测者不顾问卷题目内容的差异，都采用某一特定

---

① 常模（norm）是一种参照标准，是指有一定代表性且数量足够大的样本（即标准化样本）在某项测验上的分数分布。在解释测验结果时，常模可作为评价受测者成绩的标准。根据分数的性质，常模可分为百分位常模和标准分数常模等（林崇德，杨治良，黄希庭主编，2004）。

取向来进行回答。最常见的反应定势为默许心向反应（acquiescence）和社会期望反应（social desirability）。使用反向词语可以防止出现反应定势，特别是默许心向反应。这种方法旨在鼓励受测者更加仔细地阅读问卷的每个题项。例如，系统可用性量表（System Usability Scale，SUS）中的偶数题（第 2、4、6、8、10 题），就应用了反向词语来表述题项（如表 3-1 所示）。

表 3-1　系统可用性量表（SUS）示例

	非常不同意				非常同意
我愿意经常使用这个系统。	1	2	3	4	5
我觉得这个系统过于复杂。	1	2	3	4	5
我认为这个系统容易使用。	1	2	3	4	5
我想我需要技术人员的协助，才能使用这个系统。	1	2	3	4	5
我觉得这个系统的各种功能彼此整合得很好。	1	2	3	4	5
我认为这个系统内有太多的不一致。	1	2	3	4	5
我可以预见大多数人能很快学会使用这个系统。	1	2	3	4	5
我觉得这个系统使用起来非常困难。	1	2	3	4	5
我很有自信能够使用这个系统。	1	2	3	4	5
我需要先学习很多知识，才能开始使用这个系统。	1	2	3	4	5

（五）合理使用首页和知情同意书

在施测前还应向受测者发放首页和知情同意书。首页用于介绍研究者的身份、研究目的、实施方法、数据处理方法，以及保护受测者个人隐私的措施（问卷通常采用匿名方式填写）。常见的知情同意书应包含项目名称、研究者身份介绍、研究目的、施测流程、费用、潜在风险和不适、受益、报酬、参与和退出说明、研究者联系方式、受测者申明和签字、主试声明和签字等。知情同意书一式两份，一份由受测者保存。问卷测试前需要让受测者签署知情同意书。

（六）规范施测及回收问卷

问卷的施测必须规范。问卷回收后，要对问卷进行筛选，不符合要求的问卷要以作废处理，然后严格按照问卷给出的方式计分、换算，进行统计分析。

第二节　观察法[①]

一、概述

观察法是各种用户研究方法中较为简单、节省成本的方法。不同于日常的观察，科

---

① 本节部分参考了葛列众主编的《工程心理学》（2012）。

学观察法具有目的性和计划性、系统性和可重复性等特点。

如果研究者希望得到被观察者的特定的外显行为数据，但这种行为由于道德或者其他原因不能被有效控制，或者说如果加以控制，该行为就会受到影响，就可以用观察法进行研究。在用户研究中，观察法经常被用于获得被观察对象在特定环境下使用特定产品的外显行为数据。

（一）观察法的定义及其特点

观察法指的是研究者有目的、有计划地在自然条件下，通过观察或者借助一定的辅助工具（照相机、录音机等）研究被观察对象，从而获得研究数据的方法。

观察法能够通过观察直接获得数据，不需要其他中间环节。因此，采用观察法得到的数据结果有较高的生态效度。观察法还具有即时性的优点，即使用观察法能够捕捉到正在发生的现象。此外，观察法能够收集到一些语言无法表达或被观察者下意识的外显行为特征。

由于某些行为或现象可能只发生于某一个特殊时间段，过了这段时间可能就没办法被观察到了，所以，观察法的使用受到时间限制。观察法的使用还受到被观察对象的限制，有些特殊群体难以被观察到，如青少年犯罪，就很难用观察法来研究。此外，观察者只能观察到被观察者的外显现象或行为，而无法观察其内部的心理状态。观察法也不适用于大面积调查研究。

（二）观察法的分类

科学观察法按照不同的分类依据有很多种分类方法。

1. 根据观察场所分类

根据观察场所的不同，观察法可以分为自然观察和实验室观察两个大类。

（1）自然观察

自然观察也称现场观察，指的是在产品使用的真实场景中对被观察者的行为特征进行观察研究。自然观察既可以采用研究者在现场以被观察者没有察觉的方式进行观察，也可以借助于录像设备进行辅助观察和分析。自然观察的最大优点就是便于了解被观察者在完全自然的状态下的真实行为特征。但是，自然观察有很多无法控制的因素，例如不能在必要时反复观察，也难以确定情景和行为之间的关系，而且只能观察外在的行为活动而无法了解被观察者内部的心理活动。

（2）实验室观察

实验室观察也称控制观察或条件观察，指的是观察者控制周围的条件和观察的环境，并采用标准的观察程序和方法进行观察研究。在用户研究中，实验室观察一般是邀请被观察者到实验室中，让被观察者操作预先指定一项或多项任务。为了防止研究者在场对被观察者造成的人为紧张状态，研究者一般通过单向玻璃或录像设备观察被观察者。研究者根据已有经验对被观察者的操作过程进行记录和解释。一般情况下，研究者不应打断或干扰被观察者的操作，即使有时用户的操作让研究者无法理解，研究者也不应立刻打断用户的操作进行询问，而应该在观察结束后听取被观察者对该操作的解释，必要时可以结合录像向被观察者询问。

实验室观察的优点是观察程序标准化，观察问题结构化，而且容易控制产品操作的环境，容易取得用户的配合，有利于深入了解用户的潜在心理。实验室观察的缺点是观察的场景往往不够自然，容易让被观察者产生人为的紧张情绪。

2. 根据研究者角色分类

根据研究者角色的不同，观察法可以分为参与式观察、半参与式观察和非参与式观察三个大类。

（1）参与式观察

参与式观察又称介入式观察或内部观察，要求研究者融入观察对象所在的群体和组织中，作为其中一员，参与日常活动。参与式观察的优点是可以细致、深入地了解被观察者的情况，能够掌握第一手的材料，能发现一些未曾料到的情况、问题和经验，还可以对某些不了解的问题追根问底，查明问题的原委和症结。参与式观察的缺点是观察时需要表明自己的身份、目的等，容易影响观察的客观性。

（2）半参与式观察

半参与式观察要求研究者有限度地参与被观察者的活动。半参与式观察的优点是通过与被观察者的密切接触，被观察者能够接纳研究者，把研究者当作可以信任的人。半参与式观察的缺点是研究者不是群体中的一员，所以了解问题的深度不如完全参与式观察的方法。由于研究者身份特殊，被观察者可能会故意地迎合观察者。或者研究者由于观察不够深入，会对一些现象做出错误的解释。

（3）非参与式观察

非参与式观察要求研究者完全处于旁观者的立场，不参与被观察者的任何活动。非参与式观察的优点是研究者能够客观冷静地进行观察。非参与式观察缺点是研究者容易对观察环境和被观察者造成较大的干扰，可能会导致观察结果的失真。

3. 根据观察提纲的详细程度分类

根据观察提纲的详细程度，观察法可以分为结构性观察和非结构性观察两个大类。

（1）结构性观察

结构性观察指的是有明确的目标、内容范围、计划、步骤设计和数据记录的可控制性观察。结构性观察能够对观察资料进行定量分析和对比研究，其优点是能够提供深入的资料，适合对行为、活动，或者是一些不能直接访问或不便访谈的对象进行研究。缺点是被观察者可能因为知道自己被观察而改变自己的行为，从而造成结果的偏差。此外，结构性观察结果易受观察者的主观判断能力和分析能力的影响。而且，结构性观察实施时，需要耗费较多时间和精力。

（2）非结构性观察

非结构性观察也称无结构性观察，指的是观察内容范围与观察步骤不预先确定，也无具体记录要求的非控制性观察。非结构性观察的优点是灵活，研究成本较低。但这种方法获取的材料通常不够系统完整。

4. 根据观察方法分类

根据观察方法的不同，观察法可以分为直接观察和间接观察两个大类。

（1）直接观察

直接观察指的是不借助观察设备，在现场直接观察被观察对象的研究。直接观察有真实、方便、印象深刻等特点。但在自然条件下，仅凭观察者的注意力和记忆力，难以完整记录下被观察者复杂的行为活动，而且观察易受观察者个人的态度、观念和周边环境的影响，从而直接影响到观察结果的客观性。

（2）间接观察

间接观察指的是利用一定的仪器或其他技术手段作为中介，间接地观察被观察对象的研究。间接观察可以采用观察和记录工具，事后分析被观察者的行为活动，得到的结果比较客观，而且间接观察的时间和地点不受约束。

二、观察法的实施

观察法的实施流程主要包括：明确研究目的，制订观察计划，做好观察准备，按照计划取样并做好记录，整理与分析观察资料，撰写报告。

1. 明确研究目的

明确研究目的指的是选择和确定研究问题。

2. 制订观察计划

无论是哪一类型的观察都需要制订计划，其中要规定观察目的、重点、范围、要收集的材料、方法、时间、要采用的仪器，准备观察文档，并明确其填写要求等。

3. 做好观察准备

观察的准备工作分为五个部分。

（1）确定观察的项目和指标

根据研究问题和计划，将观察的内容具体化和指标化。具体化指把要观察的内容细化为几个可加以观察的项目。指标化就是给需要观察的项目制定一个可评价的指标体系。

（2）选择观察途径和方法

观察者可以根据不同的观察类型选择观察的途径和使用的方法。

（3）观察取样

观察取样的方法有多种，主要有：根据特定对象取样，如流水线上的工人；根据特定时间取样，如特定时间内所发生的行为；根据特定场面取样，如驾驶舱内飞行员的操作；根据特定事件取样，如用手机拨打电话；根据特定阶段取样，如睡眠剥夺前的操作绩效和睡眠剥夺后的操作绩效；追踪观察，即对被观察对象进行长期的、系统的观察，以了解其发展的全过程，如宇航员在太空舱内的工作情况。

（4）设计观察表格及记录方法

观察表格的设计有三个要点：每个项目都是研究所需的指标；要评价的项目不宜过多，最好不要超过 10 个；项目的答案应该是确定的。

记录方法一般有三种：评级法，对被观察者所表现的特征、属性进行评级；频数记录法，记录某行为出现的次数；连续记录法，用录音机、录像机等设备记录访谈的全过程。

（5）其他准备

在进行观察之前还需要进行仪器调试、人员培训及分工等准备工作。

4. 按照计划取样并做好记录

观察之前要注意，选择好的观察位置以保证能够有效、全面地进行观察，还要注意不能打扰被观察者。选择非参与式观察时最好不要让被观察者知道，选择参与式或半参与式观察时，要与被观察者建立和谐良好的关系。

观察时要注意仔细观看有关的行为反应和其他现象，倾听被观察者的发言。在进行参与式观察时，需要对被观察者进行合适的询问。在记录时要做到全面、有序、实事求是，不能凭主观想象捏造。有时还可以考虑多人一起对一个被观察者进行记录，并对所观察的内容进行效度检验。

5. 整理与分析观察资料

观察完成之后，就要对观察记录进行整理与分析。首先要对观察记录进行检查修正。其次，在对观察资料进行统计后，如果还有材料没有收集到，就要继续观察，补齐缺少的内容。最后，分类存放保管观察记录。

6. 撰写报告

分析观察资料后，提出自己的认识并加以论证，最后撰写完成研究报告。

三、观察数据的分析

观察数据的分析可以分为定性分析和定量分析。

分析定性数据时先要对数据进行分类、组织和编码。通过为定性数据编码，能够把叙述性的数据量化。分析定量数据时可以把数据分为四种不同的水平，即称名、顺序、等距和比率。分析称名数据时可以统计被观察者某行为或现象发生的相对频率，分析顺序数据时可以统计被观察者的先后顺序，分析等距数据时可以统计被观察者的得分，分析比率数据时可以分析被观察者的平均数和标准差。关于观察数据的分析，有兴趣的读者可以进一步阅读相关的参考书（例如范金城，梅长林主编，2010）。

第三节　访谈法[①]

一、概述

访谈法是一种通过面对面的谈话来收集受访者心理和行为数据的研究方法。访谈法起源于 19 世纪西方兴起的社会改革运动：为了系统地描述城市贫民的生活状况，改善其

---

① 本节部分参考了葛列众主编的《工程心理学》（2012）。

生活条件，到实地进行观察访问。访谈法由此应运而生，并开始被广泛应用于社会学和其他研究领域。

访谈法也是用户研究中最常用的方法之一。根据需要，可以设置多种不同类型的访谈。在用户研究中，访谈法主要收集产品用户的潜在动机、信念、态度、情感、需求和主观体验等深层信息，从而指导产品的开发和更新，提升产品的用户体验。

（一）访谈法的特点

相比于其他研究方法，访谈法具有以下三个显著的特点。

1. 技巧性

访谈法中的"交流"是一种有目的、有计划进行的活动。为了研究的顺利进行和研究结果的真实性，访谈者在访谈过程中运用一些访谈的技巧是非常必要的。访谈者不仅要认真地做好访谈前的准备工作，而且要善于进行人际交往，精熟访谈技巧，这样才能使受访者积极配合，坦率地表达自己的真实想法、态度、情感和观点。

2. 灵活性

访谈的过程中，访谈者如果发现新问题可以随时扩展访谈主题和深入发掘相关的信息。此外，访谈中的提问顺序、提问形式和语言措辞也可以根据受访者的情况进行调整。

3. 计划性

在访谈法中，访谈计划制订、访谈问题设计、访谈实施、访谈结果整理和分析都有需要遵循的原则。有计划地执行原则，可以有效地避免可能的错误。

（二）访谈法的分类

根据不同的分类标准，访谈法可以分为不同的类型。

1. 根据交流方式分类

根据交流方式的不同，访谈法可以分为两大类：直接访谈和间接访谈。

（1）直接访谈

直接访谈也称面访，指的是访谈者与受访者进行面对面的交流。直接访谈便于观察受访者的相关特点和他们在访谈过程中的许多非语言信息，有利于辅助了解受访者的真实想法、情绪、态度和观点，以便访谈者在访谈中调整提问顺序、提问形式和语言措辞。但这种访谈方法费时费力，对访谈者的要求较高，访谈者与受访者之间的互动有可能影响访谈的结果。

（2）间接访谈

间接访谈是指通过一定的中介物（如电话、书信、网络）与受访者进行非面对面的交流。间接访谈的成本较低，对访谈者的要求不高。间接访谈对访谈者来说更为便捷，私密性较强，响应率比较高，易于收集到信息。间接访谈不宜过长，访谈者也难以深入了解有关问题。

2. 根据受访者人数分类

根据受访者人数的不同，访谈法可以分为两大类：个体访谈和集体访谈。

（1）个体访谈

个体访谈是访谈者和受访者一对一的访谈。个体访谈便于访谈者在沟通中灵活采用不同的访谈策略，便于访谈者控制整个访谈过程。但个体访谈成本较高，费时费力。

（2）集体访谈

集体访谈也称座谈，是一个访谈者与多名受访者同时进行的访谈。集体访谈是对访谈者的要求更高、难度更大的访谈方法。参与集体访谈的受访者之间可以相互讨论、相互补充，访谈者可以更加广泛而迅速地获取信息，还可以节约人力、时间和成本。但受访者之间容易互相影响，个体也容易在从众心理的支配下，违心地顺从多数人的意见而不敢表示异议。集体访谈也不适合讨论较为敏感、隐私的问题。集体访谈逐渐发展，形成了社会调查中的一种专门方法，称为焦点小组（focus group）访谈（该方法将在本章第四节介绍）。

3. 根据提问方式分类

根据提问方式的不同，访谈法可以分为标准化访谈、半标准化访谈、非标准化访谈三个大类。

（1）标准化访谈

标准化访谈又称结构式访谈。这是一种高度控制的访谈。访谈者根据事先设计好的问题逐一询问。标准化访谈的问题组织比较严密，条理清楚，访谈结果便于统计分析。这种方法类似于问卷法，只是把回答方式改为口头回答。但标准化访谈的流程和问题都有严格标准，访谈者不能根据受访者的具体情况，灵活地调整访谈问题，因而访谈结果有可能缺乏深度。

（2）半标准化访谈

半标准化访谈在访谈过程中需要参考事先拟定的访谈提纲和主要问题，但访谈者具体如何提问，可根据当时的情境灵活决定。

（3）非标准化访谈

非标准化访谈又称无结构式访谈。这种访谈没有统一的访谈内容和程序，只有一个粗略的访谈提纲，访谈者可根据具体情况灵活地与受访者进行交谈。这种访谈方式有利于发挥访谈双方的主动性、创造性，易于获取较深层的信息，因此被广泛用于探索性研究和大型调查的前期研究。但是，这种方法费时费力，对访谈者的技巧要求较高。

二、访谈法的实施

这部分主要介绍访谈法的实施流程、实施技巧和访谈过程的记录。

（一）访谈法的实施流程

访谈法的实施过程主要包括：确定访谈目标，设计访谈提纲，恰当提问，捕捉信息，反馈信息，整理记录。

1. 确定访谈目标

访谈目标的来源有两个：一是产品团队、管理层或者业务方的需求；二是用户的需求，即从用户的期望出发，确定主要目标，并且确保这个期望是现实的。过于宽泛的目标，比如只是了解用户，很可能会导致访谈失败，因为宽泛的目标不会将你的问题集中在与你的产品需求相关的方向上。相反，与用户行为或态度的特定方面相关的简洁、具体的目标可以让团队达成共识，并指导你如何构建访谈。

2. 设计访谈提纲

访谈前首先要设计一个访谈提纲，其内容包括访谈目的、访谈主要内容和问题。访谈的问题要根据访谈的类型设计为开放式问题或封闭式问题。开放式问题在内容上没有固定的答案，允许受访者根据自己的情况做出回答，而封闭式问题要求受访者在事先确定的几个备选项中选择自己认为最适合的答案。

3. 恰当提问

访谈提问的表述要简单、清楚、明了、准确，并尽可能地适合受访者的文化水平。开放式访谈要适时适度地进行追问以获取受访者深层次的想法。

4. 捕捉信息

访谈者要通过倾听及时收集有关资料。态度上要积极关注，交流时要保持平等的关系，不要轻易打断对方。

5. 反馈信息

访谈过程中，访谈者还要给予适当的回应，比如"对""是吗?""很好"等言语行为，也可以是点头、微笑等非言语行为，还可以是重复、重组和总结等等。总之，访谈者的反馈信息不要让受访者感到紧张，以确保访谈结果的客观性。

6. 整理记录

访谈过程中可以选择录音或录像记录访谈过程，访谈结束后安排专人逐字转录。

(二) 访谈法的实施技巧

访谈法的运用关键在于访谈者的言语表达艺术和交谈技巧。

访谈是人与人之间的交往活动。访谈者的言语表达艺术和交谈技巧有助于获取准确的资料。访谈者需要与受访者建立良好的关系，取得受访者的信任。为此，要特别注意以下 10 个技巧：

- 事先了解受访者的背景信息。
- 访谈中要尽可能自然地结合受访者的具体情形。
- 访谈的问题应该是由浅入深、由简入繁，而且要有自然的过渡。
- 适当控制节奏，避免脱离主题。
- 根据实际情况进行提问或追问，问的方式、内容都要适合受访者。
- 在回应中要避免随意的评论。
- 尽量把注意力集中在受访者身上而不是记录要点上，保持目光接触。
- 让受访者感到舒适，一次提出一个问题，确保受访者明白你正在了解他们对产品的想法而不是他们自己。
- 要特别注意受访者的肢体语言，在访谈期间，可以收集两种类型的数据：观察到的和自我报告的。观察到的数据来自受访者未觉察到的自身行为，自我报告的数据则是通过明确询问获得的。

● 要讲究访谈的结束方式。

（三）访谈过程的记录

在访谈期间，至少应有两名用户研究人员出席：一名访谈人员和一名记录人员。对于访谈人员来说，与受访者沟通，专注于细节，保持目光接触并维持紧密的关系状态是首要的。同时，记录人员则需要正确地记录访谈信息。记录时需要注意的事项如下：

● 准确捕捉所说的内容，记录受访者的原始语言表达和肢体动作，避免主观总结。
● 在受访者许可的情况下，可以拍摄照片或者视频，以帮助捕获未被注意到的信息。

三、访谈数据的分析

访谈的类型不同，其获得的数据类型也不同。一般来说，针对非结构式访谈获得的非结构化数据，首要工作就是转录，将音频、视频转录成文本之后再进行分析。访谈数据与定量数据的分析方式也略有不同，主要是因为访谈数据是由文字、观察资料、图像甚至符号组成的，从这些数据中获得绝对意义几乎是不可能的。因此，它主要用于探索性研究。

影响访谈结果的处理的因素比较多，有兴趣的读者可进一步的参考相关书籍（例如Filck Ed.，2013）。

第四节　焦点小组法[①]

一、概述

焦点小组法（focus group）是目前研究产品可用性，特别是探讨用户需求时常使用的方法。焦点小组法的历史可以追溯到 20 世纪 20 年代，起源于精神病学中的团体疗法。1946 年，美国著名社会学家 Merton 和 Kendall 在《美国社会学杂志》上发表专文《焦点访谈》（"The Focused Interview"），对焦点小组方法进行了系统论述。在 20 世纪中后期，焦点小组方法还主要被用于商业性的市场调查之中，直到 20 世纪 80 年代中期以后，这种方法才开始被学术界广泛接受。近年来，焦点小组法已逐步推广到传播、医药卫生、教育、心理学等领域。

目前，焦点小组法在国内已经被广泛应用于产品可用性研究。比如，李亚飞（2015）利用焦点小组的方法获取了用户使用冰箱存储食品的习惯和需求，提出用户在冰箱食品

---

① 本节部分参考了葛列众主编的《工程心理学》（2012）。

存储中的必要需求及其类别、非必要需求及其类别，进而提出合理有效的设计指导原则。

（一）焦点小组法的定义

关于焦点小组法的定义，不同学者有着不同的理解，下面是几种比较有代表性的定义。Merton 等（1956）认为，焦点小组法即要求参与者就特定问题发表看法的研究方法。Kreuger（1994）将焦点小组法定义为一种"在许可的、无压力的情况下进行的，经过仔细计划的用来获得对特定问题的详尽解释的讨论"。Kitzinger（1994）认为，焦点小组法是一种强调参与者之间的对话的团体会谈，研究者通过分析对话得到研究的数据。Powell 等（1996）认为，在焦点小组法中，一群经过挑选的参与者被主持人组合到一起讨论并发表来自个人经验的意见，而其中的话题就是研究的主题。

综合上面的定义，我们认为当被应用于产品可用性研究时，焦点小组法是在训练有素的主持人主持下，由挑选的产品用户聚集在一起就有关产品可用性的某个特定话题进行一种无结构的自然交互式的讨论，从而获得与特定话题相关信息的一种研究方法。焦点小组法涉及的这种话题范围非常广泛，可以是用户使用产品的经验、对新产品的需求、使用产品的信息，或者在使用产品过程中的可用性问题等等。

（二）焦点小组法的特点

有关焦点小组法的特点，不同的学者也有不同的看法。Merton 和 Kendall（1946）把焦点小组法的特点概括为如下四点：

- 参与者知道他们已经进入一个独特的情境。
- 研究者事前进行了情境分析，并建立了假设。
- 研究者引导参与者进行讨论，并探询他们对情境的反应。
- 讨论本身集中于人们对于事前设定的情境的主观体验。

Hansen 则认为，焦点小组法最显著的特点就是团队内的互动，而通过这种互动得出的结果往往是其他数据收集方法所无法实现的（汉森，2004）。

综合不同学者的看法，我们把焦点小组法的主要特点归纳为如下五点：

- 由在特定维度上同质的参与者组成访谈团体。
- 由一位训练有素的主持人引导参与者进行讨论。
- 参与者就特定主题，应主持人的要求提出他们的观点。
- 团体内的互动讨论可以引发参与者对主题的深度知觉、感受、态度与想法。
- 可获得大量的信息以反映总体的特点。

与其他可用性评价方法相比，焦点小组法的特色在于：

- 与问卷法相比，焦点小组法创造了一个舒适、积极的谈话氛围，参与者间的互动可以促成参与者提出各种意见，从而获得有关谈论话题更充分且更具启发性的信息。
- 与访谈法相比，焦点小组法的参与者在特定维度上具有同质性，讨论时参与者间也可以进行互动。

（三）焦点小组法的分类

1. 一般小组访谈与微型小组访谈

根据参与者人数的不同，焦点小组法可以分为一般小组访谈（6～12 人）和微型小组访谈（2～6 人）。对于究竟需要邀请几个参与者进行焦点小组访谈并没有固定的标准，研究者在使用此方法时需要权衡参与者人数。参与者人数多可以获得更多的有关产品可用性的信息，但是参与者数量的增加必然会导致每个参与者发言等待时间的延长和参与度的降低，这些都会显著影响焦点小组访谈的效果。此外，焦点小组访谈需要的人数还和访谈的目的以及问题的设计等方面有关。通常，对于产品可用性研究而言，每个焦点小组参与的人数为 6～8 人时效果最好，对于同一类用户群体的同一个讨论话题，最好要保证至少有两个焦点小组。

2. 小规模量化访谈与小组固定样组访谈

根据研究目标，焦点小组法可以分为小规模量化访谈和小组固定样组访谈。小规模量化访谈的参与者一般有 20～30 人，由于人数较多，这种焦点小组的讨论结果可以进行一定的量化统计，以弥补传统焦点小组法只能得到定性分析结论的不足。小组固定样组访谈是对同一组参与者进行前后两次访谈，一般用于对产品使用前后体验的比较研究。

（四）焦点小组法的应用

焦点小组法由于花费相对较少，并且易于操作，目前被广泛应用于市场调研、用户研究中。一般来说，在以下三种可用性评价中常采用焦点小组法进行研究：

- 需要了解用户对于产品设计或使用的较广泛的观点或感受。
- 需要了解处于不同角色的用户在产品使用上的差异情况。
- 需要构建调查问卷或者访谈提纲的框架。

但是，在以下这些情况下就不适合使用焦点小组的方法：

- 需要得到量化的结论。
- 研究的问题很个人化或很敏感。
- 需要用户对产品用户界面的具体设计提供可用性方面的反馈信息（应该通过可用性测试）。
- 其他方法更为经济。

二、焦点小组法的实施

焦点小组法的实施分为 9 个步骤，每个步骤中都有一些注意事项。

（一）明确访谈目标

明确焦点小组访谈的目标，也就是确定研究目的。访谈目标的确定通常是基于用户

（如公司客户或公司决策部门）的使用目的。要建立一个清晰、具体的访谈目的，这有助于得到最佳的研究结果。

（二）建立时间表

建立时间表就是确定焦点小组访谈每一个工作步骤的时间和相应的责任人。这便于对研究过程进行项目管理。时间表中需要包括确定参与的用户、开发并核查访谈的问题、确定访谈地点、邀请参与的用户、收集访谈过程中需要的材料等。

（三）确定并邀请参与者

确定并邀请参与者就是挑选焦点小组访谈参与者的过程。需要注意的是，要尽量给参与者的关键特征下一个操作性定义，使得关键特征有详细并且可操作的标准，以确保后期筛选的准确性。比如，如果需要邀请对某个产品有较长使用经验的用户参与，那么对于这类用户的使用经验就应该具体到年数或月数。

（四）设计访谈问题

设计访谈问题时需要参考访谈目标。访谈问题设计中需要注意的是，一场焦点小组访谈的持续时间最多为1～2小时，因此设计的问题通常为6～8个，而且前两个问题通常被用于开场部分。如何在一场焦点小组访谈中通过少量问题，高效率地获得需要的信息，是访谈问题设计的重点。在具体设计问题时，一般要求最终使用焦点小组访谈结果的研究者或用户一起参加。同时，可以进行必要的预访谈，确定这些问题是否可以得到预想的结果。

（五）生成访谈提纲

访谈提纲又称访谈脚本。一般来说，焦点小组访谈的提纲可以分为开场、问题讨论和结束三个部分。开场部分主要是主持人致欢迎词，介绍本次会议的目的和内容，向参与者解释流程及注意事项。问题讨论部分是主持人提出问题，参与者讨论。最后是结束部分，其中包括感谢参与者，给他们补充发言的机会，另外还需要告诉参与者对这些问题的讨论将作何用途。撰写提纲时，注意要让主持人自己设计每个问题的说法，否则他在得到未知的问题答案时会不知所措。

（六）挑选主持人

挑选一个训练有素的主持人来主持焦点小组的讨论是至关重要的。一个优秀的焦点小组主持人要能巧妙地阻止一个喋喋不休的参与者跑题，使讨论按照预定程序进行，并确保每个参与者都能发表意见。

对于焦点小组访谈的主持人，有以下几方面的注意事项：

- 主持人需要对流程有一个较好的预期。
- 主持人需要妥善使用两个基本技巧：停顿和追问。
- 主持人应注意对参与者的回答进行回应。

● 主持人应该注意自己的简短口语反应控制。

（七）选择场地

执行焦点小组访谈需要选择合适的讨论场地。虽然不一定需要装备单面镜和有监听设备的专业场所，但至少需要一个舒适的环境，让参与者能够轻松地表达自己的意见。

需要注意的是，为降低成本，焦点小组访谈可以在某个公司的会谈室或用户测评室中进行。但如果访谈的主题是某公司的产品评价情况，就不能把访谈地点选择在该公司内部。为此，可以选择与该公司无关的实验室或相关研究场所进行，比如高校实验室或者专业用户研究公司租用的实验室。

（八）访谈

这是主持人就"焦点"问题对焦点小组访谈参与者进行访谈的过程，是整个流程中最重要的部分。在会前准备好以下材料：记事本、铅笔、主持人访谈提纲、参与者名单、标记贴纸、录音带、姓名标签、饮料、手表或钟等。

做好准备之后就可以开始进入访谈了。访谈过程主要按照访谈提纲来进行，大概分为以下三个步骤。

1. 访谈前准备

主持人应在访谈前到达，摆放好参与者的姓名标签架和饮料，安排好参与者的位置以便所有参与者都能相互看到。一般来说，U 形的座位安排或者圆桌是最佳选择。当参与者到达时，主持人要亲自友好地接待他们以辅助消除主持人与参与者之间的陌生感。

2. 正式访谈

一旦参与者就绪，就可以进行正式访谈。正式访谈阶段分三个步骤：第一个步骤是介绍，包括规则介绍和成员介绍；第二个步骤是讨论，主持人介绍讨论的主题，并鼓励参与者进行讨论；最后一个步骤是总结，主持人对讨论的问题进行要点回顾。

3. 访谈收尾

如果对访谈内容进行了录音和录像，需要抽查音频和视频的内容，以防机器出现故障，中断记录。若此时发现有遗漏，要在会议后再次组织进行讨论，主持人和记录人员较易回忆起访谈的内容，方便进行补充。最后做好数据的转录和备份工作，并完成本场焦点小组访谈的总结。

（九）数据分析和结果报告

焦点小组访谈流程中的最后部分是研究者对焦点小组讨论的结果进行分析，并撰写报告。

三、焦点小组访谈数据的分析

焦点小组访谈数据的分析主要从两方面着手进行：

- 焦点小组访谈进程中，主持人对参与者的讨论结果产生一个粗略结论，助手对其中一些需要引起注意的方面及时予以记录和整理。
- 焦点小组访谈结束后，借助录音和录像记录，在尽量短的时间内就开始进行事后的回顾和分析。

焦点小组法作为一种定性的研究方法，其研究结果通常用文字而非数字来表达。这种结果比复杂的数据调查结果更容易被理解和接受。因此，焦点小组的方法既不适合收集定量数据，也不适合用定量的方法来表示数据，应避免使用定量数据及用定量的方法来显示结果。例如，焦点小组访谈的目的是比较 A 和 B 这两种设计，其中有 8 名焦点小组成员赞成 A 设计，4 名赞成 B 设计，就不能简单地在报告中说有 66.7% 的参与者赞成 A 设计。这种结果的表达方式是不科学的，因为焦点小组访谈仅仅是一个小样本研究，极少数参与者的结果并不能很好地代表总体。如果研究中定量数据非常重要，那么可以使用别的研究方法来弥补相关的数据。

结果报告主要分为两个部分：

- 分析总结。先阅读各焦点小组的总结，寻找讨论的倾向（在数据中重复出现的评论）和意外结果（值得注意的意外评论）。要记住，当特殊词反复出现时，它的内容和声调同样重要。如果某些意见措辞消极，引起负面情绪或引发其他许多评论，分析中不予统计。
- 撰写报告。最后的报告可以采用多种形式，但都应该包括焦点小组访谈的背景和目标、方法、细节、结果和最终结论。

第五节　人物画像法[①]

一、概述

人物画像法（persona）作为一种设计方法最早是由 Cooper（1999）提出的。人物画像法是一种以心理学研究方法为基础，围绕着特定的产品或产品功能建立相应的角色，并以此对该产品或产品功能进行研究的用户研究方法。同时，人物画像法作为一种交互设计的工具，经常与其他用户研究方法一起使用。

（一）人物画像法的定义

关于人物画像法，有些学者将其定义为一种用户研究方法，也有些学者将其定义为一种交互设计工具。Cooper（1999）认为，人物画像法是交互设计中一种独特且强有力的工具。也有人认为，人物画像模型是对用户各方面特征的具体描述，主要包括一般特

[①]　本节内容部分参考了李宏汀、王笃明和葛列众所著的《产品可用性研究方法》（2013）。

征、需求特征和任务操作特征描述（葛列众主编，2012）。

人物画像可以被认为是一种在用户研究基础上通过创建针对特定产品或者产品功能的典型角色，以便在产品交互设计中用来预测和评估用户行为及体验的用户研究方法。

（二）人物画像法的特点

如果需要对某种产品或者产品功能的目标用户或特征进行概括，就可以采用人物画像这种方法。人物画像形成后，就可被用于产品开发的任何一个阶段，并可以在多领域合作团队中发挥很好的作用。

与其他用户研究方法相比，人物画像法具有以下特点。

1. 针对性

人物画像法是一种专用的方法，即相比其他通用的用户研究方法，如问卷法、访谈法、焦点小组法等，它是一种通过专门构建和使用人物画像来优化产品设计，提高用户体验的研究方法。

2. 典型性

通过人物画像法构建的角色能反映某一组特定用户使用某种产品或产品功能的典型特征，即相比一般研究中的人口统计学信息，这些特征能够反映特定的产品或者产品功能的主要特征。

3. 虚拟性

人物画像是虚拟的，但由于构建时以真实数据为基础，人物画像具有较高的外部效度与可信度。

4. 迭代性

随着技术与市场的变化和不断更替，研究者可以根据实际情况对构建的人物画像进行不断的修订。良好的人物画像生命周期主要包括：计划（family planning）、概念与酝酿（conception and gestation）、形成（birth and maturation）、成熟（adulthood）、成就和退休（life achievement and retirement）等五个阶段（Pruitt，Adlin，& Ebrary，2005）。

5. 多重性

人物画像法所构建的角色不仅仅可以在产品评估与测试部门使用，还可以在与产品有关的设计、编程、销售等其他部门使用。

人物画像能让研究者与产品开发者注意到用户对于产品的意义，明确特定产品或产品功能的用户的特征，并在后期开发过程中，始终秉持"以用户为中心设计"（UCD）的理念来分析用户的行为特点和使用需求；同时，人物画像也为不同专业领域的团队提供了共同的交流平台。

但是，人物画像的使用也需要注意以下几个问题：首先，人物画像只能表征部分用户的与产品或产品功能相关的典型特征，并不能表征这些用户的所有特征；其次，人物画像的某些修饰特征可能会引起研究人员产生偏差效应。

总的来说，人物画像可以很好地概括某种产品或产品功能的特定用户的特点，在实际的交互设计中有很好的应用效果。

二、人物画像的创建

如图 3-1 所示，李宏汀等（2013）将人物画像（人物角色）创建大致分为分类维度确定、数据收集、角色类型分析、角色等级评定和角色修饰等五个步骤。其中，当人物画像创建者或创建机构已有大量数据时，可以跳过数据收集阶段。

（一）分类维度确定

分类维度确定是指确定与产品或产品功能相关的用户分类的维度。许多用户研究是将用户的心理特征（如经验、人格特点、价值取向等）和人口统计学特征（如年龄、性别、民族或种族等）作为分类维度对用户进行分类的。由于人物画像法针对的

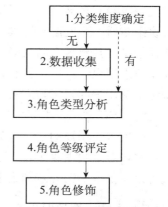

图 3-1　人物画像创建步骤示意图
（来源：李宏汀等，2013，129 页）

是特定产品或者其功能，所以人物画像的分类一般是根据用户的目标（人物需求）和行为模式（具体行为、行为倾向）进行的（Mulder & Yaar，2006）。

所谓用户的目标，指的是与特定产品或者产品功能相关的用户的具体需求内容。这些内容可以通过问卷法、访谈法、焦点小组法等定性研究方法获得。行为模式是指与特定产品或者产品功能相关的用户所做的行为或行为倾向，相比于人物需求，行为模式更多涉及的是外显行为。其中，行为频次可以定量研究（观察法、绩效测试法等）收集到的相关信息来确定（Mulder & Yaar，2006），而行为倾向则可以定性研究（学习日记法、访谈法等）收集到的相关信息来确定。例如，有研究者通过访谈与问卷调查，将用户使用手机浏览器的具体行为、行为习惯、需求度与期望作为用户分类的维度（王兆，2011）。

（二）数据收集

数据收集是指收集与用户目标及其行为模式相关的数据的过程。数据的收集需要考虑数据来源与数据类型两个因素。其中，数据来源包括样本量、取样人群与收集方式，数据类型包括定性数据、定量数据和经由定量数据转换而成的定性数据。

不同类型数据的收集可以采用不同的方法。对于角色的目标，可以选择定性的研究方法，如问卷法、访谈法、焦点小组法等等。对于行为模式，可以选择定性研究方法（如观察法、任务分析法、卡片分类法等）或者定量研究方法（如可用性测试法、生理测量法）。

在人物画像创建的具体应用中，经常需要把定量数据转换成定性数据。在人物画像修饰（本节第五部分）的过程中，为了使人物画像更具有真实性，研究者通常不将收集的数据直接表述出来，而是选择较生活化的描述性词句来表述实际得到的数据内容。例如，提及使用频次时，常用"偶尔""不常""经常""常常"等更生活化的词语。所以，

需要将测量得到的定量数据通过某种转换方式转换成定性数据。这种转换方式并不是固定的，不同类型的数据可根据实际需要采取不同的转换方式。

有时，人们的需求与行为模式会不一致。例如，索尼公司在开发 BoomBox 时，邀请一些消费者参与产品颜色的讨论。在讨论中，每个参与者都认为黄色更适合该产品，但当会议结束后，开发商允许参与者免费带走一个产品（黄色或黑色）的时候，所有参与者选择带走的是黑色产品（Mulder & Yaar，2006）。因此，研究者在收集数据的过程中不仅要考虑用户的目标是什么，还需要考虑用户的实际行为是什么，如可以通过问卷法、访谈法了解用户的目标与需求，同时通过学习日记法、观察法记录用户在实际操作过程中更关注哪些。当用户需求与用户实际行为不一致的时候，我们需要在考虑需求的基础上，更多地关注用户的实际行为。

总之，对于数据收集，需要结合实际研究目标，选取合适的方法。具体的数据收集方法可以参见本书第九章和第十章，以及相关书籍（例如葛列众主编，2012）。

（三）人物画像类型分析

人物画像类型分析是指从大量数据中，根据特征之间的相关等级或相似程度，对用户进行分类，最终得到每一类用户所包含的典型特征的过程。

目前，人物画像分析常用的方法有德尔菲法（Delphi methodology）、一般统计方法与聚类分析三种方法。其中，德尔菲法（也叫专家意见法）采用匿名的通信方式征询专家小组意见，经过几轮征询，使专家小组的预测意见趋于集中，最终得出统一的结果（Miaskiewicz & Kozar，2011）。一般统计方法通过描述数据的集中趋势、离散趋势和相关关系来确定行为与特定人物画像之间关系的紧密程度，从而确定人物画像的特征。聚类分析，也叫集群分析，是一种多变量分析程序（吴明隆编著，2003）。在分析人物画像类型时，聚类分析通过计算不同用户之间的目标或行为的相似程度及其差异程度，将用户分类成不同的人物画像。

数据统计方法的选择与数据量、研究成本有关。德尔菲法成本比较低，能够在短时间内根据专家经验得到用户分类结果，对数据的依赖比较小，但其主观性较强。一般统计方法有一定的数据支持，适用于数据量较小的情况。聚类分析属于高级统计方法，适合在数据量充足、数据关系复杂的情况下使用。具体的研究案例可以参照王兆（2011）的研究。

（四）人物画像等级评定

人物画像等级评定是根据产品或产品功能特征来评定不同人物画像的重要等级的过程。如表 3-2 所示，这种评定通常在一个角色等级评定表上进行。一般针对某产品或产品功能会得到 3~12 个人物画像类型（Cooper，2006）。在表 3-2 中，可以根据人物画像类型特征与产品特征的相符程度打分（打分原则可根据实际需要改变，例如 2 分表示非常符合，1 分表示比较符合，0 分表示无关特征，-1 分表示比较不符合，-2 分表示非常不符合）。

表 3 - 2 人物画像等级评定表

	人物画像类型 1	人物画像类型 2	人物画像类型 3	……
产品特征 1				
产品特征 2				
产品特征 3				
……				
总计				

（来源：李宏汀等，2013，132 页）

根据人物画像等级评定表，每一组人物画像可以得到一个总分，根据总分就可以将针对该产品或产品功能的人物画像分为以下几类：

- 首要人物画像：针对产品或产品功能的人物画像，具有使用该产品或产品功能的典型用户的特征。在产品开发、设计和评估的过程中，首先要考虑首要人物的需求与行为模式。
- 次要人物画像：典型性低于首要人物的人物画像，包含首要人物的一部分需求或特征。在产品开发、设计和评估过程中，当和首要人物画像不冲突时，次要人物画像也需要重点考虑。
- 不重要人物画像：具有对产品或产品功能不需要着重考虑的特征的人物画像。在实际使用的过程中，不考虑不重要人物画像可以避免一些精力与经费的浪费。
- 反面人物画像：具有与产品或产品功能相反的特征的人物画像。反面人物画像可以帮助发现产品或产品功能的不足，主要用于改进产品或产品功能。

（五）人物画像修饰

人物画像修饰指的是给人物画像等级评定表中某类人物画像增加一些修饰性的信息，使其看起来是一个独立的真实的个体。这些修饰的信息可以是人物画像的姓名、性别、民族、联系电话、电子邮箱等。有时还可以给人物画像附一张生活照。如表 3 - 3 所示，人物画像修饰可以使人物画像的形象更加丰满。

在人物画像创建的过程中，需要考虑修饰特征可能导致的偏见。在不同的文化背景下，应尽量避免使用易产生偏见的修饰性信息。

表 3 - 3 人物画像修饰示例

个人信息	姓名：Jessica　　　　年龄：24 岁　　　　性别：女 家庭成员：老爸、老妈，结识了男朋友，但没有结婚的打算 性格：热情、时尚、快言快语，朋友圈中的老好人 座右铭：快乐地工作，幸福地享受生活
就业信息	所属行业：外贸　　　　职位：文秘 月收入：5000 元
手机及手机网络 使用情况	手机使用经验：7 年 手机网络使用经验：4 年 每周上网次数及时间：每天都上，2.5 小时/天

简介	目前是一家公司的小白领，比较关心流行资讯，对时尚信息时刻把握，认为社交是生活中最重要的部分，会花很多时间用于人际圈的扩展与维护，很喜欢手机上网，平时没事都会拿出手机上网，随时随地享受移动互联带给她的快乐。
用户目标	用户使用手机浏览器主要是为了： ● 了解新闻资讯、查询天气、影视、星座、打折信息、餐饮信息。 ● 与圈子里的人互动，随时写微博，更新 QQ 心情。 ● 阅读在线小说、下载图片、搜索等。
商业目标	我们希望 Jessica： ● 成为产品的忠实用户。 ● 订阅产品推出的有偿功能。 ● 经常活跃于产品论坛。 ● 向其他人推荐本产品。

（来源：王兆，2011）

三、人物画像的使用

人物画像一旦建立，不仅可以帮助设计产品，还可以帮助改进用户模型或发现产品可用性问题等。人物画像的使用与场景是分不开的。场景是一种交互设计工具，包括人物画像、情景、任务、行为和行为结果等内容（Pruitt et al.，2005）。当人物画像被放入一个场景后，他看起来更像一个可信的、可预测的真实形象。融入一定的场景，使得人物画像能够很好地在交互设计和用户研究中起作用。就像是看电影一样，电影中呈现的人物，会在人的大脑中留下一个印象，人们可以根据场景，判断人物画像会做出何种反应。

此外，人物画像也可以角色扮演的方式与其他可用性研究方法，如认知走查、焦点小组、出声思考等方法同时使用。

（一）场景创建

场景是从前期调研阶段收集的数据中建立起来的。场景可以包含一个非常简单的任务，如表 3-4 所示，其中的 Colbi 是 G4K 云日历的首要人物画像，里面包含她的生活情景，以及她使用 G4K 云日历的目的、方式和结果。

表 3-4	人物画像 Colbi 的场景举例

● Colbi 决定和她的三个朋友去看一场音乐会，她迫不及待地想要在晚上购买三张内场的门票。但是，她知道音乐会开场的那周中有几天她的朋友家里有事，所以，票不能买在那几天。
● 幸运的是，她的几个朋友已经将他们的安排共享在 G4K 云日历上。Colbi 只需要点开 G4K 云日历，从下拉菜单中选择她已有的共享，就可以看到朋友们有安排的时间，每一个人的共享时间都用一种颜色标注。
● Colbi 只需要看一眼就能决定买哪一场音乐会的门票。

（来源：李宏汀等，2013，135 页）

（二）人物画像扮演

人物画像扮演是让使用者扮演某个人物画像（或者本身就与该人物画像相符）来完成某个或某些场景中的任务。该人物画像对场景中的任务的完成情况或评价，可以帮助产品设计者理解用户需求，构建或改进用户模型，促进产品概念的形成，发现产品或产品功能的可用性问题，评价产品或产品功能的满意度，指导商业策略，等等。研究者可以要求参与者（可以是可用性评估团队的某个评估人员，也可以是与人物画像匹配度比较高的某个典型用户）扮演场景中的某一人物画像，并完成一系列任务，并通过认知走查法发现这一过程中存在的具体的可用性问题。

四、运用人物画像法时需要注意的问题

近年来，相比于其他可用性研究方法，人物画像法更强调目标用户对产品或产品功能在设计、可用性检测中的作用。由于针对性强、可在多个部门中同时重复使用，且可不断更新等优点，人物画像法已被许多大公司广泛运用。不过，在运用人物画像法过程中需要注意以下问题：

● 在运用过程中，需要保持不同团队之间的沟通。人物画像法最早被使用的时候，并非所有团队成员都可以很快地接受虚拟人物对他们所设计的产品所提出的意见，此时，就需要团队内部进行良好的沟通，缓解不适感，使所有团队成员能够慢慢接受人物画像。

● 在运用过程中，需要避免人物画像的脱离。很多项目团队在产品开发过程中会渐渐忘记人物画像的存在，等到产品完成后，才发现产品中的一些功能已经远远背离了人物画像的特征。

● 在运用过程中，应尽量避免个人的偏见对人物画像的影响。

第六节　实验法[①]

一、概述

1862 年，德国心理学家冯特最早在《对感官知觉理论的贡献》中提出用实验的方法来研究心理学。1879 年，他在莱比锡大学建立了第一个心理学实验室，奠定了实验法在心理学研究中的地位。实验法是用户体验研究中最重要的方法。这种方法能够做到对研究问题进行完整的解释、验证和预测。

---

　① 本节部分参考了葛列众主编的《工程心理学》（2012）。

（一）实验法的定义

实验法是研究者有目的地控制条件或者变量，探讨各种变量与研究对象外显行为之间关系的一种研究方法。

（二）实验法的特点

实验法与其他研究方法相比有以下几个特点：

- 实验条件受到严格控制，可以排除干扰或无关因素对实验结果的影响，确定变量和行为之间的因果关系和变化规律。
- 可以根据研究目的设置特定的实验情境或条件。
- 可以对研究结果进行反复观测、验证。
- 可以方便地运用统计方法对研究结果进行量化分析和推断。

但是，实验法由于人为控制条件和变量，和实际生活有差距，所以在将实验室研究应用到生活和实际生产中时要注意实验结果的外部效度。

（三）实验法的分类

按照不同的分类依据，实验法有多种分类方法。

1. 根据实验情景分类

根据实验情景的特点，实验法可以分为实验室实验和现场实验两个大类。

（1）实验室实验

实验室实验指的是在实验室内利用一定的实验设备，对实验条件进行控制的一种研究方法。实验室实验便于严格控制各种因素，并有专门仪器进行测试和记录实验数据，具有较高的信度。

（2）现场实验

现场实验指的是在自然条件或现场条件下进行的实验。当不能控制的突发事件（如地震）、重大社会事件（如战争），或者是人为事件发生时，常选择现场实验的方法进行研究。

2. 根据实验变量控制的强度分类

根据实验变量控制的不同要求，实验法可以分为真实验和准实验两个大类。

（1）真实验

真实验（true experimentation）是按照实验目的随机选取、分配被试，严格控制无关变量，操纵自变量变化，测量和记录因变量变化的研究方法。大部分的实验室实验是真实验。

（2）准实验

准实验（quasi experimentation）指的是未对自变量实施充分控制，但采用与真实验类似的方法收集、整理以及统计分析数据的研究方法。这种实验方法可以在真实验无法进行的时候采用。

3. 根据实验控制的因素数量分类

根据实验控制的因素数量，实验法可以分为单因素实验和多因素实验两个大类。

（1）单因素实验

单因素实验指的是只有一个自变量的实验。

（2）多因素实验

多因素实验指的是有两个或者两个以上自变量的实验。

二、实验设计

（一）实验变量

实验法应用中的变量通常有自变量、因变量和无关变量这三种。

1. 自变量

自变量（independent variable）又称刺激变量，指的是实验研究中被实验者操纵的能引起因变量发生变化的因素或者条件。自变量可以是连续和非连续的变量：如果自变量是连续的，就称为函数型实验；如果自变量是非连续的，就是因素型实验。在具体的研究中，研究者需要根据研究问题和研究目的选择合适的自变量。例如，如果要研究图表对用户界面绩效的影响，则可以把图表大小、位置、颜色等作为自变量。

2. 因变量

因变量（dependent variable）又称反应变量，指的是实验中被试随自变量变化而产生的某种特定反应。因变量的种类繁多且比较复杂，主要分为客观指标和主观指标两大类。其中客观指标指的是通过仪器记录下来的被试的反应，主要有绩效指标（如反应时、正确率等）、生理指标（如眼动、脑电、肌电等）和影像学指标（如核磁共振成像等）这三类。主观指标指的是在自变量作用下被试产生的主观反应，如被试的口头报告和主观评定等。

3. 无关变量

无关变量（extraneous variable）又称干扰变量或控制变量（controlled variable），指的是实验过程中存在的额外变量。无关变量与自变量对因变量都有一定的作用，但是无关变量对因变量的作用可能会影响到自变量对因变量的作用，导致实验结果出现误差。无关变量的作用主要有：实验者效应（experimenter effect）和要求特征（demand characteristics）。其中，实验者效应指的是主试在实验中可能以某种方式（如表情、语气等），在无意间影响被试，使他们按照主试的期望进行反应。要求特征指的是被试会自发地对实验产生一个假设或者猜想，再以一种自以为满足假设的方式来进行反应［如霍桑效应（Hawthorne effect）和安慰剂效应（placebo effect），具体可进一步阅读相关参考书（例如黄希庭，张志杰主编，2010）］。

无关变量的控制会直接影响到自变量对因变量的作用，因此无关变量的控制方法在实验中有着至关重要的作用。无关变量控制的方法主要有排除法、恒定法、匹配法、随机化法和统计控制法等。不同的方法可以用于不同的情形。

（1）排除法

排除法（elimination method）指的是把无关变量从实验中排除出去。例如，如果外界的噪声和光线会影响实验结果，就把实验安排在隔音的暗室进行。

（2）恒定法

恒定法（constant method）指的是使无关变量在实验过程中保持恒定不变。例如，实验室所有被试都使用同样的仪器。

（3）匹配法

匹配法（matching method）指的是使实验中实验组和控制组的被试属性同质的一种方法。这种方法使用前先要明确哪些被试身上的属性（如被试对某仪器使用的熟悉度）会对实验任务有影响，然后再将被试平均分到实验组和控制组中。

（4）随机化法

随机化法（randomization）指的是随机地把被试分派到各实验处理组中去的方法。随机化法不仅能应用于分配被试，还能应用于排列刺激呈现顺序。常见的随机化法是抵消平衡法，包括 ABBA 法和拉丁方平衡法（黄希庭，张志杰主编，2010）。

（5）统计控制法

统计控制法（statistical control）指的是在实验完成后通过一定的统计计算来避免实验中无关变量干扰的方法。例如，实验中发现智商会影响用户绩效，这时就可以通过协方差分析（analysis of covariance），在数据统计过程中排除智商对操作绩效的影响以达到控制的目的。

（二）实验设计的分类

实验设计的实质就是设置实验变量、选择实验样本和安排实验程序，其中主要包括自变量和因变量的挑选、自变量和因变量的合理配置、无关变量的控制、样本及其数量的选择和实验流程的设计等内容。根据不同的维度，实验设计可以有不同的分类。

1. 根据被试接受实验处理的方式分类

（1）被试内设计

被试内设计（within-subject design）是每个或每组被试接受各种自变量处理的实验设计，又称重复测量设计。在这种实验设计下，同一被试既为实验组提供数据，也为控制组提供数据。因此，无须另外找控制组的被试。这种设计方法有以下几个优点：一个被试接受所有实验处理可以有效控制被试间差异，能够更好地比较不同自变量处理间的差异；实验只需要较少的被试，节约实验成本；此类实验设计时方便。但是，由于被试接受所有自变量处理会延长实验时间，连续作业的疲劳可能导致被试能力系统性的下降而产生疲劳效应（fatigue effect）或逐渐熟悉实验情景而产生练习效应（practice effect）。另外，不同的实验处理之间可能彼此影响产生干扰，从而带来实验的误差。在实际操作中，常采用一些平衡技术来克服练习效应和干扰，如随机区组设计、实验顺序的 ABBA 平衡抵消法和拉丁方设计。

（2）被试间设计

被试间设计（between-subject design）是每个或者每组被试只接受一种自变量处理，不同的自变量处理由不同的被试或者被试组接受的实验设计。也就是说，被试间设计与被试内设计最大的区别在于，被试间设计中的被试组数与实验处理数相同，而被试内设计中只有一个实验组。这种设计方法能减少由于接受较多的实验处理而造成的被试实验疲劳，也可以避免由于实验处理之间彼此影响而产生的被试的练习效应或者干扰。但是，被试间设计的缺点是被试数量较多，而且不同的被试或被试组只接受一种实验处理，被试间的个体差异难免会影响实验的结果，因而很难分辨出因变量的变化是被试的个体差异所致还是自变量的变化所致。在实际操作中，常采用匹配法和随机化法来减少被试个体差异的影响。被试间设计适用于被试选择余地大，且实验处理与被试会产生交互作用的实验。

（3）混合设计

混合设计（mixed design）是介于被试内设计和被试间设计之间的一种实验设计。这种实验设计至少有两个或两个以上的自变量，不同的自变量有着不同的设计。也就是说在同一实验中，一些自变量用被试间设计处理，另一些则用被试内设计处理。例如，需要研究按键大小对不同负荷作业的影响。假如自变量按键大小、作业负荷大小各有两个水平（A 和 B、X 和 Y），被试分为甲和乙两个组，那么采用的混合设计可以是：甲组被试在 A 按键大小条件下，操作负荷为 X 和 Y 的任务；乙组被试在 B 按键大小条件下，操作负荷为 X 和 Y 的任务。其中，自变量按键大小是被试间设计，A 按键大小只有甲组被试接受，B 按键大小只有乙组被试接受；而自变量操作负荷是被试内设计，所有被试（不管是甲组还是乙组被试）都要在 X 和 Y 这两种负荷条件下作业。混合设计在一定程度上保留了被试内设计和被试间设计的优点，并且在一定程度上减少了单独采用被试内设计或者被试间设计的实验误差。但是，混合设计的实施难度较大，因为研究者需要根据实验经验或者以往的研究合理地选择哪些自变量采用被试内设计、哪些自变量采用被试间设计。

2. 根据随机化原则分类

（1）完全随机设计

完全随机设计（completely random design）指的是从某一明确界定的人群总体中随机地抽选参加实验的被试样本，并把这个被试样本随机地分配给各个实验处理的实验设计。在单因素实验中，根据自变量的水平数，完全随机设计可分为随机两等组设计和随机多等组设计。其中，随机两等组设计中的自变量有两个水平：有实验处理和无实验处理。根据因变量测试的时间，随机两等组设计又可以分为随机后测设计、随机前后测设计两种不同的形式。而随机多等组设计中的自变量则有三个或三个以上的水平。随机多等组设计中，可以设置一个不接受实验处理的控制组，其他实验组接受不同的实验处理；也可以不设置控制组，各个实验组接受不同的实验处理。最后，通过单因素方差分析来说明所有处理之间的实验效应，并用事后多重比较（post hoc test）来检验不同实验处理之间的实验效应。完全随机设计的优点是都能较好地控制被试带来的实验误差，其中的前后测设计控制更为严格，但是前测可能会影响后测的结果，而且两次测量所花费的代价也较大。

（2）随机区组设计

随机区组设计（randomized block design）是在完全随机实验设计的基础上发展出来的一种实验设计。在完全随机实验设计中，被试虽然都是从研究总体中随机选取的，但被试间存在着差异（如年龄、性别、职业等），测试环境（如不同的测量时段）也可能不同。为了减少这些差异对实验结果的影响，就可以采用随机区组实验设计，从而保证实验结果的有效性。实际操作中，随机区组设计中的区组按照什么标准来划分通常是由研究者确定的。例如，可以被试的性别，或者被试的年龄段为区组。同一个区组的被试应该是同质的，否则会带来很大的实验误差。在处理实验数据时，可以通过检验区组平方与误差平方的比值（F 值）的显著性来分离出由被试差异导致的区组效应。如果检验结果表明区组效应不显著，则说明研究者没必要进行区组的划分，实验被试本来就基本同质；如果区组效应显著，则说明实验有必要进行区组划分。随机区组设计的最大优点是考虑了个别差异对实验结果的影响，但是这种设计在操作中，划分区组较为困难。如果不能保证区组内被试的同质性，这种设计就可能会带来更大的实验误差。

3. 根据实验自变量个数分类

（1）单因素设计

单因素设计（signal factor design）指的是只有一个自变量的实验设计。单因素设计中的自变量可以有两个水平，也可以有多个水平。例如，在研究按键大小对操作绩效的影响时，可以比较按键大小是 0.5 厘米和 1 厘米这两个水平之间的操作绩效，也可以比较按键大小是 0.5 厘米、1 厘米、1.5 厘米这三个水平之间的操作绩效。单因素设计具体实施时，可以和其他实验设计方法一起使用。例如，如果考虑到被试的误差，可以采用随机区组设计，也可以采用实验组和控制组的设置。单因素设计最大的优点就是设计简单、操作方便，但是不能考察多种因素对人的心理及其行为的影响。

（2）多因素设计

多因素设计（multiple-variable design）指的是有两个或者两个以上自变量的实验设计。在多因素设计中，每个自变量都可以包含多个水平。如果实验中有 2 个自变量，每个自变量又有 2 个水平，那么就有 4 种不同的实验处理（2×2）。多因素设计具体实施时，也可以和其他实验设计方法一起使用。例如，如果实验被试挑选比较困难，实验处理之间的相互作用并不明显，就可以采用多因素的被试间设计。多因素设计不仅能够得出每个自变量的实验效应，而且还可以计算不同自变量之间是否存在交互作用。和单因素设计相比，多因素设计有助于研究者了解自变量之间存在的复杂关系。但是，多因素设计操作比较复杂，因此实验控制也更为困难。

三、实验数据的分析

实验得到的数据要进行分析处理。数据处理通常分为三个步骤：第一步进行预处理，第二步进行描述统计分析，第三步进行推断统计分析或其他更复杂的分析（如因素分析）。预处理旨在剔除极端数据或者不同质的数据。这些数据会影响数据结果的处理，影响实验效度。极端数据是指那些在正态分布中处在正负两个标准差之外（4.28%）的数据或处在正负三个标准差之外（0.26%）的数据。不同质的数据包括不符合客观现实的数据，如反应时小于200ms的试次。在最后的实验报告中要阐明剔除的数据在总数据中的占比，剔除的数据比例不应超过5%。描述统计分析指的是对实验数据的集中趋势和离散趋势的分析，其目的是反映实验数据的基本情况。推断统计分析指的是在描述统计的基础上对实验数据进行统计检验等分析。

（一）描述统计

描述统计（descriptive statistics）就是概括一组数据集中和离散趋势两种基本特征的统计处理。集中趋势（central tendency）可以定义为数据分布中大部分数据向某方面集中的程度，而离中差异（variability）则可以定义为数据分布中数据彼此分散的程度。用来描述一组数据这两种基本特征的统计量分别称为集中度量（measure of central tendency）和差异度量（measure of variability）。

1. 集中度量

描述集中趋势的集中度量主要有中数（median）、众数（mode）、算术平均数（arithmetic average）、加权平均数（weighted mean）、几何平均数（geometric mean）和调和平均数（harmonic mean）这六种度量。

离散数据的集中趋势可以用中数和众数进行描述。其中，中数是按顺序排列在一起的一组数据中居于中间位置的数。例如，数列4，6，7，8，12的中数为7。众数是指在频数分布中出现次数最多的那个数。例如，数列2，3，5，3，4，3，6的众数为3。

连续数据通常用算术平均数、加权平均数、几何平均数和调和平均数进行描述。其中，算术平均数也称为平均数（average）或者均值（mean）。把数据相加的总和除以数据的个数就可以得到算术平均数。描述统计中，算术平均数是最常用的度量。如果得到的数据的单位权重（weight）不一样，在计算平均数的时候就要使用加权平均数。几何平均数又称对数平均数，调和平均数又称倒数平均数。这两种度量在实际中用得较少。前者可以用来计算平均速率，后者可以用来计算增长比率的平均值。

2. 差异度量

描述数据离散趋势的常用度量有全距（range）、百分位差（percentile）和中心动差（central moment）三种。

（1）全距

全距又称两极差，即一组数据的最大值（maximum）和最小值（minimum）之差。全距是用数据分布中的最大、最小两个极端值来表示这个数据整体分布的离散程度。

（2）百分位差

百分位差是用两个数据的百分位数之间的差距来描述离中趋势的一种差异度量。当一组数据按其数值大小排列时，处于$p\%$位置的数值就是第p百分位数，即如果一组数据中有一个数值是第40百分位数，那么比这个数值小的数据量占该组所有数据量的40%。由于采用的百分位数不一样，可以有不同的百分位差。数据处理中，最常用的百分位差是四分位差（quartile percentile），它是第75百分位数和第25百分位数之差的平均数。

（3）中心动差

中心动差是以实验数据组中数据值与平均数的差值为基础来描述数据的离散程度的。常用的中心动差有平均差（average deviation 或 mean deviation）、方差（variance）和标准差（standard deviation）。

平均差是数据分布中所有原始数据与该组数据平均数的绝对离差（简称离均差）的平均值。为了避免负数对数据处理的影响，可以采用方差代替平均差来描述数据的离散程度。方差的数值可以用离均差的平方和除以数据的个数得到。标准差是方差的算术平方根。

全距、百分位差、四分位差、平均差、方差和标准差等各种差异度量各有优点，其中标准差由于计算严密、受极端数据影响较小，是常用的差异度量。方差虽然不能直观地反映数据的离散程度，但是由于一组数据的总方差可以分解成各种变异源造成的部分方差，即方差具有可加性，所以在推断统计中，方差经常使用。

3. 相关分析

值得注意的是，集中度量和差异度量都是对一个变量的多个测量数据的特征描述。如果变量有两个，同时每个变量又有多个测量数据，就需要考虑描述这两个变量之间的关系。通过相关分析，就可以知道两个变量的关系程度。

相关系数（correlation coefficient）是用来表示两个变量间的关系的统计度量，常用 r 来表示。r 的数值范围为 $-1.00 \sim 1.00$。当 r 为 0 时，为零相关，表明当一个变量的测量数据变化时，另一个变量的测量数据没有有规律的变化。当 r 为正数时，为正相关，表明一个变量的测量数据变化方向和另外一个变量的测量数据变化方向相同。例如，体重通常随身高增加而增加，体重和身高为正相关。当 r 为负数时，为负相关，表明一个变量的测量数据变化方向和另外一个变量的测量数据变化方向完全不同。例如，开车初期，驾车练习次数越多，驾车时操作错误就越少，练习次数和错误数为负相关。

根据数据类型的不同，相关系数可以用不同的公式计算。皮尔逊积差相关（Pearson product moment coefficient of correlation）和斯皮尔曼等级相关（Spearman rank correlation）是最常用的相关表示方式，前者可用来表示直线的、连续变量的相关，后者则可以用来表示直线的、非连续变量的相关。

（二）推断统计

通过描述统计处理，可以得到研究样本各种基本的数据特征，如实验组和控制组各自的平均数和标准差等。基于这些基本数据，通过差异检验，进而说明实验效应的统计处理过程就是推断统计（inferential statistics）。

推断统计的基本逻辑其实很简单，即用样本统计量来推断总体参数，如果总体参数差异显著，说明这两个样本的被试来自不同的总体，进而说明实验处理有效。换句话说，实验处理使得实验组发生了本质的而不是偶然的随机的改变，从而形成了和控制组完全不同的总体。

推断统计中的差异检验在统计学中常常被称为假设检验。假设检验中的假设有虚无假设和备择假设之分。虚无假设假定两个样本来源于同一个总体，备择假设假定两个样本来源于不同总体。假设检验中，如果差异显著，即达到显著性水平，就推翻虚无假设，而接受备择假设，反之就接受虚无假设。其中，显著性水平指的是允许的小概率事件发生的标准，通常用 α 表示。如果 α 小于 0.05，就认为假设检验达到显著性水平，即得出两个样本来源于不同总体的结论所犯错误的概率不超过 5%。假设检验的方法很多，根据数据类型的不同，有非参数检验和参数检验两个大类。

1. 非参数检验

非参数检验是指在总体分布情况不明确时，用来检验数据资料是否来自同一个总体的假设检验方法，常用于离散型数据的统计检验，主要有拟合优度检验和分布位置检验。

（1）拟合优度检验

拟合优度检验的方法主要包括：卡方检验（chi square test）和二项式检验（binomial test）。以下简单介绍一下卡方检验。

卡方检验可以用来对分类变量是二项或多项分布的总体分布进行一致性检验。例如：某项民意测验，答案有满意、一般、不满意三种。调查了 48 人，结果满意的 24 人，一般的 12 人，不满意的 12 人。如果要检验这三种意见的人数分布是否有显著不同，就可以用卡方检验。

（2）分布位置检验

分布位置检验主要包括：两个独立样本检验、多个独立样本检验、两个相关样本检验和多个相关样本检验。

两个独立样本检验可以检验当两个独立样本所属总体分布类型不明或非正态的情况下，两个独立样本间是否具有相同的分布。例如：有甲、乙两种操作方法，考虑比较它们的作业绩效，独立观察 20 个被试。10 个被试采用甲操作方法，另 10 个被试采用乙操作方法，此时就可以使用两个独立样本检验考察这两种操作绩效有无显著差异。

两个相关样本检验和两个独立样本检验基本类似，就是研究样本的性质不同。例如在上面的例子中，如果使用甲、乙两种操作方法的研究样本是同一个被试组，就要用两个相关样本检验的方法。

2. 参数检验

参数检验是在总体分布情况明确时，用来检验数据资料是否来自同一个总体的假设检验方法，常用于连续型数据的统计检验。常用的参数检验方法主要有 t 检验（t test）和方差分析（analysis of variance，ANOVA）或 F 检验。

（1）t 检验

t 检验用于对两组或两个实验条件之间差异的检验。根据实验设计的不同，t 检验可以分为单一样本 t 检验、两个独立样本 t 检验和配对样本 t 检验。其中，两个独立样本 t 检验用于检验两个不相关样本是否来自具有相同均值的总体。例如，如果想知道购买某产品的顾客的与不购买该产品的顾客的平均收入是否相同，就可以采用两个独立样本 t 检验。配对样本 t 检验用于检验两个相关样本是否来自具有相同均值的总体。例如，如果想要知道技术培训以后是否提高了工作效率，就可以采用配对样本 t 检验。

（2）方差分析

方差分析或 F 检验适用于三个或更多的组或实验条件之间差异的检验。方差分析大致可以分为单因素方差分析和多因素方差分析两种。根据实验设计的不同，方差分析有不同的变式。例如，当实验设计是重复测量设计时，就要采用重复测量设计的方差分析。但是，各种方差分析的原理是类似的。

单因素方差分析也称作一维方差分析。如果实验的自变量只有一个，而实验处理有多个，就要用单因素方差分析。例如，要考察不同振动对作业绩效的影响，振动的水平又有三个，这时候就需要单因素方差分析来检验实验的效应。如果实验的自变量有两个或者两个以上，就需要用多因素方差分析。

用户研究的方法是非常丰富的。以上所讨论的是一些基本的用户研究方法，这些方法（除了人物画像法）都源自心理和行为科学。事实上，用户体验实践本身也产生了许多丰富的用户研究方法。我们将在本书后面的章节中结合以用户为中心设计的活动和流程陆续地介绍其中的一些方法，例如：第四章（场景分析）中的情境访查、情境描述、"生活中的一天"模型；第五章（任务分析）中的层次任务分析、任务分解分析、关键事件法、应用认知任务分析、认知工作分析、用户旅程图；第六章（原型设计）中的用例；第八章（服务设计）中的故事板法、5W1H1V 分析法、文化探测法；第十二章（展望）提到的利用在线用户行为等大数据，通过 AI 建模分析手段来获取用户特征、分类、个性化需求、使用场景等。

概念术语

问卷法，观察法，自然观察，实验室观察，参与式观察，半参与式观察，非参与式观察，结构性观察，非结构性观察，直接观察，间接观察，访谈法，直接访谈，间接访谈，个体访谈，集体访谈，标准化访谈，半标准化访谈，非标准化访谈，访谈提纲（访谈脚本），焦点小组法，人物画像法，场景，人物画像扮演，实验法，实验设计，实验变量，无关变量控制，被试内设计，被试间设计，混合设计，完全随机设计，随机区组设计，单因素设计，多因素设计，描述统计，集中度量，差异度量，相关分析，推断统计，非参数检验，参数检验

本章要点

1. 问卷法也称问卷调查法，是一种通过问卷收集数据的研究方法。
2. 完整的问卷包含标题、卷首语（封面语）、指导语、问卷主体和结束语等五个部分。
3. 根据内容的不同，问卷题目可以分为行为类问题、态度类问题和背景类问题三个大类；根据备选答案类型的不同，问卷题目可以分为开放型问题、封闭型问题和半封闭型问题三个大类。

4. 根据不同的测试条件，问卷信度可以用内部一致性、复本信度、重测信度和对半信度等不同的相关系数表示。问卷效度指的是有效性程度，即问卷测试确实能测出其所要测试特质的程度。常用的效度有内容效度、效标关联效度和建构效度三种。问卷的信度和效度越高，越能保证问卷测试的科学性。

5. 根据施测时是否在线，问卷施测可以分成离线式施测和在线式施测；根据施测时的填写方式，问卷施测可以分成自填式施测和代填式施测。

6. 观察法是各种用户体验研究方法中较为简单、节省成本的方法。不同于日常的观察，科学观察法具有目的性和计划性、系统性和可重复性等特点。

7. 观察法的实施流程主要包括：明确研究目的，制订观察计划，做好观察准备，按照计划取样并做好记录，整理与分析观察资料，撰写报告。

8. 观察数据的分析可以分为定性分析和定量分析。

9. 访谈法是一种通过面对面的谈话来收集受访者心理和行为数据的研究方法。

10. 在用户研究中，访谈法常用于收集产品用户的潜在动机、信念、态度、情感和主观体验等深层信息，从而指导产品的开发和更新，提升产品的用户体验。

11. 访谈法的实施过程主要包括：确定访谈目标，设计访谈提纲，恰当提问，捕捉信息，反馈信息，整理记录。

12. 焦点小组法是在训练有素的主持人主持下，由挑选的产品用户聚集在一起就有关产品可用性的某个特定话题进行一种无结构的自然交互式的讨论，从而获得与特定话题相关信息的一种研究方法。

13. 焦点小组法由于花费相对较少，并且易于操作，目前被广泛应用于市场调研、用户研究中。

14. 焦点小组法作为一种定性的研究方法，其研究结果通常用文字而非数字来表达。这种结果比复杂的数据调查结果更容易被理解和接受。因此，焦点小组的方法既不适合收集定量数据，也不适合用定量的方法来表示数据，应避免使用定量数据及用定量的方法来显示结果。

15. 人物画像法是一种以心理学研究方法为基础，围绕着特定的产品或产品功能建立相应的角色，并以此对该产品或产品功能进行研究的用户研究方法。

16. 人物画像的使用与场景是分不开的。场景是一种交互设计工具，包括人物画像、情景、任务、行为和行为结果等内容。

17. 人物画像扮演是让使用者扮演某个人物画像（或者本身就与该人物画像相符）来完成某个或某些场景中的任务。该人物画像对场景中的任务的完成情况或评价，可以帮助产品设计者理解用户需求，构建或改进用户模型，促进产品概念的形成，发现产品或产品功能的可用性问题，评价产品或产品功能的满意度，指导商业策略，等等。

18. 实验法是研究者有目的地控制条件或者变量，探讨各种变量与研究对象外显行为之间关系的一种研究方法。

19. 根据实验情景的特点，实验法可以分为实验室实验和现场实验两个大类；根据实验变量控制的不同要求，实验法可以分为真实验和准实验两个大类；根据实验控制的自变量数量，实验法可以分为单因素实验和多因素实验两个大类。

20. 实验法应用中的变量通常有自变量、因变量和无关变量这三种。

21. 无关变量的控制会直接影响到自变量对因变量的作用，因此无关变量的控制方法在实验中有着至关重要的作用。无关变量控制的方法主要有排除法、恒定法、匹配法、随机化法和统计控制法等。

22. 实验设计的实质就是设置实验变量、选择实验样本和安排实验程序，其中主要包括自变量和因变量的挑选、自变量和因变量的合理配置、无关变量的控制、样本及其数量的选择和实验流程的设计等内容。

23. 实验数据的处理通常分为三个步骤：第一步进行预处理，第二步进行描述统计分析，第三步进行推断统计分析或其他更复杂的分析（如因素分析）。

复习思考题

1. 设计问卷时，应该注意什么？
2. 问卷信效度达到多少时符合好的标准？
3. 为了保证问卷研究在实际操作中的有效实施，达到预定的研究目标，需要注意哪些问题？
4. 什么是观察法？观察法有什么特点？
5. 自然观察和实验室观察有什么不同？
6. 如何正确实施观察法？
7. 什么是访谈法？访谈法有什么特点？
8. 访谈法的实施技巧有哪些？
9. 如何分析和报告访谈数据？
10. 焦点小组法有哪些分类？
11. 焦点小组法如何实施？
12. 对焦点小组访谈的主持人有哪些要求？
13. 如何报告焦点小组访谈结果？
14. 什么是人物画像法？人物画像法具有哪些特点？
15. 创建一个人物画像有哪些步骤？
16. 人物画像创建后，该如何使用？在使用中应该注意哪些问题？
17. 实验法有哪几种分类？
18. 实验设计中如何控制无关变量？
19. 实验设计有哪几种分类？
20. 如何分析实验数据？

拓展学习

陈国鹏. 心理测验与常用量表. 上海：上海科学普及出版社，2005.

戴海崎，张峰，陈雪枫．心理与教育测量．3 版．广州：暨南大学出版社，2011.

黄希庭，张志杰．心理学研究方法．2 版．北京：高等教育出版社，2010.

葛列众．工程心理学．北京：中国人民大学出版社，2012.

郭秀艳．实验心理学．2 版．北京：人民教育出版社，2019.

李宏汀，王笃明，葛列众．产品可用性研究方法．上海：复旦大学出版社，2013.

张厚粲，徐建平．现代心理与教育统计学．4 版．北京：北京师范大学出版社，2015.

周德民，廖益光，曾岗．社会调查原理与方法．长沙：中南大学出版社，2006.

第四章

场景分析

教学目标

- 了解场景模型在用户体验设计中的作用，并掌握场景分析的方法（包括采用情境访查收集数据以及构建不同类型的场景模型）。
- 了解人际沟通、组织协作和社会文化的特征以及其中影响用户体验设计的要素。
- 了解技术环境（包括显示技术与控制技术）、物理环境（照明、声音与振动条件）和市场环境对用户体验的影响。

学习重点

- 第一节重点：理解场景分析的对象和场景模型在用户体验设计中的重要性；掌握采用情境访查来收集场景数据的方法；掌握主要的场景模型的构建方法。
- 第二节重点：理解人际沟通的主要方式与特点，特别是面对面沟通中各种信息通道的作用和规律，以及计算机支持的沟通的主要形式及其与面对面沟通的差别；理解描述组织结构特征的方法；理解社会文化模型并了解社会文化对用户体验设计的要求。
- 第三节重点：了解主要的视觉显示技术和视觉显示形式，以及听觉和触觉显示技术；了解文字和指点输入的主要技术，以及一些其他形式的输入技术；了解照明条件、声音条件和振动条件的测量及其对用户体验的影响；理解市场因素在用户体验设计中的重要性，并掌握主要的用户体验市场分析技术，包括用户体验竞争分析和质量功能配置分析。

开脑思考

- 你的公司准备开发一款基于视频通话的、用以支持医生远程看病的沟通系统。你觉得这样的系统与面对面沟通看病相比，在体验上有什么优缺点？你有怎样的设计思路可以克服其中的缺点？
- 你的公司准备开发一款准备安装在高铁上让乘客进行交互的娱乐系统。你认为在高铁这样的使用场景中，在物理空间、交互方式方面，对这个系统有怎样的要求？

用户体验情境是多种多样的。在用户体验需求分析中，我们一般把情境分为用户、场景和任务三个部分。借此，我们可以了解用户本身的特征和需求（详见本书第二章）。在场景分析中，我们需要总结用户体验产生的时间、地点，以及用户体验产生时用户周围的人以及情境中所发生的其他事件的特征和需求。最后，我们在任务分析中具体地了解用户如何与产品进行交互并完成任务。

　　本章的内容将集中介绍如何分析场景并构建场景模型。本章的第一节主要介绍场景模型的内涵和它在用户体验中的重要性，以及构建场景模型的主要方法。第二节和第三节将具体介绍场景中的人际、组织与社会环境，以及技术、物理环境与市场因素对用户体验设计的影响。

第一节　场景模型

　　想象以下一幕情境：进入地铁站入口时，小王拿出她的智能手机，打开地铁票 App 准备扫码进站。没料到，这个 App 刚完成了升级，在启动时，不仅弹出了一系列新功能介绍的页面，还要求她重新登录账号。她留意到此时自己堵住了入口，身后的乘客露出了不满的表情。于是她不好意思地走到了一边，快速地略过所有新功能介绍页面，输入账号密码完成登录，并在获得进站二维码之后，再重新排队进站。小王觉得这次使用地铁票 App 的体验相当糟糕。

　　再想象小王在地铁里打开 App 来为到站时出示二维码做准备，那么她可能会慢慢看完所有的新功能介绍的页面，并对一些新功能产生兴趣。她也可能不会介意重新登录自己的账号。

　　用户体验都是在一定的情境下产生的。一个情境包含时间、地点、人物、事件等四大要素。这里，"人物"不仅包含用户本身（如上述例子中的小王），还包含用户周围对体验产生影响的人（如与小王一起排队进站的其他乘客）；"事件"包含用户通过产品所要完成的任务（如打开地铁票 App 并调出进站二维码），以及情境中正在发生的其他事件（如排队进站等）。因此，要完整地了解用户体验的需求，我们需要了解使用情境中的各个要素所带来的需求。

一、场景模型及其重要性

（一）场景分析与场景模型

1. 场景分析与场景模型的定义

　　用户体验场景是用户与产品交互时，参与构建用户体验的环境状态与特征。其中，"环境"主要包括时间、地理位置与物理环境、相关的人与物件，以及正在发生的相关的事件等方面的要素（Chen & Kotz，2000；Dey，Abowd，& Salber，2001；Schilit，Adams，& Want，1994）。这些构成场景的要素被统称为"环境"，是相对于用户作为主体、用户体验产品作为主要交互对象而言的。在一个用户体验情境中，用户、用户体验产品和场景可被视为一个社会技术系统中不可分割的几个元素（Czaja & Nair，2012），如图 4-1 所示。

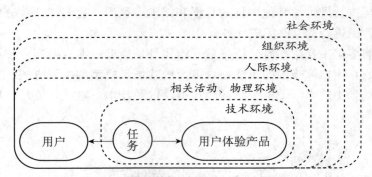

图 4-1　参与构建情境中用户体验的系统要素

图 4-1 中，楷体字表示的是用户体验情境中时间、地点、人物、事件等构成使用场景的各种要素，具体包括相关活动（时间和相关事件等），人际、组织与社会环境，物理环境，技术环境，等等。用户和用户体验产品构成了一个能在其交互过程（任务）中产生用户体验的微观的"人-机"系统。然而，实际生活中的用户体验是离不开各种场景要素的。在本节开头小王使用地铁票 App 的例子中，同样的用户、用户体验产品和交互任务，在不同的场景下产生了截然不同的用户体验。因此，在产品的实际使用过程中，离开使用场景，用户体验将无从谈起。

场景分析是指在用户体验设计中，用于了解构建用户体验的场景要素的特征的方法的总称。场景模型是场景分析的结果，是对场景要素的系统的、详细的描述。

2. 场景分析的对象

从上面的讨论可知，使用场景包含多个方面的要素。全面的场景分析应该至少包含相关活动，人际、组织与社会环境，物理环境，以及技术环境等相互关联的四个方面。

（1）相关活动

场景分析中的相关活动分析关注的是参与构建用户体验的用户日常活动，包括这些活动发生的时间、地点和相关的事件。这些相关活动可能是乘坐公共交通工具、在办公室工作、在餐厅就餐、与异地亲人通信等等。相关活动的分析是场景分析的基础，它确定了场景分析中的其他方面（包括人际、组织与社会环境，物理环境和技术环境）的分析范围。

（2）人际、组织与社会环境

场景分析中的人际、组织与社会环境分析关注的是参与构建用户体验的与用户的社会关系相关的要素。人际、组织与社会环境包括人际环境、组织环境与社会环境等从微观到宏观的三个层次。人际环境指的是两个人或几个人之中，用户与用户或用户与其他人的社会关系和沟通方式。组织环境指的是在一定的社会组织（如企业和社会团体）里，用户与用户或用户与组织内其他人在组织中的关系与协作方式。社会环境指的是在社会层面，与用户体验相关的文化、政策和法律法规等要素。

（3）物理环境

场景分析中的物理环境分析关注的是参与构建用户体验的物理空间环境的特征，包括地理位置、空间结构、人和物件在空间内的移动路线及方式，以及空间中的工具和物件等方面。物理环境中的照明、声音和振动等条件也会对用户体验设计带来影响。

（4）技术环境

场景分析中的技术环境分析关注的是参与构建用户体验的系统平台、人机交互技术与设备，以及其他的相关设备。其中，系统平台指的是为用户体验产品提供技术基础的技术平台。系统平台可能是已存在的产品（如搭载 Windows 操作系统的台式电脑是某绘图软件的系统平台），也可能是专为用户体验产品开发的专用系统。人机交互技术与设备指的是用户与用户体验产品交互时所使用的技术，以及显示和控制设备。其他的相关设备是能影响用户体验产品的用户体验的其他产品和设备。

（二）场景模型的重要性

场景模型在用户体验设计的需求分析过程中的重要性主要体现在以下三个方面。

1. 场景模型是提取用户体验需求信息的重要依据

传统工效学设计常常专注于用户在任务中的绩效与体验。这是因为传统工效学设计的产品通常是在比较固定的使用场景中使用的专用设备。这种体验设计可称为"以任务为导向的用户体验设计"。然而，这种体验设计思路慢慢被"以情境为导向的用户体验设计"所取代（Smyk，n. d.）。这是因为随着科学技术的发展，以个人电脑、手机为代表的设备融入了人们的生活的各个方面，使得用户体验设计也开始被应用于日常生活中的各种产品的设计之中。这些设备在不同的场景中被使用时，场景因素对用户体验的产生起了相当关键的作用。因此，在用户体验设计的过程中，设计人员需要依靠场景模型，来寻找由使用场景带来的用户体验需求。

2. 场景模型是后续任务分析的前提和基础

场景模型相对于用户任务的基础性体现在两方面：一方面，用户在不同的情境中可能会使用同样的产品来执行不同的任务；另一方面，在不同的情境下，用户执行同样的任务的方式可能会不一样。比如，同样的即时通信 App，当用户在与朋友闲聊时，可能会通过发送表情来传达情感，或分享即时拍摄的照片或视频等；而当用户在办公时，则可能更常用来分享可编辑的文档。又比如，同样是从一个地点移动到另一个地点的驾驶任务，一名司机可能在上下班的时候采用自动驾驶模式来驾驶以减少由驾驶带来的疲劳，而在放假外出时则使用手动驾驶来享受驾驶带来的乐趣。

3. 场景模型能帮助设计人员发现用户体验创新的切入点

好的场景模型可以帮助设计人员去理解产品使用的情境，并发现不同情境下的机会与痛点。这样可能可以让设计人员发现提升情境中用户体验的新途径，或者创造性地设计出全新的用户体验。比如，场景模型可能告诉设计人员，新生儿妈妈在家里网购婴儿用品时，常常与其他妈妈进行实时的交流；设计人员可能采取把婴儿用品网购平台与新生儿妈妈网上交流平台结合起来的方法，来打造新的网购体验。

二、场景模型的构建

（一）为场景模型收集数据——情境访查

情境访查（contextual inquiry）是收集场景分析所需数据的主要方法（Beyer & Holtzblatt，1998；Holtzblatt & Beyer，2015，2017）。情境访查是在产品使用的真实场景中进行的对用户活动的半参与、半结构式观察，以及对用户进行的半标准化访谈。本部分的内容将介绍情境访查的实施准则和过程。

1. 情境访查的实施准则

在情境访查的实施过程中，调研人员应该遵从在情境中收集数据、与受访者建立工匠-学徒关系、与受访者共同解释访查内容，以及聚焦到访查的目标等四个准则（Holtzblatt & Beyer，2017）。

（1）在情境中收集数据

在情境中收集数据是指在产品使用的真实场景中对用户进行访查。这其中，有三个方面的特点需要在访查过程中加以注意。第一，情境访查需要获取与用户当下体验相关的信息，而不是获取用户对过往体验的总结。用户倾向于总结过往类似活动中的好与不好的体验，但是经常不能全面地解释这些好与不好的体验背后的原因。调研人员通过观察用户实时的活动与体验，可以获得更多用来解释体验产生的原因的数据。第二，情境访查需要获取"实质"的数据，而不是"抽象"的数据。所谓"实质"的数据，是指用户在进行当下活动时所给出的情境中准确的、详细的关于体验的信息。而"抽象"的数据，指的是用户在非使用情境中，经过回忆，对以往的相似的事件进行抽象提取得到的信息。如果场景分析是根据抽象的数据进行的，则分析过程可能错过许多能反映使用场景特点的细节。第三，情境访查需要获取关于体验的现场描述而不是事后报告。在情境中进行调研时，调研人员应观察用户的情感反应（如愉悦、受挫等），因为这些情感反应能体现出用户当下的体验。调研人员可以有针对性地对用户进行询问和追问，以获得更准确的体验信息。

（2）与受访者建立工匠-学徒关系

工匠在训练学徒的时候采取的是边做边教的方式。在情境访查中，调研人员和受访者（用户）也该模仿工匠-学徒关系模式——用户是工匠，他们在从事当下情境中的活动的同时，让调研人员对他们的活动进行了解。与真正的工匠-学徒关系的差别在于，在情境访查中，调研人员常需要主动打断用户的活动并对用户的体验进行访谈，然后指引用户回到被打断的活动之中。这种"打断与回归"的行为可以帮助用户代入工匠的角色。访谈者-受访者、专家-新手和客人-主人是三种在情境访查中不应该采取的关系模式。访谈者-受访者的关系意味着用户需要长时间中断情境中的活动来回答调研人员的问题，这样会影响用户提供的信息与当下活动的相关性。专家-新手关系意味着调研人员以设计人员的身份与用户进行交流，这样可能导致用户在遇到问题时寻求调研人员的帮助，从而影响用户执行行为的自然性。客人-主人的关系意味着调研人员是来到用户工作或生活场景的客人，因此调研人员可能会比较"礼貌"而避免"多管闲事"，这样会导致调研人员不能最大限度地获取来自用户的信息。

（3）与受访者共同解释访查内容

情境访查要获取用户在使用场景中的数据，但也要获取这些数据背后的含义，以把数据转化为用户需求。在情境访查中，解释行为数据的最佳方式便是调研人员随时与用户分享他们对所观察的东西的理解，并让用户细化或修正这些理解。与用户分享对数据的理解，有时可以让用户更好地了解自己的工作与生活。由此，用户就经常可以在调研人员的理解的基础上进行展开，从而提供更深入的信息。当调研人员对用户体验的理解与用户的体验出现冲突时，用户就可能直接或者间接地提出反对意见。这样，调研人员就可以通过对用户的追问来获取对用户体验的准确的理解。

（4）聚焦到访查的目标

在使用场景中进行访查能提供海量的信息，同时调研人员和用户可能在交谈过程中失去重点，而收集到一些与场景分析无关的信息。因此，由于时间和人力资源的限制，调研人员必须在情境访查中注意聚焦到访查的目标，来提高访查的效率。由于情境访查的目标是为场景分析收集数据，调研人员应该注意收集与用户体验相关的活动，人际、组织与社会环境，物理环境，以及技术环境方面的信息。在访查过程中，调研人员结合访查的目标，应该特别注意用户的"错"的行为、难以理解的行为，以及用户的情感。针对这些行为和情感展开追问可以得到有用的关于用户体验的场景信息。

2. 情境访查的过程

情境访查的过程可以分为介绍、过渡、观察与访谈，以及总结等四个步骤。

（1）介绍

调研人员应该先向用户介绍自己和情境访查的目标，并向用户保证他们的隐私将受到保护。向用户解释情境访查的内容是用户的行为与体验，并表明将会与用户分享对用户行为与体验的原因的解释，并希望用户可以对这些解释进行细化或纠正。接着，调研人员应该让用户大致描述他们将要进行的活动，以及相关的地点、时间和工具。

（2）过渡

在介绍的最后部分，调研人员让用户对自身活动进行的描述是一种总结性的、抽象的数据，而不是与当下体验相关的、实质的数据。因此，调研人员在正式进行情境访查的观察与访谈之前，应该有一个让用户明白情境访查的实施准则的过渡阶段。在这个过渡阶段，调研人员应该明确，在接下来的观察与访谈活动中，用户应该如常地执行他们的日常活动；用户应该预期他们会被打断并被追问一些行为的原因或体验，但同时他们也应该在不想被打断的时候大胆地拒绝被打断，并在事后再补充说明。

（3）观察与访谈

接下来的观察与访谈部分是情境访查的主体部分。在这部分，用户将如常地执行自己的活动；调研人员根据场景分析的目标，对用户进行细致的观察，在恰当的时候打断用户的行为以进行追问或分享对用户行为的解释，并对观察和访谈的内容进行详细的笔录。在这个过程中，调研人员应该注意遵从在情境中收集数据、与受访者建立工匠-学徒关系、与受访者共同解释访查内容，以及聚焦到访查的目标等四个情境访查的实施准则。

（4）总结

在情境访查的最后，调研人员应该对在访查过程中获得的主要内容进行一次总结并与用户分享。调研人员可以对活动的模式、重要的事件，以及相关的用户体验进行简要的讲解。如果调研人员的笔录中包含一些图例，如描述事件之间相关性的图表、人际关系的图表或物理空间结构图，也可以与用户分享。用户可以对调研人员所分享的任何内容进行最后的补充与修正。最后调研人员应该感谢用户并结束访查。

（二）场景模型的主要类型

由于场景分析的对象是丰富的，场景模型的类型也是多样的。常见的用于支持产品设计的场景模型包括情境描述、"生活中的一天"（Day-in-the-Life）模型、人际协作模型、组织文化模型、物理空间模型和人造物模型等。本部分的内容将对上述模型进行逐一的介绍。根据被设计的产品的性质，分析人员需要选用相关的场景模型以描述由各种场景要素带来的用户需求。常见的用于支持服务设计的场景模型包括故事板、5W1H1V、文化探测、客户旅程图等，这些方法与模型将在本书第八章具体介绍。

1. 情境描述

情境描述（scenario）是非正式的叙事，其特点是简单、个人化、"自然"，主要描述故事中人的活动或任务，以便允许对应用情境和用户需求进行探索和讨论。情境描述主要用于了解人们为什么做事，以及在此过程中要努力实现的目标，使我们能够专注于人的活动，而不是与技术互动。通常，由利益相关方构建情境描述是建立用户需求的第一步，它对于提供有关任务中涉及的概念信息及帮助厘清概念间关系非常重要，因为某一利益方反复提到某一特定形式、文本、行为或地点往往表明，这一特定事项在某种程度上对于所要执行的活动至关重要，我们应该小心了解其含义和作用。

情境描述作为关于用户任务和活动的非正式叙事，可以用来对现有的工作情境进行建模，但是它们更常用于表现所提出的或虚构的情境，以帮助进行概念设计，其中尤以探索极端情况的正情境描述（plus scenario）和负情境描述（minus scenario）更为有用。

考虑一个高速铁路网上售票应用系统，该系统接受用户端输入，并且从云端服务器获取信息为用户网上订票及座位选择提供支持。下面是两个情境描述示例，其中正情境描述主要展示系统的一些潜在的正面因素，即系统可能带来的好处；而负情境描述则主要展示系统的一些潜在的负面因素，即针对不利情况，想象系统会发生什么问题。

（1）正情境描述示例

赵先生正在与他远在北京的朋友打电话。朋友请他下周有空的时候去北京找他聚一聚，赵先生愉快地答应了，并开始准备旅程。他打开电脑，进入他喜欢的 Chrome 浏览器，输入高铁订票网址，查询了下周五去北京、下周日返回杭州的高铁票。与他预期的一样，由于距离出行日期尚有将近 10 天，各趟车次、各种座位等级的车票都比较充足。他仔细推算了到北京的时间点，确定了具体车次，点击预定提交后，系统提示他需要登录。

赵先生点击登录按钮，输入账号密码后，顺利地通过了图像验证，预定了车票，选择了他喜欢的靠窗的座位。系统提示他在半小时内付费。他通过支付宝顺利地支付了车票费后，他的手机立即收到了系统发来的车票预定成功短信。

（2）负情境描述示例

小赵同学正在学校上课的课间。突然，他收到了他妈妈的一条微信消息，告知他家里有急事，需要他明天上午 10 点前赶到家里。小赵家距离学校约 700 公里，这意味着他必须明天一早 6 点左右坐上高铁，才能在 10 点左右到达家里。

他迅速打开手机上的浏览器，输入高铁订票网址，可是，不知道怎么回事，往日能很流畅打开的页面今天居然一直在转圈圈，2 分多钟后，网页终于打开了。小赵点击登录按钮，选择了账号登录，并输入了账号和密码。此时，小赵被一件不大不小的事难住了。原来，系统除了要求他输入账号密码，还要求他"点击下图中所有的海报"。在系统提供的 8 张小图片中，由于图片小且不甚清晰，几乎每张在小赵看起来都像是海报，有的像公益海报，有的像电影海报，有的像广告海报。小赵犯难了。他选了 3 张他认为最像海报的，并点了"立即登录"，可系统提示验证失败了。终于，在经历了密码输入错误、账号不存在、图片验证失败等 5 次失败后，他登录了系统。

小赵有点着急了。他下意识地看了下时间，离上课还有 7 分钟。他选择了购买单程车票的选项，选择了出发地、目的地和明天的日期，并点击了查询按钮。再一次，系统几乎没有响应，屏幕上并未如愿出现哪怕一趟列车的信息。等了快 1 分钟，屏幕上终于出现了列车的信息。小赵经过对比始发时间和达到时间，发现只有第一班 6：10 出发的比较符合他的情况，可是这一趟车只有一等座还有候补席位，其余座位等级的车票全都售罄了。接下来第二班 7：01 出发的有二等座票，但如果乘坐这趟车的话，估计他怎么着也不能在 10 点左右赶到家里了。虽然一等座 500 余元的票价对于他这位大三学生来说很是昂贵，考虑到时间紧迫，小赵还是选择了预定这个候补的一等座，因为按照小赵的经验，候补订单是已无票情况下网上排队，按序等待他人退票的优先选择，旅客只要在订票平台登记购票信息并支付预购票资金后，如有退票、余票，系统将自动为其购票，具有较高的购票成功率。匆匆忙忙间，小赵随手将订单中应确定的候补车票最后时间输入为 7：00。

为加速支付过程，小赵避开了银行信用卡支付，选择了微信支付。在他输入票面金额和支付密码，并准备支付之际，小赵突然发现，他在屏幕上怎么也找不到确定支付的按钮。一边是即将上课铃响，一边是找不到确定支付的按钮，小赵急得拿着手机手足无措。就在此时，他突然发现，久违的确定按钮出现了。原来，不知什么原因，当小赵竖握手机时，屏幕信息不会滚动，确定按钮在屏幕下方一直出不来；而当小赵横握手机时，屏幕信息出人意料地滚动了，确定按钮于是也出来了。小赵点击了确定按钮，完成了预购票资金的支付。他踩着上课铃声，进入了课堂。

由于担心车票的候补情况，小赵有点忐忑地过了一个白天。终于，到晚上 11 点左右，他收到订票平台的短信，告知他 6：10 这趟车无票，而且由于在他确定的候补车票最后时间 7：00 之前再也没有高铁达到他家所在的城市，本次候补购票失败，预付的预购票资金已经退回。无奈之下，小赵只能立即改买明天首班的航班，他将于凌晨 3：30 点出发，从学校赶赴机场。

夜已深，现在他要做的，是赶快收拾好行李，设好闹钟，赶紧上床休息。

2."生活中的一天"模型

情境描述是对某些特定情境的微观描述，而"生活中的一天"模型则是对用户典型的一天的生活中的系列活动的宏观描述（Holtzblatt & Beyer，2017）。"生活中的一天"模型需要展示用户一天生活中各种典型的活动，以及它们发生的时间、发生时相关的事件及哪些产品支撑了这些活动的进行。"生活中的一天"模型既可以展示一天里与各种活动相关的信息（如任务和心境等），也可以展示典型用户的生活方式和态度。

"生活中的一天"模型不一定包含用户从早到晚一整天的所有活动——因为并不是所有产品都与一整天的各种活动相关。对于一些与办公相关的产品，"生活中的一天"模型大概只关注工作时间就足够了。但是，像智能手机、智能手表这种产品，则与用户一天的各种活动都可能相关。这时候，"生活中的一天"模型就可能有必要包含从早到晚一整天的各种活动的信息。

"生活中的一天"模型可以详细的文字描述的形式呈现，或者以生动的图表形式呈现。表4-1展示了一个用于分析智能手机应用的用户需求，并以文字形式呈现的"生活中的一天"模型的局部。该模型以时间为线索，展示了一个典型用户（上班族小李）在不同地点所经历的事件以及他的体验。利用这个模型，设计人员可以发现用户体验的一个痛点是用户无法快速地找到通过智能手机监视自己保险费变化信息的方法。小李的生活事件，如打卡、与同事交谈等，会随时打断他搜索智能手机应用的任务。智能手机如何能在这样的场景中帮助用户完成搜索是一个需要满足的用户需求。

表4-1　　　　　　　　　　上班族小李"生活中的一天"模型的局部

时间	事件	体验
7：00	小李在公寓楼下的小店吃早饭的同时使用智能手机看了几则他觉得有意思的社会新闻。他把其中一则关于股市的消息转发给了群聊里的朋友们。	这则关于股市利好的消息使小李认为投资可能有回报了，这让他觉得特别兴奋。他的朋友在收到分享的消息后也都表达了兴奋之情。
7：45	小李在开车上班的途中不小心闯了一次红灯。交通监控记录了小李的危险驾驶行为。	小李庆幸刚才闯红灯没有发生意外，但又为将要受到交通违章扣分罚款感到相当沮丧。同时他也害怕以后保险公司可能要提高他的汽车保险费。接着他思考了能不能通过智能手机应用随时监视保险费的变化。
8：10	小李在从停车场步行到达公司的路上在智能手机的应用市场搜索了保险费信息的相关应用；一轮搜索没有找到，他又打开网络搜索引擎进行了进一步的搜索。	小李觉得自己投保的保险公司应该有相应的智能手机应用。他为没能找到应用感到疑惑的同时对该保险公司的实力产生了怀疑。
8：15	到达公司后，小李中止了搜索，并打开了公司的智能手机应用进行扫码打卡考勤。	小李对这个扫码打卡考勤的常规任务本身没有太多的思考，只是为搜索的被打断感到一点儿不快。
8：17	在步行到自己办公室的路上小李又进行了搜索，但依然无果。路上碰到了熟悉的同事，同事开始聊起最近工作中遇到的比较棘手的项目的问题。小李也就中止了搜索，开始与同事讨论项目。	小李遇到同事以后就没有再想保险公司智能手机应用的问题了，而开始思考工作的项目。

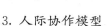

3. 人际协作模型

人际协作模型（collaboration model）是对用户（们）在活动中如何进行沟通与协作的描述（Holtzblatt & Beyer, 2017）。当产品与人际沟通与协作相关时，构建人际协作模型可以帮助设计人员更好地理解由人际场景带来的用户需求。

人际协作模型可以由两种方式来组织呈现：以角色为中心和以交互为中心。以角色为中心的组织形式适用于有明显角色的活动。这在企业的活动中体现得比较明显，因为不同职位的人员将担任不同的角色并完成不同的任务。即使是日常活动，人们也倾向于采用不同的角色，比如一次聚会可能有组织者和参与者，还可能有起草者和修改者。在一个重症监护病房（ICU）抗生素决策支持系统设计的需求分析研究里（Thursky & Mahemoff, 2007），研究人员就构建了以 ICU 医生、药剂师、病人、访客等等 ICU 里的角色为中心的人际协作模型，如图 4-2 所示。模型简要地描述了 ICU 内的各个角色及其主要任务、所使用的工具，以及角色之间的交互。从这个人际协作模型中，研究者们确定了抗生素决策支持系统的核心用户应该是 ICU 医生和前台。因此，系统的内容应该适应他们的知识水平，界面也应该适应他们的工作流程。以交互为中心的人际协作模型则更强调不同沟通方式对协作的影响。比如，同样的任务以面对面沟通的形式完成和以远程协作的形式完成将可能导致完全不一样的用户间的角色分配和用户任务。在这种模型里面，分析人员可以列举不同的可能的沟通方式，并描述在每种沟通方式下用户的角色与任务。

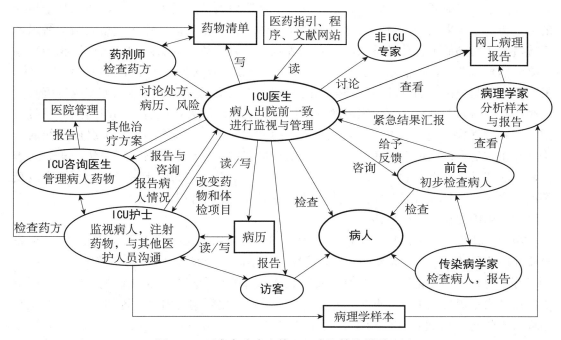

图 4-2　以角色为中心的 ICU 人际协作模型示例

（来源：Thursky & Mahemoff, 2007）

4. 组织文化模型

（1）组织文化与用户体验

组织文化是组织中指导人们构建他们的关于现实的意义的心理假设、价值观，以及解释性框架（Cheney，1987；Modaff & DeWine，2002）。越强的组织文化，会导致组织中的人员的行为越相似（Tompkins，2005）。组织文化对人在工作中的行为和体验有重要的影响。比如，一个设备商开发了一个能让技能水平不足的操作人员也能顺利完成操作的设备；但是，顾客们却认为产品的使用体验很差，因为他们自认为是高水平的专业人员，所以要选用"更复杂"的系统。又比如，一个软件开发商开发了一个能让科学家们简化他们的实验结果报告的软件；但是，科学家们却拒绝使用这个软件，因为他们认为实验结果报告不应该被简化。在以上的例子中，产品的功能与可用性本身都是没有问题的，但是产品却是失败的，因为这些产品没有与用户的组织文化相适应。

（2）组织文化的文字描述

在用户体验需求分析中，组织文化模型（cultural model）是对组织文化及其对用户体验造成的需求和约束的描述。组织文化是抽象的，但也是可观察、可描述的。研究人员可以从以下三方面考虑（Beyer & Holtzblatt，1998）：第一，工作场景的"风格"。比如，一个工作场景的风格可能是工厂化的、洁净的，可能是有设计感的、时尚的，可能是严肃的、正规的，也可能是杂乱的、随意的。如果人们在严肃的、正规的工作场所工作，他们可能不太接受看起来是杂乱的、随意的设计。第二，人们服从的规则。人们工作时服从的规则可能是组织内正式的政策，也可能是潜规则。这些规则可能来源于政府的法律法规、行业的行规、职业守则，或者个别管理人员的要求。比如，如果某个组织的人员在决定要采购的设备时，都会关注相应的国家安全等级，那么，相应的网络采购系统就必须明确显示各种设备的国家安全等级。再如，某个组织内的人员可能相当重视笔录的信息，那么，在信息电子化的过程中，也可能需要考虑引入笔录材料的维护系统。第三，人们与组织内的管理层、其他部门和其他人的交互。人们在常规工作或者解决非常规的问题时，总是需要和组织内的管理层、其他部门的人员或者同部门内的同事打交道。这些过程能体现组织内人与人之间交互的文化。比如，某个组织中下级向上级的报告都在正式的会议中进行，而另一个组织则有更多的在非正式场合的上下级讨论。对于前者，能帮助生成正规的、可演示报告的软件可能很有用；而对于后者，能帮助生成精练的、方便在各种即时通信软件中共享报告的软件可能更有用。

（3）组织文化的图形描述

组织文化模型既可以用详细的文字来描述，也可以用文化模型图来描述（Beyer & Holtzblatt，1998）。在文化模型图里，圆圈代表不同社会实体（如组织、部门、管理者、顾客等）对用户的文化影响，圆圈越大代表其对应的社会实体的文化影响力越大。圆圈之间用箭头代表文化影响的方向，并配以文字说明文化影响的内容。比如，图4-3是某研究得出的与音乐教育软件相关的文化模型图（Notess，2004）。该图展示了著名演奏者、教师和图书馆技术人员对音乐系学生的影响。其中，学生对图书馆技术人员的要求是让他们提供软件使用技能的培训，而图书馆技术人员仅能提供软件本身而不能提供完整的培训，因此双方产生了冲突。图中用一个黑色曲线符号来凸显有冲突关系的两个箭头。这个图给设计人员的一个重要启示是，在设计音乐教育软件的人机界面时，需要尽可能提升可用性，减少音乐系学生对软件培训的需求。

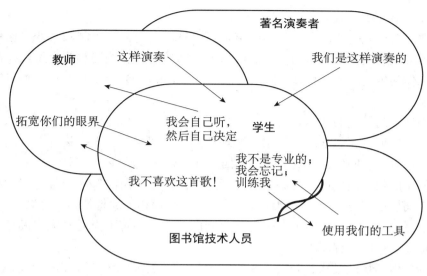

图 4 - 3 音乐教育软件使用的文化模型图示例

（来源：Notess，2004）

图 4 - 4 展示了某研究得出的与药剂师的药物管理工作相关的文化模型图（Fisher，Herbert，& Douglas，2016）。在这个图中，需要注意"治疗病患"是一个有重大文化影响力的医疗组织总目标，它覆盖了图中的所有社会实体。"药物管理"是在"治疗病患"这一组织目标下，贯穿药剂师整个工作的核心文化价值；图中使用了一个大箭头来显示它的重要性。从这个图中可知，在设计药剂师使用的药物管理软件时，让药剂师正确、高效地完成药物管理工作是最核心的目标。

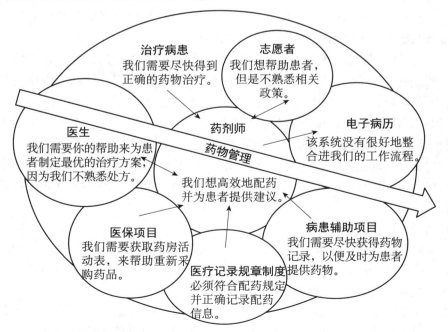

图 4 - 4 与药物管理系统相关的文化模型图示例

（来源：Fisher et al.，2016）

5. 物理空间模型

物理空间会对人的活动产生各种约束，但同时，人们也会控制和改变自己所在的空间，以使得环境适应自己的活动。人们对物理空间的适应、控制和改变可以反映人们的想法以及工作和生活方式。物理空间模型（physical model）是对用户使用产品时的物理环境的描述。

（1）物理空间模型的基本要素

物理空间模型主要包含产品使用的物理地点、空间结构、人和物件在空间内的移动路线及方式，以及空间中的工具和物件等四个基本要素（Beyer & Holtzblatt，1998）。

产品使用的物理地点可能是办公室、餐厅、汽车里、医院等，而且可能包括多个地点。物理空间模型需要反映这些物理地点与产品的使用相关的特征。这些特征可能包括：每个物理地点的空间大小、多个物理地点之间的关系、物理地点是私人空间还是公共空间、物理地点的可定制程度等。

空间结构由其物理形状、分隔物和空间内的物件确定。比如，在一个建筑物里，空间结构由门、墙壁、柜子等因素确定；汽车的空间结构由外壳、座椅的形状与大小等因素确定。空间的结构决定了空间能如何被使用。要注意的是，物理空间模型不应该像工程图一样包含所有结构细节，而应该只包括与用户体验最相关的信息。

人和物件在空间内的移动路线及方式能反映用户在空间内进行各种活动时，空间结构对其活动的影响。

物理空间中，被设计的产品以外的工具和物件可能会影响产品的使用与体验。物理空间模型应该包括这些工具和物件的大小、位置以及对物理空间本身的影响等信息。

（2）物理空间模型的关键信息

在以上基本要素的基础上，设计人员在物理空间模型中应提取空间的利用方式和人群的空间组织等两个关键信息（Beyer & Holtzblatt，1998）。

物理空间可能支持或阻碍人们的活动。当空间阻碍了人们的活动时，人们可能对空间进行改变，或采用绕道而行的方法。物理空间也可能是人们实现最有效率的沟通的障碍。设计人员可以根据空间利用的特点，有针对地进行设计。

人群的空间组织可以让设计人员发现新的设计机遇。比如，一个可移动的大屏幕可以让人们灵活地在不同的办公和会议室里根据需要轮流使用。诊所里不同房间的医生和病人的相对位置可能是不一样的（可能是正面地面对面，也可能是侧身相对），所以使用可调节方向的电脑屏幕来显示医疗信息，可以使得病人和医生在不同空间中都能方便地共享信息。

（3）物理空间模型举例

在一个针对某企业的企业资源计划软件系统定制设计的案例里（Vilpola，Väänänen-Vainio-Mattila，& Salmimaa，2006），设计团队对该企业进行了全面的用户体验需求分析。其中，企业的物理空间模型是需求分析的重要输出之一。研究人员对整个企业的物理空间进行了系统的调查和研究，构建了完整的物理空间模型。图4-5展示了物理空间模型的一部分。该物理空间模型可以反映信息的流动，以及物理空间如何阻碍了信息的有效流动。图中，不同形状的方框代表不同的物理地点和空间结构，如建筑物、办公室、仓库等；圆圈代表不同的物件和工具，如信息面板、货物等；箭头代表人员的移动路线或信息的传递路线；带符号的楷体文字代表与物理空间相关的问题。设计人员可以根据这些结果，进行有针对性的设计，以使得企业资源计划系统可以更好地支持企业的沟通。

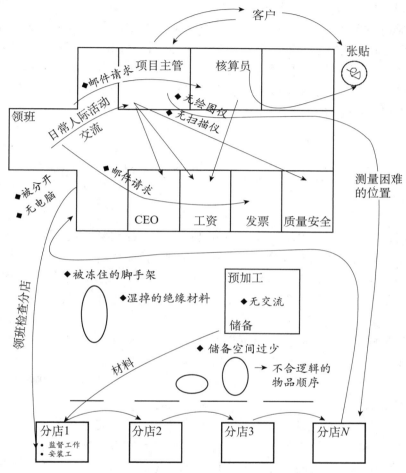

图 4-5 某企业办公空间的物理空间模型局部

（来源：Vilpola et al.，2006）

6. 人造物模型

人造物模型（artifact model）是对人们如何创造、修改和使用环境中的物件来支撑他们的活动的描述。人造物模型能反映他们的工作活动的情况，以及他们的思维方式（如假设、概念、策略等）。更重要的是，人造物模型可以帮助设计人员发现现有设计的问题，以及体验设计的新机遇。当现有的工具不能满足人们工作或生活的需求的时候，人们往往会以创新的、与设计初衷偏离的方式修改或使用工具，以实现活动的目标。因此，对这些"人造物"的分析，可以挖掘出未被满足的用户需求。

人造物模型的典型呈现方式是某人造物的照片，配上该人造物的描述文字。这些描述文字一般包括对人造物的结构、内容和用途的描述，也可能包括对人造物各个部件、设计初衷、存在的问题等方面的描述。

例如，在办公场所里，有的人习惯把待办的事项写在可粘贴的便笺上，并把便笺贴在电脑屏幕周围。不同颜色的便笺可能代表事项的紧急程度（如红色代表紧急，绿色代表可推迟），或者不同类型的事项（如蓝色代表 A 部门的工作，黄色代表 B 部门的工作）。人们也可能用便笺所粘贴的空间位置（如屏幕的左边还是右边，或贴在屏幕上还是桌面上等）来表达紧急程度、事项类型等信息。即使现在许多电脑通过软件可以实现在系统桌面上创建并使用电子便笺，但是不少人还是坚持使用纸质的便笺，因为电子便笺在电脑关机之后就看不到了。同时，有的人希望电脑关机后电子便笺不再显示，以实现保护隐私的目的。上述这个关于纸质便笺和电子便笺的人造物模型，可以帮助设计人员了解待办事件记录系统的一些用户需求。

第二节　人际、组织与社会环境

上一节我们提到人际、组织与社会环境是场景分析的重要对象，而且场景模型中也有人际协作模型和组织文化模型等反映人际、组织与社会环境的成分。人际协作模型和组织文化模型是通过情境访查等方法得到的对产品的实际使用场景的系统描述，然而，有时这些模型不足以为相关的用户需求提供全面的总结。比如，我们可能知道电子病历常在病人和医生面对面交谈的时候被使用。然而，面对面交谈有哪些具体的机制？电子病历系统应该怎样最有效地避免造成不良的面谈体验？有什么设计可以让医生和病人的交谈更有效率？如果我们把医患沟通的方式变成远程视频沟通，这种新的沟通方式与面对面交谈有什么核心的差异？这些差异对电子病历的体验设计提出了哪些新的需求？人际协作模型和组织文化模型只能部分地回答这些问题。

社会科学对人际沟通、组织协作和社会文化等方面的研究总结了大量人在人际、组织与社会环境中的心理与行为的特点和规律。这些特点和规律，一方面，对设计构成约束，也就是设计中不能实现的东西，或应该考虑避免的东西；另一方面，也为设计提供机遇，也就是提升用户体验的新的途径。需求分析人员可以根据这些特点和规律，对场景模型进行补充，从而使得相关的体验需求信息更加完整。在这一节，我们将主要介绍人际沟通、组织协作和社会文化这三个因素给用户体验带来的约束与机遇。

一、人际沟通因素

社会性是人的本质属性，每个人在日常生活中都离不开通过各种方式与他人进行的各种沟通。人际沟通的方式可能是直接的面对面沟通、在某种技术的辅助下进行的面对面沟通（例如，讨论问题时利用一个大屏幕来共享信息），或者利用某种通信技术进行的远程沟通。这些人际沟通方式为相关产品的用户体验设计提供了不同的、对设计决策有重要影响的场景信息。本部分的内容将分别讨论面对面沟通和计算机支持的沟通的特点和规律。

（一）面对面沟通

面对面的人际沟通是人与人之间最原始的沟通方式。设计人员需要了解面对面沟通的特点和规律，这样才能一方面更好地支持面对面沟通的技术的用户体验设计，另一方面更好地了解计算机支持的沟通等其他沟通方式的特点和规律。

面对面沟通主要包括语言沟通和非语言沟通两个相辅相成的方面。语言沟通指的是使用语言符号作为工具的沟通方式。语言沟通过程中要注意的主要方面包括轮流发言机制、语境与共识等。非语言沟通是使用语言符号以外的通道进行沟通的方式。这些通道主要包括语调、面部表情、眼部行为、手势、身体接触、人际距离等。

1. 语言沟通

（1）轮流发言机制

人们在面对面沟通时，需要服从轮流发言的沟通机制，从而让他们的言语实现互相协同——每个人应该大致清楚什么时候该开始讲话，什么时候该停止讲话并开始听对方讲话。Sacks 等（1978）在他们的经典研究中，提出了三个最基本的轮流发言规则：规则一，当前发言者通过某种方式（如提问、邀请或要求等）选择下一个发言者；规则二，另一个人决定开始发言；规则三，当前发言者继续发言。在一个回合的谈话中，如果有转换发言者的机会出现（如当前发言者结束一个语句），则谈话进程服从规则一。如果规则一中被选择的下一个发言者选择不发言，则谈话进程服从规则二，即另一个人开始发言。如果没有另一个人发言，则谈话进程服从规则三。在每一轮谈话中，人们会使用各种语言的和非语言的线索来表达他们希望当前的谈话服从怎样的规则。比如，一个人可能说"你怎么看"这一语言线索，同时伴随声调的提高、目光注视另一个人、提起手臂等非语言线索，来邀请下一个发言者发言。

人在轮流发言时一般不会意识到自己在服从着这些轮流发言规则，有时这些规则也会被违反。比如，有时人会打断别人的发言，或者因为没有人接着上一个发言者的问题进行发言而出现让人尴尬的沉默。即使规则没有被违反，人们也会因为表达模糊或者理解错误而导致沟通出现问题。当人们意识到沟通出现问题的时候，他们可以采取一些修复的措施。比如，发言者可能通过困惑的表情来表达自己没能理解发言者的发言内容，或发言者可能用另一种表达方式来澄清自己模糊的发言。因此，相关的产品不应该对轮流发言规则及其修复措施产生阻碍。

（2）语境与共识

人们的沟通都在一定的语境中发生。其中，语境是指对话发生时人们所处的情境。如果把一段对话从它的语境中提取出来，可能是含有大量歧义的，甚至是无意义的。语境分为两种：一种是内部语境，一种是外部语境。内部语境是指对话本身及其上下文所营造的情境，外部语境是指外部环境所营造的情境。比如下面的一组对话：

张三：这个号码又打电话来了。

李四：你还是接一下吧。

通过内部语境，我们可以知道李四所说的"接"是接电话，而不是接其他东西。但这里还缺乏外部语境。外部语境可能是张三和李四是正在工作的紧急电话接线员，也可能是张三和李四是正在周末休假的学生。在这两个不同的外部语境之下，对话所蕴含的意义是有巨大的差异的。

对话的参与者也需要根据语境，构建一个对当前对话的意义的共识（common ground）。共识包括对话参与者所拥有的共同的知识、信念和假设（Clark & Brennan，1991）。在上面对话的例子里，如果李四的答复为"是 1234567 这个号码吗？"，然后张三回复"是的"，这就意味着李四一开始不能确定张三所指的是什么号码，需要通过更多的言语交互来确定。这样，张三和李四就在他们的对话中积极地构建关于电话号码的共识。从体验设计的角度来讲，通过技术手段来帮助人们构建和维持共识，可以提升人们在人际沟通中的体验。

2. 非语言沟通

人们在面对面沟通时，语言沟通和非语言沟通有着同样重要的地位。因为，人们在用语言沟通来传递信息的同时，也常用非语言沟通来传递情感。因此，设计人员应该了解不同的非语言沟通通道的主要作用，让对产品的体验在特定使用场景中得到优化。比如，警察执行特殊任务时，可能无法进行语言沟通，而必须采用眼部动作、姿势、手势等非语言通道进行沟通。因此，头盔、手套等警用装备的设计，要注意能支撑他们有效的非语言沟通。在设计拟人机器人时，设计人员也应该了解人与人之间的非语言沟通机制，并把这些机制融入机器人的设计当中，以提升人与机器人交互时的体验。

（1）语调

语调是指人在说话时的语音高低、长短、大小以及停顿的变化。人们在说一句话的时候的语调不仅会影响该话语的表达方式，更重要的是会影响该话语的内容。比如，同样的一句话，"张三将要把电脑送给李四"，如果语调上强调"张三"（把"张三"这个词说得声音更大、时间更长），这句话就可以突出是张三送的电脑，不是别人；如果语调上强调"电脑"，就可以突出送的是电脑，不是别的东西；如果语调上强调"送"，就突出电脑是送出去，不是借。又比如，"这本书是你的"这句话，可以通过语调的变化，表达出陈述和疑问两种内容。语调也有调控轮流发言过程的功能。比如，一个人可能通过提高语速、减少停顿来保持自己的发言回合，一个人也可能通过保持沉默来放弃自己发言的机会。

（2）面部表情

人们可以通过面部表情这一非语言信号来表达情感。面部表情可以表达愉快、悲伤、恐惧、厌恶、愤怒、惊喜等基本情绪，也可以表达如疑惑、轻蔑、懊恼等复合情绪（Bernin et al.，2017；Ekman，Friesen，& Hager，2002）。面部表情也可能被用于管理沟通的过程，这主要体现在以下三方面（Knapp，Hall，& Horgan，2014）：第一，表情可以指示对话的开始与结束。比如，一个人在开始发言以前，有时会张嘴，以表示准备开始说话了。微笑可能被用来表达希望开始对话，或表达希望结束交流。第二，表情可以辅助言语的表达。比如，在讽刺别人的时候，微笑可以增强讽刺的效果。在接受任务的时候，说"没问题"再加上微笑，可以增强表达出来的自信。第三，表情也可以被直接用来代替言语信息。比如，一个学生可能通过皱眉来表达"我没听懂"这一信息。

（3）眼部行为

人可以只凭眼睛传达丰富的信息。比如，视线可以用来表达人注意的对象，眼神也可以表达兴趣、疑惑、无聊等情绪；对话时的目光接触有助于提高投入感和社会存在感，而避开目光接触会给人可疑的感觉。总的来说，眼部行为在人际沟通中有四个方面的功能（Knapp et al.，2014）：第一，管理沟通的过程。比如，人们可能通过目光的注视来表达希望开始对话，通过移开目光来表达希望结束对话。第二，反映认知活动。比如，人们需要暂停对话来进行思考时，往往会回避目光接触。目光的转移，可能意味着人的注意力被其他刺激所吸引。第三，表达情绪。眼部行为是面部表情表达的重要组成部分，比如有研究发现眼部在表达恐惧时特别重要（Baron-Cohen, Wheelwright, & Jolliffe，1997）。第四，表现人际关系的本质。比如，当高社会地位的人与低社会地位的人沟通时，高社会地位的人在发言时可能更多地注视对方，并在倾听时更少地注视对方。

（4）手势

手势有时可以独立地表达语义信息，这些可以单独使用的手势称为自主手势（Kendon，1989）。比如，竖起大拇指的手势可以表达赞许，V字手势可以表达和平、胜利或愉悦等。更多的手势是与当前的话语相关的，称为话语相关手势。话语相关手势有四种（Knapp et al.，2014）：第一，与发言者的指示物相关的手势。比如，发言者在讨论某个物件时，可能用手指着该物件。第二，表示发言者与其指示物之间的关系的手势。比如，发言者在否认某个指控时，可能做出双手掌向外的手势，以表达自己与该指控无关。第三，用作发言的"标点符号"的手势。比如，发言者可能在需要强调的部分，做出食指往上指的手势。第四，对对话双方的发言起着协调作用的手势。比如，发言者可能做出摊开手的手势，来表达"你说吧"的意思。

（5）身体接触

沟通时的身体接触既能表达情感，又能实现某些社会功能。利用身体接触来表达情感的例子有：以轻轻拍打表示共情，以推开的动作来表达厌恶，等等。身体接触还能实现社会影响、管理沟通过程、表达象征意义等社会功能。研究发现，沟通时恰当的身体接触，能增强一个人的社会影响力，使得被接触者更容易被影响或说服。比如，医生接触病人会使病人对药物治疗的接受和服从程度更高（Guéguen, Meineri, & Charles-Sire，2010）；接触过顾客的服务员会获得更多的小费（Crusco & Wetzel，1984）。身体接触也经常被用于控制对话的过程。比如，人们可能以轻轻拍打的方式来打断别人正在进行的对话，并开始新的对话，或者通过轻拍来表示对话的结束。身体接触还可以有很强的象征意义，比如握手象征友谊、群众伸手触摸领导人象征爱戴等。

（6）人际距离

在面对面沟通的时候，人与人之间会保持一定的距离。如果位于一个房间两端的人要开始进行谈话，他们一般会先靠近再进行进一步的交谈。具体的场景决定了交谈双方的恰当的距离。比如，当周围噪声很大的时候，人们可能会将头部向对方倾侧以听到对方的声音；一旦交谈结束，人们的头部会回到原来的状态以保持原有的人际距离。在交谈时，当对方在侧面或者背后时，与对方在正面时相比，人们能接受更近的人际距离。

人们还会利用人际距离来传达信息。比如，人们会主动地通过缩短人际距离的方式来表达即将要沟通的内容是私密的。

人际距离有文化差异。比如，在交谈时，阿拉伯人比美国人有更小的人际距离。因此，在设计视频会议系统时，需要加入镜头拉近拉远的功能。比如，拉近时，人脸在屏幕占的空间更大，看视频的人可能感觉屏幕中的人距离自己更近。这样，在视频会议进行时，用户就可以自由调整镜头以调节出舒适的人际距离。

（二）计算机支持的沟通

1. 计算机支持的沟通的形式

计算机支持的沟通涉及两个领域的研究：计算机中介沟通（computer-mediated communication，CMC）和计算机支持的协同工作（computer supported cooperative Work，CSCW）。其中，计算机中介沟通是人们以计算机技术为中介进行信息传播和互动的沟通方式，计算机支持的协同工作是有计算机技术辅助的团队工作。根据人际沟通的时间/空间分类法（time/space taxonomy；见图 4 - 6）（Bafoutsou & Mentzas，2002；Desanctis & Gallupe，1987；Grudin，1994），计算机支持的沟通可以按照沟通是否发生在同一时间和是否发生在同一物理地点两个维度分成四种形式：同地同时，异地同时，同地不同时，异地不同时。

图 4 - 6　人际沟通的时间/空间分类法
（来源：Bafoutsou & Mentzas，2002）

这四种计算机支持的沟通的形式代表了四种典型的场景。同地同时的沟通即由计算机技术辅助的面对面沟通，支撑这种沟通形式的系统的例子包括教学中使用的黑板、会议中使用的幻灯片演示系统、医患沟通时使用的电子病历系统等。异地同时的沟通即实时远程沟通，支持这种沟通形式的系统的例子包括电话、视频通话系统、视频会议系统等。支撑同地不同时的沟通的系统的例子包括墙报、留言板、企业使用的交接班信息系统等。异地不同时的沟通即非实时远程沟通，支持这种沟通形式的系统的例子包括电子邮件、可供远程合作编辑的电子文档系统、可共享的电子日程表等。这些典型的沟通场景有不同的特点与需求，需要根据这些特点与需求进行有针对性的用户体验设计。

2. 计算机支持的沟通与用户体验

（1）计算机中介沟通与面对面沟通的比较

不同时、异地的沟通方式，一般都很难完全呈现面对面沟通时所能呈现的丰富的信息，特别是非语言信息。很多理论从这个角度出发，把计算机中介沟通与面对面沟通进行对比。社会临场感理论（social presence theory）认为，各种不同的沟通媒体在传播非语言信息的容量上有差异；所传播的非语言信息越少，用户在沟通中体验到的温暖感和投入感就越低（Short，Williams，& Christie，1976）。新的计算机中介沟通技术通过图像、视频、虚拟人物等手段，增加传播非语言信息的能力，从而增强用户体验。但是，根据这个理论，计算机中介沟通的体验必然不如面对面沟通，因为计算机中介沟通技术很难传播所有的非语言信息。根据媒体丰富理论（media richness theory），一个用于沟通的媒体的丰富程度包含以下四个方面：能传播的语言或非语言信息通道的数目、提供反馈的速度、使用自然语言的潜力，以及信息的可定制程度（Daft & Lengel，1986）。与社会临场感理论相似，媒体丰富理论也认为面对面沟通是媒体丰富程度最高的，而计算机中介沟通的方式在媒体丰富程度上只能尽可能地接近面对面沟通。然而，媒体丰富理论强调，不同的沟通任务所需要的媒体丰富程度是不一样的。在执行复杂的任务时，人们需要丰富程度高的媒体来完成任务。在执行简单的任务时，人们使用丰富程度低的媒体，可以提高整体效率。

然而，有的理论认为，计算机中介沟通与面对面沟通相比，并没有"先天缺陷"，它们只是不同的沟通方式。比如，社会影响理论（social influence theory）把媒体丰富程度的概念重新定义为一个用户主观感知所得的概念，而不是媒体本身的一种客观特性（Fulk，Schmitz，& Steinfield，1990）。一种沟通媒体的本质和潜力是用户们在使用该媒体的过程中建构出来的，媒体的功能和丰富程度取决于它以何种方式被使用。通道扩展理论（channel expansion theory）认为，随着用户使用某种沟通媒体的经验的增长，该媒体对于用户来说丰富程度就越高（Carlson & Zmud，1999）。该理论从学习与发展的角度来看待媒体丰富程度，使其变成一个动态的概念。

（2）沟通绩效

不少研究在对比计算机中介沟通与面对面沟通时发现，即使人们在使用这两种沟通方式时完成任务的绩效一致，人们对计算机中介沟通的使用满意度也比面对面沟通更低（Galagher & Kraut，1994）。研究者认为，人们对沟通方式的体验和满意程度不仅跟任务绩效相关，也跟完成任务时所需付出的努力相关（Nowak，Watt，& Walther，2009）。面对面沟通对人们来说是一种相对自然的沟通方式，需要付出的努力较小，而当前计算机中介沟通技术一般需要人们付出更多的努力（如打字等）。所以，现阶段的研究常常发现人们对计算机中介沟通技术的满意度评价比面对面沟通要低。随着新的计算机中介沟通技术的发展，如多通道交互、虚拟现实等技术的出现及其在人际沟通领域的创新应用，这个现状可能发生改变。

随着智能手机的普及，人们在需要进行沟通时面临着多种选择，如语音电话、视频电话、短信、电子邮件等。这种选择往往是很自然的，比如，人们使用短信来发送简短的信息、使用邮件来发送较长的信息、使用群聊来跟一群朋友讨论问题。人们也经常根据需要转换沟通的渠道，比如，人们可能一开始使用短信，然后转到电话通话。有研究者提出，同一信息经过两个互补的沟通通道重复发送，比使用同样的沟通通道重复发送，有着更好的效率与绩效（Stephens，2007）。比如，一个信息先在面对面沟通中提到，再通过电子邮件提醒，比使用同一个通道重复发送两遍，或者在任意通道只说一遍，都更有效果。

二、组织协作因素

当产品将要在一定的企业组织环境中被使用时，设计过程就要考虑其中的组织协作因素对用户体验的影响。人因工程与工效学的分支——宏观工效学（macroergonomics），便是专门研究组织协作中的工效与体验的学科（Hendrick & Kleiner，2001，2002）。这里，组织的含义是两个或两个以上的人为了实现某种目标，而形成的包含劳动分工和权力阶层结构，以及特定的劳动过程的协作形式（Robbins，1983）。由于组织涉及两个或两个以上的人，组织中的每个人的功能与活动一般与其他人形成一种互相依赖的关系。组织中的劳动分工与权力阶层决定了组织在结构上的本质特征。组织中人的特定劳动过程又称为组织的工作流程，这方面的内容将在下一章"任务分析"中具体讨论。

这部分的内容将主要介绍与用户体验设计需求相关的组织结构特征，包括劳动分工、正规化程度与决策集权程度等（Hendrick & Kleiner，2001）。

（一）劳动分工

组织的劳动分工可以从三个维度考虑：纵向分工、横向分工与空间分工。

1. 纵向分工

纵向分工是指组织中从最高领导层到最底层劳动者的层次的分工。由于每个管理者的控制广度是有限的，某一阶层的人员数目越多，所需要的上一层管理人员的数目就越多。总的来说，组织的总人数越多，纵向分工的阶层数目就越多（Mileti，Gillespie，& Haas，1977）。管理者的控制广度不仅受限于管理者自身的能力，也受到下层劳动者的专业能力与管理技术的影响。从产品的角度来看，适当的自动化技术、决策辅助工具、通信工具等，都可以改变管理者的控制广度。

2. 横向分工

横向分工是指处于同一纵向阶层的人员的部门与专业的分工。在一个企业组织中，横向分工一般有六种依据：人员数目、要实现的功能、产品或服务、顾客种类、地理位置，以及工作流程（Robbins，1983）。在小型的组织或团队里，最常用的横向分工依据是要实现的功能和工作流程。其中，按照要实现的功能分工即把目标一致的人员放在一个部门，而按工作流程分工即把需要在同一时间完成活动的人员放在一个部门。要支撑横向分工的人员的工作，必须了解他们分工的依据，以正确地辅助同一部门内的人员的协作。

3. 空间分工

空间分工是指组织人员在不同的地理位置的分工。组织内的人员可能分散在同一建筑物的不同房间里、不同建筑物里、不同的城市，甚至是不同的国家。空间分工意味着人员的协作需要用到不同的通信工具，这些工具的特点与规律可以参考上一部分"人际沟通"中总结的内容。

（二）正规化程度

正规化程度指的是组织内人员的工作的标准化程度。在正规化程度高的组织里，每个职位有明确的职位描述，人员工作时有丰富的规章制度以及明确具体的工作流程规范。简单的、重复性高的工作适合高的正规化程度；但是，过高的正规化程度可能打击人员的工作积极性，或者使得人员不能有效地发挥特有的工作技能。低正规化程度使得人员的灵活性更高，同时也对人员的技能水平要求更高。

组织里使用的软硬件工具可以影响组织的正规化程度。比如，工厂的机器可以被设计成必须按照预定的操作顺序来完成操作，以提高工作流程的正规化程度。工作软件可以被设计得使用时有更大的自由度，允许用户使用多种不同的方式来完成任务，以降低正规化程度。

（三）决策集权程度

决策集权程度指的是决策权在组织内的集中程度。在决策集权程度高的组织里，决策由少数高层人员完成，而下层人员只能执行高层决策者的决策。在决策集权程度低的组织里，下层人员可以根据他们的具体工作进行灵活的决策。组织的决策分为战略决策和战术决策：战略决策是关于组织较长期的计划部署的决策，而战术决策是关于组织日常运作方案的决策。组织在这两种决策中的集权程度可能是不一样的。比如，在低正规化程度的条件下，战略决策集权程度可能会比较高、战术决策集权程度可能会比较低。因为正规化程度低的工作意味着人员的工作自由度更大，所以他们在日常运作中的决策权更大；然而，组织的长期部署，如新市场的开拓和新产品的研发等，可能只由少数的顶层领导完成。

不同类型的决策适合采用不同的决策集权程度来进行决策（Hendrick & Kleiner，2001）。适合高集权的决策一般有以下特征：决策需要依据经济、法律、技术等全面的信息，而且这些信息难以让底层工作人员进行整合；决策可能与较大的经济收益相关；决策在稳定的、可以预测的外部环境下进行；决策对组织内人员的工作影响不明显；组织内人员对决策的结果不关心。适合低集权的决策一般有以下特征：决策在快速变化、难以预测的外部环境下进行；决策需要底层工作人员提供决策支撑；需要通过决策来提高人员的工作动力、工作满意度、自我价值感等，并降低人员的工作压力以及改善由工作压力带来的健康问题；更好地利用组织内人员的知识与技能；降低管理人员的工作负荷。设计人员可以根据决策的特征，在组织使用的软硬件系统中支持不同的集权程度。

三、社会文化因素

随着全球化进程的加快，产品可能在不同的社会文化场景中使用，因此用户体验设计必须考虑到跨文化的因素，以支撑有不同社会文化背景的用户的使用体验。上一部分讨论了组织文化，这一部分的社会文化是把文化的概念放大到社会的层面。心理学家

Geert Hofstede 把文化定义为能把一个群体的人和另一个群体的人区分开来的集体心理程序（Hofstede，Hofstede，& Minkov，2010）。

（一）社会文化模型

在用户体验设计领域影响最大的社会文化模型是霍夫斯泰德的文化维度模型（Hofstede et al.，2010；Marcus & Gould，2000）。该模型基于大规模的问卷调查研究与分析，总结出了能描述不同社会文化特征的六个独立的维度，包括：

- 权力距离，描述人们对不平等的权力分配的接受程度。权力距离高的文化表现为，人们对人与人之间权力的差异的接受程度高，以及对权威的尊重。在权力距离低的文化里，人们倾向于分散权力并怀疑权威。

- 个人主义/集体主义，描述人们在社会中整合成一个集体的程度。个人主义文化里的人强调个人目标，人与人之间的关系相对松散。集体主义文化里的人强调集体目标与利益，并强调对集体的忠诚与奉献。

- 不确定性规避，描述人们对不确定事物的接受程度。高不确定性规避的文化有严格的规范与法律，人们倾向于回避冒险行为。低不确定性规避的文化对不同的行为、思想与信仰的接受程度高，社会有相对宽松的规范与法律。

- 女性化/男性化，描述人们对成就、英雄主义、支配力以及物质回报的偏好。女性化的社会表现为相对模糊的性别角色，人们更崇尚合作精神、谦虚的品质、照顾弱者的行为，并更注重生活质量。男性化的社会表现为有明确的性别角色，人们更有竞争意识，并更注重物质上的成就。

- 短期取向/长期取向，描述人们如何把过去与当下和未来联系起来。短期取向的文化强调当下的发展，以及对传统的尊重与保持。长期取向的文化强调长期的未来发展，认为对当下环境的适应和实用主义的问题解决是必需的。

- 约束/放纵，描述人们对满足自身欲望的行为的自由程度。约束的文化通过社会准则来约束人们放纵享乐的欲望和行为。放纵的文化允许人们更大限度地享受生活与享乐。

表 4-2 对比了中国、美国、日本、印度、德国、巴西和埃塞俄比亚等国在六个社会文化维度上的得分。表中每个分值的范围为 0~100，高分在六个维度中分别代表高权力距离、个人主义、高不确定性规避、男性化、长期取向，以及放纵。要注意的是，文化维度分数反映的是不同的思想和行为模式，不代表社会问题和刻板印象。另外，文化维度分数是统计的趋势，所以，并不是文化中的每个个体都有着跟文化维度分数一致的思想和行为模式。

表 4-2 　　　　　　　　　　　　　七个国家在六个社会文化维度上得分的对比

	中国	美国	日本	印度	德国	巴西	埃塞俄比亚
权力距离	80	40	54	77	35	69	80
个人主义/集体主义	20	91	46	48	67	38	30
不确定性规避	30	46	92	40	65	76	55
女性化/男性化	66	62	95	56	66	49	60
短期取向/长期取向	87	26	88	51	83	44	13
约束/放纵	24	68	42	26	40	59	84

（来源：Hofstede Insight，n. d. ）

（二）社会文化与用户体验

针对多文化用户体验的设计需要考虑用户界面元素本地化和体验设计本地化的问题。

1. 用户界面元素本地化

用户界面元素本地化是指把用户界面的显示与控制元素以当地的用户能接受理解并以符合当地法规的形式呈现的过程。需要进行本地化的用户界面元素可能包括但不限于语言、文字格式（如名字格式、时间日期格式、数字运算符号格式等）、输入输出方式（如键盘格式、文件格式、硬件接口等）、与法律法规相关的特殊界面要求（如隐私保护要求、证书标准、知识产权要求等）等（Marcus & Gould，2003）。对用户界面元素进行本地化设计时可以参考各种标准与数据库，包括国际标准化组织（International Organization for Standardization，ISO）相关标准和统一码联盟（Unicode Consortium）的通用语言环境数据信息库（Common Locale Data Repository，CLDR；http：//cldr. unicode. org/）等。

2. 体验设计本地化

体验设计本地化是在用户界面元素本地化的基础上，根据社会文化模型，对用户体验进行进一步适应本地文化的设计的过程。比如，各个航空公司在比利时和英国的网站的链接数是相近的；但是，英国网站中界面中央区域的平均链接数是比利时网站的两倍（Marcus，2005）。中央区域是用户浏览时注意力最集中的区域；更多的链接在中央区域，意味着用户在浏览信息时更能接受复杂与不确定性。这与英国和比利时在不确定性规避文化维度上的得分的差异（英国 35 分，比利时 94 分；https：//www. hofstede-insights. com/country-comparison/belgium/the-uk/）有很高的一致性。

有很多研究根据社会文化维度模型，提出了基于不同文化维度的用户体验设计指引（Marcus & Gould，2000，2003；You，2009）。一些具体设计指引如下。

在高权力距离的文化，相对于低权力距离的文化，在用户体验设计中可能需要采用以下的策略：

- 信息结构更明确。
- 心理模型的构造层级数目更多。
- 更强调社会与道德秩序。
- 更强调专家、权威、证书和官方符号。

在个人主义文化，相对于集体主义文化，在用户体验设计中可能需要采用以下的策略：

- 更突出个人的成就。
- 更突出物质方面的成就。
- 更可能使用面向用户的对话式的语言，而不是演讲和口号式的语言。
- 更突出界面中心区域的信息。

在高不确定性规避的文化，相对于低不确定性规避的文化，在用户体验设计中可能需要采用以下的策略：

- 使用更简单的、清晰的界面隐喻。
- 显示对用户行为后果的预测。
- 页面导航中给用户的引导更清晰。
- 使用颜色、字体、声音等不同通道提供重复信息以最大可能地减少歧义。

在男性化的文化，相对于女性化的文化，在用户体验设计中可能需要采用以下的策略：

- 更突出传统的在家庭、年龄、衣着上的性别差异。
- 在页面导航里更强调探索与控制。
- 强调竞争与胜负。
- 声音、图片与动画的使用目的更可能是实用性的。

在长期取向的文化，相对于短期取向的文化，在用户体验设计中可能需要采用以下的策略：

- 更强调经验知识、练习和实践意义。
- 可信的信息更可能来源于社会关系。
- 更强调实现目标所需要的耐性。

第三节 技术、物理环境与市场因素

本节将介绍使用场景中的技术环境能力和约束以及物理环境约束，还会讨论用户体验的市场因素。其中，技术环境能力与约束是指系统平台以及人机交互技术与设备对用户体验的影响。物理环境约束是指物理空间环境对用户体验的影响，包括照明条件、声音条件和振动条件等。最后，本节将介绍用户体验的市场因素，包括商品市场对用户体验的影响以及市场分析的方法。

一、技术环境

技术环境规定了用户与产品的交互方式。影响用户体验的核心技术是人机交互技术，其中主要包含显示技术与控制技术。本部分的内容将先介绍技术环境与用户体验设计的关系，然后重点介绍常见的和不常见但有应用前景的一些显示和控制技术。

（一）技术环境与用户体验设计

技术环境对用户体验设计的影响，主要体现为技术的能力、约束和成本对用户体验设计的可能性与可行性的影响。用户体验产品可能使用已有的技术或者全新的技术。使用已有的技术时，设计人员可以参照已有的设计以提高产品的可靠性，从而获得更多如维修、部件供应等方面的技术支持，并可能获得更准确的成本估算。同时，用户也更容易接受熟悉的系统平台和交互技术与设备。然而，已有的技术有时无法满足用户体验设计上的创新。基于新技术的用户体验产品存在不确定性，但可能更容易实现用户体验的创新。这些因素都应该在技术环境模型中体现出来。在构建技术环境模型时，分析人员主要可以从系统平台和交互技术与设备两个方面来考虑。

许多用户体验产品是以现有的技术平台为基础的。比如，电脑软件可能在微软 Windows 系统、苹果 Mac OS 或 Linux 上运行，智能手机应用可能在安卓系统或苹果 iOS 上运行，网站则可能在各种不同的浏览器中被打开。此时，分析人员需要充分掌握该技术平台的能力与约束，因为这提供了用户体验设计的可能性并规定了新设计的可行性。当然，这些技术平台本身也在不停地更新；在更新过程中，其平台能力可能得到不断的提升，约束可能减少。因此，分析人员应该关注平台更新的最新动态，同时更新相应的技术环境模型。

在交互技术与设备方面，分析人员需要掌握当下技术与设备能达到的水平，以避免后续过程中产生不切实际的设计目标或解决方案。比如，分析人员可能需要了解可穿戴设备在实现某一功能时，所对应的形状、大小、重量、电池续航时间、屏幕的分辨率、传感器价格等方面的信息；分析人员在掌握了可穿戴设备的各种信息之后，可以在后续的设计过程中提出在不同场景下实现不同目标的更有效的设计方案。同时，当今社会与用户体验相关的技术发展迅速，如自适应系统（Romero，Bernus，Noran，Stahre，& Fast-Berglund，2016）、普适计算（Väänänen-Vainio-Mattila，Olsson，& Häkkilä，2015）、人工智能（Dove，Halskov，Forlizzi，& Zimmerman，2017）等技术，将极大丰富用户体验设计的可能性。分析人员应该把这些新技术带来的新能力作为技术环境模型的重要部分。

（二）显示技术

1. 视觉显示技术

视觉显示器主要可以分为以下三种类型（Theis，1990）：屏面显示器、投影显示器和离屏显示器。屏面显示器是把电子信息直接显示在屏幕设备本身，而不需要投影到另一个屏面上的显示设备。常见的屏面显示器有阴极射线显像管（cathode ray tube，CRT）显示器、液晶显示器（liquid-crystal display，LCD）、等离子显示器（plasma display panel，PDP），电子墨水（electronic ink）显示器等。投影显示器是把所显示的信息用光学技术投射到另一个屏幕上以实现显示的显示设备。常见的投影显示技术有发光二极管（light-emitting diode，LED）光源投影和激光投影技术。离屏显示器是把所显示的信息投射到另一个透明介质上以实现显示的显示设备。离屏显示器与投影显示器的差别在于离屏显示器投射的介质不是不透光的屏幕，而是可能有其他功能目的的透明介质，如眼镜、汽车挡风玻璃等。离屏显示器的例子有平视显示器（heads-up display，HUD）和虚拟视网膜显示器（virtual retinal display，VRD）。

（1）屏面显示器

屏面显示器是传统的显示设备。CRT 显示器通过从电子枪发出的电子，经过控制轰击显示荧光屏而实现显像。CRT 显示器虽然有色域宽、色彩准确的优点，但由于辐射大、体积大、耗能高，所以在大多数应用场合已经被 LCD 和 PDP 等取代。LCD 利用液晶通电后会改变分子排列、配合偏振光片后可以阻挡光线通过的特性来实现显示。PDP 则通过利用电流刺激显像单元中的特殊气体来使其发光的机制来实现显示。与传统的 CRT 显示器相比，LCD 和 PDP 都有辐射小、轻薄、能耗小的特点。其中，LCD 对比 PDP 有能耗小、亮度大的优势，而 PDP 对比 LCD 又有响应速度快、可视角度大的优点。电子墨水显示器表面由大量带有黑、白带电粒子的微囊构成，并通过改变电荷使微囊内粒子排列改变以实现显示。电力墨水显示屏由于在视觉体验上接近传统的墨水在纸上的成像，近年来常被运用在电子书阅读器上，如亚马逊的 Kindle 阅读器。

（2）投影显示器

投影显示器一般适用于大面积的显示。大面积投影仪常使用 LED 或激光作为光源投影到屏幕以实现显示。近年来发展出的微型投影技术，使得投影仪主机重量可以控制在 0.2kg 以下，大幅度地增强了投影显示器的便携性。然而，投影显示器具有亮度不足的缺点，因此，在环境亮度较大的情况下，投影显示器的显示效果将会大打折扣。

（3）离屏显示器

离屏显示器常用于需要关注屏幕信息和外部环境信息的情况。典型的离屏显示器是飞机上使用的用以显示任务、飞行参数等信息的平视显示器。这种显示器最初被应用于军用飞机上，现在也逐渐被应用在民用飞机上。近年来，平视显示器也被应用在汽车里，以显示车辆自身参数、GPS 导航等信息。虚拟视网膜显示器是利用低能量的 LCD 或激光，将图像投影到人的视网膜的显示设备。在用户看来，这种显示器所显示的图像如同漂浮在他面前。然而，这种技术暂未获得广泛应用。

2. 视觉显示形式

由于各种显示技术的普及和应用创新，视觉显示设备也以各种新形式出现，如信息墙显示、桌面显示、便携与穿戴显示、可变型显示、头戴显示等（Shneiderman, Plaisant, Cohen, Jacobs, & Elmqvist, 2016）。

（1）信息墙显示

信息墙显示是使用大面积显示的方式满足海量信息显示或多人共享信息显示的需求的显示方式。比如，复杂工业设施里的控制室里常用信息墙来显示信息。核电站主控室里布满了各种大小屏幕以显示与核电站运作相关的所有信息；其中的总览显示屏就是让主控团队可以看到的大屏幕，让团队可以通过共享信息，更易于建立共享的情境觉知以支持多人协作和决策（Burns et al., 2008）。信息墙显示也是一种构建沉浸式观景体验的方式。比如，"现实平台"（Papadopoulos, Petkov, Kaufman, & Mueller, 2014）是一个由 416 个 LCD 显示屏构成的 360 度显示平台，可以用于如卫星气象、国防、社交网络等大数据信息的显示。研究发现，信息墙显示在体验上并不是小屏幕的放大，而是有它自身的挑战和机遇。比如，由于屏幕面积的增大，信息的搜索和操作可能变得困难，因此设计中应该特别考虑这些问题（Andrews, Endert, Yost, & North, 2011）。

（2）桌面显示

桌面显示是另一种支撑多人协作的显示形式。信息墙一般把信息显示在垂直平面上，而桌面显示则把信息显示在水平平面上。研究发现，与垂直显示相比，水平显示更可能让人们探索不同的想法，并有更好的情境觉知（Rogers & Lindley，2004）。桌面显示常被应用于会议室的桌面以支持会议中的讨论与决策。比如，在军队的控制室，电子沙盘可以用桌面显示的形式呈现，以支持军事指挥活动的进行。

（3）便携与穿戴显示

随着便携式与穿戴式设备的普及，便携与穿戴显示也越来越常见。比如，智能手机和智能手表已经成为许多人生活中必不可少的设备，医院里也常使用穿戴式的病人监控设备。便携式与穿戴式设备可以显示各种生活、工作与娱乐信息，如图文信息、电子邮件、日程表、地图等。这些设备常被用于支持日常任务的简短信息显示。这种显示形式的挑战主要是在小显示空间内显示信息，研究也总结了许多专用于便携与穿戴显示的设计方案。比如，快速连续视觉呈现（rapid serial visual presentation，RSVP）手段，可以在很小的显示空间内，以连续地呈现简短文字信息的方式，来显示较多的文字信息（Öquist & Goldstein，2003）。许多网站会有桌面版和便携版的界面，来适应不同显示形式下的显示。

（4）可变型显示

可变型显示包括各种非平面显示形式。市面上常见的可变型显示器是近年来推出的带有柔性屏幕的可折叠手机，其屏幕可以实现180度对折，展开后实现比传统手机更大的显示平面。有研究者还设计出了"纸手机"的原型设备，这种设备使用柔性电子墨水屏技术，配合整体的柔性电路板和传感器，实现了类似纸张的交互体验（Lahey, Girouard, Burleson, & Vertegaal，2011）。有的可变型显示则通过物理形状的变化来进行显示。比如，inForm是一个由大量可上下移动的柱形方块构成的桌面显示屏（Follmer, Leithinger, Olwal, Hogge, & Ishii，2013）。这些方块升到不同的高度可以使平面显示出不同的三维物理形状，比如三维地形或三维数据柱状图等。这些形状也可以带来物理的功能，如构成一个可以让小球滚动的轨迹，或者构成一个斜面来支撑平板电脑等。

（5）头戴显示

头戴显示主要有平视显示和VR（虚拟现实）头显两种。这两种显示方式与增强现实（AR）、虚拟现实（VR）密切相关。平视显示是利用离屏显示技术，把显示信息叠加到用户看到的外部环境上，实现AR（增强现实）显示。VR头显则把外部环境视觉刺激封闭起来，并在头显中显示左右两个图场，使得用户的左右眼可以看到不同的图场，以形成成像的立体感。目前VR头显主要应用于视频播放、游戏等娱乐场景，也有用于教育、人员培训等场景。

3. 其他显示技术

除了视觉显示，产品也可以在听觉、触觉等其他通道实现显示。与视觉显示相比，这些其他显示方式有如下优点（Hoggan & Brewster，2012）：人对不同通道的信息的处理是相对独立的，因此，多通道的显示可以减少人的视觉加工负荷，以及减少视觉显示器所需要显示的信息量；视觉有障碍的用户可以利用其他通道的显示获取信息。除此之外，声音刺激比视觉刺激更能引起人的注意，而触觉刺激更容易以其他人不易察觉的方式把信息传递给用户（如口袋中的手机的振动）。

（1）听觉显示

声音刺激一般通过各种形式的扬声器或耳机进行显示。在协同其他通道进行显示时，听觉显示一般用于显示提示信息、警报信息以及操作反馈信息。比如，听觉图标是利用各种自然的音效来表征系统对象和操作的显示概念（Gaver，1986）。当用户选中一个文档时，系统可能发出给人木质物件感觉的反馈音，而选中可运行的程序时，则发出金属音；当用户把一个文件移动到回收站进行删除时，系统可能会发出碎纸的音效。

听觉显示也可以独立地使用以显示完整的信息，如语音菜单和声音图表等。语音菜单常见于电话服务系统。语音菜单一般采用语音把一系列的选项呈现给用户，用户可以采用按键或语音的方式进行选择。相比视觉呈现的菜单，语音菜单的呈现时间较长，而且可能对用户的短时记忆有要求。所以，语音菜单一般会避免复杂的结构和过多的选项，并且根据用户的任务需求，让常做的任务更容易完成。声音图表是利用各种声音模式来表征二维图表的方法，声音图表可以让用户辨别直线与曲线，以及辨别线与线之间的关系（如平行或相交等）（Mansur，Blattner，& Joy，1985）。

（2）触觉显示

触觉显示是通过把振动或不同模式的振动传递给用户，或用其他技术手段来引起人的触觉感受的方式实现信息显示的显示方式。最常见的触觉显示设备是振动电机。比如，手机等便携式设备常装有振动电机来实现振动，以给用户提供来电提示、信息提示等功能。如果便携式设备采用多个振动电机，并利用电机之间的振动频率和强度的差别，可以让用户的触觉感受有明确的位置感和方向感（Yang，Lee，& Kang，2018）。空气压膜触觉显示技术和静电触觉显示技术是两种较少见但较有应用前景的触觉显示技术。在空气压膜触觉显示中，显示平面通过高频振动，使得手指与显示平面形成高压空气薄膜，以减少手指和显示平面之间的摩擦系数。这种显示可以让用户产生光滑或粗糙的触感（Wiesendanger，2001）。静电触觉显示使用接通了交流电的覆盖着绝缘层的导电平面，当用户手指在显示平面上滑动时，静电力的变化使手指所感受的摩擦力产生变化，从而使得用户产生不同的触感，包括与视觉显示所对应的不同纹理所带来的表面质感（Bau，Poupyrev，Israr，& Harrison，2010）。然而，这种显示方式受环境温度、湿度等条件影响；而且对于同样的刺激，不同用户的体验存在差异。

（三）控制技术

1. 文字输入

键盘输入是最常见的文字输入方法。在台式或笔记本电脑里，绝大多数的键盘采用标准的 QWERTY 格式。在手机等小型设备里，键盘可能采用缩小的 QWERTY 键盘、九宫格键盘与和弦键盘。除了键盘输入，常见的文字输入方法还有语音输入和手写输入。

（1）键盘输入

QWERTY 键盘诞生于 19 世纪。关于这种键盘的设计初衷有多种说法，其中比较流行的一种说法认为该设计是为了避免机械打字机由于打字速度过快而产生的卡壳问题。总的来说，设计这种键盘的目的并不是提升人的打字绩效和体验。尽管后来设计了一些能提升人的打字绩效的新键盘，如 Dvorak 键盘等（Norman & Fisher，1982），但 QWERTY 键盘依然是最流行的。这些键盘没能取代 QWERTY 键盘的原因包括社会和经济原因：一方面，人们在熟悉了 QWERTY 键盘以后就不想重新学习别的键盘排布方式；另一方面，要以新的键盘设计排布取代旧的键盘设计需要巨大的经济投入，如设备的更新和后续的人员训练方面的费用。

九宫格键盘包含 0～9 数字按键，经常还包含 * 和 ♯ 两个按键。这种键盘在旧式手机中非常常见。在输入英文或者拼音时，这种键盘中的一个按键代表多个字母，如数字 1 的按键可以输入 a、b 或者 c 三个字母。一般情况下，用户要输入 a 就要按一次 1 键，输入 b 要按两次，输入 c 要按三次。被广泛应用的 T9 算法（Grover，King，& Kushler，1998）能很好地通过减少重复按键的次数来提升输入效率——使用该算法后，用户只需要输入字母对应的按键一次，系统会根据用户连续输入的按键，自动组合成有意义的单词或拼音。针对汉字的输入，九宫格键盘上还有一种流行的笔画输入法。在这种输入法里，1～5 的数字键分别对应横（和提）、竖、撇、捺（和点）和折五种笔画，用户只需要按照汉字的笔画顺序输入相应的按键就能完成该汉字的输入。

和弦键盘是通过按下一个按键或同时按下多个按键来实现文字输入的输入设备。和弦键盘一般包含 2～5 个按键。由于按键数目少、占用显示空间少，这种键盘比较适合在便携或穿戴设备上使用。然而，和弦键盘有错误率高、学习负荷大、布局不统一和语种数量少等问题（张琪，葛贤亮，王丽，葛列众，2018）。因此，这种键盘当前未能实现普及使用。

（2）语音输入和手写输入

语音交流和手写文字交流是古老、自然的人与人交互的形式，因此，语音输入和手写输入似乎是很直观的文字输入方式。可是，这两种文字输入方式却一直没有广泛地流行起来。一方面，现有技术条件下识别语音和手写文字的准确率还有待提高。这个问题也许可以随着计算机文字识别算法的发展而解决。另一方面，也是更重要的方面，语音输入和手写输入的效率都比键盘输入的效率要低。比如，英语的手写输入的平均速度只能达到键盘输入的一半左右（Shneiderman et al.，2016）。另外，语音输入受使用情境的影响比较大。比如，在要求安静的环境（如图书馆）或者在公共场所要输入私密信息时，都不能使用语音输入。当然，这两种输入方式也有它们独特的优势。比如，手写输入可以很好地把文字输入和图形输入结合起来，实现文字与图形输入的自然切换。对于残疾人或者读写能力不足的人群（如小孩），或者在用户难以用手部实现输入的应用情境下（如驾驶过程中），语音输入将有特别大的价值。

2. 指点输入

指点输入设备一般用于实现以下一个或多个功能：选择某一目标、选择空间某一位置、选择某一运动方向和定义轨迹（如绘制一条曲线）等。指点设备一般分为直接指点设备和间接指点设备。直接指点设备是能在显示的空间中直接实现指点功能的设备。常见的直接指点设备包括触摸屏和触控笔。间接指点设备是在显示空间分离的情况下实现指点功能的设备。常见的间接指点设备包括鼠标、指点杆、触控板和摇杆等。

（1）触摸屏

由于智能手机的普及，触摸屏可能是近年来最常见的输入设备之一。触摸屏允许用户对屏幕上显示的内容通过触摸直接进行控制。在解决了早期触摸屏的响应准确度不足、响应时间较慢等问题之后，触摸屏成为多数便携式和穿戴式设备的主要输入介质。然而，触摸屏操作可能出现"胖手指"问题——手指在进行触摸操作时会因遮挡被操作的对象及其周围的信息而影响操作。有研究者采用"位移技术"，即把用户手指所按的对象在手指范围以外放大显示（如按软键盘中"a"键时，"a"按键以放大的形式显示在手指上方），来一定程度解决这个问题（Vogel & Baudisch，2007）。

（2）触控笔

触控笔可以代替手指在触摸屏上进行指点操作。研究发现，触控笔在定义轨迹的操作上，比直接使用手指的操作有更高的绩效（Badam, Chandrasegaran, Elmqvist, & Ramani, 2014）。然而，触控笔在一般触摸屏上使用时，有时会因为人的手掌习惯性地放在屏幕上（小拇指底下的掌面）而导致误操作。触控笔的丢失也是常见的问题。

（3）鼠标

鼠标也许是最常见的间接指点设备。鼠标诞生于20世纪60年代，由美国发明家Douglas C. Engelbart所发明，现在是台式电脑必备的输入设备之一。用户可以通过在桌面上移动鼠标，来准确地完成在屏幕中的定位任务，并通过手指点击进行确认或其他操作。多数的鼠标还会配备滚轮来实现页面滚动的操作，有的鼠标还会配备额外的按键来实现一些特殊的、可定制的功能。轨迹球鼠标像是一个反过来的普通鼠标。使用时，轨迹球鼠标本身是固定在桌面上的，用户需要通过滚动轨迹球来进行定位的任务。与普通鼠标相比，轨迹球鼠标对桌面空间的需求更小，但用户用它来实现长距离移动操作时可能更困难。

（4）指点杆和触控板

指点杆和触控板是笔记本电脑中常见的替代鼠标的指点设备。指点杆是位于键盘上G、B、H几个键之间的一个小摇杆，用户可以通过手指移动指点杆来进行指点任务。触控板是一个可感应触摸操作的小面板，用户可以通过手指在触控板上的移动来进行指点任务。一些触控板还支持一些额外的操作，比如通过在其边缘滑动实现页面滚动的操作，或使用两个手指实现页面缩放的操作等。与鼠标相比，指点杆和触控板都可能需要更长时间的练习，但熟练的用户可以通过这两种设备快速、准确地完成指点任务。

（5）摇杆

摇杆是一种通过对一根垂直安装的控制杆的摇摆动作来实现指点功能的设备。摇杆一般有两种控制形式：一种是让摇杆的位移对应屏幕光标的位移，另一种是让摇杆的位移对应屏幕光标的移动速度。摇杆是航空器中最常见的操作设备，被广泛用在民航机、直升机、战斗机等有人机，甚至无人机之中。然而，摇杆作为航空器的操作设备不一定是因为它在操作准确度和效率上的优势，而更多是操作员的习惯和期望使然。同时，符合操作员的习惯和期望又能带来体验上的提升。摇杆作为游戏输入设备也是常见的，因为摇杆不仅是一种新奇的输入设备，同时还符合玩家对飞行任务操作的期望，从而提升了沉浸感。

3. 其他输入技术

（1）眼动控制输入

眼动控制输入是通过探测人的视线来实现输入控制的输入方式。视线的探测需要通过眼动仪来完成。眼动仪通过检测人的视网膜对其所发出的低强度的激光的反射光，来检测人的眼球的运动变化。要实现眼动控制，眼动仪一般要求用户进行一个校准程序，来让人的眼球的运动与人所注视的屏幕位置相匹配。校准程序的过程一般是让人用眼睛追踪屏幕上一个移动的点。眼动控制可以用在打字或者其他多目标选择任务中（Ohno & Hammoud，2008）。比如，20 世纪 90 年代就有照相机采用了眼动控制技术让摄影师用视线来控制拍摄时的对焦点（Canon，n. d.）。眼动控制输入可能出现的难题是所谓的"米达斯效应"（Midas touch）——用户视线所经过的路线上的对象都有可能会被激活，从而导致误操作（Jakob，1998）。因此，设计中需要加入一个确认的操作，如视线激活后进行按键确认，来避免米达斯效应。

（2）存在与运动传感输入

存在与运动传感输入是利用传感器来探测人的存在和运动，并以之作为输入的输入方式。探测人体的存在与运动的传感器的例子有：座位上探测人的存在的压力传感器、监测由于人的移动而导致光束被阻断的运动传感器、探测人所发出的声响的声音传感器，以及通过视频分析探测人的姿势的体感传感器等。智能家居系统常利用存在与运动传感输入来实现对家用电器的智能控制。比如，当传感器探测到用户进入房间时，房间的灯将自动开启。任天堂的家用游戏主机 Wii 的遥控器则使用遥控器内置的加速度传感器来探测用户手握传感器时的手部运动。结合计算机视觉技术，在许多场景下，有的系统能通过视频摄像头来实现复杂的存在与运动探测，如有效地排除非人运动物的干扰并准确地探测人在空间中的位置和动作等。微软的 Kinect 可以通过对视频信号的分析，让用户可以自身的动作与姿势来对游戏进行控制。有研究利用了 Kinect 对用户手势进行识别，实现了手势控制输入（Ren，Meng，Yuan，& Zhang，2011）。

（3）生理特征与信号输入

生理特征与信号输入是通过检测人的生理特征和生理信号，来实现人的身份或者状态识别，并以之作为控制输入的输入方式。多种生理特征可以用来识别人的身份，如指纹、面孔、虹膜、姿态语音、手型等（Wayman，Jain，Maltoni，& Maio，2004）。人的身份识别可以用来作为出入口控制、账户登录、资金转账等活动的控制手段。生理信号作为输入也是可行的控制手段。比如，有研究使用肌电图（electromyography，EMG）来监测人眼眉部分肌肉的活动信号，并以该信号为输入实现对轮椅的控制（Tsui，Jia，Gan，Hu，& Yuan，2007）。也有研究使用人手臂的 EMG 信号，来实现对机械臂的控制（Kiguchi & Hayashi，2012）。随着便携式脑信号监测技术的发展，脑活动的信号也可以被实时提取并用作系统输入。采用这种交互方式的界面被称为脑机接口（brain-computer interface）。常用于脑机接口的脑信号监测手段有脑电记录（electroencephalograph，EEG）和近红外脑成像（near-infrared spectroscopy，NIRS）。常见的脑机接口需要用户去执行预定的认知活动，如动作想象（想象自己左边手臂的活动，或右边手臂的活动）等，并通过计算机识别用户在执行这些认知活动时的脑信号的模式，以实现控制（如想象左臂活动即控制小车往左转，想象右臂活动即控制小车往右转）。然而，脑机接口由于设备昂贵、准确率有待提高，目前应用不广。

二、物理环境

产品使用时经常受到各种物理环境条件的影响，因此，用户体验设计需要考虑物理环境约束。本部分将介绍光照、声音和振动等环境条件对用户体验的影响。

(一) 照明条件

1. 照明条件的测量

光刺激可以用色相、饱和度和照度三个方面来测量。人能知觉到的光的波长范围约为 400～700nm。不同波长的光在人的知觉中呈现不同的色彩，如 400nm 对应的是蓝紫色，550nm 对应的是绿色，700nm 对应的是红色，等等，这就是光的色相。现实中，光总是由不同的波长混合在一起的，形成非纯色光。饱和度是对光的纯度的描述。比如，红光和蓝光的混合会被知觉为紫色，红色光被灰色光（多种波长的光的混合）冲淡后会被知觉为粉红色。最后，照度是光的明暗程度。光越强，看上去明度就越大；光越弱，看上去明度就越小。

2. 照明条件与用户体验

(1) 照明与绩效和体验的关系

工效学的研究表明，环境照度水平、照度水平的分布以及光源色温都会影响人的工作绩效（葛列众等，2017）。但是，在变化的照明条件下，人的任务绩效和人对照明的舒适感不是正相关的关系。有研究测试了从 30 到 10 000 勒克斯的多种照度条件下，人在视觉监控任务中的绩效和舒适度（Bodmann，1967）。结果显示，照度越大，人的任务绩效越好。但是，照度和人的主观舒适度呈现一个倒 U 形的关系——当照度在 1 000～2 000 勒克斯的时候，人的主观舒适度最佳；照度大于或小于这个明度范围时，人的主观舒适度都会下降。可见，要达到最佳的照明用户体验，设计人员不能单纯地关注任务绩效。

(2) 频闪

某些照明条件可以导致视觉的不适，其中主要包括频闪和眩光（Boyce，2012）。频闪是指光源的光强由于电压或其他因素的影响而出现的随时间呈快速、重复的变化。所有光源都有频闪，但如果频闪的频率在 50Hz 以下，人就可以察觉到并可能因此感到不适，长时间暴露还可能出现疲劳、偏头痛等症状。设计时通过选用适当的照明设备可以消除频闪的影响。比如，白炽灯和高质量的荧光灯与 LED 灯的频闪程度较低，一般不会造成不适。

(3) 眩光

眩光是指在视野内出现的超出人的视觉适应性的强光。比如，开车时后视镜可能因尾随车辆发出的强光出现眩光，使司机从后视镜无法看清后方情况，并产生视觉的不适感。减轻眩光的方式有多种。一种方式是通过增大背景亮度来对抗眩光的影响。比如，在户外时手机屏幕可以通过增加亮度来使用户更容易看到显示的内容。第二种方式是通过调节显示器与用户的角度来避开眩光。许多骑车人所戴的防眩目后视镜就是采用调节镜面与司机眼睛的角度来降低眩光的影响。第三种方式是通过改变显示平面的材质来减少眩光。比如，偏振镜可以去除某一特定偏振方向的光。

（二）声音条件

1. 声音条件的测量

声音刺激是由听觉通道所感知到的由物体振动所引起的刺激。反映声音刺激特征的两个主要方面是声音的振幅和频率。声音的振幅被感知为声音的强度或响度，一般以分贝（dB）或 A 加权分贝（dBA）为单位进行描述。其中，dBA 是原声音的低频部分经过过滤后所测得的响度值，比 dB 更能准确表达人对声音响度的知觉。声音的频率即声音的音调，一般以赫兹（Hz）为单位进行描述。除了振幅和频率，与人的听觉有重要相关的还有声音的暂时性和定位。声音的暂时性是指声音刺激的持续时间和间歇时间，声音的定位是指声源相对于人的空间位置。

2. 声音条件与用户体验

（1）噪声的影响

噪声是环境中对人的工作与生活起干扰作用的声音刺激。噪声可能影响人的工作绩效、心理舒适度以及身体健康。噪声对人在简单、重复的任务上的绩效影响较小，甚至可能通过提高人的唤起程度，对任务初期的绩效有积极的影响（Poulton，1978）。对于认知加工需求较高的任务，噪声可能掩蔽与任务相关的声音信号、干扰或打断人的思路，从而导致人的任务绩效降低。研究发现，如果环境噪声在 95dBA 以上，人的认知任务绩效就会受到明显的影响（Casali，2012）。

噪声会让人感到烦躁，如火车的噪声可能打断乘客的睡眠，通风机的噪声可能影响听众欣赏音乐会的音乐，等等。但是，噪声对人的舒适度的影响有时会有很大的个体差异。比如，一个司机可能觉得在车里的声音很大的音响是很令人享受的，但路上的其他人可能觉得那是噪声。

噪声对人体健康可能构成风险。噪声会让人的听觉阈限有暂时性的提高。比如，人从充满噪声的地方走到安静的地方后，可能会在一段时间内听不清音量较小的声音。这种暂时性的听觉阈限提高最终是可以恢复的；但是，长期暴露在高噪声的环境中，会造成长期性的听觉阈限提高，或称为"职业性失聪"。这是噪声对人的听觉造成的永久性伤害，因此必须在设计中防范。

（2）噪声的控制

在工作生产环境中，人们通过改变设备本身的设计、增加隔音设备、佩戴耳塞耳罩等方式来隔离噪声。近年来，主动降噪技术渐趋成熟并应用广泛（Casali & Gerges，2006）。主动降噪技术通过发送与外界噪声相等的反向声波将噪声中和，以实现降噪的效果。这种技术已经在许多防噪耳机中得到应用，以减低环境噪声，提升听乐音时的体验。

（三）振动条件

1. 振动条件的测量

振动一般可以从四个方面来测量：幅度、频率、方向和持续时间。振动的幅度可以用加速度、速度和位移三个方面来表达；习惯上一般用均方根加速度来测量，单位

是 ms^{-2} 或重力加速度 G（$1G=9.81ms^{-2}$）。振动的频率会影响振动从设备到人体的传导和人体不同部位之间的传导，以及人体对振动的反应。振动频率的单位是赫兹（Hz）。振动方向的测量一般以振动物与人体的触点为基点，并以相互垂直的 x、y、z 三个坐标轴来表示。振动的持续与停顿所形成的模式可以构成用户可识别的模式，以传递信息。环境振动也能用来引发特定的体验，如飞行模拟器常通过环境振动来模拟飞机运动时的振动体验；但是，环境振动也可能对用户体验甚至用户健康产生不利的影响。

2. 振动条件与用户体验

（1）全身振动

当人的身体被一个振动体支撑时，全身振动就会出现。全身振动可能是环境中不可避免地出现的（如汽车或者某些大型机器的运行带来的振动），或是有意营造的带来某种用户体验的设计（如游乐场娱乐设施中的振动）。人长时间暴露在全身振动中，会导致工作绩效下降、出现不适感，甚至导致健康问题（Griffin，2012）。一般来说，人们可以察觉到 $0.1ms^{-2}$ 以上的全身振动，并对 $1ms^{-2}$ 以上的全身振动感到不适。$10ms^{-2}$ 以上的全身振动对人体是有害的。振动频率的变化会改变振动幅度对人的影响。其中，$4\sim8Hz$ 的振动对人的影响特别大。比如，在 $4\sim8Hz$ 的振动之下，人在驾驶时将无法安全地控制方向盘（Griffin，1990）。另外，全身振动的持续时间越长，人感到的不适感就越强。这种不适感随时间而线性增长，其斜率可以用振动加速度的四次方来近似计算（Griffin，2012）。

当人在振动环境中要从显示器中获取视觉信息时，振动将降低人的信息获取绩效。只有屏幕振动、只有人振动或者屏幕和人同时振动这三种情况下，人的绩效是有差异的。如果振动频率小于 5Hz，只有屏幕振动的情况下人的绩效最低，而屏幕和人同时振动的情况下绩效最高（Moseley & Griffin，1986）。全身振动也会增加手动操作任务的难度。比如，在振动环境中，人们会很难准确地按到触摸屏中的按键，或者使用手写笔在屏幕上画出准确的形状。振动带来的误差与振动的幅度约成反比关系。

（2）晕动病

晕动病是与环境振动相关并伴随着眩晕、头痛、恶心、冒冷汗等症状的疾病。晕动病最有可能发生在低频振动环境与旋转环境中。感官重组理论（Reason & Brand，1975）认为，对身体动作的感知主要由视觉系统、前庭系统和体感系统完成，如果与这些系统所感知到的信息不匹配，晕动病就可能出现。因此，晕动病不仅会在振动环境中出现，还会在虚拟现实（即没有实际的振动）中出现。对于虚拟现实中产生的晕动病，研究发现让人们看到虚拟现实外面的现实背景（如虚拟现实屏幕后面的墙壁），可以减轻晕动病的症状（Prothero，Draper，Furness，Parker，& Wells，1999）。但是这样做也可能影响人们在虚拟现实中的沉浸体验。因此，晕动病依然是虚拟现实设计中未被解决的挑战。

三、市场因素

（一）用户体验的市场因素

在市场经济条件下，用户体验设计必须考虑产品所在的市场环境。常见的情况是，市场上可能已经存在与被设计的产品相似的产品，或能实现类似功能目标的其他产品。

这些产品有可能成为被设计产品的使用场景的一部分。比如，当被设计的产品是一款智能手机时，一个用户可能同时拥有不止一部的智能手机，而与用户有密切关系的其他人也可能有其他款式的智能手机；用户也可能拥有与智能手机有一定功能重叠的其他智能设备，如智能手表等。这时候，用户体验设计就需要考虑产品如何在这种由各种产品构成的"生态环境"中提供最佳的用户体验。对市场因素的另一个考虑是如何使被设计的产品在已有类似产品中提供能脱颖而出的用户体验，以提升产品的市场竞争力。

市场分析可以让设计人员了解市场上其他产品在用户体验上的优势与劣势，以帮助他们做出相应的设计决策。对于一个新的、经验不足的设计团队，市场分析尤其重要。因为市场分析可以帮助他们了解市场上类似产品的设计模式，而设计模式是设计中解决常见问题的常用方案。比如，用九宫格键盘呈现数字按键是支持单手数字输入的设计模式。设计模式同时也能反映用户所熟悉的交互方式与体验。因此，恰当地采用设计模式有助于提升产品的用户体验。对于有经验的设计团队，市场分析可以帮助他们发现市场空白，也就是市场上现有的产品没能满足的某些用户体验需求。设计人员可以针对这些市场空白进行相应的体验设计。

（二）市场分析

1. 用户体验竞争分析

竞争分析是对市场上的竞争对手与自身的产品进行调研、分析和比较的方法。广义的竞争分析可能面向价格、市场策略、品牌策略等各个方面而进行。用户体验竞争分析则是针对用户体验而进行的市场竞争分析。用户体验竞争分析一般包含确定分析目标、确定竞争对手、确定用户体验竞争项目以及比较各产品的优势和劣势等步骤（Graves，2019；Levy，2015）。

（1）确定分析目标

市场竞争分析的第一步是确定分析的目标。我们为什么要进行竞争分析？我们希望分析能实现怎样的效果？这个分析将怎样影响体验设计决策？分析目标应该尽可能明确和详细，以使得后续的工作能满足分析的需求。

（2）确定竞争对手

竞争对手是与被设计产品有相似目标的产品。竞争对手一般分为直接竞争对手和间接竞争对手两种。直接竞争对手是与被设计的产品非常相近的产品，如不同品牌的智能手机或不同品牌的轿车等。间接竞争对手是虽然与被设计的产品不同，但能全部或部分地实现产品的功能，并面向相似的用户群体市场的产品。比如，照相机的间接竞争对手是智能手机，因为两者都能实现拍照的功能，并有着相似的用户群体。竞争分析中应该包含直接竞争对手和间接竞争对手，以给设计团队提供更全面的视野。

（3）确定用户体验竞争项目

用户体验竞争项目是产品之间在用户体验上产生竞争的具体方面。如果从可用性去考虑，这些项目可能包括使用效率、可学习性、可记忆性、错误率和满意度等。分析人员也可以从用户需求和功能配置两方面去考虑。其中，用户需求是用户期望产品能满足的功能和特征需求，功能配置是用于满足用户需求的功能设计。分析人员应该结合分析目标，详细地列举所有相关的用户体验竞争项目。

（4）比较各产品的优势和劣势

在确定好竞争对手和用户体验竞争项目以后，分析人员应该根据用户体验竞争项目对每个竞争对手展开调研，并对它们在各个项目上的优势和劣势进行评估，最后总结出竞争分析矩阵，如表4-3所示。表中的每个元素都代表某个竞争对手在某个竞争项目上的具体评价，如该对手如何很好地满足（或不能满足）某个用户体验指标。

表4-3　　　　　　　　　　　　　　　　竞争分析矩阵

竞争对手	竞争项目1	竞争项目2	竞争项目3	竞争项目4
直接竞争对手1				
直接竞争对手2				
间接竞争对手1				
间接竞争对手2				

2. 质量功能配置分析

质量功能配置分析（quality function deployment）是了解用户需求并把这些需求转化为具体的产品功能或设计要求的方法（Bhise，2014）。这种方法最早由日本学者Akao（1994）提出，是一种旨在满足用户需求、赢得市场竞争、提高经济效益的技术。针对用户体验的质量功能配置分析使用竞争分析作为输入，可以是竞争分析的重要扩展。

（1）分析过程

质量功能配置分析的输出是质量功能配置图，其主要构成如图4-7所示。图中包含

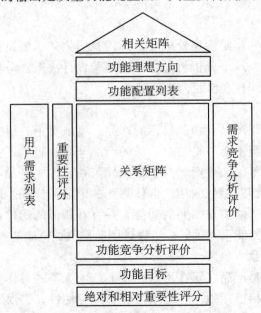

图4-7　质量功能配置图的主要构成

（来源：Bhise，2014）

的主要内容有：用户需求及其重要性评分、功能配置、关系矩阵、需求竞争分析，以及功能竞争分析等。

用户需求列表是以用户的语言表达的他们期望产品能满足的功能和特征需求的列表。用户需求重要性评分是针对每项用户需求给出的重要性分数，一般用 1～10 分来进行评价（1 代表最不重要，10 代表最重要）。

功能配置部分包括功能配置列表、功能理想方向以及相关矩阵三个部分。功能配置列表是设计团队根据技术条件确定的用于满足用户需求的功能设计的列表，可能包括产品所使用的材料、加工方法、形成的物理空间、耐久度等各方面的功能设计。功能理想方向表示某功能配置的值往哪个方向的变化才是理想的。比如，仪表的可视性是越高越理想，加工难度是越低越理想，而表面材质则并没有一个特定的理想值，等等。功能配置相关矩阵是表示功能配置之间的相关关系的矩阵。

关系矩阵是表示用户需求和功能配置之间的关系的矩阵。矩阵中的每个元素都代表某项用户需求与某项功能配置的关系的强度。一般使用 1、3、9 来分别表征弱、中、强三种强度的关系。

需求竞争分析评价是根据竞争分析而构建的市场竞争对手对每项用户需求的满足程度。这个评价一般采用 1～5 分来表示，1 代表某产品无法满足特定的用户需求，5 代表某产品很好地满足了特定的用户需求。

功能竞争分析包含功能竞争分析评价、功能目标以及绝对和相对重要性评分三个部分。功能竞争分析评价是根据竞争分析而构建的市场竞争对手在每项功能配置上的满足程度。与需求竞争分析评价相似，这个评价一般采用 1～5 分来表示，1 代表某产品无法满足特定的功能配置，5 代表某产品很好地满足了特定的功能配置。功能目标是设计团队根据功能竞争分析而制定的产品需要实现的功能配置目标，如成本下降、符合某国家标准等。某功能配置的绝对重要性评分是用户需求重要性评分和用户需求与功能配置的相关度的乘积；某功能的相对重要性评分是该功能的绝对重要性评分除以所有功能的绝对重要性评分之和，代表该功能在所有功能中的相对重要性。

（2）应用举例

有研究使用质量功能配置分析对汽车仪表盘设计进行了分析，结果如图 4-8 所示（Bhise，2014）。该研究总结了包含六个方面的共 15 项用户需求（六个方面包括外观好看、方便使用、功能众多、安全、储存方便和宽敞等）和包含四个方面的共 17 项功能配置（四个方面包括材料与风格、人因工效设计、组件包装和花费等）。研究在竞争分析中比较了三个产品的用户需求竞争和功能配置竞争。在功能配置竞争分析中，最后的相对重要性评分显示，控件显示位置、控件可操作性和显示可见性等三个方面是在类似产品的竞争中影响用户体验的最重要的设计要素，在后续设计中应该重点提升。

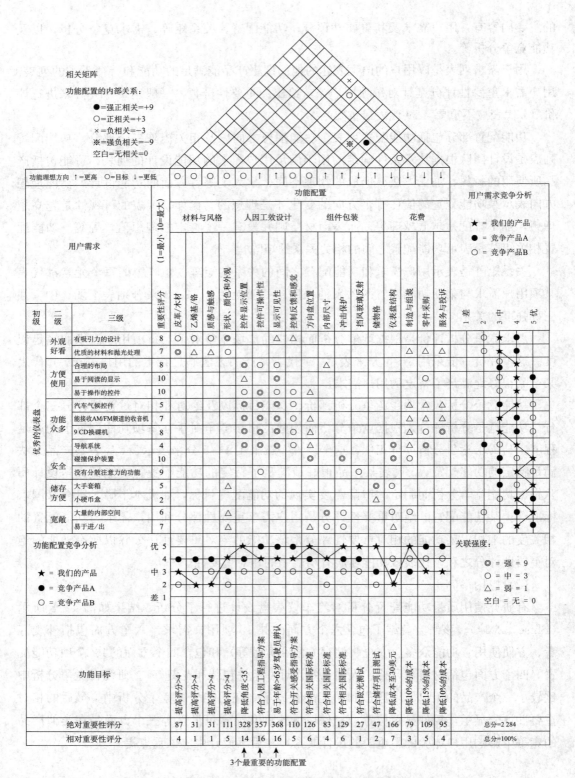

图 4-8　汽车仪表盘的质量功能配置分析结果

（来源：Bhise，2014）

概念术语

场景分析，场景模型，情境访查，情境描述，"生活中的一天"模型，人际协作模型，组织文化模型，物理空间模型，人造物模型，语言沟通，共识，非语言沟通，计算机支持的沟通，计算机中介沟通，计算机支持的协同工作，时间/空间分类法，社会临场感理论，媒体丰富理论，社会影响理论，通道扩展理论，宏观工效学，文化维度模型，屏面显示器，投影显示器，离屏显示器，直接指点设备，间接指点设备，眼动控制，脑机接口，频闪，眩光，噪声，全身振动，晕动病，用户体验竞争分析，质量功能配置分析

本章要点

1. 场景分析是用于了解构建用户体验的场景要素的特征的方法的总称；场景模型是对这些场景要素的系统的、详细的描述。

2. 场景分析的对象主要包括相关活动，人际、组织与社会环境，物理环境，以及技术环境等相互关联的四个方面。

3. 情境访查是为场景模型的构建收集数据的主要方法。

4. 常见的场景模型包括情境描述、"生活中的一天"模型、人际协作模型、组织文化模型、物理空间模型和人造物模型等。

5. 面对面沟通包含语言沟通与非语言沟通两方面。语言沟通的主要机制有轮流发言机制、语境与共识。非语言沟通的主要通道包括语调、面部表情、眼部行为、手势、身体接触、人际距离等。

6. 计算机支持的沟通可以按照时间/空间分类法来分类。计算机支持的沟通在沟通绩效和体验上和面对面沟通都有重要的差别。

7. 组织结构的主要特征可以从劳动分工、正规化程度和决策集权程度三方面来描述。

8. 文化维度模型从权力距离、个人主义/集体主义、不确定性规避、女性化/男性化、短期取向/长期取向以及约束/放纵等六个维度来描述不同文化的特征。

9. 多文化的用户体验设计包含用户界面元素本地化和体验设计本地化两个方面。

10. 系统平台以及人机交互技术与设备为用户体验设计提供了可能性与可行性。

11. 视觉显示、听觉显示和触觉显示有不同的显示技术和形式，以适应不同场景的体验设计需求。

12. 文字输入和指点输入是最常见的输入方式。一些新型的输入方式包括眼动控制输入、存在与运动传感输入和生理特征与信号输入等。

13. 环境的照明条件、声音条件和振动条件都能影响人的体验，因此也是用户体验

设计需要考虑的要素。

14. 市场环境一方面为被设计的产品营造一个由各种产品构成的"生态环境"，另一方面也在市场竞争中为用户体验设计造成挑战。

15. 用户体验竞争分析是对市场上的竞争对手与自身的产品进行调研、分析和比较的方法，而质量功能配置分析是用户体验分析的重要扩展。

复习思考题

1. 场景模型在用户体验设计中的重要性体现在哪些方面？
2. 情境访查的实施准则有哪些？
3. 场景模型的主要类型有哪些？请举例说明分析人员应该怎样选用不同的模型。
4. 面对面沟通中的语言沟通有哪些主要的机制？
5. 非语言沟通有哪些主要的通道？它们对面对面沟通有怎样的影响？
6. 计算机支持的沟通有哪些主要的形式？
7. 哪些理论讨论了面对面沟通和计算机支持的沟通的区别？
8. 组织机构的主要特征可以从哪几个维度去描述？
9. 文化维度模型从哪些维度对社会文化进行了描述？
10. 用户界面元素本地化包含哪些主要方面？
11. 体验设计本地化过程中，针对不同的社会文化维度得分，分别有哪些设计策略？
12. 技术环境可能对用户体验设计产生怎样的影响？
13. 视觉显示技术有哪些主要的类型？
14. 视觉显示有哪些主要的形式？
15. 与视觉显示相比，听觉显示和触觉显示有什么优缺点？
16. 文字输入有哪些主要的方法与技术？
17. 指点输入有哪些主要的方法与技术？
18. 照明条件是怎样测量的？照明条件对用户体验有怎样的影响？
19. 声音条件是怎样测量的？声音条件对用户体验有怎样的影响？
20. 振动条件是怎样测量的？振动条件对用户体验有怎样的影响？
21. 用户体验设计为什么要考虑市场因素？
22. 用户体验竞争分析的主要步骤有哪些？
23. 质量功能配置图的主要构成有哪些？

拓展学习

BEYER H，HOLTZBLATT K. Contextual design：defining customer-centered systems. Cambridge，MA：Morgan Kaufmann，1998.

HENDRICK H W，KLEINER B M. Macroergonomics：an introduction to work system design. Santa Monica，CA：Human Factors and Ergonomics Society，2001.

HOLTZBLATT K，BEYER H. contextual design：design for life. 2nd ed. Cambridge，MA：Morgan Kaufmann，2017.

KNAPP M L，HALL J A，HORGAN T G. Nonverbal communication in human interaction. 8th ed. Boston，MA：Wadsworth，2014.

MARCUS A，GOULD E W. Crosscurrents：cultural dimensions and global Web user-interface design. Interactions，2000，7（4）：32 - 46.

THURLOW C，LENGEL L，TOMIC A. Computer mediated communication. London：SAGE，2004.

WALTHER J. Theories of computer-mediated communication and interpersonal relations// KNAPP M L，DALY J A. The handbook of interpersonal communication. Thousand Oaks，CA：SAGE，2011：443 - 479.

葛列众，等. 工程心理学. 上海：华东师范大学出版社，2017.

第五章

任务分析

教学目标

- 了解任务分析的定义、主要特点，以及任务分析方法的发展历程。
- 了解任务模型的定义及其在用户体验设计中的应用。
- 掌握常用的任务分析方法，包括经典任务分析方法（层次任务分析和任务分解分析）和认知任务分析方法（关键事件法、应用认知任务分析和认知工作分析）。
- 了解任务模型的扩充方法，包括工作流程示图和用户旅程图。

学习重点

- 第一节重点：从概念上了解任务分析和任务模型的定义；理解任务分析的特点，特别是"任务"的含义、任务分析与用户分析和场景分析的关系，以及任务分析过程；了解任务分析方法的发展历程；理解任务模型在用户体验设计过程中的具体应用，包括在系统功能设计、系统流程设计、用户界面设计和用户支持系统设计中的应用。
- 第二节重点：结合前面章节的用户研究数据收集方法，理解并掌握常用的任务分析方法。对于每种任务分析的方法，应结合具体应用例子来掌握其分析方法和特点。理解不同的任务分析方法怎样结合起来提供更全面的任务模型，并怎样把任务分析与用户分析和场景分析结合起来为体验设计提供完整的用户需求资料。

开脑思考

- 你刚加入一个用户体验部门，部门中的同事说他们在以往的需求分析中做过用户调查研究，并没有做过专门的任务分析。你要怎么给他们介绍任务分析，以及任务模型在设计中的作用？
- 你的公司准备开发一款结合手表式生理状态监控设备的智能手机健身应用。你将计划构建什么样的任务模型，使用何种任务分析方法？
- 你的公司准备开发一款有自动跟踪拍摄功能的小型消费者无人机，而且特别关注使用安全方面的问题。你打算怎样利用任务分析来了解无人机的安全性设计需求？

要进行用户体验的研究和设计，我们不仅要了解用户的特征与需求、使用场景的性质和约束，还要了解用户使用产品时所要进行的任务。在前面几章，我们介绍了用户需求和特征、场景分析及其相关的内容。在用户模型和场景模型的基础上，我们还需要进行进一步分析，特定的用户在特定场景下是怎样完成具体的任务的。只有完成任务分析并得到任务模型，我们才能从用户、场景与任务三方面全面地了解用户体验的需求。

第一节　用户任务与体验设计

需要注意的是，在日常用语中，"任务"通常指被交派的工作或者担负的责任；在本书中，任务泛指用户从事某种活动时需要做的事情，这些活动可能是职业活动、娱乐活动、社交活动等。在了解用户任务时，我们需要回答如下的问题：用户想要实现怎样的目标？他们要实现这些目标，需要完成什么任务？我们设计的产品能怎样帮助用户完成这些任务？

通过任务分析，我们将构建出任务模型，来支撑后续的用户体验设计。在这一节，我们将介绍任务分析和任务模型以及它们在用户体验设计中的作用。

一、任务分析的定义、特点与发展历程

（一）任务分析的定义

在用户体验设计中，任务分析是需求分析阶段用于了解用户任务的方法的总称。

在文献中，不同的研究者与实践者对任务分析会有不同的定义（Redish & Wixon，2002）。这些不同的定义的差别主要表现在如下两个方面：第一，任务分析的对象是仅限于用户任务，还是包含用户本身的特征和用户的工作过程；第二，任务分析主要用于用户体验设计中的需求分析、人机界面原型设计、用户体验测评三个阶段的某一阶段还是多个阶段。本章讨论的任务分析主要针对需求阶段的用户任务分析。

（二）任务分析的特点

1. 任务分析的对象

任务分析的对象"任务"为广义的任务，包含用户或用户群为实现一个或多个目标所要执行的一个或一系列的活动。对于这个广义的任务定义，需要强调以下几点：

第一，任务中的活动，不仅包含行为上表现出来的活动，还包含心理活动（如认知和情感活动等）。因此，任务分析不仅需要分析可观察的行为，也需要分析行为背后的心理活动。

第二，任务可能涉及一人或多人、一个目标或多个目标。比如，用户使用智能手机上的一个 App 来发送信息时，可能涉及一系列的活动，如打开 App、找到联系人、输入信息、发送信息等。这是最基本的单用户、单目标的任务分析的情况。有的用户任务涉及用户为了实现多种目标而进行的活动。比如，用户使用图像处理软件时，可能要进行

文件管理、文件编辑、图像输出等多阶段的系列活动，并在每个阶段需要实现不一样的目标：文件管理的目标是快速地检索出想要的文件，文件编辑的目标是高效地把图像编辑成想要的效果，图像输出的目标是保证不同介质和平台的图像呈现效果一致。这些系列的活动构成了一个工作流程。这是单用户、多目标的任务分析的情况。又比如，在一个医院专用的通信工具里，病患的一项病情信息，对于医生、护士、技术人员等有不同职务的人员来说，需要执行的处理活动和目标是不一样的；同时这些活动和目标要实现某种协同，才能实现治愈病患这一总的目标。因此，这个例子里的任务分析的对象不仅包含复杂的工作流程，还包含人员的职务与协作方式。这是多用户、多目标的任务分析的情况。

第三，在智能技术越来越丰富的当今社会，执行任务的主体不一定是作为用户的人，还可能是人工智能的算法或智能体。在复杂的任务中，有的系统会存在多人、多智能体进行交互或协作而完成多目标任务的情况（Hollnagel，2012）。在任务分析里，分析人员经常不对人和智能体作严格的区分。很多以前需要由人来完成的任务现在可以由智能体来完成。比如，本来人需要记住开会的时间并在开会前提醒自己，但现在这些都可以使用带提醒功能的日程表手机 App 来实现。相反，有的用户会选择手动执行一些本来可以由智能系统完成的任务，以达到学习或者获取操作体验的目的。比如，有的单反相机用户选择使用全手动模式来进行拍摄。所以，在最终的系统中，人和智能体的任务是怎样分配的，不能光从用户的角度来确定，而是需要根据整个人机系统的功能分析和分配给出一个系统化的决策。

2. 任务分析与用户分析以及场景分析的关系

任务分析和用户分析以及场景分析是密不可分的。在需求分析阶段，如果离开用户和场景分析，只使用任务分析，设计人员对于将要被设计的系统只能获得片面的理解（Courage，Jain，Redish，& Wixon，2012）。用户、场景和任务是影响用户体验的三大核心要素。因此，在需求分析阶段，任务分析离不开用户分析与场景分析。在进行任务分析时，分析人员也应该考虑用户的特征与需求（用户分析）、使用场景的特征、社会环境约束、物理环境约束以及技术环境约束（场景分析）等方面的问题。

3. 任务分析的过程

任务分析是一个包含数据收集、数据分析与结果呈现等步骤的系统的过程。任务数据的质量直接决定了后续的任务数据分析的有效性。因此，收集高质量的数据是高质量的任务分析的基本条件。本章第二节介绍任务分析的具体方法时，虽然侧重于对数据分析和结果呈现的方法的介绍，但读者可以参照第三章所介绍的问卷法、观察法、访谈法、焦点小组等方法进行系统的数据收集。

（三）任务分析的发展历程

任务分析起源于 20 世纪初，并经历了由序列结构到层次结构、由行为分析到认知分析，以及由单独发展运用到与用户和场景分析有机整合运用等三个阶段的发展历程。

1. 任务分析的起源

任务分析的起源可追溯到 20 世纪初 Frederick Winslow Taylor 的科学管理理论

（Gilbreth，1911；Hollnagel，2012；Taylor，1911）。在 Taylor 的研究中，为了提高生铁搬运工的工作效率，他使用了动作和时间研究的方法，以减少工人在搬运过程中的不必要的动作。动作和时间研究法通过系统的观察，对工人作业时的活动进行动作分解，并记录每个基本动作的时间，最后进行定量化的分析，从而获得标准化的作业方法和作业时间。

2. 由序列结构到层次结构

在今天看来，动作和时间研究法是一种序列任务分析的方法。其中，序列意指整体任务在分析中被分解出的一系列单线程动作。图 5-1 以刷牙为例，展示了序列任务分析怎么把这个任务分成更基本的一系列单线程动作。序列任务分析用于分析手工操作任务是可行的。但是，随着时代的发展，人们日常执行的任务中，手工、物理操作任务的比例逐渐下降，认知加工任务的比例逐渐上升；而且，人们还经常需要同时执行多个任务。这样一来，整体任务将很难被分解为单线程的系列动作，而需要被分解为多目标的、多层次的、并行的活动；同时，分析人员也必须考虑任务中的认知决策因素。

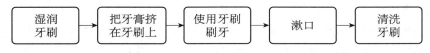

图 5-1　序列任务分析样例

20 世纪 50 年代提出的层次任务分析的方法（Miller，1953）克服了序列任务分析的部分缺点。在层次任务分析中，任务被分解为由子任务构成的一个层级结构。其中的子任务又可以继续分解，直至达到一个包含"基本任务"的层级。在任务执行过程中，人还需要在面临不同的情况时，使用不同的步骤来执行任务。这种权变过程被称为"计划"。图 5-2 以在图书馆借书为例，展示了一个简单的层次任务分析的结果。这样，层次任务分析就实现了对任务进行多目标、多层次分析的功能。层次任务分析被广泛应用到用户界面设计与测评、系统人机功能分配、人误分析等设计与研究工作中（Stanton，2006）。

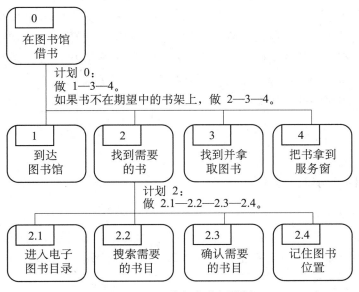

图 5-2　层次任务分析样例

3. 由行为分析到认知分析

传统的任务分析方法注重物理操作，对认知任务不敏感。因为这些分析方法的目标是把任务分解为动作顺序，而不关注动作背后的可能的复杂认知过程。最早的认知任务分析方法——关键事件法——诞生于 20 世纪 50 年代（Flanagan，1954）。到 20 世纪末至 21 世纪初，研究者们对这种侧重于分析认知成分的任务分析方法越来越重视，并提出了多种认知任务分析方法，如应用认知任务分析（Militello & Hutton，1998）、认知工作分析（Vicente，1999）、面向客体的认知任务分析与设计法（Wei & Salvendy，2006）等。这些方法统称认知任务分析。认知任务分析是确定并描述任务中的认知过程的任务分析方法。认知任务分析的对象主体被称为"复杂认知系统"（Hoffman & Woods，2000）。在复杂认知系统里，人的认知过程，如推理等，对任务的完成有着关键的作用；在任务完成的过程中，人也需要与设备、其他人或者组织进行有意义的交互。由于用户体验设计的对象也通常是复杂认知系统，认知任务分析是用户体验设计中不可或缺的工具。

4. 任务分析与用户分析、场景分析的有机整合

任务分析的主要特点之一是它的应用不能离开用户分析和场景分析。近年提出的系统设计方法中，任务分析一般都被整合在其中，与用户分析和场景分析实现了有机的结合。比如，认知工作分析（Vicente，1999）包含五个子方法，其中的操作任务分析和操作策略分析是两种任务分析的方法。剩下的三个子方法包括分析被设计系统的功能目标和使用场景的工作领域分析、指导功能设计的组织与合作分析，以及分析用户特征的人员胜任力分析。在对一个系统进行完整的认知工作分析时，两个任务分析的子方法的输入和输出必须要和其他三个子方法连接起来：工作领域分析确定了任务分析中需要被分析的主要任务，而任务分析确定了组织与合作分析中需要进行功能分配的任务以及人员胜任力分析中用户需要掌握的完成任务的技能。又比如，情景化设计法（contextual design）提出了在工作需求分析过程中必须构建五个模型：顺序模型、流程模型、文化模型、物理模型和人造物模型（Beyer & Holtzblatt，1998；Holtzblatt & Beyer，2017）。其中，顺序模型是表征任务执行步骤的模型，流程模型是表征系统中人的责任和沟通协作的模型，它们都是任务分析的结果；文化模型、物理模型和人造物模型分别表征系统的文化特征、物理空间环境特征和技术环境特征。这五个模型构成了工作的相互关联的五个层面，以描述完整的工作需求。

二、任务模型与用户体验

（一）任务模型的目标与种类

1. 任务模型的目标

任务模型是任务分析的结果，是对用户任务系统的、详细的描述。一般来说，任务模型需要描述用户需要做的、需要知道的以及有可能在哪里犯错。一个好的任务模型，需要实现以下三个目标：

● 任务模型需要能够很好地概括任务分析时收集的数据所代表的意义。

- 任务模型所承载的信息及其呈现形式能够帮助分析人员把这些信息有效地传递给设计开发团队的其他成员。
- 任务模型所承载的信息及其呈现形式能够帮助团队进行后续的具体设计工作，包括系统功能设计、系统流程设计、用户界面设计以及用户支持文档设计。

在用户体验需求文档中，分析人员可能把复杂的任务模型进一步总结为用例（use cases）。用例是从用户的角度出发，描述在一个特定的情境下，用户完成任务的系列步骤，以及系统对用户操作的响应。一个用例始于整体用户意图（任务目标），终于用户意图的实现（任务目标的实现）。用例一般包括角色（包括用户和相关人员）、发生前提、触发事件、任务完成的正常过程，以及任务完成的替代过程等主要元素。

2. 任务模型的种类

任务模型有多种，因此，在进行任务分析时，分析人员应该根据所需要构建的任务模型的种类进行有针对性的分析。表 5-1 总结了几种常见的任务模型（Hackos & Redish，1998）。

表 5-1
常见的任务模型种类

任务模型种类	说明
任务流程	完成一个任务所需要的步骤，包括行为步骤与决策步骤
任务列表	使用系统的用户所执行的所有可能的任务
任务策略	用户以怎样的顺序执行一系列的任务以实现目标
工作流程	在多用户系统中，用户们如何通过协作完成任务
用户旅程	一名用户在特定场景中完成的所有任务及其流程
职务流程	一名用户在其工作职位中所完成的所有任务

文献中会用到不同的术语来表达构建不同种类的任务模型的方法，如通过工作流程分析来获得工作流程模型、通过职务分析来获得职务流程模型等。这些方法虽然不同，但原理基本相通，本书把所有这些方法统称为任务分析。

（二）任务模型在用户体验设计过程中的应用

在用户体验设计中，任务模型在不同的设计阶段都有它的作用。在系统顶层设计的阶段，它能用于指导系统功能设计和系统流程设计；在细节设计的阶段，它能用于指导用户界面设计；系统设计完成后，它能用于指导用户支持系统设计。

1. 系统功能设计

系统功能设计包括系统功能确认与人机功能分配两个部分。系统功能确认是把系统要实现的目标及实现这些所需要完成的功能全部列举出来的过程。人机功能分配是确定系统中的哪些功能由人来完成、哪些功能由机器或工具来完成的过程。其中，功能是系统为了实现某一目标而必须执行的抽象活动；然而，在设计实践中，功能常常被视同于具体的任务，以方便调查研究。因此，系统功能确认经常被转化为确定系统所需执行的任务的问题，人机功能分配经常被转化为把任务分配给人或者机器来完成的问题。因此，任务分析是系统功能设计的核心工具之一。

传统的人机功能分配一般参考"人擅长于/机器擅长于"（men are better at/machines

are better at，MABA/MABA）列表（Fitts Ed.，1951），来把人擅长的任务分配给人来完成，把机器擅长的任务分配给机器来完成。后来研究者开发出了更多的更为系统、科学的人机功能分配的方法（详见 Fallon，2006）。在实践中，有许多功能分配是在系统运行的时候而不是在系统设计的时候完成的。比如，在实际工作中人可能会创造性地使用工具，实现设计人员意想不到的效果。这常常是设计过程中设计人员没有很好地考虑系统的任务，以及如何以最有效的方式完成这些任务的结果。在智能系统中，基于人工智能技术的智能机器拥有学习能力，随着操作的进行，智能机器可以接管一些人类操作员的操作功能和任务。因此，设计时进行任务分析并构建完整的任务模型是得出科学的人机功能分配策略的关键。

2. 系统流程设计

用户体验设计的对象系统的工作流程可能涉及多用户、多设备之间进行的复杂的交互活动。被设计系统存在于一个外在的生态系统之内，而被设计系统本身也是一个小型的生态系统。比如一套办公软件被用于一个办公流程中时，办公软件的设计需要和办公流程相匹配。又比如一个客户服务系统的设计需要考虑到客户在何时何地与系统进行怎样的交互。系统流程设计的目标是让系统内外的交互活动可以和谐地连接起来，为积极的用户体验提供基础。系统流程是用户界面的基础，用户界面是系统流程的体现和细化。系统流程设计可能包括增加提升用户体验、去掉冗余的工作步骤等活动。任务模型能为设计的过程提供重要依据。

当我们要设计一个新的系统流程时，经常需要对现有的系统进行任务分析，并借鉴其任务模型来进行设计。任务分析可以帮助我们发掘新的市场与发展机会，从而发现提升用户体验的新途径，或者设计出全新的用户体验。比如，用户在做某项活动的时候可能经常被打断。从用户界面设计的角度，设计人员可能会增加一些能让用户快速切换当前活动，并辅助用户快速接上被打断任务的进度的功能，以提升用户体验。但是，通过系统流程设计，改变任务流程，在源头上控制打断任务的因素，可能可以更有效地提升用户体验。需要注意的是，基于现有系统的任务模型也有可能给设计人员带来某种思维定势，阻碍系统流程设计的创新。

通过对系统流程的了解和设计，设计人员可以更有效地掌握影响用户体验的要素，让用户体验设计更有针对性。比如，用户需要重复做多次的任务和用户只是偶然做一次的任务的用户体验设计的目标和方式是完全不一样的。一名护士可能一天要在电子病历中输入成百上千的病人的信息，这时候使用能提高输入效率的设计方案可能可以提升护士的使用体验；一名家长可能只是在偶尔就诊、排队等候时，输入一次儿童病患的信息，这时采用能鼓励家长输入更完整、准确的信息（尽管可能降低输入效率）的设计更为合适。

3. 用户界面设计

在用户界面设计中，任务模型可以用于确定完成任务的信息与功能需求，以及显示控制的最佳空间排布。从任务模型中，设计人员可以得知用户的目标、实现目标所需要的信息，以及在实现目标的过程中用户自己产生的信息，并从这些信息中提炼出任务的信息与功能需求。用户界面的显示控制功能需要为满足这些需求而设计。无论任务模型的构建是否基于已有的界面，它提供的信息都可以作为设计新界面的一个起点（Smith，

Irby，Kimball，& Verplank，1982)。

　　任务模型也可以提供任务的执行顺序和执行频率,用户界面的空间排布可以根据任务顺序和任务频率进行设计。比如,任务所需的信息可根据使用次序从上到下或从左到右排列,最常用的功能可以安排在最便于操作的空间位置等。

　　4. 用户支持系统设计

　　用户支持系统包括以书面、网站、视频、人工教授等形式呈现的说明书和教学训练教程。即便是再优秀的、智能的设计,总是有用户在某些场景下需要在用户支持系统的帮助下完成任务 (Ornelas，Silva，& Silva，2016)。同时,许多产品的用户支持系统也存在可用性差和用户体验差的问题 (Hackos & Redish，1998)。

　　脱离任务模型的用户支持系统可能有以下的问题:

- 只考虑产品的功能,而不能很好地考虑到用户怎样完成他们的任务 (比如,产品功能以外的因素可能影响到产品的使用),导致用户支持系统可能是不完整的。
- 设计人员不了解用户在使用产品来完成任务的时候知道什么、不知道什么,因而用户支持系统没有针对性。
- 设计人员可能假设用户会从头到尾地去"学习"用户支持系统,而不知道用户在什么时候需要支持或怎样去搜索所需要的支持,导致用户支持系统可用性不足。

　　利用任务模型,用户支持系统的设计人员可以克服以上的问题。同时,设计人员在构建能支撑用户支持系统的设计的任务模型并利用该模型来指导用户支持系统的设计时,还需要关注以下的问题:

- 用户使用用户支持系统这个事件本身也构成一个任务,也应该包含在任务模型里。
- 每个任务所需要的用户支持的程度是不一样的,用户支持系统应该重点支持对行为技巧或认知过程要求较高的任务,或用户容易出错的任务。
- 复杂系统中不同的任务可能由不同的用户来完成,用户支持系统应该针对不同的用户群体进行个性化的设计。

第二节　任务分析的方法

　　本节将介绍一系列构建任务模型时可能用到的任务分析方法。这些方法包括侧重于行为任务的经典任务分析方法,侧重于认知任务的认知任务分析方法,以及在这两种方法的基础上对任务模型进行进一步扩充的方法。

一、经典任务分析方法

　　经典任务分析方法的主要目的是把任务分解为简单的操作步骤,其应用广泛且种类繁多。这里主要介绍两种在用户体验设计中比较常用的方法:层次任务分析和任务分解分析。

（一）层次任务分析

1. 简介

层次任务分析（hierarchical task analysis）是对任务的目标、操作与计划，以及它们的层次结构进行详细描述的方法（Annett，2004）。层次任务分析是使用最为广泛的任务分析的方法（Stanton et al.，2013）。很多其他更复杂的任务分析的方法，都是建立在层次任务分析的基础之上的，如任务分解分析、次目标模板分析和列表任务分析等（Stanton et al.，2013）。

2. 分析步骤

层次任务分析的步骤通常可以分成定义任务和收集数据、确定任务的总体目标、确定任务的次级目标、分解次级目标、分析操作计划等五个步骤。

（1）定义任务和收集数据

首先，分析人员要确定需要分析的目标，以及分析的任务。其中，分析的目标可能是指导系统功能设计、用户界面设计、用户支持系统设计等。分析的任务需要根据分析的目标而选择。收集的任务数据一般包括任务步骤、任务中使用的工具、人与人之间的交互、人与工具之间的交互、需要进行的决策，以及任务进行时的约束条件。收集这些数据的方法一般包括问卷法、观察法、访谈法等。数据收集方法的选用取决于资源、时间等客观约束条件。

（2）确定任务的总体目标

在这一步，任务的总体目标应该要确定下来并置于层次结构的第一层。比如，对于民航机乘客娱乐系统的电影播放功能，其总体目标可能是"观看某部电影"。

（3）确定任务的次级目标

任务的总体目标确定以后，这一步是把这个总体目标分解为有意义的次级目标。这些次级目标的组合可以实现总体目标。比如，"观看某部电影"这一总体目标可以分解为"打开娱乐系统""选择电影播放功能""搜索电影""播放电影""调整播放选项"等。

（4）分解次级目标

次级目标应该进一步被分解为下一层的次级目标和操作行为。总的来说，层次任务分析结果中的最下面一层应该都是操作行为。每个操作行为的上一层都是目标，操作行为本身才具体地说明应该做什么事情。比如"打开娱乐系统"这个次级目标可以分解为以下操作行为："找到位于屏幕右下方的开关按键"和"按下开关按键"。因此，分解次级目标这一分析步骤应该一直循环进行，直到每个次级目标都被分解为合适的操作行为。所谓"合适"的操作行为，是指对于分析目标来说有意义的基本操作行为。比如，当分析的目标是指导用户界面设计时，有意义的基本操作行为可能是"打开娱乐系统"。因为，具体的娱乐系统打开方式是由有待设计的用户界面决定的，如果此时将基本操作行为定为"按下开关按键"，则会限制设计的思路（开关有可能以声控或者其他方式触发）。

（5）分析操作计划

所有的次级目标和操作行为都描述完成以后，操作计划也需要分析清楚。操作计划决定了目标要如何实现。一个简单的操作计划是做1，然后做2，然后做3，等等。这个操作计划是线性的。除了线性，操作计划还有多种形式，常见的有非线性、同时、分叉、循环、选择等。这些操作计划形式及例子见表 5-2。

操作计划形式	例子
线性	做 1，然后做 2，然后做 3
非线性	按随意顺序做 1、2、3
同时	做 1，然后 2 和 3 同时做
分叉	做 1；如果 X 存在，则做 2 然后做 3，否则只做 2
循环	做 1，然后做 2，然后做 3，然后重复直至 X 出现
选择	做 1，然后做 2 或者 3

表 5-2　　　层次任务分析中操作计划的形式

3. 应用举例

有研究使用层次任务分析，比较了几个品牌的汽车的车载通信系统的任务过程（Reagan & Kidd，2013）。研究人员以自己作为被试，在被测车型中执行了选定的任务，并把任务执行过程拍摄成视频以用作分析的数据。其中，关于"在通讯录里致电某个号码"这个任务，对比手动输入与语音输入两种方式的层次任务分析结果如图 5-3 所示。

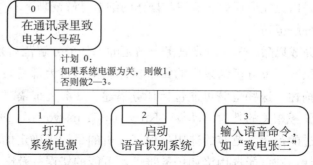

图 5-3　车载通信系统任务中手动输入与语音输入的对比

（来源：Reagan & Kidd，2013）

可见，使用手动输入时涉及 7 步的操作，语音输入只涉及 3 步操作，因此语音输入看起来是更有效率的输入方式。可是，语音输入的问题是会出现语言识别错误的情况。如果出现识别错误，操作步骤 2 和 3 就需要重复多次。可见，层次任务分析有时不能很直观地反映任务执行过程的情况。此时，根据分析的目标，分析人员需要结合其他的任务分析方法或任务过程呈现方法，来呈现更完整的任务过程。

4. 特点

层次任务分析的主要优点包括：易学易用；分析方法灵活性大，可以用于各种场景；分析结果应用性很强，既可以指导设计，也可以用作更复杂的其他任务分析方法的输入。

层次任务分析的主要缺点包括：不涉及认知成分；结果不包含设计问题的解决方案；有的情况下不能直观地体现任务执行的实际过程。

（二）任务分解分析

1. 简介

任务分解分析（task decomposition）是一种把任务按照任务特征（如使用的设备、使用的用户界面成分、时间、反馈、决策点等）进行分析描述的方法（Miller，1953）。任务分解分析可以在层次任务分析的结果的基础上进行进一步的分解分析，以获得更具体的任务描述（Stanton et al.，2013）。

2. 分析步骤

任务分解分析主要分成完成层次任务分析、构建任务描述、选择任务分解范畴、数据收集、构建任务分解表等五个步骤。

（1）完成层次任务分析

任务分解分析的第一步是得到任务的初步描述。完成一次层次任务分析将能得到一个相对完整的初步任务描述。

（2）构建任务描述

层次任务分析完成以后，下一步的工作是对每个任务步骤进行清晰的文字描述。这些描述要足够具体，以让完成任务的流程与操作的细节足够清晰。

（3）选择任务分解范畴

任务描述构建完成以后，需要确定任务分解范畴。任务分解范畴是任务的各种特征。在后续的分析中，层次任务分析结果中的每个目标和操作行为都需要根据这些任务分解范畴进行更详细的描述。这些范畴可能包括任务描述、任务完成需求、任务性质、任务复杂度、绩效和与任务相关的其他活动等（Kirwan & Ainsworth，1992）。表 5 - 3 列举了一些研究里面用过的范畴。范畴的选用是根据分析的目标来确定的。假如分析的目标是指导系统功能设计，则可能选用诸如任务难度、可能的错误等范畴，以确定哪些任务步骤对人来说是特别难、特别容易犯错的，并在后续的系统功能分配设计中把这些任务步骤分配给机器来执行。

表5-3 　　　　　　　　　　　任务分解分析中的任务分解范畴

范畴大类	范畴小类
任务描述	描述，行为类别，行为顺序，功能与目标
任务完成需求	引起任务的线索，需要获取的信息，需要用到的技能，需要的人员，需要用到的显示控制部件，需要的注意力，难度，重要性
任务性质	需要执行的行为，需要进行的决策，任务的后果，反馈
任务复杂度	可能的错误，产生错误后的后果
绩效	完成所需时间，速度标准，准确度标准
与任务相关的其他活动	沟通，协同作业，同步进行的其他任务

（来源：Kirwan & Ainsworth，1992）

（4）数据收集

确定任务分解范畴后，下一步的工作是收集更多的相关数据。在层次任务分析步骤中获取的数据可以再次利用。如果有需要，则可通过观察法、访谈法、问卷法等方法有针对性地收集新的数据。

（5）构建任务分解表

最后，分析人员应该把分析结果呈现在一个表格里。这个表格包含层次任务分析中的每个次级目标和操作行为。在每个次级目标和操作行为里，都包含所选定的所有任务分解范畴，以及相应的描述信息。

3. 应用举例

有研究者使用任务分解分析法来了解使用拖拉机时驾驶员所执行的任务，以在未来的新设计中提高操作体验与安全性（Etzler，Marzani，Montanari，& Tesauri，2008）。他们首先对拖拉机驾驶员进行了访谈，并在所收集的数据的基础上进行了层次任务分析。图5-4展示了关于"把负重搬运到目的地"这一任务的层次任务分析的结果。

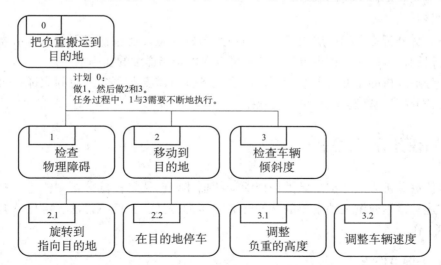

图5-4 拖拉机"把负重搬运到目的地"的层次任务分析

（来源：Etzler et al.，2008）

根据后续设计需求，研究者选用了一系列任务分解范畴来进一步细化层次任务分析的分析结果。这些范畴包括需要执行的行为、需要进行的决策、需要进行的反应、任务复杂度、任务困难度、任务重要性，以及需要的注意力。表5－4是研究者对"检查物理障碍"这一次级目标任务分解分析后获得的任务分解表。

表5－4 拖拉机驾驶中"检查物理障碍"任务的任务分解表

任务分解范畴	任务描述
需要执行的行为	通过车窗观察是否有障碍物；注意车辆是否发出了检测到障碍物的警报
需要进行的决策	如果车辆接近某个物体，判断该物体是否应该被视为障碍物
需要进行的反应	如果没有障碍物或者障碍物在安全距离以外，继续开车；如果有障碍物并在安全距离以内，等候障碍物的离开，或者移开障碍物
任务复杂度	复杂度低
任务困难度	困难度低，但是恶劣天气、脏车窗、障碍物与车辆相对位置等因素可能会提高困难度
任务重要性	重要性中，关系到车内车外人员和物体的安全
需要的注意力	注意力中，驾驶员需要在检查物理障碍的同时检查车辆移动情况

（来源：Etzler et al.，2008）

这样的分析可以让设计人员发现并针对关键任务中的用户体验问题进行设计，并为设计过程提供详细的参考信息。比如，设计人员能确定，在天气恶劣时，如果需要一边检查物理障碍、一边检查车辆移动情况，随着任务难度的提升，驾驶员的工作负荷可能会过高，导致驾驶员无法兼顾两个任务，从而影响驾驶安全。这时的一个设计策略可能是通过增加自动化的障碍物检测系统或者车辆行驶状态监测系统，改变系统功能分配，达到降低驾驶员工作负荷的效果。

4. 特点

任务分解分析除了拥有层次任务分析所具备的优点，还包括以下优点：恰当地选择任务分解组别，可以让分析更有针对性；可以提供相当详细的任务描述。

任务分解分析的主要缺点包括：比层次任务分析需要花更多的时间完成；可能需要在层次任务分析的基础上收集更多的数据。

二、认知任务分析方法

经典任务分析方法侧重于提供物理活动的描述，而认知任务分析则侧重于提供认知过程的描述。这里介绍三种主要的认知任务分析的方法：关键事件法、应用认知任务分析和认知工作分析。

（一）关键事件法

1. 简介

关键事件法（critical incident technique）是一种通过访谈来研究和分析人在关键事

件中的决策过程的认知任务分析方法（Flanagan，1954）。这种方法最早被用于分析飞行员在"差点导致意外"的事件中的决策过程，现在被广泛地应用在用户体验设计中。

2. 分析步骤

关键事件法的分析步骤主要包括选择需要分析的事件、收集事件案例、构建事件时间线、选择需要分析的事件点并进行重点分析等四个步骤。

（1）选择需要分析的事件

所谓的关键事件，一般是一些非常规事件，比如在紧急情况下发生的事件或者特别难应对的事件。有时，这些事件是从已知的事件中选定的。比如，分析人员可能选定在驾驶过程中接到紧急来电，需要驾驶员决定是否接听、如何接听的事件。有时，这些事件是由参与访谈的被试通过自己的经验选定的。比如，分析人员可能让被试自己回忆使用手机照相时感觉使用体验特别差的事件。

（2）收集事件案例

选定事件后，分析人员应该让被试根据自己所经历的事件的案例，提供一个从头到尾的详细的描述。比如，被试可能描述一次自己必须在驾驶过程中接听电话，导致差点发生交通意外的经历。访谈时，分析人员应注意让被试描述：事件发生的原因；在处理事件时，采取什么行动（或不采取什么行动）是特别有效的（或无效的）；这个行动的后果是什么；为什么这个行动是有效的，或者有什么可能更有效的行动是当时应该做的。

（3）构建事件时间线

根据被试的描述，分析人员要构建一个准确的事件时间线。这个时间线应该包括事件中发生的物理的过程（如发出提示音或按键操作）和心理的过程（如知觉和推理）。这些过程称为事件点。这样，整个事件就按时间顺序，被分解成了有意义的多个事件点。

（4）选择需要分析的事件点并进行重点分析

根据分析的目标，分析人员应该选定一些事件点并进行深入的分析。比如，如果分析的目标是汽车驾驶员在驾驶中如何决定是否接听来电，那么所选的事件点应该是"决定接听（不接听）电话"，并回答诸如"什么情感因素让驾驶员决定接听（不接听）这个电话""怎么样的通信设备设计让驾驶员更倾向于接听（不接听）这个电话"等问题。

3. 应用举例

有研究使用了关键事件法来分析电子邮箱用户在使用过程中遇到的影响他们使用体验的关键事件，以便为电子邮箱的设计提供指引（Serenko & Turel，2010）。研究者以书面问卷的形式对100名大学生被试进行采访，让他们每人描述两个带来正面体验的关键事件和两个带来负面体验的关键事件。被试对每个事件的描述包括：发生的时间；发生时的主观感受；事件中采取的行动；事件发生后使用邮件的行为的可能的改变；事件发生的频率。

经过对数据的分析，研究者提出了关于电子邮箱设计的很多具体建议，如垃圾邮件过滤功能需要提供个性化设置、自动保存邮件草稿、邮箱设置中增加"撤销"功能等。这些结果表明，研究可以通过关键事件法获得关于任务中用户体验的信息，并利用这些信息有效地指导具体的设计。

4. 特点

关键事件法的主要优点包括：能同时研究任务中的行为与认知过程；考察已经发生的事件，省掉用于实时观察事件发生的时间。

关键事件法的主要缺点包括：数据的质量取决于研究人员的访谈技巧；被试需要准确地回忆发生的事件的细节，以及自己的心理过程和体验，而这些回忆不一定是可靠的。

（二）应用认知任务分析

1. 简介

应用认知任务分析（applied cognitive task analysis）是针对一个任务或者一个场景的基于访谈法的认知需求分析方法（Militello & Hutton，1998）。应用认知任务分析最初被应用于分析消防员在执行灭火任务中的认知需求。这种方法提出的初衷是针对当时认知任务分析的复杂程度和应用难度普遍偏高的情况，开发出一种既对分析人员的心理学训练要求较低，又能分析出任务中核心的认知元素的方法。

2. 分析步骤

应用认知任务分析包括数据收集准备、任务图解访谈、知识能力考察访谈、模拟仿真访谈、构建认知需求表等五个步骤。

（1）数据收集准备

与层次任务分析相似，分析人员首先需要选择并确定应用认知任务分析所需要分析的具体任务。分析人员一般需要对选定的任务进行观察，以了解任务的基本过程。接着，分析人员还需要选定一组被试进行访谈研究。这些被试应该是用户体验设计的产品的潜在用户或者是已有的类似产品的用户。

（2）任务图解访谈

任务图解访谈的目标是构建任务的一个概览，为后续的知识能力考察访谈和模拟仿真访谈进行准备。任务图解访谈的结果是一个包含任务步骤的示意图，其中应该标出对认知技能需求最大的任务步骤。在访谈的过程中，分析人员可能会提类似"想象你正在做这个任务，你可以把这个任务分解为多于3步、少于6步的步骤吗"的问题，来让被试把任务分解为几个步骤。把任务分解为几个步骤以后，分析人员会让被试找出对认知能力需求最大的步骤。所谓的认知能力，是指判断、评估、问题解决和思考的能力。

（3）知识能力考察访谈

当任务的完成需要一定的特殊知识或者经验的时候，分析人员应该进行一次知识能力考察访谈，以确定任务需要怎样的专业知识能力才能被完成。这些专业知识能力可能包括：问题诊断与预测、情境觉知、知觉技能、知道并会用诀窍、临场发挥、元认知能力、再认异常现象，以及人工补偿设备局限的能力。在访谈中，分析人员需要针对认知能力需求大的任务步骤，考察其中需要用到的专业知识能力。分析人员可能提的问题如表5-5所示。

表 5 - 5　　　　　　　　　　　　知识能力考察访谈的问题样例

专业知识能力	相关问题
问题诊断与预测	在这一任务步骤，你能马上知道当下情况的发生原因，以及未来的走向吗？
情境觉知	对于任务大局来说，哪些是最重要的东西？你怎么去监测这些东西？
知觉技能	在某些场景，有哪些你能马上察觉到，而其他人不一定能察觉到的东西？
知道并会用诀窍	在完成这个任务时，你会用到哪些诀窍来达到事倍功半的效果？
临场发挥	你能想出一个你不按常规套路完成任务、临场发挥的例子吗？
元认知能力	你有时会发现你必须改变自己做任务的方式，以更好地完成任务吗？
再认异常现象	有时你可能会看到一些异常的情况并马上知道事情不对劲了。你能举个例子吗？
人工补偿设备局限的能力	有没有发生过你的判断与系统智能的判断出现不一致的情况？有没有发生过你通过自己的经验来纠正系统智能的错误的情况？

（来源：Militello & Hutton，1998）

（4）模拟仿真访谈

模拟仿真访谈的目的是确定完成任务所需经过的认知过程。首先，分析人员会呈现一个典型任务场景，让被试亲身去完成或想象自己去完成。结束后，被试需要回忆并描述任务完成过程中的主要事件。分析人员需要特别关注并提醒被试重点描述以下四个方面：情境觉知、行动、关键线索，以及可能的失误。可能用到的问题如表 5 - 6 所示。

表 5 - 6　　　　　　　　　　　　模拟仿真访谈的问题样例

事件关键描述	相关问题
情境觉知	在这个事件中，你对当下的情况有怎样的评估？
行动	在这个事件中，你采取了怎样的行动？
关键线索	你采用了哪些信息来对当下的情况和你的行动进行评估？
可能的失误	一个没有经验的人如果遇到这样的事件，可能会出现什么失误？

（来源：Militello & Hutton，1998）

（5）构建认知需求表

最后，分析人员需要构建一个认知需求表来组织访谈的结果。这个表将罗列出任务里对于被试来说比较困难的认知元素；对于每个认知元素，分析人员需要说明为什么它是困难的、有什么可能的失误，以及被试可能会用的线索和策略。

3. 应用举例

有研究使用应用认知分析来了解焊接工作的认知需求，以指导焊工工作辅助混合现实显示器的设计（Seidelman et al.，2014）。研究者对两位有 20 年以上焊接工作经验的工人进行了多次访谈。首先，研究者在任务图解访谈中总结了焊接任务的三个主要步骤：材料准备、焊接执行，以及焊后检查。在知识能力考察访谈中，研究者重点考察了被试在完成任务过程中的知觉能力，以了解将什么样的感知觉线索用在混合现实显示器中才是有用的。在模拟仿真访谈里，研究者先让被试观看了一则机器臂焊接的视频片段；被试需要向研究者解释视频中的任务过程，以及决策过程中用到的关键信息。最后，研究者把结果整理成认知需求表。表 5 - 7 为焊接执行步骤（焊接任务的第二个步骤）的认知需求表的局部。

表 5－7	焊接任务的认知需求表的局部		
关键事件或参数	需求线索	线索类型	可能的问题
变色	焊点周围变黑	视觉	钨丝离焊点太近
	焊点氧化	视觉	保护气体不足
焊声	焊声大并类似于静电干扰噪声	听觉	焊弧太长
	正确的焊声	听觉	
	焊声改变	听觉	保护气体不足
电流	金属烧穿	视觉	电流太大
冒烟		视觉	保护气体不足
钨丝顶尖	震动	视觉	温度过高
	变长	视觉	温度过高
	断裂	视觉	温度过高
	金属堆积	视觉	温度过高
	突出	视觉	钨丝位置不正确
钨丝或焊枪的位置	高度	视觉	
	角度	视觉	
金属变形		视觉	导热面积过大

（来源：Seidelman et al.，2014）

这个基于专家焊工访谈的应用认知任务分析研究厘清了在焊接任务中的关键认知线索。后续的混合现实显示器的设计可以集中于如何更好地对这些认知线索进行显示，以提升焊接任务的体验与绩效。可见，应用认知任务分析可以为用户体验设计提供科学的指引。

4. 特点

应用认知任务分析的主要优点包括：没有心理学背景的研究人员也可以使用；三个步骤的访谈可以有效地获取任务的认知过程相关信息。

应用认知任务分析的主要缺点包括：数据的质量取决于研究人员的访谈技巧，以及被试的经验和专业知识技能；数据收集与分析所需时间较长。

（三）认知工作分析

1. 简介

认知工作分析（cognitive work analysis）是一套对特定社会技术系统进行分析，并用以指导系统界面设计与评价的方法（Stanton，Salmon，Walker，& Jenkins，2018；Vicente，1999）。认知工作分析与其他的认知任务分析方法有两点核心的差别。第一，认知工作分析源自生态心理学的观点，分析中既强调人的因素，也强调系统环境的约束。这和以人为中心的认知任务分析的方法强调人的认知特征、以人的认知特征驱动分析与设计的思路有所不同。在复杂的社会技术系统中，人的心理模型经常是不全面的或者是不正确的，人与人之间的心理模型也常是不一致的。比如，病人不一定对医疗系统的运作有正确的理解，如果医疗系统完全按照病人的认识来设计是不可行的。强调系统环境特征的认知工作分析能克服这些纯粹由认知特征驱动设计所带来的问题。第二，尽管认知工作分析的结果对人的行为有很详细的描述，但它构建的是关于人的行为的预测性模型，而不是描述性模型。描述性模型局限于描述在现有技术条件下人的行为或在理想条件下人应该执行的行为，而预测性模型着眼于工作系统的各种约束条件，得出在该工作领域内人的行为的所有可能性，并依此来指导新的设计。

2. 分析步骤

一个完整的认知工作分析包括确定分析目标和范围及认知工作分析的子方法、工作领域分析、操作任务分析、操作策略分析、组织与合作分析、人员胜任力分析等六个步骤。

（1）确定分析目标和范围及认知工作分析的子方法

首先，分析人员应该确定认知工作分析的目标和范围，如"了解电子病历系统在诊所的医患沟通中的使用"。认知工作分析包含五个子方法（工作领域分析、操作任务分析、操作策略分析、组织与合作分析、人员胜任力分析），分析人员应该根据分析的目标和范围，选用恰当的方法。

（2）工作领域分析

工作领域分析通过文档查阅和专家访谈与分析的方法，并利用抽象分解空间（见图5-5）来组织与呈现工作领域的特征与约束条件。抽象分解空间包含功能抽象和系统分解两个维度。其中，功能抽象维度包含从物理形态（如"台式计算机中的电子病历软件"）、物理功能（如"显示病人病历信息"）、行动效果指标（如"了解病人过往的相关病史"）、目标进程指标（如"诊断病人的疾病"）到系统功能目标（如"治愈病人"），这些从具体到抽象的系统信息形态。其中，较具体的系统信息是上一层的较抽象的系统信息的方法或指标（如"了解病人过往的相关病史"可能是"诊断病人的疾病"的方法之一）。表5-8呈现了在访谈中要获取这些功能抽象时可能用到的问题。系统分解维度根据具体系统的特征，对系统进行分层分析（如医院里不同的科室部门，或者诊所里不同的医护人员等）。总的来说，工作领域分析把系统的具体物理成分与系统的不同层次的功能与目标联系了起来。

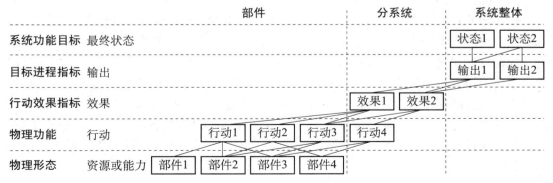

图5-5　工作领域分析的抽象分解空间

表 5 - 8　　　　　　　　　工作领域分析中获取不同的功能抽象可能用到的访谈问题

功能抽象	可能的访谈问题
系统功能目标	• 该系统为什么会存在？ • 系统的最终目标是什么？ • 该系统要提供什么服务？ • 该系统可以满足什么需求？ • 该系统在大环境里面的作用是什么？ • 系统被设计来完成什么？ • 系统的操作员的理念和价值是什么？ • 大环境对系统有什么要求和约束？
目标进程指标	• 系统目标达成度可以用什么来衡量？ • 系统满足需求的程度可以用什么来衡量？ • 在系统中什么是优先的？调配系统资源的依据是什么？
行动效果指标	• 要实现系统的目标，什么行动效果是必需的？ • 要实现大环境的要求，什么行动效果是必需的？ • 系统中的操作员或团队的行动的效果是什么？ • 系统中的物理资源的行动的效果是什么？ • 系统调配内部物理资源带来的效果是什么？
物理功能	• 系统中的物理部件能做什么？ • 系统中的物理部件参与什么流程或变化，包括物理的、机械的、电子的或化学的流程或变化？ • 系统中的物理部件的能力和局限是什么？ • 物理部件需要具备什么功能才能满足行动效果指标的要求？
物理形态	• 系统中包含什么人造的或自然的物理部件？ • 要实现系统的物理功能，什么物理部件是必需的？ • 系统需要什么物理资源或材料？ • 系统的物理部件是通过什么组织起来的？

（3）操作任务分析

操作任务分析通过访谈和观察的方法，并利用决策梯（Rasmussen，1974）（见图 5 - 6）和情景活动模板（见图 5 - 7）这两个工具来分析已知情景与任务的需求。决策梯根据人的认知信息处理模型，呈现人在执行特定任务时、认知过程中的信息需求。分析人员需要理解决策梯中每个步骤的含义。图 5 - 6 中的方框是信息加工的步骤，椭圆是信息加工的结果。它们的具体定义见表 5 - 9。决策梯中还可能存在"捷径"，如图 5 - 6 中的虚线所示。这些"捷径"的存在与位置取决于任务的性质，以及执行任务的人的经验水平。情景活动模板则根据任务与操作情景两个维度，呈现不同任务在不同操作情景中决策梯的差异。

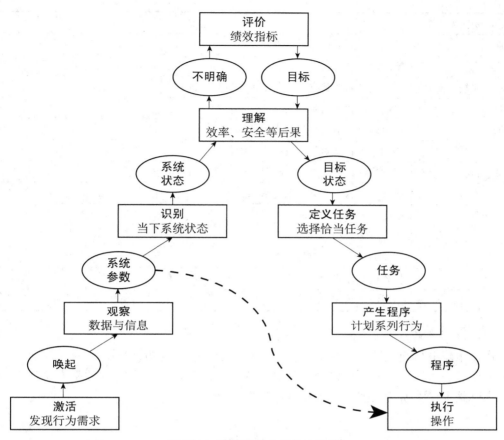

图 5-6 操作任务分析的决策梯

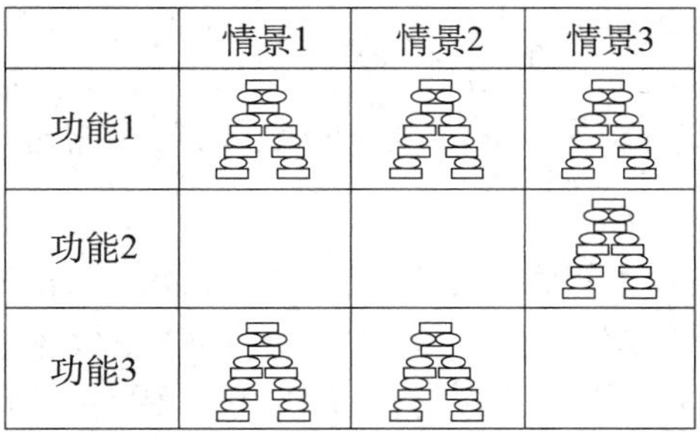

	情景1	情景2	情景3
功能1			
功能2			
功能3			

图 5-7 操作任务分析的情景活动模板

表 5-9 决策梯各步骤的定义

决策梯中的步骤	定义
激活	操作员被某种方式激活，理解到当下需要执行某种操作
唤起	进入准备执行操作的状态
观察	收集操作所需的信息
系统参数	收集到的信息

续前表

决策梯中的步骤	定义
识别	根据收集到的信息进行推断
系统状态	推断出的系统状态
理解（系统状态）	根据当前系统状态，判断是否与目标一致
不明确	当前系统状态与目标的一致性不明确
评价	尽可能对当前系统状态进行解释
目标	当前系统状态对任务目标的可能影响
理解（目标）	根据当前系统状态，判断目标的实现如何被影响
目标状态	想要实现目标所需的系统状态的变化
定义任务	确定改变系统状态所需的操作
任务	当前所需进行的操作
产生程序	确定执行操作的具体步骤
程序	操作的具体步骤
执行	执行操作

（4）操作策略分析

操作策略分析通过访谈与观察的方法，并利用信息流视图（见图 5-8）来分析人在完成特定任务时所使用的不同途径。信息流视图是一种流程图，呈现的是人从任务的起始状态到结束状态所可能经过的认知与行为过程的集合。

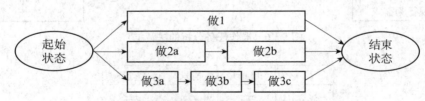

图 5-8 操作策略分析的信息流视图样例

（5）组织与合作分析

组织与合作分析利用前面步骤的信息，进行人机功能分配的分析。这里的人机功能分配分析包含人与人和人与机的功能分配（基于信息流视图的人机功能分配例子见图 5-9）。功能分配主要的依据包括但不限于胜任力、信息与操作可达性、协作通道、工作负荷、规章制度、安全性与可靠性等等。

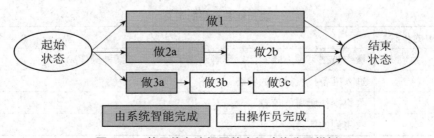

图 5-9 基于信息流视图的人机功能分配样例

（6）人员胜任力分析

人员胜任力分析利用了前面步骤的结果，并依据人的绩效的技能-规则-知识行为分类（skill-rule-knowledge taxonomy）模型（Rasmussen，1983），来分析在执行特定任务时，人员的认知过程的特征与需求（见图 5-10）。技能行为是人无意识控制的、流畅的、自动的行为；规则行为是人在熟悉情境下，按照过往经验总结的规则来执行的行为；知识行为是人在不熟悉情境下，进行分析、计划和决策之后产生的行为。不同的人员，或者同一个人员在不同情境下，在执行同一个任务时，都有可能使用不同的行为。这三种行为对应着不同的信息需求。

	认知加工过程	认知加工结果	技能行为	规则行为	知识行为
	观察显示屏以寻找目标物	关注的区域是否有多个目标物	监测屏幕以感知是否有目标物	监测多目标物警示灯以确认是否有多目标物	根据目标物出现规律，在某段时间内应出现多个目标物
	确定每个目标物的运动轨迹	目标物运动轨迹是否有交叉	感知目标运动是趋近、趋远还是平行	如果A和B趋近、B和C平行，则A和C可能趋近	根据目标物起点和终点计算其轨迹是否出现交叉
	确定需要改变的目标物轨迹以防止碰撞	哪一个目标物的运动需要改变	直接判断哪个目标物的运动需要改变	按两两目标物的状况逐个判断哪个目标物需要改变	在已知所有目标物轨迹后，利用空间几何计算哪些轨迹需要改变

图 5-10　人员胜任力分析样例

3. 应用举例

有研究使用了认知工作分析来指导公共交通自动售票机的设计（Read，Salmon，Lenné，& Jenkins，2015）。研究者对 3 名经常使用售票机和 3 名不经常使用售票机的用户进行了访谈。在分析和组织访谈数据的过程中，研究者使用了包括工作领域分析、操作任务分析、操作策略分析、组织与合作分析，以及人员胜任力分析在内的全部五种认知工作分析的子方法。

在工作领域分析过程中，研究者让政府交通部门的人员也参与了分析。因此，最终的分析结果包含两个部分：一部分是从用户的角度得到的工作领域，另一部分是从政府交通部门的角度得到的工作领域。图 5-11 展示了抽象分解空间的局部。

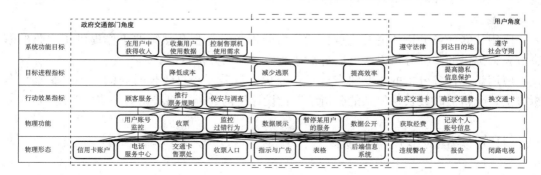

图 5-11　公共交通自动售票机的工作领域分析的抽象分解空间局部

（来源：Read et al.，2015）

　　在接下来的操作任务分析里，研究者描述了要实现抽象分解空间里各个功能时的一系列决策。分析结果表现为一系列的决策梯。图 5 - 12 展示了购买交通卡这个功能的决策梯的局部。

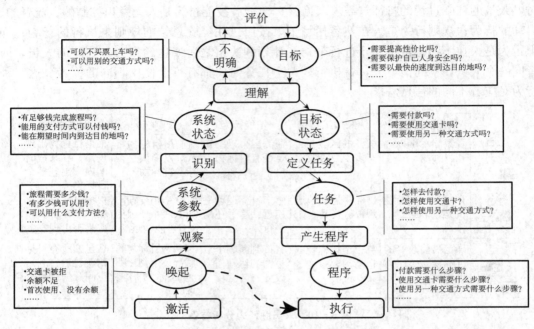

图 5 - 12　购买交通卡的决策梯局部

（来源：Read et al.，2015）

　　在下面的步骤中，研究者使用了操作策略分析来了解用户可能用什么策略来完成操作任务，使用了组织与合作分析来了解不同的人（用户、交通部门工作人员、司机、其他服务人员等等）和系统智能怎样协同地完成系统的各种任务，还使用了人员胜任力分析来了解完成任务所需的认知过程与技能。从这些结果里，研究者提取了一系列关键的信息和设计需求，并提出了一些设计构思。研究者一方面把这些结果和思路整理成文档，另一方面举行了多次设计工作坊，以让分析人员、设计人员和专家组就分析结果进行讨论并提出设计思路。研究结果表明，通过认知工作分析，研究、设计人员能提出多个有意义的设计理念并能选出其中最合适的一个。

　　4. 特点

　　应用认知任务分析的主要优点包括：为分析与设计复杂系统的工作提供了完整的解决方案；提供的多种分析方法可以灵活地适应不同的分析目标。

　　应用认知任务分析的主要缺点包括：分析人员需要经过较长时间的训练以掌握该分析方法；分析需时较长；复杂的分析结果让设计组内的分享与展示有一定的难度。

三、任务模型的呈现与扩充

　　与用户分析和场景分析相似，任务分析是为了让设计人员对所需要设计的系统有更深入的理解，并把这些理解转化为对设计有指导意义的任务设计需求。通过经典任务分析和认知任务分析方法去进行任务分析，设计人员一般已经拥有足够的资料来整理任务模型和任务设计需求了。很多经典任务分析方法和认知任务分析方法都伴随有相应的数据呈现方式来组织和展示其分析结果。但是，在实践中，仅使用任务分析方法自带的数据呈现方式来呈现任务模型，往往是不充分的，主要原因如下：

第一，任务分析方法自带的数据呈现方式对于参与了分析过程的人员来说是熟悉的、直观的，但是，对于没有参与分析过程的人员来说不一定如此。一般来说并不是设计组的所有成员都能参加任务分析的过程，所以，如何高质量地、高效率地把任务模型传达给整个设计组是一个很重要的问题。分析人员应该掌握更多的方法，从而更灵活地以图形的方式来展示任务模型，以帮助设计团队的人员对用户任务建立更一致的认识（Kalbach，2016）。

第二，任务分析方法自带的数据呈现方式有时会缺乏针对性。比如，到现在为止介绍的方法中，能很好地呈现系统中人与人之间的协作与交互，或人完成任务时犯错的可能性与后果的图示方法不多。数据呈现方式的局限将直接影响任务模型的完整性。因此，用不同的数据呈现方法来呈现任务模型，不是简单地把同样的信息换一种形式呈现，而是对任务模型的必要的扩充。

本部分将介绍一些常用的扩充任务模型的数据呈现方法，包括工作流程示图和用户旅程图。

（一）工作流程示图

工作流程示图是根据不同的分析目标把任务相关数据以不同的方式呈现出来的方法。常用的工作流程示图包括流程图、操作顺序图、事件树、故障树等（Kirwan & Ainsworth，1992；Stanton et al.，2013）。

1. 流程图

（1）简介

流程图（Process Chart）是被广泛应用的代表完成任务所需步骤或者相关事件的图示方法。流程图最早被用以表征工厂生产组装流程，现在最常被用以表征软件算法流程。任务分析完成后，流程图能被用来很好地表征任务步骤。同时，它也能用来表征完成任务所需要的时间。在流程图中，一般会使用不同的图形符号代表不同的操作、决策或事件。图 5-13 展示了一些常见的图形符号及其含义。

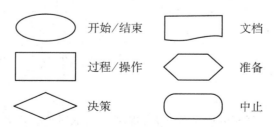

图 5-13　流程图中常见的图形符号及其含义

（2）应用举例

有研究使用了流程图来表征医疗信息的使用，以了解设计医疗信息系统时应该在什么时候把什么信息传递给什么用户（Strauss et al.，2015）。研究通过访谈法与观察法收集任务相关数据，经过任务分析后使用流程图来展示分析结果。图 5 - 14 展示了内科医生获得医院外部的医疗信息的过程。图 5 - 15 展示了更复杂的包含内科医生、护士、外部设备，以及电子病历系统等获取医院外部医疗信息的过程。可见，流程图可以很好地表征复杂的、多实体交互的任务流程。

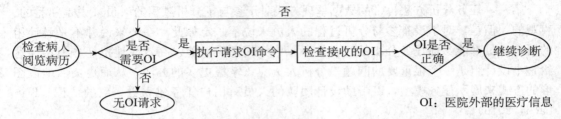

OI：医院外部的医疗信息

图 5 - 14 内科医生获得医院外部的医疗信息的流程图

（来源：Strauss et al.，2015）

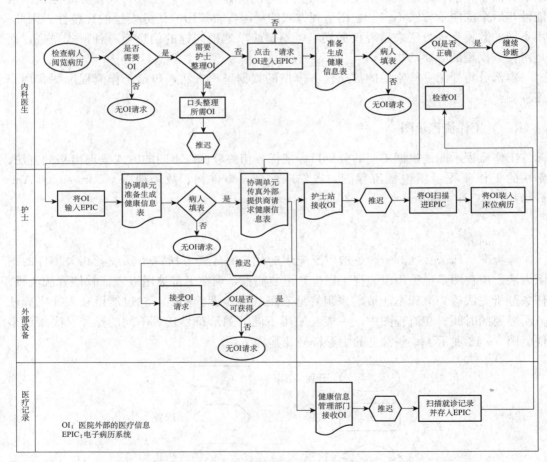

图 5 - 15 获取医院外部的医疗信息的流程图

（来源：Strauss et al.，2015）

（3）特点

流程图的主要优点包括：能够同时表征系统结构与流程；标准化的图形符号有利于跨学科沟通。

流程图的主要缺点包括：复杂的流程将表现为复杂的流程图；难以表征犯错时的系统流程；难以表征复杂的认知过程。

2. 操作顺序图

（1）简介

操作顺序图（operation sequence diagram）用于表征复杂的涉及多人或多系统的任务流程。有的任务分析的方法，如层次任务分析，在表征多人协作且时效性强的任务时会有困难；操作顺序图能很好地对其结果的呈现进行补充。典型的操作顺序图包括两个坐标轴：一个坐标轴代表时间，另一个坐标轴代表不同的人或者系统。读者可以根据图示来了解人、工具与任务之间的复杂关系。

（2）应用举例

有研究使用了操作顺序图来描述英国部队陆战指挥中心的任务流程，以探索怎样用新的信息技术来支撑指挥中心的工作（Stanton，Baber，& Harris，2008）。研究者通过对指挥中心的演习与训练过程的观察，完成了层次任务分析，并将结果用操作顺序图组织起来。图 5-16 展示了指挥中心准备制订作战计划的任务流程。图中图形符号代表了不同种类的行为过程，如操作（圆形）、接收信息（半圆形）等。在操作顺序图中，纵坐标代表了不同的个人或单位，包括司令、参谋长、策划人员、辅助人员和高级编队等。结合图形符号，操作顺序图展示了每个个人或单位自身的行为过程、这些过程是怎样连接在一起的，以及这些过程是在什么时候发生的。图形符号内的数字代表层次任务分析中的目标或操作的编号。比如，高级编队的任务 1.1 是报告战场现场情况，参谋长的任务 1.2 是确定当前多个任务目标的优先级。符号内颜色代表该行为过程所需的团队协作的程度，颜色越深，协作的需求度越高。协作的程度由协作需求分析（Burke，2005）来确定。

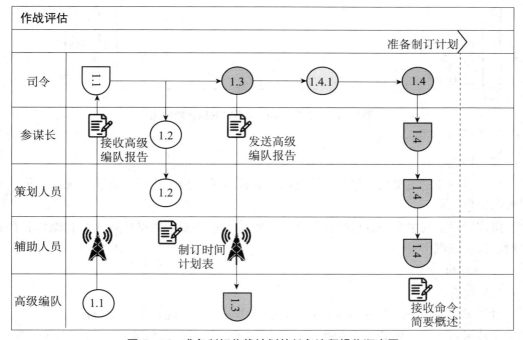

图 5-16 准备制订作战计划的任务流程操作顺序图

（来源：Stanton et al.，2008）

操作顺序图也可以用来表征系统中不同的部分怎样各自承担任务并进行有意义的交互。比如，有研究就使用了操作顺序图来表征一个教学评估问卷系统的工作流程（Chen & Tu，2014），如图 5-17 所示。图中的横坐标是用户和该系统的各个成分，纵坐标是在完成任务过程中用户和各系统成分所花的时间。虽然操作顺序图和流程图都能用来表现系统成分之间在任务中的交互关系，但能直观地表现时间信息，是操作顺序图比流程图更优胜的地方。

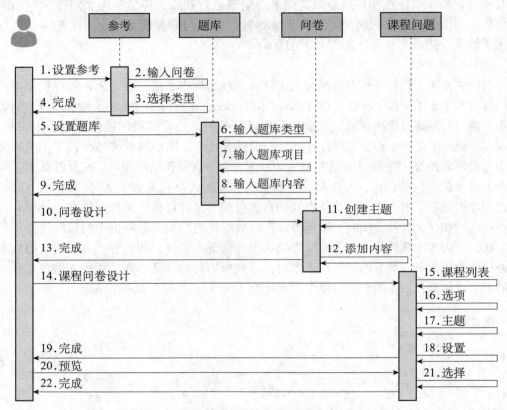

图 5-17　教学评估问卷系统的操作顺序图

（来源：Chen & Tu，2014）

（3）特点

操作顺序图的主要优点包括：能够同时表征系统结构与流程；能够直观地表征任务时间的信息。

操作顺序图的主要缺点包括：复杂的流程将表现为复杂的操作顺序图；难以表征犯错时的系统流程。

3. 事件树

（1）简介

事件树（event tree）是表征用户在每个任务步骤中可能出现的结果的图示方法。典型的事件树包含一系列的节点和把节点连接起来的线条。这些节点一般代表任务步骤，线条代表可能的任务结果。事件树最早被用于核电和化工领域的系统可靠性分析，因此在很多事件树中，不同线条也对应于不同的任务结果的发生概率。虽然任务分析本身不能得出事件发生的概率，但使用事件树来表征任务模型可以让读者直观地了解系统可能在什么地方出现什么样的错误。

（2）应用举例

有研究使用事件树来了解操作无人机时坠毁的可能原因和可能导致的后果（Weibel & Hansman，2004）。图 5-18 展示了一架无人机发生故障之后可能发生的事件的简单的事件树。如果无人机发生了故障、坠落在有人区并穿透了遮挡物，就可能造成人员伤亡。在以上的事件中只要有一件为"否"，则导致无伤亡。设计人员可以针对事件树中的事件进行设计，以避免不良的结果。比如，把人口稠密的地区规定为限飞区，或通过对无人机速度、材料等进行设计以降低坠毁时对人体产生致命性穿透的可能性等。由这个例子可以看出，事件树和其他图示方法最大的差别在于它既能描述事件的过程，又能重点凸显事件的结果。使用这种图示方法，设计人员不但能针对任务过程进行设计，还能针对任务结果进行设计。

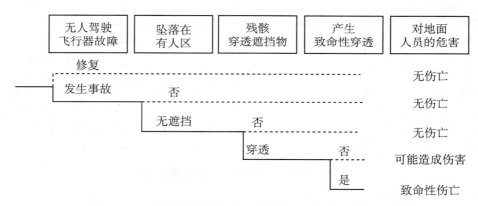

图 5-18　无人机坠毁事件的可能原因及可能后果的事件树

（来源：Weibel & Hansman，2004）

（3）特点

事件树的主要优点包括：能直观表征系列任务及其可能后果；能表征系统的潜在问题以及这些问题发生的通路，并提供如何从设计上预防这些问题的思路。

事件树的主要缺点包括：难以表征复杂的任务流程。

4. 故障树

（1）简介

故障树（fault tree）与事件树类似，是表征系统可能出现的问题及其原因的图示方法。故障树源自航空与国防领域，用于分析一个事故的所有可能的原因。在故障树中，可能出现的问题一般置于顶层，导致这个问题出现的事件置于下层，导致下层事件发生的子事件置于下下层，以此类推。层与层之间的事件通过"与"门和"或"门连接在一起，意思是下层的事件是否必须同时发生，才能导致上一层的事件。故障树和事件树的核心差别在于，故障树关注的是某一后果发生的所有可能原因，而事件树则关注某些事件导致的所有可能结果。所以，故障树和事件树是互补的，两者常被结合使用。

（2）应用举例

有研究使用了故障树来表示人们认为电动汽车购买愿望低的原因，以寻找相应的政策上的和设计上的对策（Li，Long，Chen，& Geng，2017）。研究者对 32 名被试进行了深入的访谈，并以此作为数据进行分析，分析结果以故障树呈现，如图 5 - 19 所示。可见，电动汽车购买欲低是由政策、全生命周期服务、车辆自身属性等诸多因素导致的。从用户体验设计的角度来讲，可以针对与车辆设计相关的因素，如外观与行李装载空间等，来尽可能提升人们的购买欲。

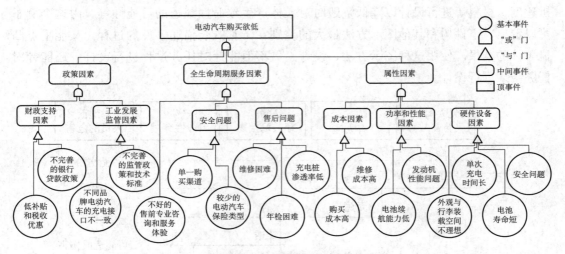

图 5 - 19　电动汽车购买欲望低的故障树

（来源：Li et al.，2017）

（3）特点

故障树的主要优点包括：能直观表征系统的可能故障及其可能原因。

故障树的主要缺点包括：复杂的系统将可能有非常复杂的故障树。

（二）用户旅程图

1. 简介

用户旅程图（user journey mapping）是在一条时间轴上把用户与系统的交互及对其的体验以视觉的方式呈现出来的方法。这种方法源自服务设计行业，又称客户旅程图（customer journey mapping）；市场与管理方面的专家用它来分析客户怎样与服务提供方进行交互，以寻找提高服务质量的方法（Howard，2014）。用户旅程图是最常用的用户体验分析结果呈现方法之一（Szabo，2017）。用户体验专家一般会一起使用用户旅程图和用户画像，来联合表征待设计产品或系统的用户特征和任务特征。用户画像能构建静态的某一典型用户的信息，而用户旅程图则能构建用户的交互与体验如何随时间动态变化（Howard，2014）。

2．主要构成

制作用户旅程图时，追求的是通过生动的图形和文字去构建一个基于数据的故事，让读者对任务模型产生一个难忘的、准确的印象。它虽然没有一个固定的格式，但一份合格的用户旅程图都有一些不可或缺的元素。这些元素包括旅程的用户与场景、用户触点时间轴，以及机会与痛点（Kaplan，2016）。

（1）旅程的用户与场景

用户旅程图中需要标明其所对应的用户与场景。这里的用户可能是用户分析中获得的用户画像之一，而场景则可能是场景分析中获得的典型场景之一。通常每份用户旅程图只对应一个或少数的用户与场景，有助于简化内容、提高针对性。这也表明，设计组可能设计多份用户旅程图以表现不同的用户与场景组合下的任务过程。

（2）用户触点时间轴

用户旅程图最明显的元素应该是一条标有用户触点与相关事件的时间轴。用户触点指的是用户在与被设计的系统进行交互的时间点，这些交互可能是行为上的、认知上的或者是情感上的。构建这条时间轴的主要依据是经典任务分析和认知任务分析的结果。一种常见的时间轴呈现方法是先把用户旅程按时间分成几个主要阶段，然后在每个阶段里再细分触点的位置。每个触点应该伴随有足够详细的描述，以清晰地呈现该触点可能产生的行为、认知和情感过程。有的用户旅程图会标明触点的交互渠道，以表示用户是通过什么方式与系统进行交互的。

（3）机会与痛点

机会与痛点是对用户旅程图的一种总结。其中，机会是指有可能提高用户体验的设计机会。痛点是指在用户旅程里可能会出现的体验问题。事件树和故障树的结果可以帮助构建用户旅程图的机会与痛点部分。

3．应用举例

有研究使用用户旅程图来描述博物馆参观的过程，来指导辅助增强博物馆参观体验的智能手机应用的设计（Hoskins，2016）。为构建这份用户旅程图（见图 5-20），研究者使用了文献综述法、观察法、访谈法和焦点小组法收集了大量的任务数据，并进行了任务分析。

图 5-21 展示了一个关于美国政府网站用户体验的研究所生成的用户旅程图（Monroe & Chronister，2015）。该图的特色是强调每个触点中的情感反应和情感需求，以支撑情感体验设计。

4．特点

用户旅程图的主要优点包括：直观地表现用户在一定场景中的端到端的体验；特别适用于有复杂流程的服务体验设计。

用户旅程图的主要缺点包括：制作耗时较长。

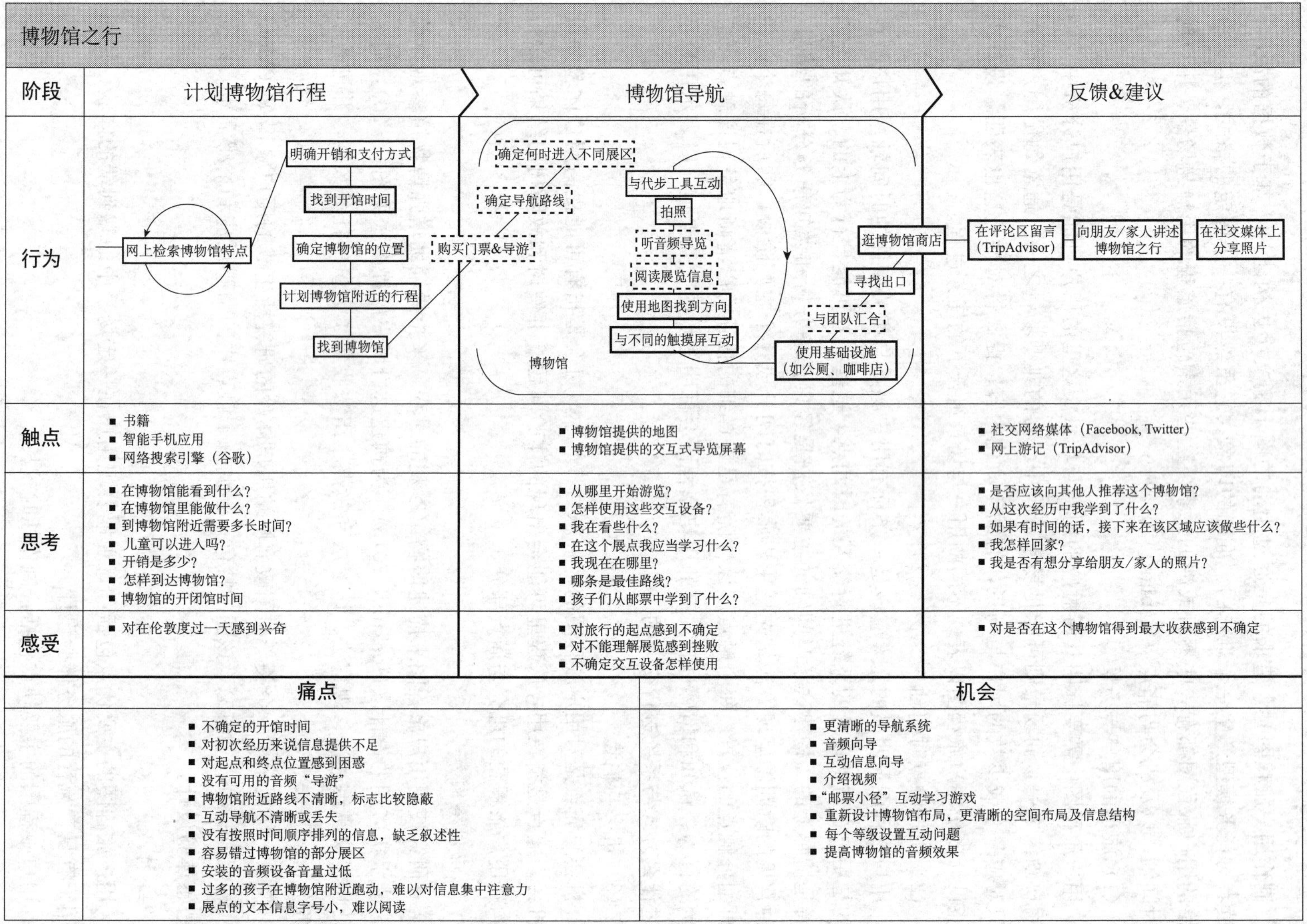

图5-20 博物馆参观的用户旅程图

（来源：Hoskins, 2016）

博物馆之行		计划博物馆行程	博物馆导航	反馈&建议
阶段				
行为		网上检索博物馆特点 明确开销和支付方式 找到开馆时间 确定博物馆的位置 计划博物馆附近的行程 找到博物馆	购买门票&导游 确定导航路线 确定何时进入不同展区 与代步工具互动 拍照 听音频导览 阅读展览信息，阅读地图找到导览方向 使用地图找到触屏式导览 与不同间的触屏互动 博物馆	逛博物馆商店 寻找出口 与团队汇合 使用基础设施 （如公厕、咖啡店）	在评论区留言 （TripAdvisor） 向朋友/家人讲述 博物馆之行 在社交媒体上 分享照片
触点		■ 书籍 ■ 智能手机应用 ■ 网络搜索引擎（谷歌）	■ 博物馆提供的地图 ■ 博物馆提供的交互式导览屏幕		■ 社交网络媒体（Facebook, Twitter） ■ 网上游记（TripAdvisor）
思考		■ 在博物馆能看到什么？ ■ 在博物馆里能做什么？ ■ 到博物馆附近需要多长时间？ ■ 儿童可以进入吗？ ■ 开销是多少？ ■ 怎样到达博物馆？ ■ 博物馆的开闭馆时间	■ 从哪里开始游览？ ■ 怎样使用这些交互设备？ ■ 我在看哪些？ ■ 在这个展点我应当学习什么？ ■ 我现在在哪里？ ■ 哪条是最佳路线？ ■ 孩子们从邮票中学到了什么？	■ 是否应该向其他人推荐这个博物馆？ ■ 从这次经历中我学到了什么？ ■ 如果有时间回顾的话，接下来在该区域应该做些什么？ ■ 我怎样回家？ ■ 我是否有想分享给朋友/家人的照片？	
感受		■ 对任伦敦度过一天感到兴奋	■ 对旅行的思路感到不确定 ■ 对不能理解展览感到挫败 ■ 不确定交互设备怎样使用	■ 对是否在这个博物馆得到最大收获感到不确定	

痛点	机会
■ 不确定的开馆时间 ■ 对初次经历来说信息提供不足 ■ 对起点和终点位置感到困惑 ■ 没有可用的音频"导游" ■ 博物馆附近路线表说得不清晰，标志比较隐蔽 ■ 没有按照时间顺序排列的信息，缺乏叙述性 ■ 安装的音频设备声音量过低 ■ 过多给孩子在博物馆附近跑动，难以集中注意力 ■ 展点的文本信息字号小，难以阅读	■ 更清晰的导航系统 ■ 音频向导 ■ 互动信息向导 ■ 介绍视频 ■ "那童小径"互动学习游戏 ■ 重新设计博物馆布局，更清晰的空间布局及信息结构 ■ 每个等级设置互动问题 ■ 提高博物馆的音频效果

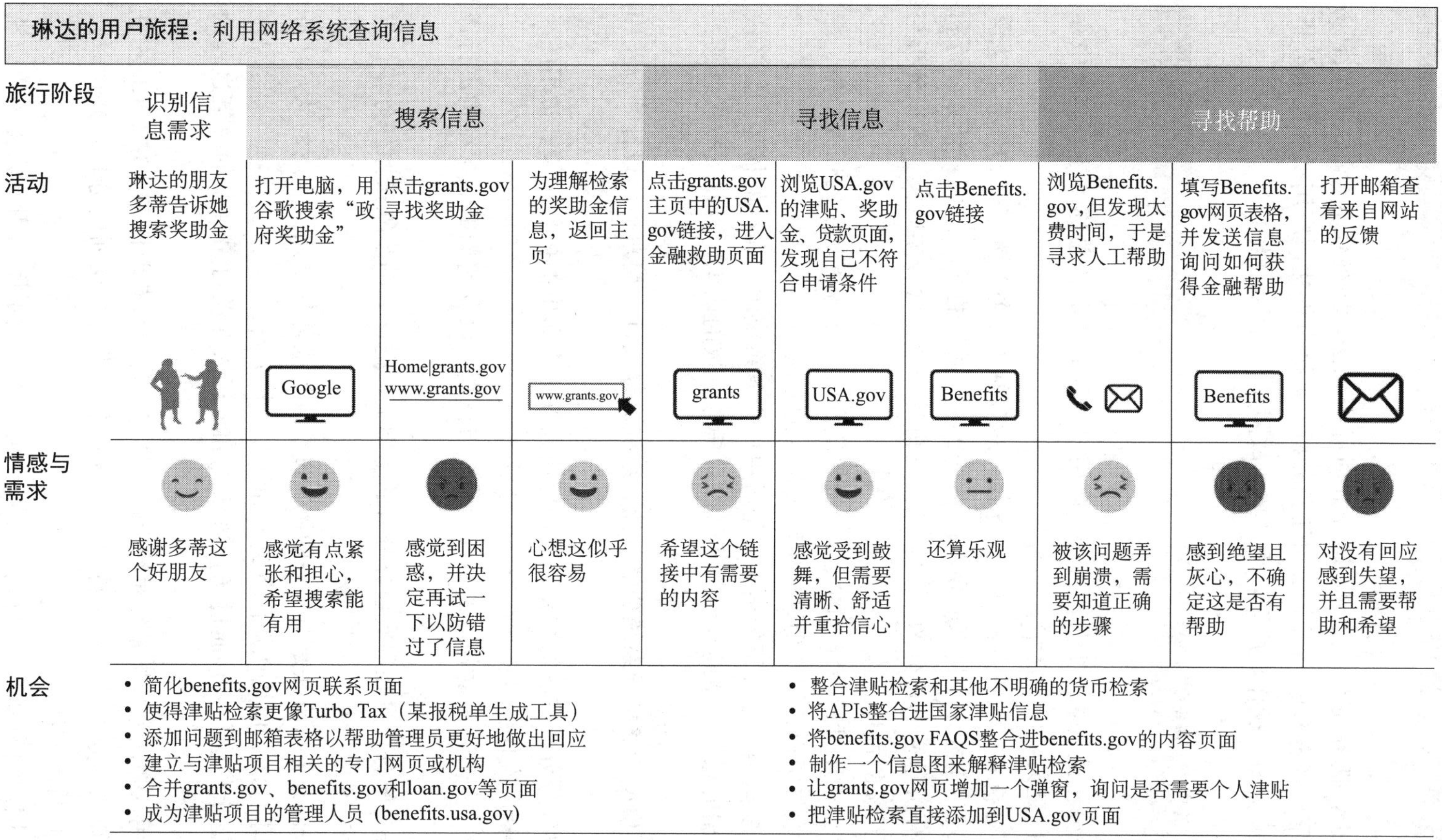

琳达的用户旅程：利用网络系统查询信息

旅行阶段	识别信息需求	搜索信息			寻找信息			寻找帮助		
活动	琳达的朋友多蒂告诉她搜索奖助金	打开电脑，用谷歌搜索"政府奖助金" [Google]	点击grants.gov寻找奖助金 [Home|grants.gov www.grants.gov]	为理解检索的奖助金信息，返回主页 [www.grants.gov]	点击grants.gov主页中的USA.gov链接，进入金融救助页面 [grants]	浏览USA.gov的津贴、奖助金、贷款页面，发现自己不符合申请条件 [USA.gov]	点击Benefits.gov链接 [Benefits]	浏览Benefits.gov，但发现太费时间，于是寻求人工帮助 [✉ ☎]	填写Benefits.gov网页表格，并发送询问如何获得金融帮助 [Benefits]	打开邮箱查看来自网站的反馈 [✉]
情感与需求	感谢多蒂这个好朋友	感觉有点紧张和担心，希望搜索能有用	感觉到困惑，并决定再试一下以防错过了信息	心想这似乎很容易	希望这个链接中有需要的内容	感觉受到鼓舞，但需要清晰、舒适并重拾信心	还算乐观	被该问题弄到崩溃，需要知道正确的步骤	感到绝望，灰心、不确定这是否有帮助	对没有回应感到失望，并且需要帮助和希望

机会

- 简化benefits.gov网页联系页面
- 使得津贴检索更像Turbo Tax（某报税单生成工具）
- 添加问题到邮箱表格以帮助管理员更好地做出回应
- 建立与津贴项目相关的专门网页或机构
- 合并grants.gov、benefits.gov和loan.gov等页面
- 成功为津贴项目的管理人员（benefits.usa.gov）

- 整合津贴检索和其他不明确的货币检索
- 将APIs整合进国家津贴信息
- 将benefits.gov FAQS整合进benefits.gov的内容页面
- 制作一个信息图来解释benefits.gov的内容
- 让grants.gov网页增加一个弹窗，询问是否需津贴检索
- 把津贴检索直接添加到USA.gov页面

图5-21 浏览某网站时的用户旅程图

（来源：Monroe & Chronister, 2015）

概念术语

任务分析，任务模型，用例，动作和时间研究法，序列任务分析，层次任务分析，人机功能分配，任务分解分析，认知任务分析，关键事件法，应用认知任务分析，认知工作分析，流程图，操作顺序图，事件树，故障树，用户旅程图

本章要点

1. 任务分析是需求分析阶段用于了解用户任务的方法的总称。注意文献中存在不同的任务分析的定义，以免混淆。

2. 任务分析有三大特点：（1）任务分析的对象"任务"为广义的任务，包含用户或用户群为实现一个或多个目标所要执行的一个或一系列的活动；（2）任务分析和用户分析以及场景分析是密不可分的；（3）任务分析是一个包含数据收集、数据分析与结果呈现等步骤的系统的过程。

3. 任务分析经过近一百年的发展，慢慢演变成了能分析复杂的任务结构、能分析认知过程，并能与用户分析及场景分析有机整合的方法。

4. 任务模型是任务分析的结果，是对用户任务系统的、详细的描述。任务模型需要概括任务数据的意义，帮助设计团队形成对任务一致的认识，以及支撑后续的具体设计工作。

5. 任务模型能够指导系统功能设计、系统流程设计、用户界面设计，以及用户支持系统设计。

6. 经典任务分析方法的主要目的是把任务分解为简单的操作步骤。常用的经典任务分析方法包括层次任务分析和任务分解分析。

7. 层次任务分析是对任务的目标、操作与计划，以及它们的层次结构进行详细描述的方法。

8. 任务分解分析是在层次任务分析的基础上，把任务的步骤按照任务特征进行进一步深化分析描述的方法。

9. 认知任务分析方法是对任务的认知过程进行描述的方法。常用的认知任务分析方法包括关键事件法、应用认知任务分析和认知工作分析。

10. 关键事件法是一种通过访谈来研究和分析人在关键事件中的决策过程的认知任务分析方法。

11. 应用认知任务分析是针对特定任务的基于访谈来获取任务认知需求的分析方法。

12. 认知工作分析是一套对特定社会技术系统进行多层面的分析，并用以指导系统界面设计与评价的方法。

13. 构建任务模型时，分析人员可以利用工作流程示图和用户旅程图等方法来组织与呈现任务数据，实现对任务模型的扩充。

14. 常见的工作流程示图包括流程图、操作顺序图、事件树、故障树等。

15. 用户旅程图是在一条时间轴上把用户与所设计的系统的交互及体验以视觉的方式呈现出来的方法。

复习思考题

1. 文献中出现的对任务分析的不同定义的差别主要体现在哪些维度上？
2. 任务分析中"任务"的内涵应该从哪几个方面去理解？
3. 为什么任务分析需要特别关注数据收集这一步骤？在收集任务数据时有什么应该要注意的地方？
4. 早期的任务分析方法，如动作与时间研究法，有什么主要的局限？
5. 纵观任务分析方法的发展史，任务分析方法论中最主要的几次创新是什么？它们分别克服了什么问题，或者带来了什么变革？
6. 任务模型的主要目标有哪些？
7. 任务模型有哪些常见的种类？
8. 任务模型主要应用在哪几个方面的设计？在这几方面的设计中，任务模型为什么是有用的？
9. 经典任务分析方法的主要目的是什么？有哪些常见的类型？
10. 层次任务分析有什么特点？
11. 任务分解分析有什么特点？
12. 认知任务分析方法的主要目的是什么？有哪些常见的类型？
13. 关键事件法有什么特点？
14. 应用认知任务分析有什么特点？
15. 认知工作分析有什么特点？
16. 用经典任务分析或认知任务分析的方法构建任务模型后，为什么还要对其进行扩充？有哪些常见的方法？
17. 常见的工作流程示图有哪些？它们各有什么功能？
18. 用户旅程图的主要构成元素是什么？

拓展学习

CRANDALL B，KLEIN G，HOFFMAN R R. Working minds：a practitioner's guide to cognitive task analysis. Cambridge，MA：MIT Press，2006.

DIAPER D，STANTON N A. The handbook of task analysis for human-computer interaction. Mahwah，NJ：Lawrence Erlbaum Associates，2004.

HACKOS J T，REDISH J C. User and task analysis for interface design. New York：John Wiley & Sons，1998.

HOLTZBLATT K，BEYER H. Contextual design：design for life. 2nd ed. Cambridge，

MA：Morgan Kaufmann，2017.

KIRWAN B，AINSWORTH，L K. A guide to task analysis. Philadelphia，DA：Taylor & Francis，1992.

STANTON N A，SALMON P M，WALKER G H，et al. Cognitive work analysis：applications，extensions and future directions. Boca Raton，FL：CRC Press，2018.

第三篇

设计

第六章

原型设计

教学目标

- 了解执行-评估动作循环模型和人机交互框架，理解人机交互设计的一些基本原则。
- 理解交互产品设计的问题空间和概念模型。
- 掌握构建和扩展人机交互概念模型的主要方法。
- 掌握生成低保真原型的方法，理解生成高保真原型的方法。

学习重点

- 第一节重点：了解执行-评估动作循环模型中的执行鸿沟与评估鸿沟概念以及人机交互框架，理解人机交互设计的一些基本原则。
- 第二节重点：理解需求向设计转化的过程；掌握如何定义人机交互设计的问题空间；理解人机交互设计的概念模型，并理解各种概念模型类型、界面隐喻以及交互范式。
- 第三节重点：掌握构建人机交互概念模型的主要思路，掌握扩展人机交互概念模型的主要活动和基本指导原则。
- 第四节重点：理解为什么要采用快速迭代式原型方法，掌握利用用户需求等信息生成概念模型和低保真原型的方法，理解生成高保真原型的方法，掌握不同类型的原型设计的特点和用途。

开脑思考

- 你已经收集了产品的用户需求，根据以用户为中心设计的理念，在正式开始开发工作（比如编程）之前，你应该考虑做哪些设计工作？
- 你认为原型是什么？原型是否一定要与产品或系统比较接近？你认为一般会用什么材料制作实物原型呢？PPT 可以是原型吗？
- 选择一个新闻网站，你认为它的哪些地方可以改进？请在纸质卡片上制作几个你认为需要改进的页面。

前面章节讨论的用户需求为产品设计提供了坚实的基础。根据以用户为中心设计的理念，下一步就是开展原型设计的工作。从用户体验的角度出发，原型设计有狭义和广义之分。通常说的原型设计（狭义的）是围绕交互式产品的人机界面设计，本章所讨论的原型设计就是围绕交互式产品的人机界面设计。广义的原型设计则超越了交互式产品以及用户界面的设计，它是从全部用户体验的角度出发，通过对影响用户体验的各种因素的系统化考虑来优化设计。广义的原型设计可应用于非交互式产品设计、流程设计、服务设计等（参见本书第八章的相关内容）。

第一节　人机交互设计框架和原则

为创造良好的产品用户体验，避免掉入人因设计的误区，首先需要了解产品的人机交互过程，分析引起人机交互困难的关键环节。同时，我们需要一个有助于指导人机交互设计的概念框架。另外，遵守设计原则是开发优良交互产品的保证，理解和应用有效的设计原则可以帮助解决这些关键环节中潜在的用户体验问题。

一、人机交互设计框架

（一）执行-评估动作循环

良好的用户体验是建立在对产品人机交互过程的理解基础之上的。为理解产品人机交互过程，首先要了解人们在日常生活工作中是怎样使用交互产品的。Norman（2013）指出，人们通过用户界面与某一产品交互时，往往面临着两个鸿沟：执行鸿沟（gulf of execution）和评估鸿沟（gulf of evaluation）（图 6-1）。

在执行鸿沟中，人们需要尝试如何操作人机交互界面，其中的困难往往是人机交互界面难以支持人们想要达成交互目标的操作所致。例如，某个操作者在首次使用一个简易文字编辑程序时需要保存正在编辑的文件，他想通过他习以为常的热键操作（Ctrl+S）来完成。但是，由于多种原因，这个程序并不支持用热键（Ctrl+S）操作来保存文件，而只在菜单中设置了"文件存储"

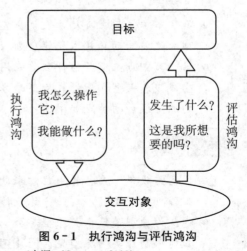

图 6-1　执行鸿沟与评估鸿沟
（来源：Norman，2013）

选项。这种人机界面的设计就为操作者带来了不必要的困惑。

在评估鸿沟中，人们需要想清楚究竟发生了什么，即判别出人机交互界面处于何种状态，是不是他们所期望的状态，他们的操作行动是否导向了他们所期望的目标。帮助人们跨越这两个鸿沟是用户体验设计师的主要任务。用户体验设计怎样才能帮助人们跨越这两个鸿沟？基本思路是借助一系列以用户为中心设计的方法和活动，其中包括在设计中遵循良好的设计原则和构建有效的概念模型。在具体介绍设计原则和概念模型之前，让我们首先了解有关人的操作行为的心理学知识。

人的动作包含两个部分：执行动作及对动作的评估，也就是做和解释。做和解释都需要理解交互对象是怎么运作的，以及这会产生什么结果。做和解释也会影响我们的情感状态。假设某人正在书房里看书。时值黄昏，光线愈来愈暗。由于照明减少，他的当前阅读活动目标面临失败。由于他还想继续阅读，他触发了一个新的目标：获得更多的光线。他会怎么做？他有不少选择。他可以选择打开窗帘，以便获得更多的自然光线；他也可以选择打开附近的灯。这是一个规划阶段，即他要确定应该遵循许多可能的行动计划中的哪一个。但是，即使他决定打开附近的灯，他仍然需要确定如何去实际完成这个开灯操作。他既可以用他的左手去开灯，也可以用他的右手去开灯，还可以选择利用声控开关（如果有声控开关的话），甚至可以请其他人帮他去开灯。换言之，即使在他决定执行一个计划之后，他仍然需要明确他将如何去做。随后，他必须执行——在交互对象（这里是书房）里去执行操作。在他按下灯的开关之后，他会感知书房里光线的变化，解释光线的变化（是由他按开关引起的），并且对比这一光线变化结果与他期望的获得更多光线的目标是否一致。当他经常做一个他非常有经验或熟练的行为时，大多数时候是无意识的。当他还在学习如何做到这一点时，确定计划、指定顺序和解释结果都是有意识的。

我们日常生活中发生的动作与上述读书的例子有类同之处，它们可以抽象简化为一个七阶段动作循环，即执行-评估动作循环（exe-cution-evaluation action cycle，EEAC；图 6 - 2），其中包括以下阶段。

1. 目标

在目标（goal）阶段我们形成活动目标，确定我们希望到达的目标。

2. 执行

三个执行（execution）阶段紧随目标阶段。

（1）规划

由于可能存在多个达成目标的途径，换言之，目标并不能直接决定所需的特定动作，所

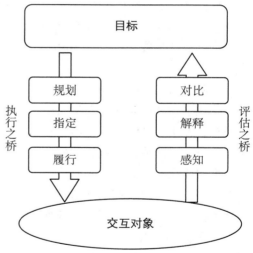

图 6 - 2　执行-评估动作循环
（来源：Norman，2013）

以需要先进行规划（plan），即确定具体的行动计划。假如我们在使用文字编辑器（例如微软 Windows 系统自带的记事本）时想要删除某个字符，例如想要删除"Hellpo"中的字符"p"，那么删除字符"p"就是我们的目标。我们既可以使用菜单中的"编辑"选项来完成，也可以利用"Delete"键来完成。因此，首先必须在这两者之间进行规划决策，确定具体使用哪一个操作。

（2）指定

在规划出具体的行动后，我们需要为该行动指定（specify）一串动作序列。在上述"删除字符"例子中，假如我们确定了利用"Delete"键来达成目标，那么这串动作序列可能包括先利用上、下、左、右方向键来将光标从当前位置移动到"Hellpo"的字母"l"与字母"p"之间，然后再按"Delete"键。

（3）履行

履行（perform）即完成指定的那串动作序列。在上述"删除字符"例子中，这串动作序列包括具体的按键操作。

3. 评估

以下三个评估（evaluation）阶段发生在已经在交互对象中执行了指定的动作序列之后。

（1）感知

在履行了指定的动作序列之后，就是感知（perceive）交互对象的状态，即感知在交互对象中发生了什么。在上述"删除字符"例子中，我们可能感知到字母"p"不见了，也可能感知到字母"p"和字母"o"都不见了，因为我们可能不小心多按了一次"Delete"键。

（2）解释

解释（interpret）即为感知到的现象赋予一定的意义。在上述"删除字符"例子中，依据我们感知到的屏幕状态变化和我们的认知能力，我们可能解释成字母"p"被删除了，也可能解释成字母"p"和字母"o"都被删除了，或其他情况。

（3）对比

最后是对比（compare）解释的结果与目标，即对比所发生的结果与我们期望发生的结果。在上述"删除字符"例子中，如果我们解释成字母"p"被删除了，则达到了我们的目标；如果我们解释成字母"p"和字母"o"都被删除了，或其他情况，则没有达到我们的目标，这或许会刺激我们产生新的目标，进而开启一个新的循环。

需要指出的是，这七个阶段的所有活动并不都是有意识的。在这个动作循环中，可以做很多动作，反复在这些阶段循环，同时并未察觉到我们正在这样做。只有当我们遇到新事物或面临一些僵局时，我们才会有意识地关注一些扰乱正常活动流的问题。

动作循环可以从顶部开始。在这种情况下，我们将其称为目标驱动的行为，亦即循环从目标开始，然后经历执行的三个阶段。但是动作循环也可以从底部开始，由交互对象的某个事件触发。在这种情况下，我们将其称为数据驱动或事件驱动的行为，亦即循环从环境、交互对象开始，然后经历评估的三个阶段。

（二）人机交互框架

执行-评估动作循环为理解人的动作和指导交互产品设计提供了一个有用的框架，也有助于人机交互的设计。综合以往的研究（Heim，2007；Rogers et al.，2011；LaViola et al.，2017），我们可以将用户、输入界面、机器、输出界面四个部分组成一个系统，由此可构成一个人机交互的框架（图6-3）。该框架可解释和指导命令行界面、图形用户界面、自然用户界面等各种具体的交互界面设计，为人机交互的界面设计提供一个基础。

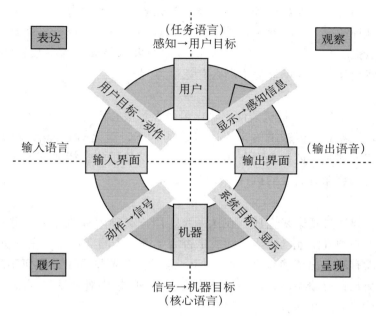

图 6-3　人机交互框架

如果将该人机交互框架应用在一个计算机产品中，那么计算机使用其核心语言描述与计算机状态相关的计算属性，用户使用其任务语言描述与用户状态相关的心理属性，输入使用其输入语言，而输出则使用其输出语言。按照这一框架，交互循环也涵盖了图6-2中提到的动作-执行循环的执行和评估两个阶段。

1. 执行

执行阶段由以下三个步骤构成。

（1）表达

用户制定目标后，目标需要经由输入语言予以表达（articulation）。

在这一步，用户必须协调其任务语言和输入语言。任务语言是基于心理属性的，如果它和输入语言之间存在明确的映射，那么这一步将可以毫无困难地进行。如果它和输入语言之间的映射有问题，则必须由用户来解决可能存在的任何不协调。

例如，如果用户想要打印一个文件，则他必须根据系统使用的特定交互风格将该任务转换为由界面表示的输入语言。这可能涉及在图形用户界面中指向并单击图标发出指令，也可能涉及在命令行界面中输入命令、用语音发布语音指令或者用手势做出动作指令。以图形用户界面为例，如果图标能清楚地表示打印功能，则用户将能够毫无困难地继续下去。如果图标不易理解，则用户将难以完成任务。

（2）履行

履行（performance）即将输入语言翻译成核心语言（机器将执行的操作）。

在这一步，机器使用从输入语言获得的数据来执行操作。虽然用户不参与具体的翻译过程，但设计人员必须确保系统能获得执行操作所需的数据。例如，在上述打印任务中，机器必须知道所要采用的打印机、打印份数、要打印的页面范围、是否需要缩放、打印的方向（横向或纵向）、打印质量等与文档打印相关的必要数据。

机器一般可通过缺省参数得到这些数据。当缺省参数不适合时，则需要用户人为改变参数设置。这种情况下，图形用户界面具有直观的优势，命令行界面具有灵活的优势（如果用户能记得住命令形式的话）。相对而言，如果需要改变的参数较多，语音交互、手势交互等自然交互方式反倒显得不那么有竞争力。

（3）呈现

呈现（presentation）是指机器使用输出语言显示核心语言操作的结果。

在这一步，机器必须以输出语言表达机器的状态。这是对翻译表现力的一种度量。当机器进行内部处理时，还有必要与用户沟通。通常使用状态栏或沙漏图标指示这些过程。这一步的完成意味着交互的执行阶段的完成。

2. 评估

评估阶段主要通过观察来完成。在这一步，用户必须解释机器输出并将其与原始目标进行对比，他必须确定他已完成目标或是否需要进一步的交互才能完成现行目标。

用户可能没有制定出精确、完整的目标，也可能事先并不知道如何实现目标。人机交互通常涉及交互式反馈循环，这些循环从关于任务的模糊概念发展到不同的完成状态，甚至会发展出替代方法和修改过的目标。

二、人机交互设计原则

好的交互产品带给我们优良的用户体验，反之则带给我们困惑甚至焦虑。在我们的日常生活中，既有类似于谷歌搜索这类简洁美观、易用好用的交互产品，也存在大量粗制滥造、难以使用的东西。为什么会存在这种差异？究其主要原因，在于设计产品过程中，是否遵循以用户为中心设计理念，以及人机交互设计原则。其中，设计原则能用于指导设计决策。虽然设计原则不能对具体的设计结果进行规范，但它们在特定设计项目的设计情境中起着重要的作用。为了标准化设计过程，用户体验设计团队中的交互设计师使用设计原则帮助团队做出基于既定标准的设计决策。设计原则有助于设计师决定人机交互界面的功能、信息架构、交互模式以及视觉效果等，帮助他们创建更具可用性的设计；它们可以在设计师需要权衡时协助他们的决策过程，并且帮助他们说服用户体验团队的其他成员确定某些决策的正确性；它们也可用于执行-评估动作循环的七个阶段中的每一个阶段以确定是否存在执行鸿沟或评估鸿沟。

设计原则的具体应用方式取决于设计所涉及的用户任务和使用场景。每项设计决策都必须针对这些任务和场景进行综合考虑，并且依据交互的具体情况确定。例如，设计师一般会尽力将屏幕组件放于一致的位置，但是为了防止用户无意中触发像"Delete"这样的破坏性功能，设计师又会倾向于破坏一致性原则，将这些破坏性功能放在能引起用户注意的地方。

自从引入示功能性（affordance）等设计原则以来（Norman，1988），人因工程和用户体验领域已经发展出许多重要的设计原则，它们涵盖了设计的方方面面。各种设计原则之间往往是相互关联的。以可预测性原则和可记忆性原则为例，如果某些界面组件具有可预测的性质，例如当点击某些按钮时它们看起来像按下去了，用户就更有可能在下次遇到类似按钮时记住该行为。因此，这种类型的按钮将具有高度的可记忆性。而用户对行为的记忆将相应增加其他按钮组件的可预测性。

本小节根据以往的研究讨论一些基本的人机交互设计原则（例如 Heim，2007）。总的来说，这些设计原则从可理解性、可学习性、功能性或效用性（effectiveness/usefulness）等角度出发，总的目的是设计出具有可用性的方案，为目标用户提供最佳的体验。

（一）简单性原则

简单性原则基于一个基本假设，即简单有助于提高界面设计的可理解性。相对于一个复杂的东西，一个简单的东西会更易于理解、更易于学习、更易于记住，它们的功能和使用方法也更易于预测。因此，一个简单的产品会更易于上手使用，用户会更快速地见到其使用效果。

剪刀是符合简单性原则的经典产品设计之一。图 6-4 中的杭州张小泉剪刀是简单性、功能性设计的优雅实例，它重量轻，手感舒适，几乎上手即可用，极度耐磨。时至今日，它不仅是一个剪刀的品牌，而且已成为中国文化的一部分（Editors of Phaidon，2013）。

图 6-4　张小泉剪刀

（来源：Editors of Phaidon，2013）

直尺、圆规也是符合简单性原则的经典工具。借助于直尺的简单画直线功能与圆规的简单画圆功能的组合，人们可以创作出非常复杂的几何图形。

信息产品中，一些公司的网站页面设计也以简单为其特色。例如，美国谷歌公司的网页搜索引擎，其功能十分强大，但页面设计非常简单，不失特色和动感，个性化十足（如图 6-5 所示）。

图 6-5　谷歌公司搜索引擎界面示例（2019 年 3 月 8 日）

　　从上述例子中读者不难领会，我们所讲的"简单性"，并不是单纯为简单而简单，因为过度简化而导致的界面"弱智化"恰恰是产品设计中应该极力避免的。简单设计的核心意义在于简单而有效，以简单的方式完成复杂的事情，而这也是设计中最难实现的事情之一。

　　那么，如何遵循简单性原则？有下述两点可以作为设计参考。

　　首先，从信息沟通的角度，越简单的信息越容易被人所理解。简单性概念可以用奥卡姆剃刀原理来理解：给定两个等价的设计，最简单的设计是最好的。这一已在平面设计中被广泛接受的概念也可以充分地应用在产品的交互设计中，即：设计师应该只聚焦于传递必要信息所必需的设计元素。以洗手间标识为例，在信息传递的准确性与效率方面，采用抽象形式指示的男、女标识远高于采用真实人物相片形式的标识。

　　其次，从产品功能分布来看，并非所有功能都是用户所需要的。设计师应提供用户最需要的以简化界面。根据帕雷托规则（80/20 规则），一个应用程序中 80% 的使用仅涉及其功能的 20%。在信息产品设计中，这一规则可以用于指导下拉菜单和工具栏的设计。例如，将应用程序所有功能中最常用的 20% 放在工具栏中以便于用户快速访问，而其他 80% 不经常使用的功能则可以放在不太易于访问的下拉菜单中。

　　渐进披露（progressive disclosure）也是简化可用选项、避免用户被不相关功能所淹没的重要方式。通过采用渐进披露方式，系统仅向用户显示其与系统交互时必需的内容，而当用户期望获得更多功能时，则可以通过点击类似于"更多信息"等图标或按钮进一步获取。例如，在谷歌公司搜索引擎界面中，用户可以通过点击右上角"登录"按钮左侧的九宫格图标展开获得"Google 账号""地图""YouTube""Gmail""Google＋""翻译"等功能（图 6-6），用户还可以进一步点击"更多"以获得更多的功能（图 6-7）。

图 6-6　在谷歌搜索页面点击右上角"登录"按钮左侧九宫格图标后的界面示例

　　给用户施加约束也可以理解为一种渐进披露的方式。约束的适当应用可使界面更易

图6-7　在谷歌搜索页面进一步点击"更多"按钮后的界面示例

于学习和使用。这里的施加约束指的是在某些阶段对用户操作进行适当限定。例如，当某些菜单功能不可获得时，将其对应的菜单项显示为灰色，并且让用户不可选，以避免用户误操作。

（二）可见性原则

可见性原则旨在保证在交互过程中，用户能够明了所有可能的功能和来自用户操作的反馈。可见性原则来源于一个基本事实，即：人们更善于识别而不是回忆。因此，让相关的事物"可见"，可以帮助人们在完成复杂的任务时无须记住所有涉及的细节。

可见性原则要求告知用户关于机器的功能和来自用户操作的反馈。那么，是否所有的功能和操作反馈都让用户可见就满足可见性原则了呢？事情没有这么简单，信息呈现的程度与过程对于可见性原则的落实非常重要。正如 Norman（1999）所言："一次显示所有内容，结果是混乱。不显示所有内容，东西就会丢失。"过多呈现意味着信息过载，在复杂的应用中，甚至有可能使用户界面根本无法使用；而信息提示不够又会使得用户产生困惑和疑虑，无法做出判断与决策。

及时、准确地提供反馈是践行可见性原则的一个重要方面。反馈对于直接操作界面而言尤为重要，因为直接操作界面是由用户操作的即时视觉反馈定义的。在交互设计中，关于反馈目前已经形成了一些约定。例如，当鼠标移动到命令按钮时，按钮背景往往会高亮起来。就反馈而言，交互设计师的主要任务是决定反馈采取何种形式，使这些约定以符合用户期望的方式得到贯彻。

给用户清晰的定向是践行可见性原则的另一个重要方面。如同在现实空间，人们在信息空间同样需要对自身进行清晰的定向，尤其是在复杂信息空间。无论是在网页空间，还是在三维虚拟现实空间，给用户提供"你在这里"的定向对于用户理解其所处的空间都是至关重要的。而要提供清晰的"你在这里"的指示，至少需要让用户理解其所处的空间是关于什么的、包含多少区块、其身处哪一区块等等。可见性原则要求界面能通过诸如标题、标识、颜色编码等机制帮助用户实现自我定向。

（三）可记忆性原则

可记忆性原则指的是界面设计有助于用户记住人机界面元素（或称为界面对象）和功能。当下一次启动程序时，用户不必搜索菜单或查阅手册，即可找到所需要的界面元素和功能。一个具有高可记忆性的人机界面，用户需要考虑的东西很少，并且能有效地帮助用户将已掌握的知识应用在与界面的交互活动中。因此，具有高可记忆性的人机界面通常易于理解、学习和使用。可记忆性原则可以帮助提高界面使用的效率，有助于提升用户的控制感和舒适感。

影响界面可记忆性的因素众多，主要包括以下几种。

1. 位置

位置是人机界面元素的重要属性之一。如果界面中一个特定的元素总是被放在同一位置，用户就会更容易记住该元素。例如，Windows 系统把"开始"图标固定在桌面的左下角会使它易于被快速找到。

2. 逻辑组合

格式塔（Gestalt）法则告诉我们，如果把事物按逻辑分组，它们会更易于理解，也更易于记住。因此，在界面设计中，可以把具有相近功能的相关选项放在一个菜单中。

3. 一致性

使用一致性原理可以增强我们记住界面的能力，进而提高界面的可记忆性。一致性原理可以应用于界面的各个方面，从颜色编码、图标样式到按钮放置及其功能设置均可。事实上，我们可以很容易在不同的 Windows 应用程序的图形用户界面中看到一致性原理的应用，例如，Word、PowerPoint、Excel，甚至 Photoshop 的文件菜单，就具有一致的结构、一致的放置方式，甚至一致的功能。为提高界面的可记忆性，我们应该善于运用一致性原理。并且，在运用一致性原理之前，首先应尽量保证我们对一致性的理解正确无误。

4. 常规

如果我们使用传统的对象和符号，它们将更容易被记住。例如，Windows 桌面上的垃圾桶符号符合惯例，因此其功能很容易被记住。

5. 冗余

如果使用多个感知通道来编码信息，人们将能够专注于他们个人最依赖的通道，也将有更多的长时记忆资源来处理可用的关联。这一点在虚拟现实界面中尤为重要，例如，通过针对某一界面元素同时提供视觉刺激与触觉刺激，用户将会更好地记住该对象。

（四）可预测性原则

可预测性指的是用户的期望以及提前确定其行动结果的能力。可预测的事件是显而易见的，高度可预测的事件通常被认为是必然发生的。因此，如果我们可以预测行动的结果，我们就会获得一种安全感，使我们能够提高操作效率。这种安全性还可以鼓励我们探索界面中一些不太熟悉的方面，从而提高其实用性。预测操作的结果涉及记忆。通常，我们的判断基于以往的经验。在图形用户界面中，如果我们单击某一图标从而执行了某一功能，那么，我们下次单击该图标时极可能期望会执行同样的功能。

影响界面可预测性的因素众多，主要包括以下几种。

1. 位置

界面元素的位置在交互设计中的重要性不言而喻，因为并非界面上的所有区域都具有同等地位。在用户体验实践中，眼动跟踪技术经常被用于评价不同用户界面区域的重要程度以及优化设计的可预测性。一般来说，网页设计中左上角是主要位置，是用户的注意力所在，除非用户的阅读方向是从右到左（比如一些特殊语言的排列），在这种情况下，右上角则变为主要位置。将公司徽标放置在左上角遵循的就是可预测性原则，这一位置能向用户立即亮明该站点的身份。

2. 一致性与普遍性

使用一致性原理也可以提高可预测性。高一致性有助于用户采纳以往的经验和知识，并将其应用于人机交互作业中，从而降低用户学习曲线的陡峭程度。以搜索下拉菜单为例，通常这是一个比较耗时的操作，因为子菜单是被隐藏起来的。然而，如果用户知道"保存"功能位于"文件"菜单中，并且"文件"菜单位于一个程序中菜单栏的左侧，则可以预测"保存"功能的位置在另一个程序中将是相同的。更进一步，如果用户知道在一个程序中按"Ctrl＋S"是点击"保存"按钮的快捷方式，那么用户在首次使用另一个程序时也会尝试按"Ctrl＋S"以快速保存文件。

3. 常规

常规是可预测的，使用户能够使用基于以往经验和逻辑的直觉。常规是借助于一致性原理建立的。如果某件事以特定的方式持续进行，那它最终将成为常规。以大多数商业中心卫生间门口使用的性别指示图标为例，或许从其出现的那一天起，就一直被用作卫生间的性别指示。

4. 熟悉程度

熟悉的东西多数时候总是让人觉得亲切。对某一对象的熟悉程度会增加其可预测性。如果我们在设计中使用熟悉的菜单名称和选项，那么用户将能够更轻松地定位对象和功能。同样，如果我们使用熟悉的图像和隐喻、熟悉的格式和布局以及熟悉的做事方式，那么将会提高界面设计的可预测性、效率和可理解性。

5. 模式

模式的正确使用有利于提高界面设计的可用性。但是不合适的设计会增加模式在用户心理模型中的不稳定性，因为它们常常在没有警告的情况下改变对象运行的方式，从而降低界面的可预测性。最简单的模式示例是通过按 Shift 键切换"大小写"来影响屏幕上的字符大小写。这种新的"大小写模式"很容易导致输出不同的组合，如"ATM""ATm""Atm""aTM"与"atm"。

对于不经常使用某一应用程序的用户而言，模式可能尤其成问题。由于当某一模式处于活动状态时，有关系统状态的指示会变少，从而会带来显著的评估鸿沟，这通常会给这些用户使用系统带来更多困难。例如，Adobe Photoshop 中，可以使用文本工具在所需的确切位置将文本直接输入画布。用户选择文本工具后，系统会自动进入"文本模式"。然而，进入"文本模式"的视觉提示并不强烈。"文本模式"创建了一个单独的层，在该层中，文本将保持可编辑状态，直到其与图形图像一起被渲染为像素为止。这实际上是对使用单独对话框在此类程序中输入文本的方式的一项重大改进。然而，当用户想保存文件时，这项"重大改进"带来的困难也就出现了。由于"文本模式"处于活动状态时，大多数其他功能（包括保存功能）都无法访问，所以，当用户试图按 Ctrl＋S 热键保存图像时，巨大的评估鸿沟就出现了：由于没有迹象表明"保存"功能被禁用，也没有迹象表明键盘快捷键无效，用户会错误地假定已经保存了文件。

（五）功用性原则

功用性（utility）原则与用户可以对机器执行的操作有关。如果一个设计的功能易于访问和使用，那么这个具有良好功用性的设计可能会很有用，并且可能被证明是完成特定任务的有效工具。

微软的 Word 由于具有高功用性和易用性，已成为市面上最有用的应用程序之一。今天，各行各业的人都在使用它建立自己的文档，尽管它的某些更专业的功能（例如，交叉引用）仍存在比较陡峭的学习曲线，但这些工具在设计时考虑到了每个领域，以便专业人员可以在熟悉的情境中与程序的功能建立联系。

（六）安全性原则

显然，具有高度安全性的设计比具有高度风险的设计更有用。除日常生活外，在诸如航空航天、核电站、核潜艇等许多关键领域，安全性问题尤其重要。一些看似很小的事，往往会存在严重的安全隐患，带来难以估量的损失。在计算机应用软件中，安全性原则可以通过结合适当的撤销功能和可靠的恢复机制而予以实现。事实上，许多应用程序（例如，微软的 Word 软件）中采用的自动恢复和自动保存功能是遵循安全性原则很好的例子。时至今日，虽然计算机软硬件技术已经取得非常高的成就，但是计算机有时仍然会崩溃，并且存在使用户丢失某些工作成果的风险，这些自动安全功能已经为用户节省了大量的时间，从而实现了开发价值。

（七）灵活性原则

灵活的工具可以在许多不同的情况下执行所需的功能，满足各种需求。就灵活性而言，一个重要的考虑因素是根据用户的个性化需求提供相应的功能。例如，许多应用软件中，用户都能更改默认背景、默认字体等设置，从而可以打造出个性化的界面。而诸如支持三维动画制作的大型软件，由于涉及许多与设计师个人相关的界面参数，更是需要为使用同一台机器上安装的同一软件的不同设计师提供个性化的界面设置工具并予以记录。这样设计师就不必在每次使用该动画制作软件时都进行调整，而只需简单地调取与其个人相关的界面设置参数即可快速进入符合其个人特点的界面。当然，灵活性原则是一柄双刃剑，在为一些用户带来良好用户体验的同时，也有可能令另一些用户望而生畏，尤其是新手用户。微软公司的 Visual Studio 系统无疑是一个优秀的集成开发环境，然而，不少用户却经常抱怨其过于"灵活"，有时甚至会产生"畏惧"的感觉。

（八）稳定性原则

"稳定"从其字面理解即"稳固安定"之意。追求系统的鲁棒性（robustness）是保证稳定性的重要手段。以网站设计为例，由于不同的用户会体验到不同的连接速度，过量使用图片、视频等不适合低速网络的内容，对于部分用户而言，可能会导致屏幕冻结现象从而影响使用。因此，对于访问速度较慢的用户而言，提供自动连接或手动访问较低带宽版本的网页的功能对于提高系统稳定性是至关重要的。技术的进步对于系统的稳定性提供了重要保障。Windows 系统从其早期推出阶段的经常性蓝屏，到今天变成一个强大的系统，计算机技术进步的因素居功至伟。随着 5G 通信技术迅速进入人们的日常生活，我们可以期待的是，与网络相关的交互系统的稳定性将得到极大的保障。

上面介绍的设计原则都属于一些基本的设计原则，它们可以指导交互设计，尤其是当各种需求发生冲突需要进行各种折中决策的时候，这些原则就显得特别重要。除上述设计原则外，还存在一些具体的设计原则可用于帮助设计人员做出有关特定屏幕控件、菜单和布局的决策。限于篇幅，本章不深入讨论这些具体的设计原则。

第二节　需求向设计转化

在进行任何物理设计与实现、编写任何代码之前，需要清楚地了解要设计什么、为什么要设计，以及如何进行设计。这样可以在设计开发过程中节省大量时间和精力，并且为用户提供所需的产品。试想需要设计一个关于无损测量人的血糖值的产品。那么，我们应该从何开始？是从草图、用户界面和外观、系统架构设计，甚至是着手编写程序代码开始，还是从理解用户当前使用血糖测量产品的体验、洞察现有产品中的用户痛点和需求，并考虑为什么以及如何改进该产品的用户体验设计开始？答案显然是后者。根据前面章节的讨论，后一种方式体现了以用户为中心设计的理念。这种设计理念，是从用户的需求出发，而不是具体的设计细节；是以用户体验问题为导向，而不是技术驱动；是以设计概念模型为驱动的自上而下的途径，而不是以具体实现手段为驱动的自下而上的途径。按照这种思路，应首先收集用户的需求，确定产品设计的问题空间，然后为设计构建合适的概念模型。这种从需求向设计的转化过程为提供最佳的用户体验设计迈出了坚实的一步。

一、问题空间

根据前面章节所讨论的，以用户为中心设计的理念就是推崇产品的设计应该从理解用户的需求、使用场景和环境、任务和目的、用户体验设计目标等出发，这些通过用户研究所获取的信息可以帮助构建产品设计的问题空间。在定义问题空间之前，项目团队首先需要明确以下有关设计假设和目标的一些基本问题：

- 在新产品中，我们想要为用户创造什么？是针对现有的用户痛点而提供新的产品以及相应的用户体验，还是简单地为产品提供一种新的功能？
- 我们为什么要采取这样的设计思路？从用户体验的角度来说，这样的思路不同于现有产品设计思路的优势与劣势分别是什么？
- 我们的设计概念和思路的假设是什么？是基于用户研究的客观数据，还是我们自己的主观设想？
- 所开发的新产品能达到我们所期望的用户体验目标吗？

构建问题空间的过程通常需要用户体验团队的合作，而团队成员往往会对问题空间有不同的看法，这就加剧了表达问题空间的复杂性。这一过程尽管耗时且有时导致团队成员之间的分歧，但是在设计的早期阶段多花时间思考，考虑更多的设计选择和可能性，遵循以用户为中心设计的流程和方法，可以大大降低产品用户体验差的风险。

表达问题空间的方法并无定式，以下是用户体验设计团队（简称设计团队）需要考虑的问题的部分实例：

- 设计团队是否认为现有产品存在用户体验的问题？如果有问题，这些问题是什么？明确地把这些问题列出来。
- 设计团队为何认为现有产品存在用户体验的问题？团队遇到过这些问题吗？其他团队遇到过这些问题吗？
- 设计团队为何认为所提出的设计思路会支持、改变或扩展用户现有的用户体验（包括用户任务、目标和使用场景等）？
- 设计团队为何认为所提出的新设计思路可能会克服这些问题？是从哪方面来提升用户体验，例如，用户的操作会更快、更容易，还是更舒适？

构建正确的问题空间可帮助设计团队建立合适的和有效的设计空间。一个设计空间往往包含多种可能的设计概念。尽早建立设计空间的好处是：

- 定向问题：设计团队能够围绕用户和用户体验目标等重要问题确保设计的方向，同时也定义了设计的边界条件。
- 开放思想：防止设计团队在设计的早期阶段过分狭隘地定义设计概念，在所定义的问题空间内，充分考虑各种不同的、富有创造性的设计概念。
- 明确共同点：允许设计团队建立一套达成共识的设计术语和一些指导准则，提高设计效率，避免掉入陷阱，以及减少误解。

二、概念模型

一般来说，概念模型是根据一组完整的设计思路对所提议的产品进行的概念层面上的描述。这些概念涉及产品应该执行的操作、功能和用户界面，保证用户可以理解该设计模型，并且能够有效地完成预期的任务。从用户体验的角度出发，概念模型是围绕交互式产品的人机界面设计。这种概念模型通过一系列结构化的人机交互功能、人机界面元素以及对它们之间关系的设计，表征了用户通过有效的人机交互在产品人机界面上能够获取最佳用户体验的设计概念。

（一）基于交互类型的概念模型

在介绍基于交互类型的概念模型之前，首先明确两个基本概念：

- 人机交互类型（以下简称交互类型）：也称交互模式，指的是用户与产品进行交互时的操作类型，如指令、对话、浏览等。
- 用户界面类型（以下简称界面类型）：也称交互风格，指的是用于支持交互类型的界面类型，如语音界面、基于菜单的界面、手势界面等。

基于交互类型的概念模型与用户如何交互，是设计流程中从确定交互类型到确定界面类型的转换基础。通过分析交互类型，设计团队可以方便地建立基于交互类型的概念模型，并进一步思考界面类型的设计。

人机交互中，用户活动主要包括给机器下指令、与机器对话、操纵界面元素与数字内容，以及根据产品的信息架构进行导航、空间探索与浏览等。相应地，基于交互类型的概念模型也分为以下四类。

1. 指令型概念模型

指令型概念类型涉及在何处给产品或系统下指令，并且告诉产品或系统去做什么才能完成任务。例如，在 Windows 系统中，可在命令行模式下通过输入 DOS 命令查询时间，可以通过选择菜单项保存文件，也可以通过点击图标打印文件，等等。通常，在图形用户界面下，通过键盘、菜单选项、功能键等可发布指令；在自然用户界面下，手势命令、语音命令等是更为普遍的形式。

指令型概念模型是一种常用的概念模型。例如，在 CAD 系统、字处理软件、售卖机中，指令型交互都是必不可少的。其优势主要有两点：一是支持快速有效的交互；二是适用于对多个对象执行重复性操作。

2. 对话型概念模型

对话型概念类型指的是用户以类似于对话的方式与产品或系统交互，其范围涵盖简单的语音识别菜单驱动系统到更为复杂的"自然语言"对话系统，如互联网搜索引擎、各种咨询系统和帮助系统、可与用户交谈的虚拟代理等。近年来，随着语音识别技术的逐步落地，出现了许多语音对话型应用系统，如苹果手机中的 Siri、亚马逊 Alexa 音箱、小米音箱等。

对话型概念模型以与他人对话作为基本模型，其最大的优势是允许用户，尤其是新用户以熟悉的方式与产品或系统交互，让他们感到舒适、放松。然而，由于技术的限制，当系统不知道如何解析用户所说的内容时，很可能会产生误解，尤其是对于一些与特定对象、特定情境相关的话语而言。在图 6-8 中，某翻译软件针对"冬天，你能穿多少穿多少；夏天，你能穿多少穿多少"这一讲汉语的人理解起来并没有多大难度的句子所给出的英文翻译建议，充分说明了对话型界面设计开发依然任重道远。

图 6 - 8　某翻译软件中译英句子截屏

3. 操纵型概念模型

操纵型概念类型指的是用户通过操纵物理或虚拟对象与它们进行交互，如针对虚拟对象的选择、打开、关闭、缩放、抓取、握持、拖动、放置等动作。

自 Shneiderman（1983）创造了直接操纵（direct manipulation）一词以来，它已经对图形用户界面开发形成了很大的影响。直接操纵的理念主张要让在界面上设计出的数字对象可以像物理世界中的物理对象那样去操作。为此，直接操纵界面需要遵循以下三条核心原则（Shneiderman，1983；Rogers et al.，2011）：

- 操作对象可持续地视觉化。
- 运用实际的操作取代复杂的文字输入。
- 操作动作可逆，并具有视觉反馈。

依据这三条原则，当用户对用户界面上的某个物体进行物理操作时，它必须持续可见，并且对其执行的任何操作都立即可见。例如，在 Windows 系统中，用户可以通过将代表文件的图标从桌面的一部分拖动到另一部分来移动文件。随着虚拟现实技术的发展，直接操纵的概念也进一步演变成了直接三维操纵（direct 3D manipulation；LaViola et al.，2017）。

4. 探索型概念模型

探索型概念类型指的是用户在现实空间探索、浏览，这里的现实空间包括物理现实空间、虚拟现实空间以及混合现实空间。探索型交互的最基本形式与人们使用传统媒体（如报纸、杂志、图书等）浏览信息的方式类似。对于网站或其他多媒体材料，通常会对信息予以结构化处理，以允许用户灵活地搜索信息。同样，用户也可以探索三维虚拟环境的各个方面，例如探索三维数字博物馆。与直接操纵鼓励用户利用熟悉的知识与对象交互类似，配备了各类传感器的物理空间，如智能教室、智能电厂等，也使人们能够利用熟悉的知识去探索他们未知的或者想知道的。

上述四种基于交互类型的概念模型中，哪种是最好的？这个问题没有固定的答案。直接操纵对于"执行"类型的任务非常有用，如设计、画图、飞行、驾驶、调整窗口大小等；发指令对于重复性任务很有用，如拼写检查、文件管理等；进行对话对于儿童、对计算机有恐惧感的用户、残疾用户和特殊应用（例如电话服务）有益。而实际中也经常使用混合概念模型，虽然基于混合概念模型的用户界面学习时间可能更长。

（二）界面隐喻

不同于转喻和明喻等其他类型的比喻语言，隐喻（metaphor）是通过提及另一件事而直接提及一件事的修辞格（"Metaphor，" 2019）。在用户界面设计中，界面隐喻是用现实生活中用户熟悉的事物来表征用户界面的功能和操作对象，从而使用户不熟悉的概念、陌生且复杂的操作等变得熟悉与简单。

界面隐喻被认为是概念模型的核心组成部分，它们提供的结构在某种程度上类似于一个或多个熟悉实体的各个方面，但也具有自己的行为和属性。更具体地说，界面隐喻是以某种方式实例化为用户界面的一部分的隐喻（"Interface metaphor，" 2019）。例如，Xerox PARC 的 Alan Kay 于 20 世纪 70 年代提出的桌面隐喻将计算机监视器视为用户书桌，用户可以在其上放置诸如文档和文件夹之类的对象。桌面隐喻作为图形用户界面使用的一组统一概念，可以帮助用户更易学易用地与计算机交互（"Desktop metaphor，" 2019；Rogers et al.，2011）。

如同用户基于四种活动类型执行动作，围绕现实世界对象结构化其动作，界面隐喻也是既可以基于人的活动，又可以基于对象，还可以基于两者的组合。

基于人的活动的界面隐喻非常常见，典型的如网站购物中的"清空购物车"。由于人生活在三维空间，在三维虚拟环境中，基于人的活动的界面隐喻也有着非常典型的应用。例如，虚拟抓取即是对现实物理世界中人手抓取物体的或间接或直接的借鉴（LaViola et al.，2017）。

Dan Bricklin 和 Bob Frankston 于 1979 年发布的第一张电子表格类似于传统的分类账工作表（图 6 - 9），但具有交互性和自动计算能力。由于极其容易理解，它极大地扩展了会计师和其他人的能力（引自 Bellis，2018），为微软公司的 Excel 提供了用户界面的设计基础。

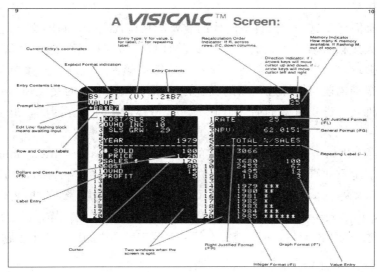

图 6 - 9　VISICALC 截屏及说明

VISICALC 发布于 1979 年，运行在 Apple IIc 上。

界面隐喻利用用户熟悉的知识，帮助他们"解锁陌生"，让他们能联想到陌生活动的本质，使他们可以利用隐喻来了解陌生功能的更多方面，因此，具有很多优点。例如，适当的界面隐喻可以帮助用户了解基础的概念模型，使用户学习新系统更加容易；界面隐喻也可以非常富有创新性，可以使计算机及其应用程序更易于为更多的用户所使用；等等。与此同时，由于界面隐喻在概念模型中占有核心地位，界面隐喻也会带来一些问题。例如，界面隐喻有可能限制设计师概念化问题空间的方式，强制用户仅从隐喻角度理解系统，甚至可能限制设计师的想象力，阻碍设计师提出新的概念模型；设计师也可能会不经意地使用糟糕的现有设计，将不适合的部分迁移到新设计；界面隐喻有时还会与设计原则冲突，甚至打破常规和文化规则。例如，在现实世界的办公室中，垃圾桶通常是放在办公桌下面或其他地方的，但在计算机系统中，垃圾桶（回收站）却是放在桌面上的，这种设计是出于可用性的考虑，保证垃圾桶不被其他东西遮挡（Rogers et al.，2011）。那么，是否有一定的步骤可帮助建立隐喻？如何评价所建立的隐喻是否合适？下一节将予以进一步阐述。

（三）交互范式

一个范式（paradigm）指的是某一共同体在完成工作时依照其共享的假设、概念、价值和实践所采用的一种通用方法。交互范式（interaction paradigm）指的是人机交互的模型或模式，它包含交互的所有方面（物理的、虚拟的、感知的和认知的），定义了有关计算机系统使用的"5W+1H"（who，what，where，when，why，and how）（Heim，2007）。

桌面范式产生于个人计算机占主导的 20 世纪 80 年代并延续至今。当时人机交互的主流是为桌面电脑设计开发以用户为中心的各种应用程序界面。WIMP，即窗口（windows）、图标（icons）、菜单（menus）与指点设备（pointing devices），成为桌面交互系统的标配，被用于表征单个用户界面的核心功能。WIMP 范式也作为桌面范式的代名词而广为流传和接受。

目前，除桌面范式这一个人计算时代的重要交互范式之外，新的交互范式不断涌现，如网络计算、大规模计算、移动计算、可穿戴计算、协同计算、透明计算、情境计算、实物交互、虚拟现实、增强现实等等。显然，单纯依赖窗口、图标、菜单与指点设备这四大要素已经很难描述与提炼这些新的交互范式所蕴含的丰富的交互情境、交互任务与交互风格，人机交互进入所谓的后 WIMP（post-WIMP）时代。因此，迫切需要新的人机交互模型。

在 Jacob 等（2008）提出的基于现实的交互（reality-based interaction，RBI）范式中，他们使用了术语"真实世界"来表征物理而非数字世界的各个方面。但是，"现实世界"和"现实"这两个术语存在问题，它们可以有许多其他的解释，包括文化和社会现实。基于这些问题，许多人还认为键盘和鼠标与任何非数字人工制品一样，已经成为当今现实的一部分。因此，为明确起见，RBI 范式专门针对现实世界中的以下四个主题（图6-10）：

- 朴素物理：人们关于物理世界的常识。
- 身体意识和技能：人们了解自己的身体，并掌握控制和协调身体的技能。
- 环境意识和技能：人们对周围环境有感觉，并具有在环境中进行沟通、操纵和导航的技能。

- 社会意识和技能：人们通常会意识到周围环境中的其他人，并且具有与他人互动的技能。

在更大的程度上，与前几代相比，这四个主题在新兴交互风格中发挥了重要作用。它们提供了与计算机交互的基础，这种交互和我们与非数字世界的交互非常接近。

（a）朴素物理　　（b）身体意识和技能　（c）环境意识和技能　（d）社会意识和技能

图 6 - 10　基于现实的交互（RBI）范式的四个主题

（来源：Jacob et al.，2008）

然而，从 RBI 范式提出至今十余年的发展过程来看，RBI 范式依然步履蹒跚，其是否能像 WIMP 范式一样得到广泛认可为时尚早。

交互范式规范了有关人机交互的物理的、虚拟的、感知的和认知的方方面面，因此，交互范式对于概念模型的形成有着重要影响。而且，与交互类型和界面隐喻相比，交互范式的影响显得更为全面、深入，且更为不易把握。

第三节　概念模型的构建和扩展

用户需求是建立用户概念模型的内在驱动。通过前面章节所讨论的用户任务分析，我们得到用户使用产品的场景、任务目标以及任务之间关系的信息。在理解和确定了人机交互设计的问题空间和概念模型以后，这些信息有助于设计团队构建和扩展概念模型。

一、概念模型的构建

不同于物理设计涉及更具体、更详细的设计，交互式产品用户体验的概念设计表征的是基于用户需求的人机交互设计在人机界面上实现的抽象概念化。作为一种常用的方法，设计人员可以采用线框（wireframe）的形式来定义概念模型，包括人机交互的基本功能、信息架构、产品功能和内容的关系、人机界面的各种操作元素等。概念模型可以在不同抽象层次上定义部分或者一个完整的产品设计概念（Rogers et al.，2011）。下面从用户任务分析、界面隐喻、界面类型以及交互类型分析的角度提供构建潜在的概念模型的一些思路。

（一）基于用户任务分析

用户任务分析方法可用于描述现有产品的用户任务或新开发产品中预期的用户任务。作为例子，这里主要采用情境描述（scenarios）、用例（use cases）和基础用例（essential use cases）等方法来构建概念模型，这些方法在构建概念模型中各具特点，互为补充。

1. 情境描述

情境描述是非正式的叙事故事，其特点是简单、个人化、"自然"，主要呈现故事中人的活动或任务，以便对应用情境和用户需求进行探索和讨论。情境描述主要用于了解人们为什么要执行一项任务以及在此过程中要努力实现的目标，使设计能够专注于人的活动，而不是与技术互动。通常，情境描述包括多重利益相关方（如顾客、服务提供方）的内容。某一利益方对某一特定用户任务、行为或地点等事项的反复强调往往表明，这一特定事项在某种程度上对于所要执行的任务至关重要，设计就应该重视这些信息、它们之间的关系，以及对设计的意义。

情境描述中针对用户任务和活动的内容，可以用来对现有产品的使用情境进行建模。但是它们更常用于表达在新产品使用中所预期的使用情境和用户体验，以帮助进行新产品的概念设计，其中尤以探索极端情况的正情境描述（plus scenarios）和负情境描述（minus scenarios）更为有用（Rogers et al.，2011）。正情境描述主要展示系统设计中一些潜在的有利于用户体验的正面因素，而负情境描述则主要展示系统设计中一些潜在的不利于用户体验的负面因素。

2. 用例

与情境描述不同，用例假设用户与产品或系统之间在进行交互。一方面，用例虽然也关注用户目标，但是其重点是用户-系统交互，而不是用户任务本身。另一方面，尽管用例的重点是用户与系统之间的交互，但是仍然主要集中在用户的角度，而不是系统的角度。一个用例必定与一个角色（即用户）相关联，用例要捕获的正是系统使用中角色的目标。图 6-11 是高速铁路网上售票应用系统用例示例，其中包含 5 个用例和 2 个角色。

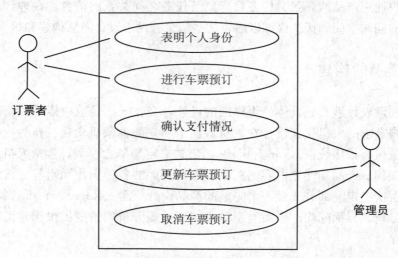

图 6-11 高速铁路网上售票应用系统用例示例

3. 基础用例

如前所述，情境描述专注于现实和具体的活动，而用例包含某些假设，其中包括要与之交互的技术，以及与设计有关的用户界面和交互类型的假设。与情境描述和用例相比，基础用例从情境描述出发做了高度抽象，它们表达的情境比描述中的情境要更为笼统；而且，基础用例使用应该尽量避免采用传统用例的假设。

一个基础用例是一个结构化的叙述，它由三部分组成：表示整体用户意图的名称、对用户操作的逐步描述和对系统职责的逐步描述（Rogers et al.，2011）。基础用例对用户和产品或系统职责的划分使其在考虑人机功能和任务分配（即用户负责什么以及系统要做什么）以及系统范围时非常有帮助。以高速铁路网上售票应用系统为例，图 6 - 12 是关于高铁订票的基础用例的例子。

用户意图	系统职责
亮明自我身份	
	用户身份验证
	要求用户提供出行相关细节信息
提供出行相关信息	
	搜索车次/座位等
做出预订	
	提示预订结果
支付票价	
	确认支付情况
	确认预订成功
退出系统	
	关闭

图 6 - 12　高速铁路网上售票应用系统订票基础用例示例

请注意，上述基础用例中并没有提到密码，而只是说用户需要亮明自己的身份。这既可以使用传统的密码技术，也可以使用指纹识别、人脸识别，甚至是视网膜识别等任何其他合适的技术来完成。在这一点上，基础用例并没有强调系统该使用的具体技术。关于如何选择替代方案，它既不指定列表选项，也不指定详细信息。正是由于基础用例的抽象性和其对用户以及系统职责的明确划分使得它在概念设计期间非常有帮助，并且为后续阶段人机交互类型、人机界面类型、技术选用等决策提供了一定的设计空间。

（二）基于界面隐喻

界面隐喻有助于用户通过将熟悉的知识与新知识结合在一起来提升产品使用的用户体验。选择合适的隐喻并结合新的和熟悉的概念需要在实用性和趣味性之间进行仔细的平衡，并且要基于对用户及其情境的良好理解。例如，设想需要开发一个面向大学生的教学软件，用一个教室以及站在黑板前的教师作为隐喻或许是合适的；但如果是开发一个面向小学生的教学软件，就需要更多地考虑小孩的特点以及什么可能吸引他们，此时选择一个可以唤起孩子们兴趣的隐喻（例如游戏室而非教室），或许是一个更好的策略。

什么样的界面隐喻才能称得上是合适的？可以分别从结构性、相关性、表达性、理解性和扩展性这五个方面考虑（Rogers et al.，2011）：

- 结构性：界面隐喻提供了什么样的结构？一个好的隐喻应该能提供结构，而且最好是用户熟悉的结构。
- 相关性：隐喻在多大程度上与设计问题有关？使用隐喻的困难之一是用户可能会认为他们能理解的比他们实际理解的要多，然后开始将隐喻的不适当元素应用于产品，从而导致混淆或错误的期望。
- 表达性：界面隐喻易于表达吗？通常，一个好的隐喻会与特定的视听元素以及文字相关联。
- 理解性：用户能理解隐喻吗？
- 扩展性：隐喻的扩展性如何？是否还可以扩展应用在今后其他产品的设计中？

如何生成界面隐喻，并从众多的候选界面隐喻中选择出一个适用的隐喻？图 6 - 13 提供了一个生成人机界面隐喻的基本框架。

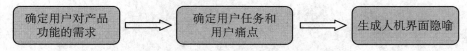

图 6 - 13　生成人机界面隐喻的基本框架

首先，确定用户对产品功能的需求。确定功能需求以及了解人机之间的操作是生成界面隐喻的第一步。在这一步，设计团队往往会定义部分概念模型并对其进行反复尝试。

其次，确定用户任务和用户痛点。确定产品的哪些部分容易引起用户问题，即哪些任务或子任务会导致用户体验的问题，这些任务是简单还是复杂，是至关重要还是不那么重要。从本质上说，隐喻只是一个映射，而且只是产品与该隐喻所基于的真实事物之间的部分映射。了解用户可能会遇到的痛点可帮助选择合适的隐喻来解决这些用户痛点。

最后，生成人机界面隐喻。在用户的任务描述中和用户熟悉的应用领域中寻找合适的隐喻。从以用户为中心设计的理念出发，界面隐喻的确定还需要用户体验测评来反复论证。

（三）基于界面类型与交互类型分析

在概念模型构建的初始阶段，需要考虑选择多个可能的界面类型。概念模型的构建不应该受到预定界面类型的过度约束，可以综合采纳不同界面类型的特点，从而对开发产品起到互补作用。如何选择界面类型在很大程度上取决于产品用户体验设计中的一些约束因素。如前面的章节所述，产品用户体验的设计约束取决于已经确定的需求（例如，交互设备，无论是输入设备还是输出设备，都很容易受到用户需求和环境需求的影响）。因此，在此阶段充分考虑界面类型以及相关的设计约束因素有利于下一阶段的人机交互的原型设计。

与界面类型相比，交互类型对概念模型初始创建的作用更为直接。指令、对话、操纵和探索四种交互类型中，哪种最适合当前的设计呢？这主要取决于所要开发的产品类型及其应用情境。例如，"第一人称射击"游戏最有可能适合操纵交互类型，而新闻网站应用则显然更适于探索这一交互类型。通常，大多数概念模型会包括多种交互类型的组合，并且需要根据用户的任务来选择合适的交互类型。例如，字处理软件中，拼写检查作为一类重复性任务，较适合指令交互；而对于用户不甚熟悉的功能的求助任务，显然对话交互要更为合适。

二、概念模型的扩展

在制作设计原型以及进行用户体验测评之前，初始的概念模型必须经过更详细的思考和扩展过程。例如，需要对用户和产品之间交互所要传达的概念以及如何构造、关联和呈现这些人机交互概念给出具体建议。这意味着要确定为支持用户的需求和任务产品将提供的功能、各功能或者各组件之间的相互关系（如一个消费网站或者 App 各页面之间的信息流，即信息架构）、人机功能和任务分配（即系统需要做什么、用户需要做什么）、用户界面需要为用户提供什么内容信息、用户执行任务需要什么数据等等。

（一）人机功能以及任务分配和设计

了解产品将支持的用户任务是开发概念模型的基本方面，下一步要考虑用户将负责任务的哪些部分以及产品将执行哪些任务。例如，高速铁路网上售票应用系统可能会为旅行者建议特定的出行时间选择，但是系统这样做是否就已经足够了？它是应该自动为用户进行预订，还是得等到用户明确告知此趟行程可行之后再接受预订？构建使用情境描述、用例以及基础用例将有助于阐明这些有关用户体验问题的答案。

通常，进行人机任务分配并不是一件简单的事。在系统该做什么与用户该怎么控制之间的权衡取舍可以从用户的认知工作负荷、系统智能化、社会协作等方面考虑。一般来说，应该尽量考虑将机械重复的、低认知性的任务分配给机器，用户应该侧重于执行决策性、策略性高的任务。但是，如果产品的使用会导致用户过高的认知工作负荷，就会带来用户体验甚至安全的问题；如果系统设计过于僵化，需要用户从事过多的控制任务，则可能导致用户根本不愿意使用该系统。关于这方面的内容，已经超出本书的范围，在此不做更为深入的讨论。

（二）功能和任务之间关系分析和设计

用户任务帮助定义了产品功能（包括数字解决方案中的内容）。确立了产品功能后，可以通过许多不同的分类来确定功能（内容）之间的空间关系。这些功能如字处理软件人机界面中与文件管理相关的所有功能，三维动画制作软件中与三维场景造型相关的所有功能、与动画设置相关的所有功能，等等。这种功能和内容的分类为建立产品（如移动 App、政府或者消费网站、中央控制仪表板）人机界面空间上的信息架构（information architecture）提供了基础。

设计也要决定功能之间时间上的相关关系，即它们是串行执行的还是并行执行的。

任务之间时间上的相关关系可能决定产品内适当的任务结构，并对功能设置产生影响。例如，如果一项任务依赖于另一项任务，那么很可能需要限制完成任务的顺序；而对于可并行执行的任务，则由于可能的并发冲突，往往需要考虑任务冲突处理机制。比如，高速铁路网上售票应用系统提供支持订票用户的座位选择功能。由于座位选择是一个并行任务，考虑多于两位用户"同时"选择某一座位的情况，那么系统设计就需要考虑这类冲突处理机制，并提供解决这种并发冲突的功能。而这种冲突处理系统在人机交互设计中，需要保证用户在人机界面上可以迅速获取该座位的当前状态和用户有效选择的确认信息。任务分析方法在此时将起到非常重要的作用，因为通过执行任务分析和子任务细分将有助于支持这些决策。

（三）用户数据需求分析和设计

用户完成作业进行系统控制需要系统提供什么信息？用户执行任务需要什么数据？系统的运行又需要用户提供什么信息？

数据需求是用户需求种类之一，直接影响到用户体验。在概念设计期间，必须考虑用户的数据需求，并确保所建立的概念模型能提供用户执行任务所需的数据和信息。例如，高速铁路网上售票应用系统中，用户订票时需要给用户提供足够的选择来完成订票任务。为了提供优质的用户体验，系统除了提供出发地和目的地、出发日期和返程日期（如果有）、同行人员（如果有）身份认证信息以外，还应能够从数据库中获取在用户指定的出行日期内的出发地至目的地高速列车班次、运行时间、不同座位等级的票量余额、票价、用户意向预订座位的可获得性等信息，并且假如有同行人员的话，可以从同行人员的身份认证信息中推断是否有儿童同行，如果有的话，则需要提供必要的优待或限制等。另外，系统还可以根据大数据信息（比如，用户以往乘坐高铁的历史数据，包括车厢等级、时间、中转等），自动地向用户推荐最佳的高铁班次时间和路线。

（四）扩展概念模型的原则

将需求转换为概念模型是概念设计的关键，而概念设计是交互设计的基础。但是概念模型构建和设计并非易事，原因之一是概念模型构建和设计有许多选择以及环境约束因素（参见第四章）。以下一些原则有助于构建和扩展概念模型：

- 牢记用户特征、需求、使用场景及任务，充分考虑产品使用中的环境约束因素，同时对设计方案的选择保持开放的态度（参见前面所学的章节内容）。
- 尽可能多与其他利益相关者（包括来自产品业务、技术、市场营销、用户支持等团队的人员）讨论设计概念，搜集反馈信息。
- 根据以用户为中心设计的理念和流程，构建基于概念模型的低保真原型设计（参见本章第四节内容），通过快速的用户体验测评来获取产品用户的反馈（详见第九、十章有关用户体验测评的内容）。
- 根据用户反馈意见，采用快速迭代式原型设计方法进一步改进概念模型（参见第一章第三节有关用户体验设计理念和方法的内容）。
- 迭代、迭代，再迭代。

第四节　原型及其设计

概念模型的构建和扩展为下一步原型设计提供了基础。设计原型一般指的是小规模模型，例如微型车、微型建筑物等。在交互产品设计中，它是一系列的屏幕草图、类似卡通系列场景的故事板、模拟系统使用的视频、纸板模型、PPT 幻灯片、功能有限的软件人机界面等。本节集中讨论针对交互式产品人机界面的原型设计。

一、原型设计的意义

根据第一章中对以用户为中心设计（UCD）理念的讨论（图 6-14），原型设计就是支持基于这种理念的快速迭代式原型（rapid prototyping）方法，即在开发流程中通过重复一系列步骤，在收集用户需求的基础上，设计产品的早期原型（包括概念模型、低保真原型），通过对原型的用户体验测评来快速获取用户反馈信息，根据反馈意见修改原型（逐步转向高保真原型）、再进行用户体验测评等活动。这种迭代式原型设计体现了一种快速的原型设计和用户体验测评相结合的迭代式、逐步接近最佳设计方案的设计方法。

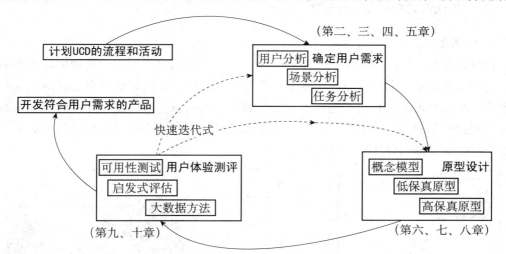

图 6-14　以用户为中心设计流程中的快速迭代式原型方法（基于图 1-2 修改）

快速迭代式原型方法可以降低产品开发中用户体验设计的风险。传统开发方法（如瀑布式开发流程）通常在开发流程后期的质量测试阶段才收集用户的反馈意见。尽管在开发初期快速迭代式方法可能要多花费些时间，但是由于整个过程是快速迭代的，相对于传统开发方法在开发早期忽略用户反馈，它可以避免设计失败或者大范围重复设计开发。因此，这种方法提高了开发效率，降低了产品用户体验设计的风险和产品开发的整体风险。

原型设计有利于团队之间的沟通和合作。借助于原型，设计人员可以快速地生成多种设计方案供选择、讨论和优化设计，并且也可以快速地获取产品各方面利益相关者的反馈意见。这种讨论不仅仅局限于与人机界面有关的设计问题，还可以包括业务流程、系统技术等影响用户体验的因素。

原型设计还有助于设计人员理解和验证用户需求。在设计初期，人机交互的复杂性会导致设计人员不可能完全理解用户需求，因而无法完全准确地为产品的人机界面设计出有效的人机交互。采用快速迭代式原型设计方法，设计人员从最初的用户界面概念模型、低保真原型，直到设计后期的交互式高保真用户界面原型等各个阶段都有机会通过对这些概念和原型的用户体验测评来帮助全面理解以及验证用户的需求。

快速迭代式原型方法不但适用于交互式产品的设计，也适用于非交互式产品的设计，包括业务流程设计、服务设计等（详见第八章）。

二、原型的种类

按照不同的分类方法，原型有不同的种类。例如：按照它们所处的设计阶段和与最终产品的相似程度（视觉设计、功能和内容、交互性等），原型可以分为低保真原型与高保真原型；按照原型中功能的深度（即功能设计的详细程度），原型可以分为水平原型与垂直原型。

（一）低保真原型与高保真原型

1. 低保真原型

低保真原型（low-fidelity prototype）专注于对产品用户界面中主要功能和元素的设计，力图以最简单的框架和界面元素来定义界面的结构、布局以及页面之间的关系。它通常用于将概念模型转化为可进行用户体验测评的有形设计，以便在开发流程早期通过快速的用户体验测评来收集用户反馈、测评人机交互的设计思路以及核证用户需求（参见图 6 - 15 中左侧的设计图，以及图 6 - 16）。

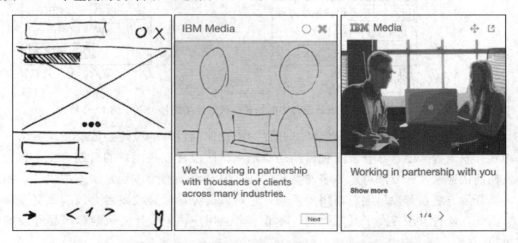

图 6 - 15　一个移动 App 从低保真到高保真原型的设计示意图（从左到右）

（来源：Ye，2017）

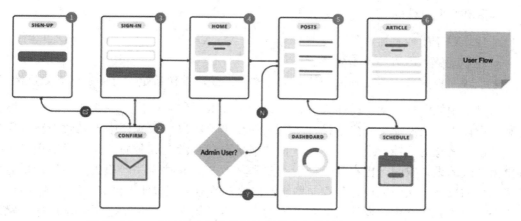

图 6 - 16　一个移动 App 各页面之间信息架构的低保真原型示意图

（来源：Rabolini，n. d. ）

低保真原型可以是手工制作的（例如，纸或纸板），也可以是电子版的，主要包括：

- 草图：低保真原型的重要形式，可以用作描述任务序列等。由于通常只需要采用一些简单表意符号与文字，对团队成员的绘画能力要求不高。

- 故事板：设计早期使用的低保真原型之一，由一系列草图组成，用于表示用户如何使用产品来完成任务的一个流程。通常，故事板与情境描述可一起使用，以带来更多细节与角色扮演的机会。

- 索引卡：从某种意义上可以理解为草图和故事板的特例。每张卡都有一个唯一编号，且仅用于表达一个用户界面的页面，因此常用于网站开发。

- 便利贴：类似于粘在墙上的一组便笺。例如，每张便笺可以代表一个网站的网页。使用各种软件（如 Balsamiq、Mockplus、PowerPoint）生成的电子版设计图见图 6 - 15 左侧的原型，以及图 6 - 16。

- "绿野仙踪"（Wizard of Oz，WoZ）式原型：通常用于设计初期。如图 6 - 17 所示，在用户体验测评中，用户会认为他们正在与真实的产品或系统进行交互，但是实际上响应用户的是开发人员。"绿野仙踪"式原型一般用来模拟智能系统早期的设计概念。

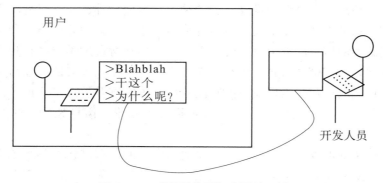

图 6 - 17　"绿野仙踪"式原型示例

低保真原型设计的三个主要要求如下：

- 应该易于生成且成本低。
- 应该足够灵活以便不断更改。
- 应该足够完整，以便在用户体验测评中可以获取针对特定设计问题的有效反馈。

通过使用低保真原型，设计人员可以进行更多重评估和迭代。一般地，低保真原型有利于设计人员快速地生成多重设计概念，并在单项用户体验测评中更高效地获取用户对多个设计概念的反馈信息。同时，看似"廉价"和"没完成"的低保真原型提供了一种更为开放的设计空间，更有利于鼓励用户和其他产品利益相关者积极主动地提供有效和多样化的反馈，从而在设计阶段初期能够快速有效地确定最佳人机交互设计的方向。

在用户体验实践中，设计团队容易犯的一个典型错误是，为了赶项目进度等，跳过了低保真原型的设计阶段，主观假设了一个人机界面的设计概念，直接开始高保真原型的设计，因而在设计初期阶段，没有能够生成多种低保真原型设计方案来充分收集各方面的反馈意见，从而失去了生成最佳设计方案的机会。在后期阶段针对高保真原型的用户体验测评中，设计很有可能暴露出重大的用户体验设计问题，这时候不得不推倒高保真设计原型，回过头来重新考虑设计概念方案，反而大大浪费了时间，甚至可能没有足够时间对现有设计方案进行有效的大改动。

2. 高保真原型

不同于低保真原型经常使用与最终产品不同的介质（如纸或纸板等），高保真原型使用最终产品使用的同质材料（如数字化网站等）。因此，高保真原型看起来比低保真原型更像最终产品，并且具有更完整的产品功能和内容。从交互性上来说，用户可以与高保真原型用户界面上的操作元素（如菜单、按钮）发生交互，并产生相应的体验。从视觉设计上来说，高保真原型具有丰富的设计细节和视觉效果，包含更多的用户界面设计元素（颜色、动画、图标等），每个元素的设计都接近于真实的产品。

高保真原型的设计进一步落实了以用户为中心设计的理念和流程，目的在于下一步的用户体验测评，进一步获取用户的反馈意见。事实上，作为快速迭代式原型方法的后期步骤，高保真原型设计并不过分追求原型完整性（像实际产品一样）。例如，一个高保真的网站和应用程序有可能还处在设计阶段的后期，真正的前端和后端开发编程工作可能还没有开始。该高保真原型的设计强调的是用户界面设计、业务流程、人机交互、产品功能和内容、视觉设计的完整性，原型可采用一些非真实的数据输入和输出。重要的是，该高保真原型应该有助于用户在模拟真实使用场景时通过用户体验测评获得与真实产品接近的体验，尤其是可以允许用户与产品之间产生比较真实的交互活动，从而提供更为接近真实产品的客观体验反馈。该阶段的用户体验测评的重点不再是设计概念的大方向，而应该是具体的交互设计的细节（包括交互效果、信息架构、内容、视觉设计等）。

高保真原型生成的成本较高，通常需要使用专业的原型制作工具来创建。但是，一个高质量的高保真原型可以帮助定义产品用户界面的视觉设计规范，有助于节省开发后期用户界面构建的工作，并且能为开发人员提供明确的用户界面设计要求。另外，如果采用合适的工具的话，高保真原型可以直接用作最终产品的用户界面。因此，高保真原型除了能保证进一步的用户体验测评和反馈，同时也支持产品的开发和实现。对于高保真原型，常用的开发编程语言一般不利于原型的快速生成，应该寻找一种有助于快速生成用户界面的工具（如 Sketch、Axure、Python 等，而不是 Java、C/C++等）。

　　综上所述，设计初期阶段的概念模型和低保真原型的设计以及相应的用户体验测评，是为了确定产品人机交互设计的大方向和进一步验证用户的需求，而高保真原型的设计以及相应的用户体验测评则是为了进一步优化产品人机交互的设计，从而提供最佳的用户体验。低保真和高保真原型的设计对于用户体验设计来说都重要，互为补充。

（二）水平原型与垂直原型

　　如图 6-18 所示，Nielsen（1993a）从功能深度的角度提出了两种类型的原型：水平原型（horizontal prototype）和垂直原型（vertical prototype）。在用户体验设计中，两种原型满足了不同的需求。

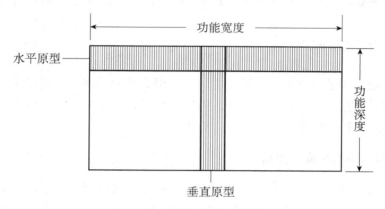

图 6-18　水平原型与垂直原型

（来源：Nielsen，1993a）

　　水平原型降低了功能的深度，它主要集中在产品的前端，也就是提供了完整的用户界面。例如，一个网站的水平原型可以具备用户界面的所有元素，包括搜索功能的按钮，但是用户使用搜索按钮可能无法搜索到真实的信息。对水平原型的用户体验测评主要侧重于测评整个用户界面，但是用户会缺少一点真实感，因为用户不可能执行所有的真实任务。生成水平原型的好处是，在前期设计概念和低保真原型以及相应的用户体验测评的基础上，设计人员可以利用合适的工具快速地生成高保真交互式设计原型，可以快速地获取针对整个用户界面的比较全面的用户体验反馈，然后根据反馈的意见，进一步调整用户界面的交互设计，并且适当地增加一些主要功能的深度，为下一步用户体验测评做好准备。如果用户体验测评结果没有发现大的用户体验问题，开发团队可以直接进入编程开发工作。

　　垂直原型注重对用户界面中部分功能的完整设计，而不注重产品人机界面设计的完整性。回到前面的网站设计项目例子，如果项目团队想重点测评对搜索功能的用户体验（包括搜索结果等），团队就需要构建一个全功能的搜索引擎与真实的数据库相连，并且提供围绕用户搜索任务的相关用户界面元素（比如，搜索结果网页上的用户界面布局、搜索结果分类和过滤功能）。因此，该垂直原型在用户体验测评中可以帮助用户获取对某些功能的真实体验，从而为该功能的设计提供有效的反馈信息。

综上所述，在用户体验设计中，选择和生成合适的人机界面设计原型非常重要。这种选择取决于设计阶段、用户体验测评的目的等。就开发一个产品而言，需要综合考虑和利用各类原型的特征来为用户体验设计服务，互为补充，取得最佳的用户体验设计。一般来说，快速迭代式原型方法优先考虑采用水平原型方法，以便快速有效地获取用户对用户界面整体设计的反馈信息。如果需要的话，通过与开发团队的配合来生成垂直原型。另外，不同类型的组合也是一种选择。比如，在低保真原型和用户体验测评的基础上，用户体验设计团队可以采用高保真原型＋水平原型的方法。在完成下一轮用户体验测评以后，随着项目的推进，考虑在用户体验测评中为用户提供更多的真实感。在设计和开发资源允许的情况下，在水平原型的基础上增加主要功能的深度，从而在下一阶段用户体验测评中获取更多有效的反馈意见，有利于获得最佳的用户体验设计。

三、在设计中使用原型

本小节将通过例子说明如何在设计中使用低保真原型。例子一是纸质原型的生成及使用，例子二是根据用例生成卡片原型。随着设计工作的推进，在用户体验测评的基础上，它们可能被用作构建更高保真原型的基础。

（一）纸质原型的生成与使用

纸质原型可以使设计概念形象化，所有团队成员都可以创建它们而不需要专门的编程等技能。此外，纸质原型价格便宜且可以及早使用，因此是最常用的低保真原型。

为了创建低保真纸质原型，首先，为应用程序的每个屏幕或网站的每个页面准备一张纸。然后，在纸上绘制代表每个屏幕或网站页面的控件和内容的框和标签。此外，还可以在纸上集成便笺来表示下拉菜单和弹出菜单。在用户体验测评中，当用户遵循情境描述时，可将便笺放在纸上以循环浏览菜单（图6-19）。

图6-19　纸质原型制作现场

（来源：Mifsud，n.d.）

原型完成后，可以使用情境描述和用例对它进行快速的可用性评估（详见第九章有关用户体验测评的内容）。例如，可以在操作纸张原型时请用户尝试完成特定的情境描述任务，并随着用户任务的进行变换纸张原型。如果测评期间出现问题，还可以创建新屏幕或网页并根据需要添加控件。从以上过程不难看出，纸质原型虽然具有很多优点，但也有不少缺点，例如：不是交互式的；不能用于计算用户完成作业的时间；不处理颜色、字体大小等界面问题。

（二）根据用例生成卡片原型

卡片原型的价值在于，无论有无用户，均可以对用户界面屏幕或屏幕元素进行操作和移动以模拟人机交互。故事板原型可以较为方便地转换为卡片原型，并以此方式使用。以下介绍另一种可用于生成卡片原型的方法，即根据用例生成卡片原型。

考虑图 6－20 中表明个人身份的用例，它聚焦于系统验证用户身份的需求部分。对于该用例中的每个步骤，应用系统都将需要有一个交互组件来处理它，例如按钮或显示屏。可以针对用例生成的每个步骤，构建卡片原型来覆盖其中所需的行为。例如，图 6－21 中的卡片是通过考虑用例中的每个步骤而开发的。卡片一覆盖步骤 1 所需的行为，卡片二覆盖步骤 2～4 所需的行为。与故事板类似，这样绘制界面的具体元素会迫使设计人员考虑详细的问题，以便用户可以与原型进行交互。请注意在第一张卡片中配备了一个"刷新"按钮。这是为了由于看不清楚这组图片而想换另一组图片的用户专门设置的。但是，在实际开发中，这样做的缺点可能会增加系统的负担，尤其是在系统繁忙的时候。

> 1. 系统提示用户输入用户名、密码，点击验证图标。
>
> 2. 用户输入其用户名和密码，点击验证图标。
>
> 3. 系统验证用户名、密码，以及用户点击的验证图标。
>
> 4. 系统显示用户前一次登录时的页面状态。
>
>
> **替代过程**
>
> 4. 如果用户名、用户密码或用户点击的验证图标不正确：
>
> 　4.1 系统显示错误信息。
>
> 　4.2 系统刷新验证图标。
>
> 　4.3 系统回到第1步。

图 6－20　"表明个人身份"用例

这些卡片原型随后可以显示给系统的潜在用户或设计者，以获取他们的非正式反馈，从而进一步迭代生成替代方案。例如，有的专业用户可能会说，这些卡片比较好地符合了用例要求，但似乎过于侧重于 WIMP 范式，而忽略了新技术的应用。基于这些反馈，一种可能的替代是增加二维码扫码登录（见图 6－21 卡片三和四）。这一替代方案也可以使用卡片来进行原型设计，并用于获得进一步的反馈。

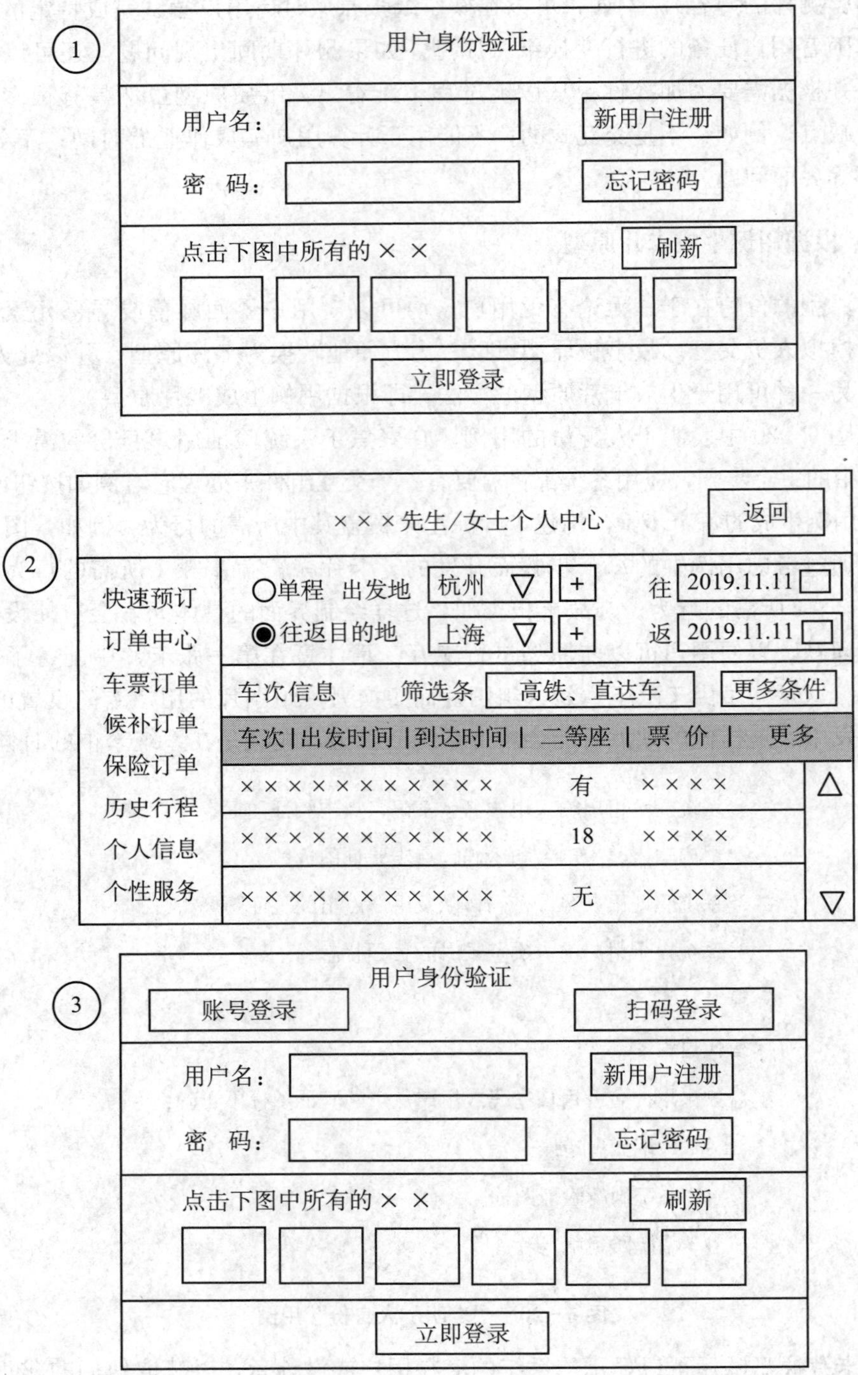

① 用户身份验证

用户名：[　　　]　　新用户注册

密　码：[　　　]　　忘记密码

点击下图中所有的 ×× 　　刷新

[　][　][　][　][　][　]

立即登录

---

② ×××先生/女士个人中心　　返回

快速预订　　○单程　出发地　杭州 ▽ [+]　　往 2019.11.11 □
订单中心　　◉往返目的地　上海 ▽ [+]　　返 2019.11.11 □
车票订单　　车次信息　　筛选条 高铁、直达车　更多条件
候补订单　　车次|出发时间|到达时间| 二等座 | 票 价 | 更多
保险订单　　×××××××××× 　 有 　×××× △
历史行程　　×××××××××× 　 18 　××××
个人信息
个性服务　　×××××××××× 　 无 　×××× ▽

---

③ 用户身份验证

账号登录　　　扫码登录

用户名：[　　　]　　新用户注册

密　码：[　　　]　　忘记密码

点击下图中所有的 ××　　刷新

[　][　][　][　][　]

立即登录

图 6-21　某一系统验证用户身份的卡片原型

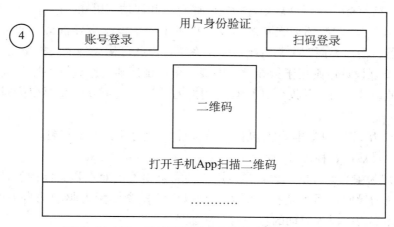

图 6 − 21　某一系统验证用户身份的卡片原型（续）

　　从卡片原型向前发展，可以扩展卡片原型以生成更详细的低保真或高保真原型。为此，可将一张或多张卡片转换成草图，其中包括有关输入和输出技术、图标用法、错误消息以及与其他产品保持一致所需的任何样式约定的更多详细信息。同样，在此阶段将考虑诸如界面布局、信息显示、内存等问题。

　　本节通过例子说明如何在设计中使用低保真原型。目前市场上有许多软件可以帮助生成高保真交互式原型，限于篇幅，本书不再深入讨论，有兴趣的读者可以参见这方面的参考书籍。

概念术语

　　执行鸿沟，评估鸿沟，执行−评估动作循环，人机交互框架，设计原则，简单性原则，可见性原则，可记忆性原则，功用性原则，安全性原则，灵活性原则，稳定性原则，问题空间，概念模型，人机交互类型，用户界面类型，指令型概念原型，对话型概念模型，探索型概念模型，操纵型概念模型，界面隐喻，交互范式，概念模型的构建，情境描述，用例，基础用例，概念模型的扩展，原型设计，快速迭代式原型方法，低保真原型，高保真原型，水平原型，垂直原型

本章要点

　　1. 人们通过用户与某一产品交互时，往往面临着两个鸿沟：执行鸿沟和评估鸿沟。在执行鸿沟中，人们需要尝试如何操作人机交互界面，其中的困难往往是界面难以支持人们想要达成交互目标的操作所致。在评估鸿沟中，人们需要判别出人机交互界面处于何种状态，操作行动是否导向了他们所期望的目标。帮助人们跨越这两个鸿沟是用户体验设计师的主要任务。

　　2. 我们日常生活中发生的动作可以抽象简化为一个七阶段动作循环，即执行−评估

动作循环，包括目标、执行（规划、指定、履行）和评估（感知、解释、对比）。

3. 执行-评估动作循环为交互产品设计提供了一个概念指导框架。如果将用户、输入界面、机器、输出界面四个部分组成一个系统，由此可构成一个人机交互框架。

4. 人机交互设计原则用于指导设计决策。交互设计师使用设计原则帮助团队做出基于既定标准的设计决策，帮助创建更具可用性的设计，也可以在需要权衡时协助团队的决策过程。

5. 人机交互设计的基本原则包括：简单性、可见性、可记忆性、可预测性、功用性、安全性、灵活性、稳定性。

6. 以用户为中心设计的理念，是从用户的需求出发，而不是具体的设计细节；是以用户体验问题为导向，而不是技术驱动；是以设计概念模型为驱动的自上而下的途径，而不是以具体实现手段为驱动的自下而上的途径。

7. 需求向设计转化转化的过程是基于前期的用户需求工作所获取的信息（用户的需求、使用场景和环境、任务和目的、用户体验设计目标），构建产品设计的问题空间，为交互设计构建合适的概念模型。

8. 基于交互类型的概念模型分为四类：指令型、对话型、操纵型、探索型。

9. 界面隐喻是概念模型的核心组成部分，采用合适的界面隐喻有助于设计出有用的、有效的人机交互产品。

10. 作为人机交互模型或模式的交互范式，对于概念模型的形成和有效的人机交互设计有着重要作用。随着计算技术的发展，一些新的交互范式也不断涌现。

11. 构建产品人机交互的概念模型至少有三种思路：基于用户任务分析、基于界面隐喻、基于界面类型与交互类型分析。

12. 扩展产品人机交互的概念模型需要进行人机功能以及任务分配和设计、功能和任务之间关系分析和设计、用户数据需求分析和设计等活动，同时要遵循一些扩展概念模型的基本指导原则。

13. 快速迭代式原型方法强调，在收集用户需求的基础上，设计产品的早期原型（包括概念模型、低保真原型），通过对原型的用户体验测评来快速获取用户反馈信息，根据反馈意见修改原型（逐步转向高保真原型）、再进行用户体验测评等活动。整个过程体现了一种快速的原型设计和用户体验测评相结合的迭代式、逐步接近最佳设计方案的设计方法。

14. 快速迭代式原型方法提倡的原型设计（以及用户体验测评）可以降低产品开发中用户体验设计的风险，避免设计失败或者大范围重复设计开发，提高了开发效率，并且降低了产品开发的整体风险。另外，原型设计有利于团队之间的沟通和合作，有助于设计人员理解和验证用户需求。

15. 按照与最终产品的相似程度（视觉设计、功能和内容、交互性等），原型可以分为低保真原型与高保真原型；按照原型中功能的深度，原型可以分为水平原型与垂直原型。

16. 低保真原型专注于对产品用户界面中主要功能和元素的设计，力图以最简单的框架和界面元素来定义界面的结构、布局以及页面之间的关系。

17. 低保真原型有利于设计人员快速地生成多重设计概念，更高效地获取用户对多个设计概念的反馈信息。同时，提供了一种更为开放的设计空间，更有利于鼓励用户主动地提供有效和多样化的反馈。

18. 高保真原型使用最终产品所用的材料，具有更完整的产品功能、内容、交互性和丰富的设计细节和视觉效果，在用户体验测评中能够为用户提供更加全面和真实的体验。

19. 水平原型降低了功能的深度，提供了完整的用户界面，能够快速有效地获取用户对用户界面整体设计的反馈信息。

20. 垂直原型注重对用户界面中部分功能的完整设计，在用户体验测评中可以帮助用户获取对某些功能的真实体验。

复习思考题

1. 请解释人机交互中的执行鸿沟和评估鸿沟。
2. 请描述人机交互框架的主要组成部分以及它们之间的关系。
3. 请说出和描述至少四项人机交互设计的基本原则。
4. 为什么要确定产品人机交互设计的问题空间？
5. 为什么在设计的早期阶段需要构建概念模型？
6. 请描述至少两个可用于构建概念模型的交互类型。
7. 什么是人机界面隐喻？请举出一个实例。
8. 什么是交互范式？请举出一个实例。
9. 请描述构建产品人机交互的概念模型的一种思路。
10. 请描述扩展产品人机交互的概念模型的一种分析和设计活动。
11. 什么是快速迭代式原型方法？为什么要采用该方法？
12. 什么是低保真原型和高保真原型？
13. 为什么要首先生成低保真原型？
14. 请描述生成低保真原型的主要思路和流程。
15. 为什么要生成高保真原型？
16. 什么是水平原型和垂直原型？在什么情况下应该采用水平或垂直原型？

拓展学习

李洪海，石爽，李霞. 交互界面设计. 2 版. 北京：化学工业出版社，2019.

范俊君，田丰，杜一，等. 智能时代人机交互的一些思考. 中国科学：信息科学，2018，48（4）：361–375.

施奈德曼. 用户界面设计：有效的人机交互策略. 6 版. 北京：电子工业出版社，2017.

HEIM S. The resonant interface：HCI foundations for interaction design. Reading，MA：Addison-Wesley，2007.

MCELROY K. Prototyping for designers：developing the best digital and physical products. Sebastopol，CA：O'Reilly Media，2017.

NORMAN D. The design of everyday things. Revised and expand ed. New York：Basic Books，2013.

SHARP H，PREECE J，ROGERS Y. Interaction design：beyond human-computer interaction 5th ed. New York：Wiley，2019.

TIDWELL J，BREWER C，VALENCIA-BROOKS A. Designing interfaces：patterns for effective interaction design. 3rd ed. Sebastopol，CA：O'Reilly Media，2020.

中国用户体验专业协会. 2019 年用户体验工具调查报告.（2019-12-04）. https：//www. uxtools. cc/blog/2019report.

维基百科"Metaphor"词条. https：//en. wikipedia. org/wiki/Metaphor.

维基百科"Interface metaphor"词条. https：//en. wikipedia. org/wiki/Interface _ metaphor.

维基百科"Desktop metaphor"词条. https：//en. wikipedia. org/wiki/Desktop _ metaphor.

第七章

用户界面设计

教学目标

- 掌握传统图形用户界面设计的基本内涵、分类与原则。
- 理解以用户为中心设计的理念在人机界面设计中的应用。
- 明确新型用户界面设计的要点、类型与基本内涵。
- 了解新型用户界面设计的发展趋势、面临的问题及未来研究展望。

学习重点

- 第一节重点：掌握文本、图标、符号标志、菜单等传统图形用户界面设计的基本概念和特点，理解以用户为中心设计的理念和基本思想，掌握传统图形用户界面设计的基本原则和优缺点。
- 第二节重点：掌握新型用户界面设计的特点、类型与基本内涵，了解与这种用户交互界面相关的研究，掌握新型人机交互界面的基本研究方法。

开脑思考

- 你刚到一个公司的用户体验部门，部门主管说他们现在的界面设计中信息显示都是固定显示和均值显示，无法考虑到用户的个体差异，用户体验较差。请你在以往传统界面设计的基础上提出一套新的设计方案，以实现真正的以用户为中心设计（UCD）理念，你该如何去做？
- 假定你现在面临一个智能情侣手环的设计项目，你如何设计一款能增进情侣间沟通及情感交流的智能可穿戴设备？能否简单讲解一下设计的思路？

用户界面设计的研究始于 20 世纪 70 年代的人机交互研究，其主要目的是优化人机界面系统，使用户可以高效、方便、无误而且健康地使用计算机系统。本章将在简要总结传统图形用户界面设计的研究成果基础上，重点介绍目前国内外基于新型人机交互技术的用户界面设计的新成果。本章第一节讲的是传统的图形用户界面设计中文本、图标、符号标志、菜单、对话框等诸多用户界面中人的因素研究。第二节讲的是基于新型人机交互技术的用户界面设计中人的因素研究，主要论述自然用户界面、脑机接口、可穿戴设备、自适应用户界面、隐式交互界面及多模态交互界面等相关研究。

第一节　传统的图形用户界面设计

用户交互界面设计的研究始于文本、图标、符号标志、菜单、对话框等早期传统的图形用户界面设计的研究。图形用户界面（graphical user interface，GUI）指设计师借鉴现实生活中的物品对图标和系统构建的设计，这种设计方式最初是从设计师的角度创建的，操作形式主要以鼠标点击和键盘输入为主。图形用户界面的开发客观上推动了个人计算机的普及和应用。

一、文本设计

（一）文本设计概述

文本是指书面语言的表现形式，通常是具有完整、系统含义的一个句子或多个句子的组合，它可以是一个句子（sentence）、一个段落（paragraph）或者一个篇章（discourse）。文本设计（text design）是将文本按照视觉设计的规则和要求，以及相关的用户体验的要求进行的重新设计与编排。所设计的文本应能够清晰传达信息，美观、阅读舒适，还要能够与界面中的图标、图片等其他元素的设计契合，使得整个界面和谐。

文本设计主要有以下五种类型。

1. 字体类型设计

字体类型的设计就是对组成文本的文字外形的设计，最常见、直观的就是办公软件中呈现的字体：宋体、微软雅黑、黑体、隶书等。字体不一定是二维的设计，也可以是三维的设计，比如各种 App 中的艺术字体设计。

2. 文字尺寸设计

字体尺寸的设计就是对组成文本的文字大小的设计，一般在设计中，可以自行在图片和文字编辑软件中随意改变文字尺寸。

3. 文字颜色设计

文字的颜色或文本的颜色对人也有很重要的影响。经典的 Stroop 实验结果表明，如果汉字的颜色与其意义不匹配，个体的反应就会变慢（引自王才康，1994）。此外，颜色本身对个体的情绪也有影响，如看见红色联想到喜悦或愤怒，看到绿色和蓝色感到轻松或清新，而白色让人感到纯洁或悲伤（章月，2015）。

4. 文字信息密度设计

文字密度就是字间距、行间距和段间距等展现文字拥挤和疏离程度的度量。一般来说，文字设计得太过拥挤，会使人辨别不清，但是也不能太过疏散，这会对人们理解文本意义造成困难。

5. 文本排版设计

我们通常认为的排版是把文字、表格、图形、图片等进行合理的排列调整，使版面达到美观的视觉效果。这要求将文字和其余组成界面的各个元素排列组合、调整大小、匹配和美化，最终使用户清楚接收界面传递的信息以及方便操作界面。

文本设计的好坏直接影响其版面的视觉传达效果。因此，文本设计是提高界面信息表达准确性、赋予界面审美价值的一种重要构成技术，对于视觉显示界面的视觉工效是极其重要的。总的来说，好的文本设计具有以下几点优势或意义：

- 准确表达信息，避免产生歧义。比起图片和图标等元素，文字所能传递的信息准确度更高。例如，在 CET 口语上机考试中，考前说明能够清晰准确地告诉考生考试程序应该怎么操作，如果只用图片则不能保证准确性。
- 迅速传递信息，提高任务绩效。例如，在购物网站上，加大号的红色字"大减价"能够迅速告知消费者商品此时的状态，吸引消费者浏览。
- 优化交互界面，提升用户体验。例如，一些网页会用不同颜色、形状、字号的文字来减少用户的审美疲劳，以及方便用户区分网页的功能区。

（二）文本设计的绩效分析

文本设计的绩效分析主要集中在字体类型、文字尺寸、文字信息密度等方面。

1. 字体类型对绩效的影响

国内外许多研究者对字体类型对视觉搜索绩效的影响开展过相关研究。

对于英文，在视觉搜索绩效方面，不同字体类型一般没有显著差异，但在主观偏好上，会更加明显偏爱 Arial 字体。例如，有研究者发现，无论是正确率还是搜索时间，在浏览 Times New Roman 字体和 Arial 字体书写的网页绩效上，个体都没有显著差异；但在主观评价上，相比于 Times New Roman 字体，被试明显更加偏爱 Arial 字体（Ling & van Schaik，2006）。

对于中文，研究结果表明，文字为宋体时被试的绩效较高，但在主观偏好上则受个体性格差异的影响。例如，宫殿坤等（2009）发现，在字号相同情况下，对宋体字的视觉搜索反应时显著短于楷体。而禤宇明和傅小兰（2004）的研究表明，活泼型被试最喜欢宋体，最不喜欢楷体，而非活泼型被试最喜欢楷体，最不喜欢宋体。

2. 笔画宽度对绩效的影响

笔画宽度可用笔画的厚度与高度的比值来表示，也称粗高比。

Heglin（1973）曾归纳了设计拼音文字笔画宽度的一般原则。他认为，在照明条件良好的情况下，白底黑字的粗高比应为 1∶6～1∶8，黑底白字的粗高比应为 1∶8～1∶10；当照明条件较差或者目标和背景的对比度较低时，应该使用粗高比较低（如 1∶5）的粗体字；高度发光的字，其粗高比可提升至 1∶12 到 1∶20；背景很亮的黑体字应该采用较粗的笔画。

沈模卫等（1990）对影响中文汉字显示工效的相关因素开展过系统研究。结果发现，笔画过宽或过窄都会明显增大判读的难度，使判读错误率增大。当汉字粗高比为 1∶16～1∶10 时可获得最佳的判读效果。

3. 文字尺寸对绩效的影响

文字的适宜大小与视距、照明及辨读文字的重要性等因素有关。在国外，有研究者通过考察这些因素对阅读不同尺寸文字的影响，提出了计算文字尺寸的关系式：$H = 0.002\,2D + 25.4\,(K_1 + K_2)$。式中，$H$ 为文字高度；D 为视距，即人眼到目标文字的距离，单位为 mm；K_1 为与照明条件相关的系数；K_2 是与内容重要性相关的系数，一般情况下取 0，重要情况下取 0.075（引自庄达民，王睿，2003）。

在我国，2008 年开始实施的国家军用标准（GJB 1062A—2008）针对 CRT 显示器的字符尺寸进行了相应规定：目标信息的视角应不小于 20°，且不应少于 10 个分辨像素；字母数字的粗高比一般为 7/10～9/10。考虑到其他因素，字母数字的粗高比可以为 1/2～1，汉字的粗高比可以为 2/3～1，等等。

4. 文字信息密度对绩效的影响

Tullis（1983）以及 Richard 和 Muter（1984）以阅读速度等作为绩效指标，通过实验发现，视觉显示界面文字信息密度会对阅读速度等产生显著影响。此外，Ling 和 van Schaik（2007）发现，网页上行间距较宽、左对齐的文本会显著提高搜索绩效。

中文和英文是字形和加工方式均不同的两种文字，因此在中文文字信息密度方面的研究有和英文不同的结果。李静等（2010）发现，汉字信息密度对搜索效率有显著影响，两者存在近似倒 U 形的曲线关系，其中字符尺寸为 2em[①]、行距为 0.7 倍、列距为 0.3 倍时绩效最好。

5. 其他影响文本操作绩效的因素

除了以上所提到的因素外，还有许多其他影响文本操作绩效的因素也得到了研究者的关注。首先，字母大小写会对文本操作绩效产生影响。Poulton（1967）的研究表明，对于英文字母来说，小写文本比全部大写的更容易阅读，原因可能是小写字母相对于大写字母，整个单词的轮廓形状更加突出。其次，句子的形式以及句中词语的顺序会直接影响文本的可读性。热娜古丽·艾赛提等（2013）发现，不论是维吾尔语还是汉语，顺意阅读的加工速度都要显著快于逆意。最后，文字信息排列或布局方式也会显著影响判读绩效。Tullis（1983）发现，将文字信息分栏排列，并将各元素安排到各栏内是提高视

---

① em 是相对长度单位，广泛用于网页文本设计中，1em 代表的是一个字的大小。

觉显示信息可预测程度的最好方法。

二、图标设计

图标作为用户界面的主要组成部分，具有极为重要的设计和应用价值。广义的图标被定义为具有指示意义的图形符号，具有高度浓缩并快捷传达信息、便于记忆的特性。Shneiderman 指出，图标是图像、图片或者是表示概念的符号，通常是对象或动作的表达。图标设计不仅是视觉的设计，也是图形隐喻的设计，这些都会影响到用户对人机界面的体验（施奈德曼，2017）。

（一）图标设计概述

图标有助于建立起计算机世界与真实世界的一种隐喻或映射关系。

1. 图标设计的原则

（1）易识别

图标的外形应该与其目标的外形相似。图标含义清晰明确，便于用户明确获得操作步骤信息及做出正确的选择判断。

（2）使用合适的图标惯例

在设计图标时应尽量使用合适的图标惯例，否则会降低用户的使用效率。

（3）隐喻合理

隐喻是以一种事物来喻指另一种事物，旨在以一种更为明显、更为熟悉的符号来表示某种观念。

在构筑合理的隐喻时要注意以下三点：

● 已经形成惯例的隐喻元素尽量不要轻易改变。
● 选择合适的隐喻对象。图标的功能和外形应该和现实生活中产品的功能和外形相一致。
● 要根据用户的文化背景来选择隐喻对象。

（4）联系上下文

Horton 指出，图标＋上下文＋观察者＝含义（霍顿，1994）。用户对图标的理解离不开图标所处的上下文，因此在设计图标时应注意图标与上下文之间的关系。

（5）保持一致

一致性是最重要的可用性特征之一。图标设计的一致性原则，主要体现在以下几个方面：

● 一致的映射模式。映射是控制装置与其所对应的动作或效果之间的关系。
● 一致的表现手法。主要体现在图标的色彩、表现形态、结构特征、光源、阴影、透视等多个方面。
● 一致的风格。Horton 给出了图标的 5 种风格：照片、素描、漫画、剪影和轮廓等（霍顿，1994）。设计图标时，要使用同一种风格。

（6）高信噪比

成分再认（recognition by components，RBC）理论认为，增加细节有助于识别（Biederman，1987），但是细节过多也可能导致识别性的降低。因此，所设计的图标要有较高的信噪比。一般来讲，画面中相互关联的物体应该控制在 3 个以下。

（7）权衡差异性和相似性

差异性是图标易于识别的重要原则之一，相似性是图标风格保持一致所要具备的特性。图标家族之间必须有明显的区别，但同一个家族中的各个图标也必须有自己的唯一标识。

（8）添加必要的文字

在信息传达的过程中，为了信息传递的可靠性，应在图标中加入一些必要的文字，这样才能保证更好地理解图标所传达的含义。

2. 用户与图标交互的过程

用户与图标的交互过程比较简单，即使用指点设备（如鼠标）操纵光标或将指针对准某个图标，单击该图标以触发其所代表的某个特定功能或行为。

用户使用图标的一般过程是（见图 7－1）：用户带有一定目的开始搜索目标图标，此时界面以一定的知觉刺激形式把图标呈现给用户，用户的感官接收到视听觉刺激，并将其短暂留在感知库中，这一过程即为用户对图标的感知。之后，人脑通过对这些刺激进行处理，理解、判断图标的含义，这一过程称为用户对图标的认知。用户形成自己的判断后，会操作指点设备点击图标，系统做出响应后，给予用户反馈，引起新的信息加工循环过程。用户通过后续反馈判断自己的理解正确与否，并加深对目标图标的认知，从而形成长时记忆。

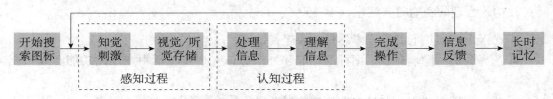

图 7－1　用户与图标交互的信息加工过程

（来源：张婷婷，2011）

3. 图标设计的意义

（1）简化交互步骤

图形用户界面的使用者只需要点击选择目标图标，就可以轻松完成某项交互任务。因此，图标最主要的作用之一就是使交互过程操作简便、快速。

（2）提高识别效率

图标的外形具有较强的直观性。相比于文本，用户使用图标能更好地完成任务（引自孟祥旭，李学庆编著，2004）。

（3）增强记忆效果

相比于文本，用户更加容易回想起图像（约翰逊，2009）。因此，简单易懂的图标便于用户的记忆，可以被不同层次和年龄段的用户接受。

（4）提高界面通用程度

很多图标可以被说不同语言的人理解，因此能增强界面的通用性。

（5）美化界面布局

简练的图标比起同样大小的文字可表达更多的意义（尼尔森，2004）。现在的手持设备屏幕较小，想要把屏幕的大部分留给任务操作区域，使用图标是最好的方式。

（二）图标设计的绩效分析

在设计图标过程中，有一些需要重点考虑的因素，如隐喻、尺寸、色彩、形状、对比度、数量、排列等。

1. 图标隐喻

图标设计中的隐喻对于用户获取交互信息能起到枢纽的作用。图标通过隐喻向用户传达其本身的信息。一个合适的隐喻可以加深用户对该图标功能的理解和认知，而不合适的隐喻则会造成认知障碍。

图标隐喻常用的形式包括直接隐喻、工具隐喻、过程隐喻、方位隐喻、结果效果隐喻等（如图 7-2 所示）。隐喻的运用涉及图标的解释规则，同一个事物在不同的隐喻下可能有不同的含义，因此在一个界面或一个工具栏中使用很多不同类型的隐喻会对用户认知带来障碍。

打印机 　　打开文件夹 　　向后翻页 　　垂直居中
（工具隐喻）　（过程隐喻）　（方位隐喻）　（结果效果隐喻）

图 7-2　图标隐喻示例

2. 图标尺寸

不同的图形用户界面中，图标尺寸也不尽相同（如图 7-3 所示）。如今比较主流的有四种标准尺寸，分别为小图标（32×32 像素）、中图标（64×64 像素）、大图标（128×128 像素），以及特大图标（256×256 像素）。在 Windows 7 系统中，最大的图标尺寸已经发展到 512×512 像素。

图 7-3　不同尺寸的图标示例

以 Windows 系统中的图标为例，研究发现，对于相对较小的图标（24×24 像素和 48×48 像素），被试的再认时间接近；而对于较大的图标（128×128 像素），被试的再认时间明显减少（见图 7-4）。不过，对三者的再认正确率并无显著差异。然而，在用户的偏好评分中，48×48 像素的图标最受用户青睐（张婷婷，2011）。

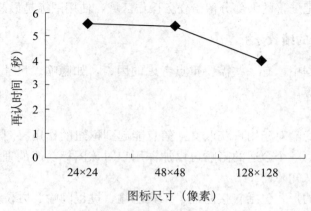

图 7-4　不同尺寸图标再认时间比较

（来源：张婷婷，2011）

3. 图标色彩

在影响视知觉的各个因素中，色彩的作用非常明显。很多情况下，用户最先看到的就是图标的色彩信息。

有研究采用单色、双色和三色三种条件检验颜色对图标识别的影响，发现颜色一致性和颜色数量均对视觉搜索效率有显著影响（宫勇，张三元，刘志方，沈法，2016）。与颜色一致时相比，颜色不一致时被试的搜索时间更短、正确率更高。对单色图标的搜索时间明显少于双色图标与三色图标，而对双色图标与三色图标的搜索时间没有显著差异，对不同颜色图标的识别正确率没有显著差异。

虽然在技术方面，各种色彩的图标均可以得到清晰显示，但是在实际设计中要注意避免色彩的滥用。合理的颜色配置既会使单个图标醒目突出，又能使图标的整体以平衡、协调和丰富的层次展现。相反，无目的、无规律地选择和安排色彩，则会使图标成为色彩的堆积物，导致整个界面杂乱无章，使用户感到不适和费解，严重影响认知效果。此外，还要考虑色彩的文化属性。比如，在中国的股票市场，红色代表股票上涨，绿色代表股票下跌；而在美国，红色和绿色所表征的股票价格变化与中国恰恰相反。

4. 图标形状

对于图标，人眼首先感知到的是它的整体形状（如图 7-5 和图 7-6 所示）。图标形状涉及两方面内容：图标整体的外框形状和具体图案的轮廓形状。

研究发现，不同的图标形状对个体注意力的影响无明显差异，但内部特征不同的图标却会对个体的注意力产生不同的影响，例如仅有文字的图标相比于图文图标更容易被关注（蒋文明等，2015）。

图 7-5 有明确规则轮廓的图标示例

图 7-6 没有明确规则轮廓的图标示例

5. 对比度

图标与背景之间存在一定的对比差异是人眼能搜索辨别图标的前提条件（如图 7-7 所示）。对比度包括颜色对比和亮度对比。对比度越大，人眼越容易将图标与背景区分开来，对图标的辨识越清楚。与背景存在高颜色对比度的图标相对于与背景存在中、低对比度的图标更容易吸引注意（蒋文明等，2015）。

6. 图标数量

在单个用户界面中，图标数量也是重要设计因素。图标数量必须适中，太少会影响交互功能的呈现，太多则会因为注意广度有限而大大增加用户搜索图标的时间。

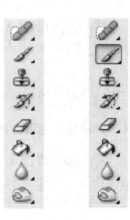

图 7-7 与背景存在不同对比度的图标示例

在很多软件中，图标的数量也决定了图标区域占整个操作界面的比例。因此，需要在实际设计实践中对图标数量加以权衡。

7. 图标排列

对于用户认知而言，不同的图标空间排列（如图 7-8 所示）将影响用户搜索图标的范围、对上下文的理解，以及能否有效为用户操作提供暗示和线索等。

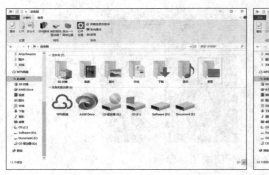

图 7 - 8 不同的图标排列示例

以 Windows XP 系统的图标排列为例，可发现不同的图标排列对用户的图标再认有重要影响。对于规则排列的图标，再认时间总体更短，正确率更高，且更受用户青睐（张婷婷，2011）。

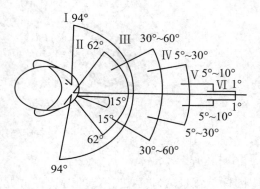

图 7 - 9 人眼在水平面上的视野

此外，还要考虑到图标的空间排列与用户视域范围（即视野）之间的关系（如图 7 - 9 所示）。在不同的位置上，人眼的感知效率是有差异的。如果处在一定的范围之外，某些图形因素就无法得到准确识别，从而对用户认知产生巨大影响。

Ⅰ——视轴转动最佳区；Ⅱ——颜色识别区；
Ⅲ——标注、标记识别区；Ⅳ——最大视敏区；
Ⅴ——符号识别区；Ⅵ——精细视觉区。

（来源：庄达民，王睿，2003）

三、符号标志设计

（一）符号标志设计概述

符号标志在我们的日常生活和工作中是一种常见的视觉信息显示方式，如房间的门牌、道路标志、警告标牌等。类似于图标，由于不像文本那样需要重新编码，人们对符号标志的视觉加工的效率通常更高。为提高符号标志的视觉判读绩效，在设计符号标志时应使其具备简单、明了、清晰的意义，保证其与所要表达概念间的自然匹配性。

究竟应该如何选择适当的符号标志来表征特定的意义长久以来一直是研究者关注的问题。符号标志最主要的选择标准包括认知度（是否容易被人们理解）、匹配度（与其表示的意义关系紧密度）及主观偏好三个方面。如果没有特别的考虑，一个较为基本的选择原则就是尽量选择标准化的或者已经为大家所习惯或熟知的符号标志。Easterby（1970）总结了设计符号标志的几个原则：

- 图形与背景边界清晰而稳定。
- 有对比性的边界比线性边界要好。
- 图符应尽量保持封闭。
- 图符应尽量简单。

● 图符应尽量统一。

（二）符号标志设计的绩效分析

近些年来，围绕符号标志设计的国内外研究主要集中在交通标志设计以及安全标志设计两个方面。

1. 交通标志设计研究

交通标志作为道路信息的视觉表达方式，其合理性直接影响到使用者对道路信息的判读和记忆，从而影响交通速度和交通安全。交通标志在过去的几十年中，一直是一个研究热点。目前对交通标志的研究主要还集中在交通标志的外观尺寸、颜色搭配以及图符标志布局等方面。

对于交通标志的外观尺寸设计，我国曾在《道路交通标志和标线》（GB 5768—1999）中提出，应综合考虑字符数量、图形符号、其他文字和版面美化等因素来确定。2009年，《道路交通标志和标线——第 2 部分：道路交通标志》（GB 5768.2—2009）又对部分交通标志尺寸进行了新的修订。

交通标志的尺寸需求会受到环境等因素的影响。Drory 和 Shinar（1982）考察了在正常环境以及较为恶劣环境下不同交通标志的可视性和清晰度水平。结果发现，在正常的日光条件下，警告标志要么是多余的，要么与驾驶员感知到的需求和驾驶任务无关。在排除其效用之前，应在能见度下降的情况下评估警告标志。潘晓东和林雨（2006）利用眼动仪设备，探讨了在不同行车速度下，不同光线条件（包括顺光、逆光、夜间反光等）对交通标志可视距离的影响。结果表明，交通标志的可视距离随车速的提高而降低；在同一实验车速下，顺光条件下标志的可视性最佳，其次为夜间反光条件，而逆光条件下标志的可视性最差。

Chapanis（1994）考察了交通标志中警告文本和颜色搭配对驾驶员危险等级判断的影响。结果表明，对于用英文表示危险的三种文本——"CAUTION""WARNING""DANGER"（危险程度依次增高），人们对"DANGER"表示的危险等级判断与实际最一致。对于白色、黄色、橙色、红色四种颜色，人们的危险感知度依次增高。对于"DANGER"文本，采用红色搭配最合适，而对于"CAUTION""WARNING"这两种文本并没有明显合适的颜色搭配。

邹运（2013）通过将颜色定量，然后根据数学建模方法进行定量分析，以得出对于道路标志牌每种颜色之间的数值关系，以及颜色设计的最佳对比色。结果发现，标志牌的色彩对比度并非越大，越有利于人眼的观察。在特定的场所，不能仅仅使用"黄-黑"这种传统的对比色来确定标志牌的颜色。除了要起到鲜明的告知作用，标志牌的颜色设计还应能够适应周围环境的要求。在道路标志布局方面，刘唐志等（2014）利用问卷调查的方法，对 GB 5768.2—2009 中对版面信息布局采取将同向信息中远地点置于上方这一做法的合理性进行了研究。结果表明，将指路标志版面中的同向地点信息按照从远及近的顺序从上至下进行排列更符合大多数人的认知规律。王笃明等（2009）采用延迟匹配任务研究了交通标志中路名信息的对称性和布局方式对视认绩效的影响。结果表明，当路名信息以对称方式呈现时，被试的视认绩效明显优于非对称呈现条件下的绩效，但路名信息以矩形或者圆形方式呈现对绩效没有显著影响。

2. 安全标志设计研究

根据《安全标志及其使用导则》（GB 2894—2008），安全标志是用以表达特定安全信息的标志，一般由图形符号、安全色、几何形状（边框）或文字构成，主要可以分为禁止标志、警告标志、指令标志、提示标志等四类。安全标志设计应该简单易懂，符合大多数人的认知习惯和认知能力，具有很强的可识别性。

Collins 和 Lemer（1983）对 18 种备选的出口标志设计在困难视觉条件下（如暴露时间很短）的识别正确率进行了研究。结果发现，"实心"标志比"轮廓"标志更加醒目，圆形标志比方形标志识别起来可靠性要差，简单或简略的标志识别效果更好。

《图形符号　安全色和安全标志——第 1 部分：工作场所和公共区域中安全标志的设计原则》（GB/T 2893.1—2004）规定，安全色一般包括红、黄、蓝、绿四种颜色，对比色包括黑色和白色，几何图形包括圆形、三角形、正方形和长方形。同时，为了使安全标志和辅助标志与周围环境之间形成对比，要使用衬边。

张坤等（2014）利用眼动仪研究了安全标志边框形状及颜色的视觉注意特征。他们的实验结果表明：在形状因素中，被试对三角的注意程度最大；在颜色因素中，被试对红色的注意程度最大；在组合因素中，被试对蓝三角、黄斜杠圆、蓝圆、绿正方的注意程度最大，其中三角、斜杠圆与颜色的最优组合不同于国家标准中采用的组合。

李林娜等（2014）利用形状（圆形、三角形、方形）和颜色（红色、黄色、蓝色、绿色）这两组元素设计了两个实验来确定安全标志的统一背景颜色和背景形状。结果表明：最吸引人眼球的背景颜色是红色，蓝色次之；最引人注目的背景形状是方形。这个实验结果为制定统一的安全标志背景形状和背景颜色提供了数据依据。

四、菜单设计

（一）菜单分类及设计要点

菜单（menu）是通过向用户提供多个备选对象，来完成特定任务的人机交互界面。目前 Windows 系统的主流信息架构就是通过菜单构建的，其特点是易学、易用、无须记忆，并有良好的纠错功能，但操作效率不高，变通性较差，适合那些操作动机水平较低、操作能力较低，且在工作中不常使用计算机的用户操作使用。

随着信息复杂性以及图形用户界面的发展，原有的菜单已经无法完全适应用户的操作需求，因此出现了各种对传统菜单的改进设计形式，其中主要包括跳跃式菜单、鱼眼菜单等。

跳跃式菜单（jumping menu）是指当用户点击菜单的第一层时，鼠标自动跳跃到打开的第二层的第一个菜单项上。采用跳跃式菜单的主要优点是用户只需要在垂直方向上移动鼠标进行选择，减少了用户平移鼠标的操作，提高了点击效率（Ahlström et al.，2006）。

鱼眼菜单（fishes menu）最早是由 Bederson 在 2000 年提出的，该菜单可以动态地变换菜单条目的尺寸，将鼠标所在区域放大。这样便可以在一个屏幕上显示并操作整个菜单，而不需要传统的按钮、滚动条或分级浏览结构。鱼眼菜单既着眼于整体，又聚焦于局部，使整体和局部达到了比较完美的统一，适合用来浏览选项比较多的菜单。张丽霞等（2011）对鱼眼菜单进行了可用性测试，结果表明，鱼眼菜单的布局方式能够使得用户更便于发现目标菜单项，但也发现了其本身的不足，即在选择目标菜单项时较为困难。基于实验结果，他们对原有鱼眼菜单进行了改进，设计了黏滞式鱼眼菜单。随后也有研究者对鱼眼菜单做了许多不同的改进（葛列众，孙梦丹，王琦君，2015）。

（二）菜单设计的绩效分析

目前，菜单人机交互的研究主要集中在菜单呈现形式、菜单深度和广度、菜单项的顺序组织等方面。

菜单结构中菜单呈现形式是影响使用者操作绩效的一个重要因素。有研究表明，菜单的呈现形式对用户的操作绩效和主观满意度都有一定的影响（Quinn & Cockbum，2008）。

除了呈现形式，菜单结构中的深度与广度这两个重要参数对用户的操作也有明显的影响。其中菜单深度指菜单层次数目，而菜单广度指同一层次上菜单项的数目。葛列众和周川艳（2012）对语音菜单的深度与广度进行了较为系统的实验研究，确定了语音菜单中最为合理的广度与深度配置。他们提出，在手机菜单设计中，应该考虑用户个人喜好或操作绩效等因素，酌情使用分层或分页菜单，避免使用拖动式的滚动菜单。

菜单项的顺序组织指的是同一层次上各菜单项在屏幕上的排列顺序。通常，菜单项的顺序组织有固定式和自适应式两种。固定式排序是指按照一定的原则进行安排，在用户操作过程中使菜单项的顺序保持不变。菜单项通常按照习惯、使用频率、选项的概念范畴和各选项首字母的顺序排列组织。自适应式排序是指由计算机自动根据用户操作来判断用户需求并对菜单项进行重新排序，以适应用户的操作特点。通常，根据用户的操作频率以及最近的一次操作来进行自动排序是采用最多的一种形式。有关自适应式菜单和固定式菜单的操作绩效的差异，不同研究者的研究结果存在一定的争议。有研究发现自适应式菜单的操作绩效显著优于固定式菜单（Greenberg & Witten，1985）。胡凤培等（2010）对语音菜单的固定式和自适应式顺序进行了研究。结果表明，自适应式语音菜单的操作绩效比固定式语音菜单更好。但是，也有研究表明，固定式和自适应式这两种菜单的操作绩效没有显著差异（Sears & Shniederman，1994）。自适应式菜单也可以通过与传统菜单形式相结合达到较优的设计。王璟（2011）就利用自适应技术对手机菜单进行了改进，并考察了这种优化的菜单对不同认知风格使用者的操作的影响。结果发现，多数场独立性高的用户偏好自定义式菜单，而场独立性低的用户偏好自适应式菜单。

五、填空式界面设计

（一）填空式界面概述

填空式界面（fill in forms interface）指通过用户在格式化的信息域内按要求填入适当内容来完成人机交互任务的界面形式，其优点是可以充分利用屏幕空间输入各种类别不同的信息内容，但容易出错。

（二）填空式界面的设计要点与绩效分析

填空式界面中用户的操作绩效受到界面组织和设置、信息域的设计、提示、引导和出错纠正等多种因素的影响。

1. 界面组织和设置

通常，在填空式界面的组织和设置上，应根据用户操作任务的不同，按照信息域的语义关联、用户的操作顺序或者各信息域的重要程度将各种信息域分组呈现，而且应尽可能把内容上相互关联的信息域呈现在同一个画面上。刘艳（2014）提出，在对界面元素进行布局时，一般应采用三列表格形式，其中第一列为标签，第二列为表单元素，第三列为表单元素的填写说明。另外，各个信息域在显示屏上的排列应考虑平衡和对称，组与组之间采用空白区域、线条、颜色或其他视觉线索加以区分。

2. 信息域的设计

信息域是指需要用户填写相关内容的空间。在填空式界面上，通常会采用方格等来界定信息域。信息域的对齐方式应考虑不同的情形：若标题字符（或其节略语）长短相差不多，或者使用者是老用户，那么纵向排列的标题应采用左对齐，否则可考虑采用右对齐；若信息域要求输入的是数字，那么在输入过程中，数字应该是左对齐，但输入完成后，则应考虑右对齐或小数点对齐。信息域中字符的数量往往有一定的限制，应该采用设置括号、短划线等方法让用户了解信息域中可以输入的字符数量。有时还可以直接通过反馈的方式告诉用户还可以输入的字符数。

3. 提示

在填空式界面中，对于输入内容应注意提示要简短明确。对于计算机新手，或者当信息输入有些特殊的规定时，就有必要采用提示。提示的位置可以在信息域的右边，也可以在显示屏的底部。

4. 引导

填空引导一般来说是通过光标自动在不同信息域间移动来进行的。当同一显示屏上有多个信息域时，通过填空引导的优化设计可以帮助用户方便地完成每个信息域的信息输入操作。对于填空引导，应该注意以下几点：

- 信息输入开始时，应将信息输入引导的光标放置在第一个要求输入信息的信息域的起始点上。
- 引导信息输入次序的光标移动应该是自左向右，逐行进行。
- 引导信息输入的光标不能移到非编辑区域。
- 如果信息域输入信息的长度固定，对于有经验的用户，可采用自动表格键技术。
- 如果有多页信息输入，在显示屏上要标出页码和标题。

5. 出错纠正

在填空信息输入出错时，有效地纠正错误能提高用户的操作绩效。填空的错误处理可以分为两大类：一类是预防性的输入错误处理；一类是纠正性的输入错误处理。前者是在用户输入前或输入过程中进行实时错误处理。后者是指当用户完成输入后，系统给予错误输入的提示，并告知相应的修改方法。同时系统应把指示光标放在出现错误的信息域，并突显该信息域，以便用户及时发现、纠正。

出错信息的内容对用户操作有着明显的影响。Zajicek 和 Hewitt（1990）比较了新手用户对三种不同的出错信息（复杂的出错信息、简单的出错信息、没有出错信息）的偏好。结果表明，相对于没有出错信息和复杂的出错信息，用户更偏好于简单的出错信息。此外，Tzeng（2006）比较了积极的致歉式出错信息（比如使用与该网页有关的玩笑）、消极的致歉式出错信息（比如简单道歉）以及机器式出错信息（比如直接报告错误代码）等三种不同内容的出错信息。结果发现，对不同类型出错信息的偏好受到被试差异的影响，日常生活中注重礼貌的被试更偏好致歉式出错信息。但是，Akgun 等（2010）认为，Tzeng 未能发现致歉式出错信息与机器式出错信息在自身绩效评价上的差异可能是由被试取样以及情绪等因素导致的。出错信息呈现的方式也会对用户操作有着明显的影响，主要包括呈现的时间和空间特征两个大类。Bargas-Avila 等（2007）以填写 Web 表单形式的在线问卷为工具，比较了使用即时呈现和提交时呈现的出错信息时用户出错的次数、填写所需要的时间以及主观评价等各个指标。结果表明，被试更偏好提交时同时呈现所有的出错信息，提交时呈现出错信息优于即时呈现。

在出错信息呈现的空间特征方面，Bargas-Avila 等（2007）发现，出错信息呈现的空间特征（表单内呈现与对话框式呈现）与时间特征（即时呈现与提交时呈现）的交互作用对用户填写所需要的时间、出错次数以及主观评价都有显著影响，呈现出错信息的最佳方式是在用户完成整个表单后在表单内提供错误字段。此外，Penzo（2006）通过视线追踪的方法对使用 3 种不同标签对齐形式（位于输入框左方的左对齐标签、位于输入框左方的右对齐标签和位于输入框上方的左对齐标签）的 Web 表单进行了比较，发现位于输入框上方的左对齐标签具有显著优势；但同样使用视线追踪，Das 等（2008）的数据则支持位于输入框左方的右对齐标签。在 Web 表单中，出错信息常以输入框右侧左对齐的方式呈现。虽然 Penzo 和 Das 等的研究并非以出错信息为对象，但用户在填写表单过程中以类似的方式处理出错信息及标签，因此他们的研究可以为出错信息呈现的对齐方式提供设计参考。

界面上的突显设置，可以改变用户的搜索策略，从而提高用户视觉搜索的绩效。因此，突显出错信息将有助于用户察觉出错信息并进行即时纠正。字体及大小、颜色等特征也是呈现出错信息时需要考虑的突显元素。

六、对话框界面设计

（一）对话框界面设计要点

对话框界面（dialogue interface）是同时具有菜单和填空式界面特点的一种界面。菜单是由一组可供用户挑选的选项组成的人机界面类型，而填空式界面由一些格式化的空格组成，要求用户在空格内填入适当的内容，具有与传统表格类似的结构和布局，操作步骤简明（朱祖祥，葛列众，张智君，2000）。在对话框界面中，通常由系统使用类自然语言式的指导性提问，提示用户进行回答，用户一般通过在几个备选项中进行选择来完成。

对话框界面的优点是简单明了，易学易记，用户每次的输入操作都非常明确。但其缺点是效率较低，灵活性较差，用户需要按照事先指定的顺序和内容完成交互。针对这个问题，目前已经有大量的自适应系统被应用于对话框界面设计。这种自适应的对话系统能够根据用户对前面问题的回答自动调整后面需要回答的问题，以提高交互效率。

在向导式对话框界面中还需要注意提供给用户在不同页面中灵活进行切换的选择，对于较长的问答，需要有较为明确的导航信息提示给用户当前操作所处的阶段。

（二）对话框界面示例与绩效分析

图 7 - 10 呈现的是一个人机对话的简单类型，是一串问题（或计算机提示）后跟着答案（人的回答）。通常人的回答限制在 Yes 或 No（Y/N）这种最简单的形式上；较复杂的方案允许用数码或文字码来回答。对话框界面易学好用，这是因为提示列出了有效答案并给出了完整指令来通知用户做什么。这种界面的编程也较为容易。

影响对话框界面操作绩效的因素主要有如下几个方面：在对话框界面设计中，应注意使用简明的语言来表述问题，防止用户产生误解；使用标题或小标题，帮助用户理解问题；通过完整的提示和简要的说明提供问题的背景；使用色彩、线段等视觉线索把问题和用户输入分开等方式，来提高用户的操作绩效。

```
          病人管理系统
输入病人编码（或E：退出）：>220345
          ：入院日期1987年12月12日
选择病人病史
          D  诊断
          T  处理
          X  X光结果
          L  化验
>L        C  参考表
该病人无化验报告
对该病人还作其他选项选择吗？（Y/N）>N
想访问其他病人病史吗？（Y/N）>N
          病人管理系统
输入 N  增加新病人
     O  改变或删除一个已存在的病人记录
     E  退出
>
```

图 7 - 10　对话式界面示意图
（来源：A. 苏克列夫，1991）

七、直接操作界面设计

直接操作界面（direct manipulation interface）最初是由美国人机交互研究专家 Shneiderman（1983）提出的。用户在使用该界面时可以对直观的对象（object）直接进行操作，而不是通过中介代码（命令语句或菜单项）间接地进行操作（葛列众，王义强，1995）。直接操作界面的操作易学易记，直接明了，为用户提供操作背景和即时操作的视觉反馈。但直接操作界面不像对话框界面那样有一定的提示和说明可供用户参照，操作的效率在某些情况下较差。通常，对于学习积极性较低、不常使用计算机、键盘操作技能较差或对使用其他计算机系统有一定经验的用户来说，直接操作界面较为适用（朱祖祥等，2000）。

（一）直接操作界面的性质

Wolf 和 Rhyne（1987）对人机界面的分类可以很好地帮助我们理解直接操作界面的

性质。他们提出，人机界面可从对象确定技术和操作确定技术两个维度进行分类。对象确定技术包括：名字生成（name generation），例如通过键盘输入对象的名字；视觉关联（visual correction），例如使用鼠标选定一个对象；姿态生成（gesture generation），例如输入或绘制一个符号以代表某一对象。操作确定技术（techniques for specifying actions）包括：命令生成，例如输入一个操作动作的语句；视觉关联，例如使用鼠标单选或双选代表某一操作动作的图符或语句，从而完成该动作；类比操作（analogous actions），例如拖曳一个对象到新的位置上；姿态生成，例如输入或绘制一个符号以表示某种操作；编码选择（coded selection），例如使用快速的编码操作——按某一功能键来完成某种操作。根据上述分类，Wolf 和 Rhyne（1987）指出，所有直接操作界面确定对象的技术均为"视觉关联"，因此操作确定技术决定了直接操作界面的不同水平。例如，拖曳一个对象到垃圾箱里以删除它的类比技术要比在对象表征上打上"×"的姿态技术更直接，即与姿态技术相比，类比技术的直接操作水平更高（葛列众，王义强，1995）。

（二）直接操作界面设计的绩效分析

许多研究者比较了用户在几类不同界面中的操作绩效。例如，Margono 和 Schneiderman（1993）采用基本文件操作任务比较了 MS-DOS 命令式界面和 Mac 直接操作界面的操作绩效。结果发现，Mac 界面用户完成操作任务更快，错误更少，而且使用满意感也较高。此外，也有研究者对直接操作界面的有效性提出了解释。比如，Hutchins 等（1985）认为，"参与"和"距离"是解释直接操作界面有效性的两个最主要因素。其中，"参与"涉及用户完成特定任务时自我参与的感受。高参与度的界面会让用户感受到是他自己，而不是计算机在完成一项确定的任务。"距离"因素包括两种不同的类型：一是语义距离（semantic distance），即用户的期望与界面上的语义对象和操作之间的差异；二是关联距离（articulatory distance），包括直接操作形式与物理操作形式之间的差异，以及直接操作形式与系统输出之间的差异。

另外，直接操作界面的操作绩效也受到操作任务、用户经验等其他因素的影响。有研究者（Gould et al.，1988，1989）通过实验表明，对于简单的单个数据输入，填表式输入技术要优于直接操作式输入。但是，当输入任务复杂、输入中容易出现拼写错误或要求在众多的可输入项中进行选择时，采用直接操作式输入有着明显的优越性。另有研究（Benbasat & Todd，1993）发现，在开始操作时，直接操作界面的操作绩效要优于菜单式界面，表现为操作反应时较短，但随着操作次数的增加，两者反应时的差异逐渐消失。

第二节　新型用户界面设计

新型用户界面设计在用户界面设计的构思上，突破了传统图形用户界面的设计框架，采用了基于新型人机交互技术的用户界面设计新思路，从而提高了人机交互的自然性、精确性和有效性。新型用户界面设计的研究主要指自然用户界面、脑机接口、可穿戴设备、自适应用户界面、隐式交互界面及多模态用户界面等人机界面设计的研究。

一、自然用户界面设计

（一）自然用户界面概述

自然用户界面（natural user interface，NUI）是指让人们用自然的方式实现人机交互的用户界面。自然用户界面基于人类本能的交互模式，如视觉、听觉、运动、表情、肢体语言等，是一种结合计算机模式识别、语音识别、心理学、仿生学、人体语言学的人机系统工程，强调对人-机-环境三者作为一个系统进行总体设计。自然用户界面的出现为操作效率与用户体验带来了质的变化，人们不再需要学习复杂的命令及交互方式，便可以用自然的方式与机器进行互动。

作为新一代的人机交互形式，自然用户界面与传统的图形用户界面（graphical user interface，GUI）有着本质区别。图形用户界面主要是对图标和系统构建的设计，这种设计方式完全是从设计师的角度出发的。图标的设计虽然会借鉴现实生活中的物品，也提高了用户对计算机的认知理解，但是用户仍然需要学习设计师和程序师制定的规则才能顺利操作，而且操作形式只有鼠标点击和键盘输入，这在无形中禁锢了用户的双手和双脚。自然用户界面的不同之处在于，除了对图标及系统构建的设计，还有对界面操作行为，即交互方式的设计，并且这种交互方式要符合用户的日常操作习惯。

此外，不同于图形用户界面是基于人之所见，自然用户界面更能激发人们的直觉，通过有效地发掘和利用目标用户已具有的心智模型和知识，提高人机交互的自然性和高效性，从而缩短了界面学习过程。自然用户界面是对人类物理世界最真实、最本质的构建，即所做即所得。所以，了解目标用户群体先前的知识、技能和经验，并让交互方式与这些方面相一致，就成了自然用户界面设计的关键。

（二）自然用户界面设计的类别

人的本能是人类与生俱来的，不需要教导和训练。因此，要设计出具备自然交互功能的界面，首先就要了解什么是人的自然属性。从人类本能沟通行为来看，主要有语言沟通和非语言沟通：语言沟通包括口头形式和书面形式，后者类似于图形用户界面中的文本输入；非语言沟通涉及肢体语言，包括动作、表情等。常见于自然用户界面的人类自然属性有语言、注视和手势等。

1. 语音交互设计

语音交互是基于语音输入的一种交互模式，能够实现自动化的服务并能提供完整的相关流程。语音输入是一种很自然的输入方式，能将不同种类的输入技术（即多通道交互）结合起来形成一种更具连贯性和自然性的界面。作为一种自然交互方式，语音交互是现阶段交互形式的一大创新。

语音交互一般包括三个模块：

一是语音识别（automatic speech recognition，ASR），主要工作是将用户输入的语音转化为相应的文本或命令，涉及信号处理、声学、模式识别、概率论、信息论、语言学、计算机科学等。常用的语音识别算法主要有动态时间规整（dynamic time warping，DTW）、隐马尔科夫模型（HMM）和人工神经网络（ANN）等。20 世纪 90 年代，随着多媒体时代的到来，语音识别开始走向实际的应用。语音识别在细化模型的设计、参数提取和优化，以及系统的自适应技术上取得了一些关键进展。目前，深度神经网络（deep neural network，DNN）是研究的热点。DNN 是 ANN 的一个分支，由于能够比较好地模拟人脑神经元多层深度传递的过程，因而它在解决一些复杂问题的时候有着非常明显的突破性表现。2011 年，微软研究院和谷歌的语音识别研究人员先后采用 DNN 技术将语音识别错误率降低了 30％左右。

二是自然语言处理（natural language processing，NLP），主要工作是从基于语音识别而输出的文本中获取语义信息，理解人们想要表达的意思，并给出合理的反馈。

三是语音合成（text to speech，TTS），主要工作是指将文字转化为声音，涉及声学、语言学、数字信号处理、计算机科学等多个学科的技术。

以上三个模块组成语音交互设计的完整过程，通俗地说，就是通过麦克风让机器听到用户说的话，然后听懂用户想要表达的意思，并把结果反馈给用户。

语音交互设计有着输入效率高、使用门槛低、感官占用少，以及能有效进行情感交流的优势。研究表明，语音菜单结构对用户操作语音菜单系统的绩效具有重要影响，纵向排列时的操作绩效要优于横向排列时。在相同任务下，增大语音菜单广度比增大语音菜单深度更能提高用户操作语音菜单系统的绩效（葛列众，滑娜，王哲，2008）。还有研究结合不同难度的机械臂遥操作任务，对语音识别与触摸控制进行了比较。结果发现，语音识别比触摸控制能更显著地提高操作速度，降低控制难度，降低操作负荷、视觉负荷和认知加工负荷（谭丽芬等，2017）。但同时，语音交互设计也存在一些不足：基于线性的时序，不可快进，难以后退，导致效率低、用户记忆负荷重。考虑到这些不足，语音交互中的话术设计需要遵循一些特定的原则（百度 AI 交互设计院，2018）：

- 准确原则：表述无歧义，避免笼统模糊。
- 简洁原则：表述简单明了，避免信息量过大，一次提供的选项不超过 3 个。
- 目标性原则：清楚传达信息接收情况，不确定用户意图时进行"意图确认"；需求未满足时，不轻易终结对话，告诉用户接下来怎么做。
- 自然原则：措辞口语化，避免使用专业的、晦涩的语言；句式自然，使用对话标记；同一内容提供多样化表达。
- 友好原则：主动认错，不责怪用户。
- 人格化原则：适时幽默。

2. 视线交互设计

视线交互是指通过视线追踪技术，获取当前用户视觉注意方位，并实现计算控制的交互形式。随着产品硬件性能的提升以及视线追踪技术的发展，眼动交互形式的应用研究日渐兴起，并成为智能化人机交互的重要研究方向。

眼动测量系统是视线交互的重要基础设备，可用于以下视线交互：

- 使用眼动追踪来控制用户界面。

- 使用眼动追踪来控制鼠标指针。
- 用视线控制计算机游戏。
- 虚拟世界的视线交互。
- 3D 环境中的视线可视化。
- 将眼动控制和语音输入相结合来提升输入效率。

虽然目前用户界面所使用的任何人机交互技术几乎都有视觉参与，但与眼动仪研发相比，基于眼动的交互产品还是要少得多，而且大部分产品没有量产，尚停留在科学研究层面。如英特尔公司专门为英国著名科学家霍金量身定做的超级轮椅，基于眼动检测来完成信息的输入、输出。目前，基于眼动的视线交互设计研究主要集中在视线反馈、视线点击和视线输入三个方面。

（1）视线反馈

视线反馈是一种基于眼动信息并通过反馈来提高视觉操作绩效的交互技术。在这种技术中，由眼动系统收集用户的自然眼动信息并对其进行分析，利用用户的眼动频率来显示必要的附加信息以及关联的信息，或者在保持全局信息呈现的前提下，利用用户的注视时间来局部放大用户的感兴趣区域，从而帮助用户更为有效地完成视觉搜索作业。这种人机界面的智能特点不仅能满足用户的需求，而且可以降低用户的操作负荷，增加界面的宜人性，提高用户的操作绩效。在李宏汀等（2017）的研究中，首先通过结合低通滤波算法和眼动事件自适应技术，实现基于视线追踪的交互式突显技术，然后让被试分别在有和没有采用基于视线追踪的交互式突显方式下，完成从数字及图标材料的海量刺激中搜索并定位目标刺激的任务。结果发现，无论是对于数字材料还是对于图标材料，用户使用交互式突显技术来完成任务的时间都显著快于未采用该技术时。对于数字材料，采用交互式突显技术时的疲劳度主观评分显著低于没有采用该技术时；而对于图标材料，这种差异并不显著。

按照反馈的内容，视线反馈可分为视线附加信息反馈和视线信息呈现方式反馈。视线附加信息反馈是在收集、分析用户自然眼动信息的基础上，向用户提供相应的附加信息以帮助用户更好地完成作业。例如，Qvarfordt 和 Zhai（2005）开发出用于城市出行规划的 iTurist 系统，通过收集分析用户注视点来判断用户的感兴趣区和感兴趣程度，并以此来为用户提供带有相应地点的图片及语音辅助信息的虚拟城市地图。研究结果表明，用户可以得心应手地使用 iTurist 系统进行旅游规划，并且对该系统给出了较高的主观评价。视线信息呈现方式反馈则是使用用户的视线位置代替传统鼠标来实现指令输出的眼动控制技术。该技术在收集、分析用户自然眼动信息的基础上，通过改变信息的呈现方式来辅助用户更好地完成视觉作业。相比视线附加信息反馈，该技术是通过改变当前视觉信息的呈现方式来提高用户的操作绩效的。该领域最典型的三类研究为：基于眼动状态分析的动态放大；基于眼动的菜单呈现；眼动焦点选择。

（2）视线点击

视线点击指的是主要通过收集显示屏上用户注视点的坐标，再结合其他用户行为来代替传统鼠标部分功能的交互技术。该领域主要有三类典型研究：视线操作与传统的图形用户界面（键盘、鼠标）结合；视线操作与新型交互技术（触摸屏、语音）结合；视智能视线操作。例如，Pfeuffer 等（2014）开发的凝视-触控（gaze-touch）技术就是一种将眼控操作和触控操作相结合的交互方式。

视线点击技术既能满足一些特定场景或特定任务（例如无法用双手进行操作的情境）的操作需求，也能在一定程度上提高用户操作的绩效。

（3）视线输入

视线输入指在用户对特定输入规则进行学习的基础上，结合计算机的识别和编码将视线移动的轨迹序列或一定的停留时间编译为输入特定字符的指令，即利用视线动作完成数字字母等字符的输入任务。该领域的典型研究有两类：纯视线行为输入；视线行为与其他交互方式结合输入。Isokoski（2000）通过利用屏幕外视线靶的辅助实现了准确的视线输入，这被称为无须文本输入的最少设备法（minimal device independent text input method，MDITIM）。该技术利用设置于计算机屏幕之外的数个视线靶，让用户以特定顺序注视这些视线靶，视线的移动顺序则被计算机收集并依据改版的莫尔斯码将视线轨迹编译为特定的字符。这种交互形式虽然在速度上比不上传统键盘，但它成功解放了双手且在不依赖任何其他设备的情况下用视线完成字符输入，可以满足一些无法使用键盘的特殊情况和任务下的文本输入。Wobbrock 等（2007）开发了 EyeWrite 系统，该系统需要用户模仿手写笔在电子设备上书写那样用视线的移动轨迹'写出'文字，再由计算机进一步进行识别和编译来完成输入。研究结果显示，熟练被试使用 EyeWrite 系统的输入速度可达到 8 个单词每分钟，错误率只有 1.25%。Zhao 等（2012）将视线编码应用于手机，研究参考了前缀编码技术（prefix coding technology）设计了 12 种彼此区分的视线图式，其中 10 种为 10 个阿拉伯数字（0～9），另外 2 种分别用来实现删除以及电话拨出的功能。研究结果显示，相比于利用一定注视时间来选定的视线输入，利用视线的移动轨迹来完成输入在手机端更方便可行，且超过 60% 的用户倾向于选择该设计。

视线交互作为一种新的人机交互通道，不仅在用户端保持了鼠标键盘等传统输入通道所具有的主动输入功能，在机器端还能根据用户眼动信息的实时智能反馈，增加用户沉浸感。因此，这是一项自然便捷的新型交互方式，可提高任务操作绩效，提高交互体验，实现多通道交互。

3. 手势交互设计

手势（gesture）或姿势（posture）是一种符合人类日常习惯的交互手段，现实生活中的交流通常会辅以手势来表达特定的情感或传递某些信息。3D 手势计算（gesture-based computing）是计算机所创造的虚拟世界中的一种命令输入方法，强调用户使用自己的身体直接作为输入设备，即只需进行空间操作而不必直接接触屏幕，让用户像在真实世界中一样通过手势动作来完成虚拟世界中的活动。2010 年微软 Kinect 的问世，是 3D 手势计算最具标志性的事件。它允许游戏者在不使用任何远程控制器的情况下，通过手和身体的运动直接控制游戏。玩家们的指向、舞动、跳跃等动作，都完整地呈现在屏幕中。根据姿势形成过程中涉及的身体部位及范围，姿势一般分为全身姿势（body gesture）、手臂姿势（arm gesture）与手部姿势（hand gesture）三类（Pirttiniemi，2012）。其中，用户使用的手臂姿势主要包括滑动（swipe）、推动（push）、画圈（circle）与挥动（wave）四种（Pirttiniemi，2012）。这四种姿势的轨迹差异较大，在识别过程中不易出错。

- 滑动一般用于菜单导航界面中的选择操作（包括垂直方向与水平方向）。此外，从右向左滑动通常表示取消一个行动或返回先前的屏幕菜单；从左到右滑动一般表示选择一个菜单项或进入下一个菜单屏幕；上下滑动一般表示浏览菜单项的列表。
- 推动是天生姿势的一种。在推动动作中，手臂和手均朝 Kinect 设备移动。当交互界面没有给出明确的指令或提示时，用户常会尝试这一动作。与其他手臂姿势不同，推动可用来模拟图形用户界面中鼠标的点击动作。
- 画圈是手臂做顺时针或逆时针的圆周运动。同前述其他姿势不同，该手臂姿势无确切的开始或结束点，故常在用户主动控制的情境中使用。如浏览长串列表时，用户可通过画圈的方向与速度来控制浏览的方向与速度。
- 挥动是 Kinect 的默认开始姿势，以便 Kinect 识别需追踪的用户。该操作具有独特意义，因而不易与其他姿势相混淆。

在手势交互设计过程中，设计者需要考虑应用场景大小、目标用户身高、多用户共同操作、特殊群体的心理特征等多种因素。如罗伟斌（2013）提出，基于儿童认知能力发展水平的特殊性，儿童手势交互界面应多采用实物，尽量不使用复杂的隐喻；采用多通道输入，减少儿童学习时间，增强用户体验和可用性。

从用户角度考虑手势交互设计需要遵循的原则，可以划分为两方面：一是文化背景等间接影响，二是与用户个人习惯有关的直接影响，分别概括为隐喻合理和符合习惯，具体有以下五个原则（娄泽华，殷继彬，2018）。

隐喻合理　隐喻在此表示手势与用户的背景文化、理解的意图以及生活经验等保持一致，使手势意义与用户主观理解的意义相对应；合理即合情理，也就是在特定文化背景下来理解手势。

- 直观自然。手势要设计得直观自然，符合当前的时代潮流，能够被大部分用户所接受，同时应将手势表示的生活意义与系统实现的功能对应起来。因此，设计手势时常使用实物和符号隐喻。
- 符合文化约定。设计的手势应符合社会文化约定，应注意避免使用与文化相冲突的手势。若是针对特定国家或地区的系统设计手势，则需要符合当地的历史文化约定，使手势能最大限度被该国家或地区的用户所接受。例如，拇指与食指指尖接触、其余三指伸直的手势，虽然在很多情况下表示“OK”，但在日本表示金钱，而在马耳他则表示恶毒的骂人话。
- 指代明确。手势应指代明确，避免用户理解产生歧义导致手势操作意义的混淆。有些手势，如指示手势、单选手势等可以明确表示某些意图。因为这些手势没有文化差异，在设计手势时应优先考虑这些手势。

符合习惯　手势设计应抽取绝大多数用户的习惯，且保留对交互有重大影响的习惯。

- 优势手完成常用操作。设计时应主要考虑区分利手特征，右利手者（右手为优势手）的单手和双手手势语的主要动作手全部是右手，而左利手者则完全相反。因此，设计单手手势时，使用惯用手完成最常用的操作可以提高效率；设计双手手势时，惯用手也应该用来完成最常用操作，且双手动作意图应尽量一致，否则会增加使用难度。最常用的操作一般是主要操作，应由惯用手承担。

● 双手动作意图一致。双手同时操作在某些场景中有优势，设计时应使双手动作尽量同向或对称，以降低难度。如一手画方、一手画圆的手势就不符合人的认知习惯。因此，需要尽量设计同向或对称操作，以确保双手动作的意图一致。其中对称操作包括轴对称和中心对称，如拇指食指对向运动的放缩手势和模仿操作方向盘的手势。

无论是静态手势还是动态手势，其识别顺序中首先是图像获取、手势检测和分割、手势分析，然后是静态或动态的手势识别。目前，对手势进行分割、分析以及识别的方法较多，图 7-11 给出了其中常用的一些方法。

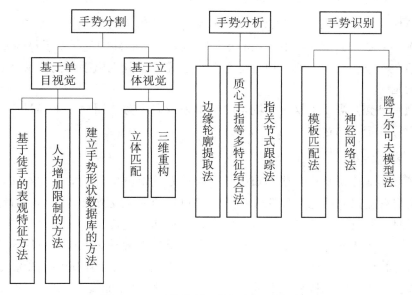

图 7-11　手势分割、分析和识别方法图

（来源：武霞，张崎，许艳旭，2013）

相比图形用户界面，手势交互更依赖于有效的反馈信息。赵洋帆等（2014）从易学性、控制性、情感和心理负荷四个方面，探讨了有无人形反馈对手势操作用户体验的影响。研究结果表明：在心理负荷方面二者无显著差异；无人形反馈的易学性优于有人形反馈，在控制性和情感上则相反。

手势交互通过肢体动作直接与机器交互而达到自然交互的目的，但目前的设备所采用的大多数手势既不自然，也不容易学习与记忆（Liang，2013）。这对用户快速学习并使用相关设备造成了一定的障碍。在手势设计过程中，如何使用户快速建立手势-功能连接，并尽可能降低用户的记忆负荷，急需相关心理学研究的支持。研究表明，个体对肢体动作的工作记忆容量仅有 3~4 个（Gao，Bentin，& Shen，2015）。因此，当用户需要学习手势交互的相关动作时，不能一次性给予太多的新手势。

3D手势计算作为一种新型的人机交互技术，不仅代表着先进的用户界面设计趋势，更意味着新的沟通、表达和学习方式的到来。通常，手势会影响我们学习、思考以及感知世界的方式，这被称为具身认知（embodied cognition）理论。该理论解释了身体行为对大脑学习的影响，成为3D手势计算应用于教育的理论基础。Homer等（2014）开展了利用Kinect辅助小学生阅读的相关实验。结果表明，纸质阅读小组和嵌入活动的Kinect数字化阅读小组在高频词汇、编码词汇以及阅读总分上的得分，均显著高于单纯的Kinect数字化阅读小组。更重要的是，嵌入活动的Kinect数字化阅读在帮助学生理解常用语上的得分显著高于另外两组。

3D手势计算起初用于虚拟现实环境下用户与三维对象的互动，典型的交互任务包括导航、选择、操控以及系统控制。随着3D手势计算相关技术的日益成熟，它的需求与应用早已向多个维度扩展，包括游戏领域、智能终端领域、计算机设计领域、医学领域等。但是目前，手势交互的广泛使用也面临一些需要解决的重要问题：

- 金手指（Midas touch）问题：手势识别系统不能有效判别人的连续运动中，哪些动作是有意图的交互或下意识的动作，或者不能明确判别一个手势的发起或结束。
- 必须在一个相对完整的运动轨迹之后，系统才能判别出手势的语义，这将造成一定的延时。
- 使用手势交互需要根据应用场景的特点来选取手势，用户必须经过一个或长或短的学习和记忆的过程。

4. 触觉交互设计

触觉交互是基于人类力触觉感知机理，通过力触觉设备，模拟人类对实际物体的感知过程，实现对虚拟或远地力触觉进行感知和再现的人机交互技术。力觉设备能够尽可能真实地还原远程或虚拟环境中物体的硬度、重量和惯量信息。触觉设备能够再生真实的触觉要素，如物体的纹理、粗糙度和形状等。通过力触觉交互设备，用户不仅能够以自然方式向计算机发送各种命令，而且可以通过"触摸"屏幕上看到的图像或虚拟物体，获得和触摸实际物体时相同的力感和运动感，从而实现更加真实、自然的感知和交互。此外，研究表明人的视觉偏差直接依赖于力触觉信息的修正（Ernst & Banks，2002）。

但是直至20世纪90年代初，触觉装置还由于费用昂贵、用途单一等原因，主要限于军事仿真研究用途。

1995年，麻省理工学院人工智能实验室的Salisbury开发了一种名为"Phantom触觉界面"的装置，解决了触觉研究人员面临的许多问题。它实现了点接触力的传递，可以用来产生指尖与各种物体交互的感觉，引发了全球的触觉交互研究热潮。

从研究主题来看，近年来的触觉交互研究大致可以划分为三个主要方面：触觉交互中的人类触觉机制研究、具体触觉界面设计及评价研究、虚拟现实中触觉交互的应用研究。例如，Yfantidis和Evreinov（2006）开发了一种便于盲人操作的触控板技术。在该技术中，每当盲人用户的手指接触到触摸屏后，会自动出现一个八个方向的字母菜单，通过随时间变化的三层字母布局排列软键盘框以及手指触到相应字母的声音反馈，来引导视觉障碍用户顺利进行输入操作。结果表明，普通用户在蒙住眼睛的情况下最高可以达到 12wpm（每分钟单词数）的输入速度。

触摸屏作为一种输入设备，是目前最简单、方便、自然的人机交互界面。操作过程中，用户主要通过不同的手势来与触摸屏进行交互。

对于触摸屏，输入绩效始终是关注重点。费茨定律（Fitts's Law）指出，使用指点设备到达一个目标的时间与两方面原因有关。一是设备当前位置和目标位置的距离。距离越长，所用时间越长。二是目标的大小。目标越大，所用时间越短。Parhi 等（2006）考察了触控目标尺寸对单手使用触摸屏的影响。实验场景分为两种：执行单个任务，如确认按钮或单选按钮；执行连续任务，如输入电话号码。结果发现，当按钮小于 9.2mm时，单个任务的错误率显著增加；当按钮小于 9.6mm 时，连续任务的错误率显著提升。另外在连续任务场景中，当按钮尺寸为 9.6～11.5mm 时，错误率基本保持不变。值得注意的是，没有适合任何触控目标的完美尺寸。不同的尺寸适合不同的情形。具有严重后果的操作（如删除和关闭）或常用操作应使用较大的触控目标。具有较小后果且不常使用的操作可使用较小的目标。还有研究表明，连续输入字母时，各字母所处按键位置的相对距离对输入绩效有较大影响。当两个连续输入的字母处于同一个按键时，其操作绩效最高，其次为相邻按键。同时，水平、垂直方向上的相邻按键的操作绩效优于斜向排布的相邻按键（葛列众等，2015）。这些研究为未来触摸屏输入的进一步人性化设计提供了基础。

下面介绍 Windows 触觉交互的三个设计原则：

- 即时反馈。在用户每次触摸屏幕时均立即提供视觉反馈，如改变颜色、改变大小或发生移动，可提高用户的信心。
- 内容紧随手指之后。用户移动或拖动的内容（如画布或滑块），应该跟随用户手指一同移动。在用户滑动按钮和其他不能移动的内容或手指离开时，它们应返回其默认状态。
- 互动可逆。比如你拿起一本书之后，可以将书放回原位。触控互动应该具有类似行为，即互动应该是可逆的。提供视觉反馈来表明当用户抬起手指时会发生什么。

触觉交互技术增强了虚拟现实的真实感，从而具有广泛的应用，如用于外科手术训练的虚拟仿真系统、盲人使用的触觉设备、虚拟游戏模拟器、虚拟教育系统、虚拟博物馆、浸入式 CAD 设计系统等。触觉交互系统的基本结构主要包括操作者、触觉交互设备、触觉再现算法及虚拟视听仿真引擎。触觉反馈相关技术主要包含基于振动的触觉反馈和基于触摸屏的触觉反馈：

- 基于振动的触觉反馈是以驱动器所产生的机械振动作为触觉刺激源的触觉反馈技术，主要用于可穿戴设备的相关研究中，可作为警示信号或空间导航，以及分担过于复杂的视听通道信息负荷。
- 随着触摸屏的快速普及，触觉反馈也在近年出现了比较大的进展。例如，利用触觉反馈增强手指触摸屏上的键盘触感能够提升相应的文字输入效能。

关于触觉反馈相关技术，具体可以参见 Stone（2001）的综述。

二、脑机接口设计

（一）脑机接口概述

脑机接口（brain computer interface，BCI）也称脑机界面，是一种新型的不依赖于外周神经和肌肉等常规输出通道的人机信息交流装置。本质上，脑机接口是一种基于大脑神经活动的信号转换和控制系统，其利用的脑电信号可分为以下几类：P300 事件相关电位（event related potential，ERP）、视觉诱发电位（visual evoked potential，VEP）、稳态视觉诱发电位（steady state visual evoked potential，SSVEP）、自发脑电（spontaneous EEG）、慢皮层电位（slow cortical potential，SCP）、事件相关去同步（even related de-synchronization，ERD）和事件相关同步（event related synchronization，ERS）。脑机接口主要包括非侵入式和侵入式两种。非侵入式脑机接口将检测电极安装在大脑头皮上，而侵入式脑机接口将检测电极植入大脑皮层的特定区域，又称植入式脑机接口。脑机接口系统的组成如图 7 - 12 所示。

图 7 - 12 脑机接口系统的组成

（来源：葛列众主编，2012，184 页）

脑机接口最初主要用于帮助患有神经肌肉障碍的病人与外界进行沟通。肌萎缩性脊髓侧索硬化（amyotrophic lateral sclerosis，ALS）、脑干损伤和脊髓损伤等病症都会破坏神经肌肉通道，通过获取这些患者的脑电信号，抽取其特征，可以有效地帮助其实现与外界的信息交流。美国空军研究实验室（Air Force Research Laboratory，AFRL）的 ACT（alternative control technology，替代控制技术）计划也包含对脑机接口的研究，其目的是让操作者能在保持双手作业的情况下与计算机进行交互。作为一种新的控制手段，脑机接口还可应用于游戏等娱乐领域。随着准确率和信息传递效率的提高，脑机接口的应用领域也将不断拓展。

对脑机接口的研究虽然已取得较多成果，但也存在一些问题和挑战。第一，技术问题，例如，信号的传输速率较慢，最大约为 25bits/min，以该速度输入单词需要几分钟的时间。第二，脑机接口的自动化程度较低，用户通常需要一段时间的学习训练才能适应。第三，由于个体在神经系统上的差异性，脑机接口无法很好地适应每个用户。因此，高精度、高自动化、高适应性以及高便携性是脑机接口未来发展的主要趋势。如基于 SSVEP 的脑机接口具有信息传输速率快、分类精确率高且无须训练等优点，具有较高的应用价值，成为目前脑机接口领域的研究热点之一（刘向前，2018）。从总体上看，国内的脑机接口技术已与国际保持同步发展，并在部分领域处于国际领先地位（明东等，2018）。

（二）脑机接口设计的研究

1. 脑机接口作为医疗辅助技术的研究

脑机接口的一项重要应用是作为医疗辅助手段，帮助运动功能障碍患者控制外部设备。Farwell 和 Donchin 等（1988）最早将 P300 作为控制信号应用于脑机接口。他们提出了基于 P300 的拼写系统（P300 speller system）。依靠这个系统，瘫痪病人可通过拼写单词实现与外界的交流。纽约州卫生部 Wadsworth 中心开发了简化版的基于 EEG 信号的脑机接口系统，用于严重功能障碍患者的家庭生活（Wolpaw，2007）。该家庭系统可为患者提供日常交流、文字处理、环境控制、收发邮件等功能，以满足每一个用户的需求。Wadsworth 脑机接口系统的第一个用户是一位患有肌萎缩性脊髓侧索硬化的科学家，他认为该系统比眼控系统更有效。该用户在一年时间里，每天使用该系统完成写邮件等工作长达 6～8 个小时。上述介绍的脑机接口都要求用户具有敏锐的视力，视弱的患者则无法使用。为此，Nijboer 等（2008）探索了基于听觉反馈的脑机接口系统。该研究比较了被试在视觉刺激和听觉刺激下使用脑机接口的绩效。研究结果显示，尽管视觉反馈组被试的绩效优于听觉反馈组，但是两组被试在训练的第三阶段末期并没有表现出差异，而且听觉反馈组的一半被试在最后阶段达到了 70% 的准确率。这说明通过一定时间的训练，基于听觉反馈的脑机接口可达到与视觉脑机接口相同的效率。

除了作为直接的控制手段来帮助患者与外界交流，脑机接口还可用于康复训练。研究者将脑机接口与一些认知任务，如运动想象（motor imagery，MI）相结合来激活大脑的神经可塑性，恢复其运动功能。例如，李明芬、贾杰和刘烨（2012）用基于运动想象的脑机接口来训练 7 名严重运动功能障碍患者的运动认知能力。研究发现，经过两个月的脑机接口康复训练，患者处理运动相关的认知时间缩短，认知程度增加，表明可以促进其上肢运动功能的恢复。王娅（2005）研制了结合脑机接口技术和功能性电刺激仪（functional electrical stimulation，FES）的偏瘫辅助康复系统，该系统的设计思路为：将由运动想象而产生的脑电信号转化为 FES 的控制命令，控制 FES 对肢体进行刺激，同时将产生的感觉和运动信息反馈给大脑皮层，从而完成对损伤中枢的刺激，加速其康复过程。为测试康复系统的可行性，研究者开展了一系列实验并取得了较好的结果。但是该研究采用的被试并不是有严重运动障碍的残疾者，因此该系统的有效性还需进一步测试。

脑机接口在医学康复领域的应用已经逐步兴起，它除了能帮助具有严重功能障碍的患者建立与外界的交流通道，还可将患者在康复训练中很多的被动运动转换为主动运动，进一步提高患者的主观能动性，从而提高康复效果，克服传统康复手段被动单一介导的缺陷（明东等，2018）。此外，随着虚拟现实技术的普及，患者可在更加接近现实的环境中产生质量更高的大脑信息，进而提高脑机接口的性能。最后，诸多学者也开始基于脑机接口技术来研发视觉、听觉神经假体以恢复病人的视听觉神经功能，帮助意识障碍人群恢复原有意识状态，最终实现治疗自闭症、多动症、抑郁症等疾病的目的。

2. 脑机接口作为智能交互方式的研究

越来越多的研究者将脑机接口应用于办公、娱乐等领域，以实现更加智能的人机交互方式。Citi 等（2008）提出了一种基于 P300 的脑控 2D 鼠标。在该系统界面上，4 个随机闪烁的矩形呈现在屏幕上代表 4 种运动方向。如果用户想要移动鼠标至某个方向，那么他需要注意该方向的矩形，从而诱发外源性的 EEG 成分。系统分析用户的注意后，移动鼠标位置。实验结果表明，用户使用该眼控鼠标的任务绩效良好。2011 年，海尔公司研制了可控制电视的 MindReader 脑电波耳机，该耳机能检测到用户的脑电波信号，识别用户所处的思维状态（比如换台、调节音量）并将之转化为电视可识别的数字信号。但是，该产品还处于原型机阶段，因此其实用性还是未知数。此外，在娱乐领域，有研究者在已有脑机接口系统的基础上设计了一种由脑电波控制的网页游戏系统。该系统的主要功能是提取使用者的脑电相关信息，经过处理之后实现对网页游戏的控制（黄保仔，2013）。陈东伟等（2014）也结合 MindWave Mobile 耳机和手机终端设计了一款脑控射击游戏。该游戏使用 MindWave Mobile 耳机作为脑波接收器，通过蓝牙模块传输数据至移动终端，通过在移动终端上的游戏软件接收数据并处理，并将其作为参数用于游戏控制，为玩家提供新鲜体验感的同时，也可用于训练用户的集中度。

日本本田公司研制了脑控服务机器人，它能识别出操作者运动想象意图并且做出回应（王斐等，2012）。在国内，天津大学较早地开始从事该领域的研究。赵丽等（2008）成功研制了基于脑机接口技术的智能服务机器人控制系统，该系统通过对脑电 α 波阻断现象的特征识别和提取来实现对机器人在 4 个方向上的运动控制。研究发现，被试在经过简单训练后的控制准确率可高达 91.5%。这种基于脑机接口的机器人可用于航天、军事等危险性较高的领域，提高高难度作业绩效。例如，2016 年在天宫二号空间实验室与神舟十一号飞船交汇任务中，天津大学神经工程团队开发了航天员脑力负荷等神经工效测试技术及装置，并在天宫二号空间站试验任务中实现初步应用，成功完成人类在轨史上首次脑机交互实验，为中国载人航天工程的新一代医学与人因保障系统提供了关键技术支撑（明东等，2018）。

三、可穿戴设备交互设计

（一）可穿戴设备概述

可穿戴设备指用户可直接穿戴在身上的便携式电子设备，具有感知、记录、分析用户信息等功能，它是"以人为本，人机合一"理念的体现。目前的可穿戴设备大多可以连接手机或其他终端设备，与各类应用软件紧密结合，以帮助人与机器进行更加智能的交互。便携性、实时性、交互性是可穿戴设备的三大突出优势。从佩戴部位来看，可穿戴设备可分为头戴式、腕戴式、携带式和身穿式。可穿戴设备与人的交互方式有：传统物理输入（按键和触摸屏）、肢体运动感应、身体信息感应、环境数据采集等。

可穿戴设备的特点包括：

● 不需要双手来操作。它们依靠手势、声音甚至是眼球的运动来接收用户的指令，方便、快捷。

- 大多采用高性能电池和低功耗通信模块。其持续工作的时间比其他终端更长。
- 形态各异、数量众多，可以覆盖人体的每一个部位。不同形态的产品具备不同功能，每个用户可同时佩戴多个可穿戴设备。
- 与用户的关系非常紧密。有些可穿戴设备甚至可以起到保护用户健康、安全的重要作用。
- 一般只采用单一通信方式，局限于 WiFi、3G/4G、蓝牙或 NFC（近场通信）中的一种。
- 强调环境感知能力，普遍配备 GPS、罗盘、摄像头、麦克风等传感器。

可穿戴设备目前存在的问题可归纳为以下几点：

- 交互准确性不高。目前可穿戴设备主要依靠传感器采集人体数据和环境数据，有较大的环境局限性。未来的可穿戴设备在交互方式上可以考虑更自然智能的眼动、脑电输入等方式。
- 存在用户隐私问题。可穿戴设备能够采集用户多方面的信息，如位置信息、健康信息和生活方式等重要数据。如何确保用户个人信息的安全性，是可穿戴设备走向应用阶段的一个巨大挑战。
- 价格昂贵。可穿戴设备需要芯片技术、传感器技术和智能交互技术的支撑，高技术要求造成其成本较高。因此，要推进可穿戴设备的广泛应用，如何改进技术降低其生产成本是研究者和制造商要解决的重要问题。

（二）可穿戴设备交互设计的研究

基于虚拟交互技术，智能化的可穿戴设备交互设计领域主要研究系统和用户之间的界面可视化程度，其基本的特点为"沉浸""交互"和"构想"。在人体体验方面，随着人类的身体机能和适应能力的提高，在虚拟空间中展现自己的魅力也获得了极大的突破，虚拟交互是这一研究领域的飞跃。另外，虚拟设计技术在人的心理感受上的突破将为其发展打造新的天地，使人体设计工程学得到进一步延伸。未来，智能可穿戴设备技术不仅要实现基本功能，还要从交换性、安全性、舒适性和美观性等多个角度出发，致力于打造更加完美的智能可穿戴设备。交互方式可以合理地利用设备对人体的分析功能，并且针对界面的传感，使得其视觉范围扩大，操作更加容易，从而扩大智能可穿戴设备的应用范围。目前，这一模式的智能可穿戴设备已进入人们的视线，并且受到广泛的欢迎，实现了多场景应用和多感官的交互，用户不再需要触控操作，而是可以采用手势、语音等多种方式来进行操作。

1. 图像交互

图像交互是最早出现，也是最多出现的传感方式。随着 3D 技术的发展，这一传感方式已经不难实现。虚拟现实技术通过电影 3D 技术将其展示在人们的生活中，电脑也可以不再使用液晶显示器就可以实现影像投射。由这一技术形成的智能可传递设备改变了人机互动模式的呈现，用户完全可以通过智能界面设备来完成交互与信息传递，进入 3D 化的虚拟空间。但是，这一技术单独使用存在缺陷，需要与语音传感技术等相互配合才能更加完善。总之，3D全息投影方式使人们在生活中可以得到更多的图像投影方式，使虚拟技术更加完美。

2. 身体生物数据感应

身体生物数据感应是智能可穿戴设备的一种设计方式，这一类可穿戴设备可以通过读取使用者的走步数据来捕捉信息，记录其日常的运动量，并通过步数信息来分析人体的感知和需求，实现自我量化。目前，这类可穿戴设备是基于人体血液循环的速度来运行的。当然，这一技术并不完善，其设备的精密性还需要进一步的调整。另外，对人体的影响也是该技术需要重点解决的问题之一。

3. 识别功能

识别功能已经成为智能可穿戴设备的基本功能，据此可实现人与界面的语音交流。微信的语音功能就是这一技术的代表性产品。语音系统是人与界面交互最简单也是最直接的方式，因此最容易得到认可。实际上，在传统的人机工程学理论的设计中就实现了识别功能，智能识别功能是对这一功能的进一步升级。语音交互结合了智能语音的分析，使该技术的使用者不需要动手就可以完成设备控制，并用语音操作功能来完成更多的操作。苹果公司和谷歌公司在这一技术上是比较先进的，如苹果公司的 Siri。

4. 肢体动作探测

肢体动作探测可以通过人体各个部位发出的动作来完成，主要集中于人体的面部和手部。由于人体的肢体语言丰富，肢体动作探测可以传递多种信息。手臂动作是最容易探测的，并且人体的手臂可以发出多种动作，将设备戴在手臂上也很方便，因此目前的智能可穿戴设备均是以戴在手臂为主。虽然智能交互与展示系统能够通过对肢体的探测与记录来获取相关信息，但是与我们所想象的高度智能化之间还存在较大的差距，需要进一步改善。

5. 触觉体感交互控制

从当下的虚拟技术发展和触觉体交换传感技术来看，人们可以完成智能穿戴功能，并可以通过语音等方式来进行信息传递。设计者还进一步发挥想象空间，从触觉角度出发，设计了触觉体感交互系统，使产品和人发生实际的交流。并且，使用者可以自主地创建虚拟环境，使虚拟环境更加贴近人们的真实生活。新加坡的一款"iMotion"设计，就是触觉体感交互的代表。它通过计算机进行信息的收集，并应用于平板上，通过相关动作的设计来促发虚拟体感。该设计具有非常精准的三维空间捕捉能力，可以获得全方位的人体触感信息。这一设计将交互界面投射到空气中（就像电影情节所呈现的），通过空气进行设定和控制，并提供信息的触控反馈，实现了真实的触摸功能。

（三）可穿戴设备交互设计的主要应用

现有的可穿戴设备主要应用于健康管理领域（如苹果手表）和信息娱乐领域（如谷歌眼镜）。下面我们将主要介绍可穿戴设备在这两个领域的开发设计研究，即研究者如何设计设备的功能、如何实现交互等等。

1. 健康管理领域的可穿戴设备

曹沁颖（2015）设计了一款面向病患的可穿戴健康医疗手环，它具有采集、显示数据这两大功能。手环采集的病患体征数据、运动睡眠饮食数据和服药情况等可以为医生诊断提供参考。该手环还可以通过配套 App 实现数据显示功能，提供不良状态智能提醒和紧急求助等面向用户的服务。该手环拥有完整的人机交互系统，用户基本能独立完成给予的交互任务，且对界面设计的满意度较高。

老年人生活自理能力较差，且患病率高，因此老年人是健康管理设备的主要目标群体之一。McCrindle 等（2011）开发了一款辅助老年人日常生活的可穿戴设备。该设备可以监测他们的健康状况，探测潜在问题，提供日常活动提醒和交流服务。研究者根据用户需求和偏好确定设备的功能和技术参数。Zhang 和 Rau（2015）考察了可穿戴设备显示屏幕（有、无）、移动方式（慢跑、走路）和性别对人机交互的影响。实验结果表明，相比于男性被试，女性被试在信息获取和情绪体验上的满意度更高；在被试与可穿戴设备的交互上，慢跑时比走路时认知负荷和知觉难度更高，流畅体验更差。另外，具有显示屏幕的可穿戴设备更受被试青睐。但值得注意的是，在移动端软件中，显示相关信息能提高无屏幕可穿戴设备的使用体验。

2. 信息娱乐领域的可穿戴设备

石磊（2013）介绍了一款结合增强现实的交互式翻译眼镜（如图 7 - 13 所示）。该眼镜能识别用户的手所指向的单词并进行翻译和显示。翻译功能的实现需要以下关键几个步骤：定位用户手指的坐标，提取坐标周围图片上的文字并将其转换成字符，通过翻译算法将中文翻译为英文，用微投影技术将翻译结果显示在眼镜上。在交互设计环节，研究者设计了眼镜的自动对焦功能。该功能能够对人们指出的文字信息进行自动对焦，模糊掉其他无用的信息，使得翻译的过程更有目的性，从而提高人机交互效率。

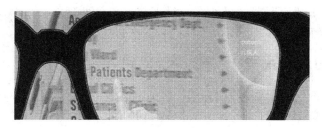

图 7 - 13 翻译眼镜概念图

（来源：石磊，2013）

为了解决可穿戴设备屏幕小、用户输入困难这一问题，越来越多的研究者开始探索手势、身体姿势等交互方式。谷歌高级技术和项目团队（Advanced Technology and Projects group，ATAP）研制了一种微型雷达，它可以捕捉到 5mm 波长级的手指运动，比如按钮动作、位移手势。该雷达尺寸非常小，可以植入一系列可穿戴设备的芯片中（Bell，2015）。Kumar 等（2012）提出了一种基于数据手套和 K-NN（最近邻）分类算法的手势识别的实时人机交互方式。研究结果表明，在没有距离限制的动态环境中，使用手套进行交互比普通的静态键盘和鼠标更加精确和自然。Lv 等（2015）提出并评估了一种应用于基于视线的可穿戴设备的非触摸交互技术，即动态姿势交互技术，包括 11 种基于手/脚的交互动作。Chan 等（2015）介绍了一款小型可穿戴设备——Cyclops，它能通过鱼眼镜头捕捉用户的姿势从而实现与人的交互。在交互式健身实验中，Cyclops 对于被试的健身动作的识别率可达到79%～92%。

四、自适应用户界面设计

（一）自适应用户界面概述

自适应用户界面（self-adaptive user interface）是一种可以根据用户的行为自动地调整系统反应，从而改变自身界面信息的呈现方式和内容，以适应特定用户特定操作要求的用户界面（葛列众，王义强，1996；van Velsen et al.，2008）。其主要原理是设备获取用户和设备的情境数据并加以分析处理，推测用户可能存在的认知局限和操作能力限制，并据此调整用户界面来适应用户当前的具体情况（李久洲，2013）。

自适应用户界面由输入（afferential component）、推论（inferential component）和输出（efferential component）三大部分组成（van Velsen et al.，2008；Oppermann，1994；Norcio & Stanley，1989）。输入部分的主要功能是记录用户的各种操作行为和系统反应。根据输入部分的数据，推论部分对用户的操作行为进行分析和推断。最后，输出部分根据推论部分做出的决定，自动改变系统本身的某些输出特点，以适应用户的操作要求。

自适应用户界面具有拟人化和个性化两大特点。拟人化即系统能够通过记录、评价用户的操作行为，使自己的输出适应用户的期望和任务要求。与其他人机界面相比，人和自适应用户界面的交互方式更接近人与人的交流形式。个性化是指自适应用户界面是针对特定用户设计的。例如，对于图形信息处理能力较强的操作者，自适应用户界面可以在人机对话中更多地使用图形界面；而对于文字信息处理能力较强的操作者，则考虑更多地使用文字界面。

（二）自适应用户界面研究

自适应用户界面研究主要涉及自适应方式、自适应算法、自适应属性等三个方面。自适应方式决定了自适应项目在界面上的排列和组织方式，自适应算法决定了系统采用怎样的方式去适应用户的操作特点，而自适应属性是自适应用户界面所体现出来的特性（郑燕，王璟，葛列众，2015）。

1. 自适应方式的研究

自适应方式指的是自适应用户界面输出部分根据推论部分的决定自动改变系统本身的某些输出特点以适应用户操作的途径。这些改变主要涉及界面信息呈现方式（布局、组织、突显等）和信息内容。改变的项目被称为自适应项目。

（1）信息呈现方式

关于信息呈现的方式，早期的自适应界面研究大多集中在空间自适应方式上，近几年才开始涉及时间维度上的自适应方式。

空间自适应方式主要是通过改动、复制等方式组织、调整自适应项目的空间属性来实现自适应的目的。其中，改动方式是通过改变、调整界面原设计视觉要素的布局、结构和属性等来实现界面的自适应。研究发现，改变自适应项目在界面中的相对位置可以实现界面的自适应要求。例如，Greenberg 和 Witten（1985）根据用户的使用情况构建了通讯录的架构，把最常用的联系人放置在通讯录的第一层，把次常用的根据频率分别放在第二层和第三层。该设计成功提高了操作绩效。郑璐（2011）的通讯录自适应研究也证明了手机通讯录自适应界面的优势。此外，葛列众等（2015）还发现，当用户搜索联系人拨打电话时，按使用频率进行自适应排序的提示信息能提高用户的操作绩效。随着智能手机的推广使用，李帛钊（2017）提出，也可以根据用户对手机软件的使用频率进行功能空间的推荐。

另外，把不具有视觉形象的大量数据映射为人们易感知的视觉形象的信息可视化技术，也便于人们理解和掌握这些信息。焦点背景技术即属于信息可视化技术范畴。该技术为操作者提供背景信息，通过显示特定细节信息，呈现对操作者理解上下文有用的局部信息（潘运娴等，2018）。葛列众等（2012）将该技术引入多媒体教学课件的设计中，发现采用焦点-背景课件的学习绩效明显高于线性课件的学习绩效，而出现这一结果的原因是学生在学习焦点信息的同时还可以有效利用背景信息。潘运娴等（2018）关于遥操作界面显示的研究也发现自适应背景焦点显示可有效提高操作绩效。

改动自适应项目在界面中的结构也可以实现界面的自适应要求。Sears 和 Shneiderman（1994）在计算机下拉菜单中采用了分栏的方式，用一条水平的横线把菜单分开，并把自适应菜单项移动至菜单的上部，非自适应项目保持不变，结果得到了很好的操作绩效和用户满意度。

改动自适应或非自适应项目的尺寸、背景颜色、字体等空间属性来突显自适应项目，同样可以达到自适应的目的。Cockburn 等（2007）设计出了变体菜单（morphing menu），即根据用户的使用频率，动态地调整菜单项名称的字体。Kane 等（2008）将此方式应用到移动用户界面（walking user interface，WUI）上，即当用户的注意力和操作能力受到限制时（如走路、乘车时等），界面会自动调整文字尺寸（如图 7 - 14 所示）。

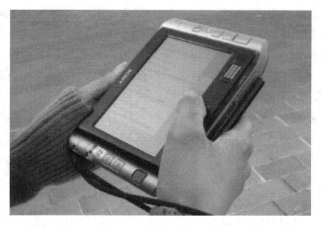

图 7 - 14 使用带有 WUI 的外部设备进行交互的示例

（来源：Kane et al.，2008）

在此基础上，一些应用软件还采用隐藏的方式来缩减非自适应项目的尺寸。例如，微软的 Office 2000 版本的折叠菜单（smart menu）就根据某种算法隐藏界面的某些项目。当用户点击菜单时，只有部分菜单项显示出来，当点击菜单下方的箭头时，可查看全部菜单项。这种方法可以减少界面显示的功能项，缩短用户对特定项目的搜索时间。然而，这些设计并未显著地提高用户的操作绩效。一个在类似的自适应菜单上进行的实证研究显示，采用这种方式的绩效低于传统静态菜单（Kane et al.，2008）。还有一些学者通过改变背景颜色的方法突显自适应项目（Fischer & Schwan，2008；Gajos et al.，2006），但也没有得出确定性的结论。除此之外，陈肖雅（2014）发现，当用户使用触摸屏的软键盘时，相比固定键位大小来说，对自适应软键盘的满意度更高；而且当用户处于应激情境时，使用自适应键盘的绩效也更高。

复制是空间自适应方式的第二个主要途径。它在保持界面的原设计视觉要素的布局、结构和属性等不变的条件下，通过复制新建自适应项目至特定区域来实现界面的自适应。这样，界面就分成了静态的原区域和动态的自适应区域。一些商业软件就采用了这种菜单，与之前分栏方式不同的是，它们把自适应项目复制出来，使得自适应项目在原菜单中也可以使用。Gajos 等（2006）比较了微软 Word 的工具栏中复制和移动方式的优劣，结果显示用户更喜欢前者，原因是这种方式使自适应项在原来的菜单中也可以使用，从而更好地保持了界面的空间稳定性。

时间自适应方式指通过改变自适应或非自适应项目的时间属性从而实现界面的自适应。首先呈现自适应项目，经过一个短暂的延迟后，再以"淡入"的方式逐渐呈现界面上的其余非自适应项目。这样，用户的注意力会首先集中到最先突显的自适应项目上。如果自适应项目不是用户所要选择的项目，用户可以在随后出现的项目中进行选择，并且由于延时很短，不会损失很多时间。Lee 和 Yoon（2004）首先提出了这种方法，Findlater 和 Wobbrock（2012）随后进行了系统的实证研究，结果发现该方式在保持界面稳定性的同时，有效地提高了用户的视觉搜索绩效。

（2）信息内容

除了改变自适应界面信息呈现方式之外，改变自适应界面信息呈现的内容是另外一种重要的自适应途径。例如，Mahmood 和 Shaikh（2013）发现，用户在使用 ATM 机时，取款操作最为频繁，其次是购物和余额查询。因此，他们设计了一类新的 ATM 界面，只显示取款和交易，并自动显示余额。根据个人所在位置及取款金额的分布投放一批此类 ATM 机后，发现大多数人愿意使用这种界面来节省时间。该技术已经在巴基斯坦银行投入使用。此外，当用户对自身所在位置进行定位时，不同的导航系统也会影响其使用感受。有研究设计了根据用户的方向感呈现不同内容的导航界面，发现方向感良好的用户在使用该类界面时绩效更高，而方向感较差的用户则更适合使用原始界面（Ohm et al.，2016）。

2. 自适应算法的研究

自适应算法是自适应用户界面推论部分的核心，是自适应界面生成自适应项目所遵循的用户模型或数学模型的算法。它决定了系统采用怎样的方式去适应用户的操作。常见的自适应算法有：基于用户使用频次（frequency）的算法，即将使用次数最多的项目作为自适应项目，例如电子邮箱中的常用联系人；基于用户最近使用情况（recency）的算法，即将最近使用的项目作为自适应项目，例如手机中常见的最近联系人；基于决策树（decision tree）模型的算法，即根据先前的数据，生成一个决策树，然后系统利用这个决策树生成自适应项目；基于朴素贝叶斯（naïve Bayes）模型的算法，即根据先前的数据，利用贝叶斯模型计算出其后验概率，选择具有最大后验概率的项目作为自适应项目；基于列联（contingency）的算法，即判断一个项目的使用是否取决于另一个项目，当用户使用一个项目时，系统将与此项目关联概率最大的项目作为自适应项目。此外，还有混合算法，即结合上述两种或多种算法的方法。

目前，结合用户使用频次和最近使用情况的混合算法应用较为广泛。Findlater 等（2009）在下拉菜单的研究中就采用了这种方式。Al-Omar 和 Rigas（2009）则在研究中采用这种算法比较了五种菜单的绩效。微软的 Windows 7 和 8 等版本的操作系统的开始菜单，也采用了这种自适应算法。喻纯和史元春（2012）基于自适应光标的图形用户界面的研究表明，这种自适应方式使个体获取目标的时间缩短了 27.7%，显著提高了图形用户界面的输入效率。王琦君和金昕泌等（2017）设计了基于用户的点击增强技术的新型自适应气泡光标，该光标与一般的气泡光标相比，每个操作目标的有效点击区域大小不再固定，而是根据自适应算法发生变化。结果发现，基于频次算法和基于时间算法的自适应气泡光标在操作绩效和主观偏好上均显著优于一般的气泡光标。语音识别系统中的说话人自适应，是一种新的渐进使用自适应数据的策略。将该策略用到语音自适应中可以有效克服说话人差异和环境差异对识别系统的影响（Al-Omar & Rigas，2009）。胡凤培等（2010）也发现，自适应模式语音菜单系统的操作绩效比固定模式语音菜单系统的操作绩效更好。其他如鼠标作为指点操作中控制显示增益的研究发现，在指点任务中使用自适应控制显示增益鼠标可提高操作绩效（刘骅，葛列众，2014）。另外，还有基于大规模无约束数据的中文手写识别系统的研究、基于运动传感的感知用户界面研究，以及管道内自适应移动机器人的设计与运动控制研究等（喻纯，史元春，2012；王昱，2000；高岩，2013）。

　　3. 自适应属性的研究

自适应属性则是自适应用户界面在适应用户操作的过程中体现出来的特性。例如，为了适应用户的操作，自适应用户界面会改变自身界面的某些输出特性。这种界面变化的频率即可反映界面的稳定性。这种稳定性对用户的操作行为会带来一定的影响。

自适应用户界面主要有准确性、稳定性和预测性三种属性。准确性是指自适应界面预测用户下一个要进行的操作相对于当前操作的准确程度。自适应算法预测的准确率越高，自适应项目的利用率就越高，用户所达到的绩效也越好（Gajos et al.，2005，2006；李鹏等，2009）。稳定性是指自适应界面根据自适应算法而变化的频率。变化的频率越低，则界面越稳定。一般来说，变化频繁的界面难以使用户建立稳定的心理模型。例如，Bae 等（2014）提议，应该采用一种能动态适应转换的可升级用户界面（scalable user interface，SUI）框架来支持多屏服务系统，以使用户的体验保持一致；Cockburn 等（2007）也用数学模型预测出过多的变化会导致用户操作绩效下降。预测性是指自适应算法能够使用户理解和预测其行为的容易程度。这个特性有更多的主观成分。一般说来，界面越稳定，其预测性也越强。但是，这并非绝对。例如，Gajos 等（2005）发现，基于最近使用情况的算法稳定性不高但却取得了较好的预测性。此外，现在的 Web 自适应界面技术的新思路是将获取用户个性信息作为 Web 使用挖掘的任务，从界面内的功能对象和界面区域入手，利用自适应公式设计的算法进行动态布局，从而预测用户行为（Cramer，2013）。

总的来说，到目前为止，研究者们都试图分离开这些自适应属性并逐一考察每种属性的特点和规律。但是在实际应用中，这三种属性是密不可分的。因此，需要从整体的角度研究这三种属性的特点和规律。

（三）自适应用户界面设计的问题与展望

1. 存在的问题

以往研究已证明使用自适应方式可以提高用户的操作绩效和满意度，然而自适应的界面设计也可能给用户带来困惑。有些学者认为，自适应界面基于用户的操作做出的界面改变（例如，改变呈现文字的颜色，或者改变手机通讯录中联系人的排列顺序）是由系统的算法决定，并自动进行的，因此可能破坏用户原有的心理模型，容易给用户造成理解上的困惑。为了解决减少这种困惑，可以有许多不同的措施。

首先，可采用一些对用户心理模型破坏程度较低的自适应界面的设计。比如，复制方式可在保留原视觉界面设计要素的前提下，通过复制自适应项目来实现界面的自适应。这种不破坏用户原有空间心理模型的自适应方法通常有较好的操作绩效和满意度，用户的困惑也相对较少。

其次，设计自适应界面时应该提高自适应系统的准确性、稳定性和预测性。自适应界面的自适应算法预测的准确率越高，用户对自适应项目的利用率越高，用户所达到的绩效也越好。自适应界面变化的频率越低，则界面的稳定性也越高。这可以使用户建立相对稳定的界面心理模型。

最后，使用自定义界面或者混合界面（mixed-initiative）（Gajos et al.，2006）也是减少用户困惑的一种途径。在一些比较自适应和自定义界面的实证研究中，自定义方式显示出明显的优势（Findlater et al.，2009；Bae et al.，2014）。混合方式是把二者结合起来的一种方式，这种方式既可以使用户参与其中，又能节省用户的认知负荷。

自适应界面的另一个问题是可能会导致用户认知负荷的增加。自适应界面的确可以简化用户界面的复杂度，减少操作步骤，使用户对自适应功能项的使用更为方便和高效。但是，这同时也可能会对用户对界面全部功能的认知（feature awareness）产生负面影响，给用户使用非自适应项目带来困难（Findlater & McGrenere，2004，2010）。为此，在设计自适应界面时，除了要提高系统的准确性、预测性等，还要注意鼓励用户对非自适应功能的探索，促进用户对界面功能的全面了解（康卫勇等，2008）。在对自适应界面进行评估时，除了测量操作绩效和用户满意度，还应该关注对功能认知的测量。

2. 研究展望

自适应界面作为一种很有潜力的智能型界面设计形式有着广泛的应用前景。因此，当前急需加强自适应界面基础研究和自适应界面评估的研究。和其他界面相比，自适应界面还是一种较新的界面设计形式，其本身还有许多问题急需进一步研究，这些研究都可以归到自适应界面的基础研究中。虽然以往已经提出许多不同的自适应方式，但是这些方式在什么情况下能够或者不能提高用户绩效并不十分清楚。因此，有必要加强对各种自适应方式的操作规律和特点的研究。

自适应算法是自适应界面生成自适应项目的依据，因此急需加强自适应算法，特别是复杂情境中如何采用复杂的算法来设置自适应界面的研究。

准确性、稳定性和预测性是自适应界面特有的三种属性。目前研究者对这些属性如何影响自适应界面操作还没有形成系统完整的认识，因此需要加强对这些属性的实证研究。

尽管已经有不少的研究证明，自适应界面能够提高用户的操作绩效，但是也会影响用户对界面全部功能的认知，给用户带来一定困难。因此，除了采用一定的方法减少用户的困惑，也应该注意开发能有效评估自适应界面的方法。这些方法应该能够对自适应界面对用户的整体影响做一个完整的评估。这种评估不仅能够有效促进自适应界面本身的设置，也有利于对用户整体的体验的测评。

五、隐式交互界面设计

（一）隐式交互概述

随着 5G 时代的来临，人与人、人与物、物与物的"万物互联"将会逐步实现。将人、流程、数据和事物结合一起将使得网络连接变得更加相关、更有价值，使得信息转化为行动，从而给企业、个人和国家创造新的功能，并带来更加丰富的体验和前所未有的经济发展机遇。因此，那时将出现越来越多的智能设备，从而提高对物质世界的感知能力，实现智能化决策和目标控制。而在届时的人机交互（HCI）过程中，将会出现一场从显式人机交互（explicit HCI，EHCI）走向隐式人机交互（implicit HCI，IHCI）的革新。

目前，常见的人机交互方式为显式人机交互，简称显式交互。这是一种交互过程多为命令式，设备使用者通过键盘、鼠标、手势和语音命令等来实现的人机交互。在显式交互中，设备被动地接受用户命令，使用者专注地完成交互过程（王巍等，2014），例如 ATM 取款和自助打印等。而隐式人机交互（简称隐式交互）则刚好和显式交互相反，被定义为"看不见的交互"（Schmidt，2000）。在隐式交互中，用户可以用较少的意识参与到交互中去，不用那么"全心全意"。

Ju 和 Leifer（2008）通过设备主动性和用户注意力两个维度，对显隐式交互进行了区分。其中横轴表示设备主动性，纵轴表示用户注意力，具体分类如下（见图 7-15）：

- 第一类是提醒式交互，设备较为主动地辅助用户完成有意识的交互，例如电话铃提醒和消息推送等。
- 第二类是命令式交互，设备被动地接受用户命令，使用者专注地完成交互过程，例如 ATM 取款和手动火灾报警等。
- 第三类是自动式交互，设备被动地接受用户命令后，自动地辅助用户完成任务，用户不再专注于任务过程，例如自动生产线的运行等。

● 第四类是环境代理式交互，设备较为主动地提供服务，而用户无觉察地接受服务，例如进出自动门等。

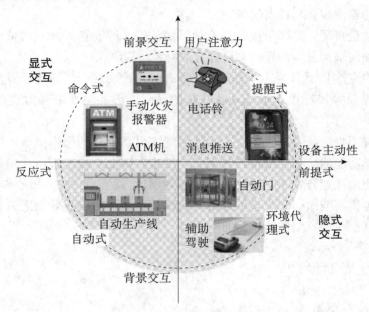

图 7 - 15　人机交互方式分类图

（来源：王巍等，2014）

Ju 和 Leifer（2008）认为，第一、三、四象限对应的第一、三、四类为隐式交互，而第二象限对应的第二类为显式交互。

和显式交互相比，隐式交互有着不同的特性，如表 7 - 1 所示：

表 7 - 1　　　　　　　　　　　　　　　　显式/隐式交互的特性

特征	隐式交互	显式交互
精确度	低	高
信息丰度	高	低
上下文相关性	相关	相关
情感偏好表现	正向	正向和负向
量测相关性	相对	绝对

（来源：王巍等，2014）

为了使参与者更专注于交互内容本身，而不被交互设备所干扰，需要拓展传统的交互方式，在显式交互的基础上融入隐式交互。

（二）隐式交互意图设计的研究

在人机交互过程中，人的意图识别是至关重要的部分。意图识别是一种认知他人计划、目的的能力，旨在推断出别人在做什么、为什么要这样做，以及接下来会怎么做。这种基本的认知能力是人际交流的关键。在工效学中，意图识别就是使机器通过视觉手段来对现实生活中的人的意图进行理解和推断，即通过给定的动作序列来决定智能体行动的过程（向宇，2015）。

在显式交互中，用户可以通过鼠标和键盘进行"关机""删除"等动作。他的意图是显式意图，即明确表达出意图的动作、言语等，是容易被理解的。然而，如果用户没有明确地表达出某种意图，但是经过推断发现用户可能会产生某种意图，那么我们就认为他具有隐式意图（李晨星，2017）。

在人机交互过程中，不但要识别显式意图，有时还需要识别隐式意图。然而，人的隐式意图较为复杂，难以直接识别。因此，隐式交互意图设计就显得尤为重要。

1. 隐式交互意图设计的原理

隐式交互意图设计其实遵循的是溯因推理的思想。溯因推理是一种由果溯因的逆向推理方法，就是将各领域数据构建的显式意图视为事实，将可能产生该显式意图的隐式意图视为原因（刘胜航等，2016），使用一个合理的潜在意图检测模型对显式意图进行推理。

但实现隐式交互需要具备两个主要过程：感知和理解。在一定的环境中，计算设备能获取虚拟世界或者现实世界中的上下文信息，并基于一定的知识加以理解。感知和理解过程是分布式的，在不可见计算的情况下，设备的计算资源往往受到限制，因此需要量化的模型和特定的技术去处理输入事件、进行推理和决策。隐式交互涉及嵌入式代理、情感计算、无线传感等技术，是一个庞大的体系。

2. 隐式交互意图设计的原则

隐式交互意图设计需要遵循以下几个原则：

● 简约化设计：更加简练的外形。
● 基于人类学习的需要：在功能内隐的界面，人们需要更多的摸索和学习才能够掌握界面的使用方法（张慧忠，李世国，2011）。
● 交互时操作更加自由：不是一个按键对应人的一个意图，而是一个按键的不同操作方式（如长按和轻触）有不同的交互结果，甚至由操作者自己编辑操作方式。
● 以人为本：更加遵循人的习惯，这也是意图识别的一种原理。根据人的习惯，推测他接下来的操作，比如将产品晃动，界面出现可能要进行的操作的诸多提示。

3. 隐式交互意图设计示例

隐式交互意图设计出现在生活的方方面面，比如说随着通信网络技术、电力自动化技术、无线技术等的发展，家庭智能化已经成为一种全新的趋势。而智能家居就是运用物联网、电子元器件小型化、个性化的工业设计、数据云存储等技术将传统的电器与互联网联系起来（陈晓航，夏彬阳，2016），实现"一键控制"或"远程操作"（杨俊辉，2018）。有一些智能家居就采用了隐式交互设计，例如：洗浴系统不用手动调节，根据用户的习惯和当前的需求自动调节水温；室内灯光可以在人进行不同活动时自动感应和调节，比如入睡时自动熄灭（杨俊辉，2018）。还有一些小家电的设置，比如防近视的智能台灯：如果灯下学习时眼睛距离桌面太近或不经意趴在桌子上睡着，台灯就会发出警报，从而提醒矫正姿势，防止近视；还可设置学习时长，时间到时，蜂鸣器会报警，提醒休息；当房间没人时灯也会自动熄灭，以达到节能效果（丁学用等，2017）。

现阶段常见的隐式交互意图设计还有各种 App 的智能推荐功能。例如，一些手机购物 App 使用云计算的方法收集用户的大数据，根据用户搜索或浏览产品的频率、时长等特性，在主页自动出现其他相似或相关产品（周成，2014）。同样的隐式设计在视频类 App 中也很常见：根据用户的搜索推测用户的兴趣，继而推荐用户可能会需要的视频（刘晓，2015）。相似的还有智能搜索：搜索某关键词时会出现相关的词句，通过对过去提交相同或者相似查询的用户行为进行分析，尽可能地接近当前用户的意图（罗成等，2014），如搜索"西兰花"，会自动在下方栏目中跳出类似"西兰花怎样做好吃""西兰花的功效"之类的词句。

（三）隐式交互界面设计的问题与展望

1. 存在的问题

隐式交互界面并不适用于任何类别的产品（如图 7-16 所示）。人的行为倾向因素作为主要的研究对象，其潜在的自然倾向关系到操作的安全性，因此必须考虑到隐式交互界面设计有其特定的适用范围（张慧忠，李世国，2011）。隐式交互设计适合需要探索和学习的界面，或者说是方便日常应用的器具。而在进行重要甚至涉及生命财产安全的操作时，就需要力求标准和准确，参考详尽的说明，用

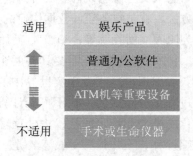

图 7-16　隐式交互界面设计适用范围

户要投入更多的意识和努力，参与下达命令和操作，以避免不必要的错误。

此外，在互联网时代的隐式交互中，账户是通过生物特性（如人的外貌、指纹）或社会属性（如好友、所在单位和职业）等信息登录的（刘振兴，2016）。因此个人隐私是一个很大的问题，一旦登录某网站，手机号、身份证等私人信息就可能泄露。

2. 研究展望

目前的隐式交互还不能完成一些复杂任务，因此需要尽可能找到合理的途径将交互过程中的这些任务转移出去。当然，在转移过程中，复杂任务并未消失，而是更多由设备或系统承担了。在设计隐式交互界面时，应充分发挥设备的主动性，使用户更专注于交互内容本身，而不被交互设备所干扰。

未来的隐式交互还应该多将显隐相结合，在原有显式交互模式的基础上融入隐式交互模式，使用户更专注于交互内容本身。显隐融合有利于降低用户的设备认知负荷，因而是人机交互的未来发展方向之一。

在未来，不但要建立大规模的数据库用于数据挖掘，以便更精确地理解用户行为、进行用户建模，还要根据用户群体、使用设备和应用环境的不同组合，建立不同类型的交互数据库，如针对老年人的家用电器使用情况建立交互数据库或是针对学生在教室使用手机的情况建立数据库。

为了更好地理解用户的需求，发现规律并理解用户行为，隐式交互界面设计要求收集用户各方面的数据，包括用户的信用度、偏好、社交网络、情感状态、地理位置等。在这种情况下，如何更好地保护用户的隐私也是未来隐式交互界面设计和研究的重点。

六、多模态用户界面设计

（一）多模态用户界面设计概述

随着科学的发展和生活水平的提高，人们越来越偏好自然、直观和高效的用户界面，同时要求产品更加个性化和智能化。这就是我们迟早会在投影环境和沉浸式环境中发展出多模态用户界面的原因（Talbott，1997）。人机交互技术的发展经历了文本界面、图形界面、多媒体界面和多模态界面这四个重要的阶段。其中多模态界面在多媒体界面的基础上，通过视觉、语音和触觉等多种方式，使用户和机器之间可用多种形态或多个通道以自然、并行和协作的方式进行交互，有效地提高人机交互的自然性和效率。随着新媒体环境的出现，对更便利的新型用户界面的需求也随之高涨。因此，将用户作为主要考量对象是之后界面设计的要点。

（二）多模态用户界面研究

1. 基于内容检索的多模态界面技术

多模态界面在基于内容的多媒体检索中具有显著的优势，除了在较低级界面的基础上拓展了多媒体输入/输出功能，还具有存储、传输、特征分析、理解等高级处理功能，更侧重于媒体识别和理解意义上的交互，大大提高了多媒体信息检索的效率（任金昌，赵荣椿，郑江滨，2003）。基于内容检索的多模态界面技术的具体运用可分为三个模块，即媒体表示、特征表示与查询以及智能检索（任金昌，赵荣椿，叶宇锋，夏晓清，2002）。

（1）媒体表示

媒体表示包括压缩或非压缩域媒体的可视化或可听化。可视化媒体的共性在于具有空间域特征，而视频、动画及可听化媒体还具有时间域特征。不同的特征需要不同的表现形式，而媒体的表现形式应便于处理和操作，如交互式编辑、滤波、编码转换及特征提取，特别是在压缩域。串、树和图是最常用的表现形式。针对不同的媒体类型，应选择适当的表现形式及交互界面。

（2）特征表示与查询

媒体的属性特征可以分为三类。第一类是媒体本身的属性，如媒体数据格式、时空尺寸及层次化描述等。第二类是可视化或可听化特征，如颜色、纹理、形状、运动或声调、音色等，这些可以用视觉或听觉模态来表示。第三类是媒体所含的语义特征，这些直接和人们对媒体的知觉化理解相关，所以一般需要以多模态界面和文字相结合的方式来表示。

（3）智能检索

为了提高检索的有效性，基于内容的多媒体检索技术着重于智能界面技术，包括自然语言理解、语音识别、文字识别、符号识别、手势判别、面部识别及唇读等等。多媒体信号处理、模式识别及基于知识的机器学习等是理解智能界面技术的基础：首先通过多媒体信号分析自动提取有关的可视化或可听化特征，然后借助机器学习建立低级特征和高级语义的对应关系。

2. 基于视线追踪和姿势识别的多模态用户界面的应用

为了在计算机上实现更直观的交互，已经有研究者针对自然用户界面（NUI）做了大量研究，例如面孔识别、视线追踪、姿势识别和语音识别。但是单独的直观技术都存在局限。研究表明，基于视线追踪的用户界面具有以下几点优势：首先，用户可以很好适应视线追踪方法，因为它的操作类似于传统的计算机鼠标。其次，与传统的手工操作输入设备，如鼠标、键盘或操纵杆相比，其吞吐量非常高。此外，视线追踪方法为残疾人提供了使用计算机的机会（Heo et al.，2010）。虽然和传统界面相比，基于视线追踪的界面具有明显优势，但由于设备或方法上的原因，其准确性和便利性都有待提高。目前视线追踪技术可以分为两类：基于可穿戴相机和基于远程相机。前者又叫头戴式视线追踪技术，通过戴在眼睛上的特殊装置收集数据。显而易见，这种技术并不方便，使用过程中穿戴设备的位移以及用户的不舒适感都会造成结果的不准确。后者虽然并不需要穿戴任何设备，但是大多数商用眼动追踪仪器是基于 PC 环境研制的，具有较短的 Z 距离和较小的屏幕，这导致其使用受限。此外，由于相机是固定的，个体的头部运动也是受限的。上述种种原因都会增加探测正确注视点的难度。

在姿势识别上，以往研究将手部姿势识别也分为两类：一类是基于相机视角；另一类是基于数据手套（data-glove）。目前使用数据手套姿势识别技术的研究更多集中在游戏、模拟器和虚拟现实（VR）系统上。例如，Belmonte 等（2010）使用该技术设计了水下机器人模拟器，Baricevic 等（2008）则使用该技术开发了第一人称射击（first person shooter，FPS）游戏系统。之所以基于数据手套的手部姿势识别技术被广泛采用，是因为和基于相机视角的方法相比，它能更精确地对多种多样的姿势进行分类。这种机器学习算法除了能对各种序列数据进行手部运动分析，还能识别身体姿势。虽然近几年来姿势识别中的身体探测和姿态评估已经被简化了，但是要从连续数据中区分姿势起始点仍然存在难度（Lee et al.，2013）。并且由于自我遮蔽问题（self-occlusion），基于姿势的指向交互不适合在整个大的显示区域进行导航，而通过视线追踪来实现导航和探索功能则更加自然。综上所述，目前研究者更倾向于采用视线追踪和姿势识别相结合的多模态用户界面进行实验。这能使二者优势互补，从而更准确地捕捉用户意向。比如，Lee 等（2013）为实现交互应用程序、新用户交互设备和用户之间的互操作性，使用了视线追踪和姿势识别相结合的多模态用户交互方法。Kim 等（2017）为了弥补视线追踪在时间消耗和非自愿眨眼问题上的不足以及解决瞳孔震颤导致准确性低的问题，也结合了姿势识别。结果表明，使用多模态用户界面大大提高了小点的定位时间，特别是在高分辨率的大屏幕显示环境中。

事实上，除了视线追踪和姿势识别，还存在其他形态的交互方式，上文也提到在自然用户界面中还有语音识别等。不过，多模态用户界面将不同形态的交互方式进行了结合。Tomori 等（2015）演示了一种多模态的"自然用户界面"方法，它将姿势识别、视线追踪和语音识别结合了起来。这使研究者能够用操作者的目光和声音来选择物体，通过跟踪手指在空间中的运动来捕捉物体并控制它们的位置。这种方法利用人类处理图像以及控制指尖平滑的能力，对这些技能进行缩尺，从而以一种自然的方式在微尺度上远程控制微对象的运动。此外，一些研究也会运用到生物信号，例如 EEG 和 GSR（流电皮肤反应）。Heo 等（2010）为了呈现一个更真实的游戏系统，使用了多模态界面，包括视线追踪、手部姿势识别和生物信号分析。结果表明，和键盘、鼠标这些传统设备相比，用户使用该界面能拥有更好的沉浸体验和更高的兴趣。最后，在远程遥控领域也会使用到多模态界面。Ryu 等（2005）使用视觉、听觉和触觉相结合的方式使操作者更直观地控制现场机器人的各项功能。

（三）多模态用户界面设计的问题与展望

从上述研究和讨论中不难看出，目前多模态用户界面存在的问题主要与各形态数据的结合以及收集这些数据的设备和技术有关。如何提高视线追踪和姿势识别的准确性？如何扩大仪器的应用场景，以及增加操作者的自由度？如何结合更多形态的交互方式？这些都是未来研究需要解决的问题。我们期待未来能实现与移动设备的多模式手势交互，使用更复杂、更自由的手势集来开发应用程序，使设备更智能。也期待在研究中使用高质量、高帧率的相机提高视线追踪的准确性，捕捉用户意向。总之，这些都是为了有效地提高人机交互的自然性和效率，最终给用户提供更简便的操作界面、更复杂的功能和更美好的使用体验。

概念术语

文本设计，图标设计，符号标志设计，菜单界面，对话框界面，自然用户界面，脑机接口，可穿戴设备，自适应用户界面，显式人机交互，隐式人机交互，显式意图，隐式意图，多模态用户界面

本章要点

1. 文本设计是指将文本按照视觉设计的规则和要求，以及相关的用户体验的要求进行的设计与编排。

2. 文本设计的绩效分析主要集中在字体类型、文字尺寸、文字信息密度等方面。

3. 图标是图像、图片或者是表示概念的符号，通常是对象或动作的表达。图标的设计原则有：（1）易识别；（2）使用合适的惯例；（3）隐喻合理；（4）联系上下文；（5）保持一致；（6）高信噪比；（7）权衡相似性和差异性；（8）添加文字作为冗余编码。

4. 在设计图标过程中，有一些需要重点考虑的因素，如隐喻、尺寸、色彩、形状、对比度、数量、排列等。

5. 符号标志最主要的选择标准包括认知度（是否容易被人们理解）、匹配度（与其表示的意义关系紧密度）及主观偏好三个方面。如果没有特别的考虑，一个较为基本的选择原则就是尽量选择标准化的或者已经为大家所习惯或熟知的符号标志。

6. 菜单界面是通过向用户提供多个备选对象，来完成特定任务的人机交互界面。目

前 Windows 系统的主流信息架构就是通过菜单构建的，其特点是易学、易用、无须记忆，并有良好的纠错功能，但操作效率不高，变通性较差，适合那些操作动机水平较低、操作能力较低，且在工作中不常使用计算机的用户操作使用。

7. 对话框界面是同时具有菜单和填空式界面特点的一种界面。

8. 常见的自然用户界面设计包括语音交互设计、视线交互设计、手势交互设计和触觉交互设计。

9. 本质上，脑机接口是一种基于大脑神经活动的信号转换和控制系统。

10. 可穿戴设备指的是用户可直接穿戴在身上的便携式电子设备，具有感知、记录、分析用户信息等功能。可穿戴设备是"以人为本，人机合一"理念的体现。目前的可穿戴设备大多可以连接手机或其他终端设备，与各类应用软件紧密结合，以帮助人与机器进行更加智能的交互。便携性、实时性、交互性是可穿戴设备的三大突出优势。

11. 自适应用户界面由输入、推论和输出三大部分组成。自适应用户界面研究主要涉及自适应方式、自适应算法、自适应属性等三个方面。

12. 自适应方式指的是自适应用户界面输出部分根据推论部分的决定自动改变系统本身的某些输出特点以适应用户操作的途径。这些改变主要涉及界面信息呈现方式（布局、组织、突显等）和信息内容。改变的项目通常被称为自适应项目。

13. 隐式交互被定义为"看不见的交互"。用户可以用较少的意识参与到交互中去，不用那么"全心全意"。可以通过设备主动性和用户注意力两个维度来区分显式和隐式交互。

14. 多模态用户界面在多媒体界面的基础上，通过视觉、语音和触觉等多种方式，使用户和机器之间可用多种形态或多个通道以自然、并行和协作的方式进行交互，有效地提高人机交互的自然性和效率。

复习思考题

1. 什么是文本设计？
2. 影响文本操作绩效的因素有哪些？
3. 图标的作用是什么？
4. 图标设计的原则有哪些？
5. 影响图标设计的因素有哪些？
6. 什么是符号标志设计？
7. 什么是菜单设计？
8. 什么是对话框界面设计？
9. 传统交互界面的优缺点是什么？
10. 自然用户界面设计有哪些类别？
11. 脑机接口系统由哪些成分组成？

12. 可穿戴设备的特点是什么？

13. 自适应用户界面研究涉及哪些自适应方式？

14. 什么是隐式交互界面设计和多模态用户界面设计？

15. 新型交互界面和传统交互界面相比有哪些优势？

16. 未来用户界面设计的研究方向有哪些？

拓展学习

王党校，郑一磊，李腾，等．面向人类智能增强的多模态人机交互．中国科学：信息科学，2018，48（4）：449-465.

米海鹏，王濛，卢秋宇，等．实物用户界面：起源、发展与研究趋势．中国科学：信息科学，2018，48（4）：390-405.

杨明浩，陶建华．多通道人机交互信息融合的智能方法．中国科学：信息科学，2018，48（4）：1-16.

张小龙，吕菲，程时伟．智能时代的人机交互范式．中国科学：信息科学，2018，48（4）：406-418.

施奈德曼．用户界面设计：有效的人机交互策略．6版．北京：电子工业出版社，2017.

范向民，范俊君，田丰，等．人机交互与人工智能：从交替浮沉到协同共进．中国科学：信息科学，2019，49（3）：361-368.

范俊君，田丰，杜一，等．智能时代人机交互的一些思考．中国科学：信息科学，2018，48（4）：361-375.

董建明，傅利民，饶培伦，等．人机交互：以用户为中心的设计和评估．5版．北京：清华大学出版社，2016.

第八章

服务设计

教学目标

- 了解服务设计的基本概念、要素、原则及流程。
- 理解服务设计与用户体验设计的区别和联系。
- 明确目前服务设计的发展情况。
- 掌握服务设计的工具和方法。

学习重点

- 第一节重点：掌握服务设计的概念，理解其与用户体验设计的区别和联系；理解服务设计的要素和原则；了解服务设计的发展现状并掌握开展服务设计的流程。
- 第二节重点：掌握服务设计工具和方法；结合服务设计案例思考各种工具和方法的优缺点或适用背景。
- 第三节重点：了解全球著名服务设计公司的服务设计理念和经典案例。

开脑思考

- 你有在网上和书上看到"服务设计"这个热门词吗？你觉得服务设计到底指什么？服务设计与用户体验设计有什么关系？
- 假定你是一家设计公司的负责人，你会秉持什么样的服务设计理念？
- 假定你是学校食堂管理者，你发现学生的校外外卖订单越来越多。你认为是哪些原因造成学生不愿在食堂就餐？为了扭转这种状况，你准备开展哪些工作？

服务设计是伴随着互联网的发展，尤其是进入移动互联网和物联网时代而出现的新名词。相对于传统的用户体验设计主要关注产品的界面和交互设计，服务设计更关注如何处理复杂的线上线下系统设计，以及其中所涉及的人、物、场景间的和谐关系的设计等。本章第一节介绍服务设计的基本概念、原则、发展和流程，第二节介绍服务设计的工具和方法，第三节介绍服务设计的具体案例。

第一节　服务设计概述

一、什么是服务设计？

（一）服务设计概念

服务设计的概念最早出现在 G. Lynn Shostack 于 1982 年和 1984 年分别在《欧洲营销杂志》和《哈佛商业评论》上发表的名为《如何设计服务》和《设计可送达服务》的两篇文章中（引自邓子豪，2018），接着"设计服务"和"服务蓝图"的概念出现在营销和管理界。它是伴随着世界经济的转型而产生的当代设计领域的新名词。到目前为止，业内还没有关于服务设计完全统一的定义。国际设计研究协会联合会（IASDR）认为服务设计是从用户的角度来设置服务，其目的是确保服务质量（引自李英，2016）。英国标准协会（BSI）将服务设计界定为满足用户合理与可预见需求的服务塑造过程（引自罗仕鉴，胡一，2015）。此外，阿里巴巴服务设计专家茶山（2015）对服务设计的解读是：为了提升用户的体验，将有形的和无形的触点进行有脉络、有组织、有系统的挖掘、设计与整合，并能够为产品或服务创造附加价值的活动、方法或是思维，其中的"用户"包括服务的提供者与服务的接受者。

综合现有服务设计的定义，目前采用的较为广泛的服务设计定义是（季鸿，张云霞，何菁钦，2018）：

> 服务设计是在以全局性的方式为企业提供用户需求洞察、为用户提供良好体验过程中所涉及的相关内外部活动。服务设计不仅需要考虑用户前台的触点或界面设计，还需要考虑更多的中台和后台的设计；不但涵盖了用户体验，还包括为了实现所有设计的功能，企业所开展的组织变革、流程设计、系统实施等内部活动。

因此，类似于视觉设计、交互设计的概念，服务设计这个名词虽然是近些年才开始进入大家的视野，但其不是一种从无到有全新出现的设计方法，更多的是利用科学的工具和方法把用户和服务提供者之间的系统性关系做了一个更为全面系统的梳理，进而提出的一种新兴的设计思想和理念。

（二）服务设计与用户体验设计的关系

Birgit Mager 教授提出，服务设计不但要从使用者层面考虑可用性、易用性、愉悦性等问题，还要从服务提供者的角度来考虑以上问题（Mager & Evenson，2008）。这一对服务设计的描述点明了服务设计与传统的用户体验设计等的一些差别。服务设计在内涵和外延上覆盖的范围更广，传统的用户体验设计关注单一触点的设计与实施，即与用户接触的前台的设计与实施，而服务设计需要更多地考虑中台和后台的设计，不但涵盖了传统的用户体验设计，还带有实现所有设计的功能的目的，即企业需要进行组织变革、流程改进等以更好地实现前台的功能。从用户的角度考虑，除了涉及触点外，服务设计还包括用户价值、服务理念和增值活动等方面。传统用户体验设计中的用户多指产品的具体使用者，而服务设计中强调的用户是指和产品使用者产生关联的所有利益相关者（stakeholders）。

如第一章第三节所述，随着用户体验思想的发展，目前全部用户体验设计已经成为用户体验设计的重要趋势。因此，目前，全部用户体验设计和服务设计两个概念已经充分融合在一起。两者虽然从不同的角度来看待服务提供者与用户的关系，即全部用户体验设计更多从体验全流程和范围的角度考虑如何使用户产生良好体验，服务设计更多关注如何整合系统资源以尽可能提供更好的体验，但最终目的和方向是一致的，即都强调以用户为中心。

举个例子，对于银行营业厅来说，用户体验设计主要包括从用户进入营业厅，咨询前台大堂经理，到办理完各项业务离开营业厅的全过程，涉及对取号、等待、叫号、服务、评价等一系列触点的体验设计。尽管在所有流程的体验设计上，营业厅都尽量做到极致，但也不能保证用户没有抱怨。其实，用户的抱怨很可能并不是具体的银行营业厅服务，而是必须亲自到营业厅办理业务而浪费大量时间，办理单次业务手续繁杂而造成长时间等待，等等。因此，就如第一章第三节所说，要解决类似涉及全部用户体验设计的问题，就需要站在服务设计的角度，从如何优化企业内部的服务流程设计、服务系统构架等方面进行改进。也就是说，只有进行系统性的优化，才能真正让用户体验达到极致。

（三）服务设计要素

交互设计是一种复杂的行为，需要考虑人（people）、目标（purpose）、动作（action）、媒介与工具（means）、场景（contexts）等五个要素。服务设计则是对系统的设计，需要考虑的相应要素包括利益相关者（stakeholders）、触点（touchpoints）、流程（process）、服务（offering）等。

1. 利益相关者

利益相关者是指服务提供者和服务接受者。服务接受者通常就是指用户。服务提供者包括企业前台人员（如一家咖啡馆的服务员）和企业后台人员（如咖啡师、原材料供应商等等）。服务设计需要综合考虑所有利益相关者，考虑如何通过设计让各利益相关者都可以高效、愉悦地完成服务流程。其中利益相关者又可以按照与服务的联系紧密程度分为核心利益相关者、直接利益相关者和间接利益相关者。比如对于咖啡馆，到咖啡馆消费的人是核心利益相关者，毕竟对一个以商业盈利为目的的咖啡馆来说，没有消费者也就不存在服务了；咖啡馆的投资人或经营者和咖啡馆的原材料供应商属于直接利益相关者，因为服务的好坏会影响到他们的收益；最后，同一商业区域内的其他咖啡馆即同类竞争者则属于间接利益相关者。

2. 触点

触点在服务设计中指的是利益相关者与服务系统进行交互的载体。触点可以是有形的，也可以是无形的。触点的种类繁多，大体可分为物理触点、数字触点、情感触点、隐形触点和融合触点等。触点的选择和设计是服务设计的重要环节之一。譬如我们到海底捞火锅店进行消费，在消费之前，我们通过在线 App 或者微信公众号进行排队预约，这个过程属于数字触点；当我们到达海底捞门店时，门口服务员的接待属于情感触点或者人际触点；我们在消费过程中对座椅舒适度、食材新鲜度等的感受则属于物理触点。

3. 流程

流程指由两个及以上的业务步骤完成一个完整的业务行为的过程。在服务设计中，用户与服务内容之间会有众多触点，从而组成动态的服务系统。服务系统的节奏、各触点、服务阶段的划分与组织都是进行服务设计时要重点考虑的。举例来说，不同的餐饮店在设计服务流程时，会考虑饮食特点、店面特点、服务人员特点、目标用户特点等多方面因素，有些会选择"点单—买单—上菜"的服务流程，有些会选择"点单—上菜—买单"的服务流程。

4. 服务

服务指以非实物形式使他人从中受益的一种有偿或无偿的活动。服务设计中最本质的要素就是服务。服务的形式是多样的，比如拿教育培训机构来讲：目前市场上主流的教育培训机构都有线上和线下的服务，也有一对一和一对多的服务，还有提供实物服务和电子服务等等。

服务的特性包括无形性、异质性、不可分割性和易逝性。无形性很好理解，即服务是由一系列活动所组成的过程，而不是实物；异质性指服务是由人表现出来的一系列行为，它不像有形的产品一样有固定的模式，所以服务表现出来是千差万别的；不可分割性指的是服务的生产过程与消费过程同时进行，用户只有加入服务的生产过程才能最终消费到服务；易逝性则指服务不能被储存、转售或者退回。

二、服务设计的原则

服务设计关注的是人与人之间、人与物之间、人与组织之间、不同组织之间价值关系的本质。服务设计将人、产品、信息、环境等相融合，将以人为本的理念贯穿始终。服务设计不只着眼于不同服务过程中的各个触点，还着眼于不同触点的共同作用以及触点之间的连接，最终为用户提供完整的体验。设计不再是一个个单独的点，而是一个互动的和谐整体。这里，用户成为服务的一部分。

Marc Stickdorn 为服务设计归纳了五个原则。根据各个行业的不同特点，对于这五个原则，可以有不同的侧重点（引自方情恩，2018）。

（一）以用户为中心

以用户为中心设计（UCD）的理念已经被广泛应用于产品设计、交互设计等领域，服务设计也不例外。在进行服务设计时，需要站在用户的立场看用户需要什么、用户怎么理解、用户有怎样的习惯和行为，以及用户的动机是什么。用户才是整个服务设计流程的中心。因此，在服务设计中一定要站在用户的角度思考问题，讲用户听得懂的语言，满足用户的真实需求。在服务设计全流程中都应让用户参与进来，使得服务系统形成闭环，据此洞察用户需求，以优化服务的全部用户体验。

（二）共同创造

在服务系统中不是只有（可见的）用户（服务使用者），还有服务提供者、管理者等多方利益相关者。如果充分调动各利益相关者在服务设计过程中的参与程度，就可以得到更全面的设计概念。所以除了设计能力本身，服务设计人员还需要有组织能力，去激发各利益相关者的创造力，以调动各利益相关者在服务设计过程中的参与积极性。这一点跟参与式设计很像，但我们不能把服务设计中的共同创造简单地等同于参与式设计，正如国内学者辛向阳所强调的："这个共同创造的概念更强调服务交付的时候需要利益相关者的共同参与，即服务产生的价值是共同创造的。"

（三）有序性

如前所述，流程是服务设计的要素之一。完整的服务系统是由多个服务阶段、多个触点共同组成的，要遵循一定的服务流程。时间线对用户很重要，服务的节奏很大程度上会影响用户的体验。服务设计要考虑每个环节给用户带来的感受，精准控制节奏，把用户与服务互动的每个点连接起来。例如，在机场排队取行李，等久了用户会不舒服。用稍微增加到达行李处的路程和在路程中增加厕所和商店的方法，可以在一定程度上减缓用户的行进速度，最终减少用户等待的时间。

（四）可视化

在服务系统中，很多服务是在后台无形进行的。因此，需要在一定程度上将无形服务有形化，即将服务可视化，进而增加用户对服务的感知。例如，在达美乐比萨店，会有一个进度牌将每份订单当前所处的状态显示出来，让顾客可以清晰了解到从下单到吃上可口的比萨之间所经历的服务阶段和进度状态，如图 8-1 所示。

图 8-1 达美乐比萨店的进度牌

(五) 整体性

服务设计是设计一个系统，不只是某个触点。服务设计的对象不只是用户（消费者），还有服务提供者、系统管理者等多方利益相关者，所以在做服务设计时需要全局思考，整体地考虑问题。

台湾科技大学唐玄辉教授曾举了一个很形象的例子来说明服务设计需要系统性的思维（引自唐玄辉，2017）：

> 用户体验比较像是人跟机器的互动，而服务设计是指人在服务体系中，与不同的元素接触所感知到的。以医疗为例，当你去医院看病时，如何找到相应的科室、结账、领取药物，以及整个医院的布置等都是服务设计的重要部分。在整个过程中有很多东西结合在一起，比如用户洞察、人物画像定义、用户旅程图、用户蓝图、商业模式等要结合在一起。做得不好的医疗体系，往往没有系统思维，各自为政，病人看病可能要去好多个不同的门诊。而世界知名的梅奥医学中心，则提供系统化的服务设计：看病的时候，一位主要服务的医生会帮病人做初步的诊断，然后帮病人规划检查的顺序及相关医生会诊的顺序，让病人可以在最短的时间内完成看诊，相关的检查与看诊都会有序进行。

三、服务设计的发展

自 G. Lynn Shostack 于 20 世纪 80 年代初提出服务设计概念后，1991 年，科隆国际设计学院（KISD）的 Michael Erlhoff 教授和 Birgit Mager 教授开始将其引入设计界并融入教学研究工作。从此，"服务设计"在设计界开始发展。由于欧美对公共服务的大量需求，服务设计首先在实践层面积累了大量有价值的案例，同时也催生了包括 Livework、Engine、IDEO 等在内的以服务设计为主导业务的设计公司和包括 Design Council 等在内的以提升公共服务质量为任务的设计机构。随着这些公司和机构对服务设计的探索和研究，服务设计在方法和工具层面有了长足的发展。欧洲的一些设计强国，如英国和丹麦等不仅在其经济领域大力推行服务设计，更将其触角延伸到更为广阔的医疗、健康、教育、基础设施建设等相关公共领域。相反，服务设计在教育界却显得相对滞后。目前国际上开设服务设计课程的院校还不多，主要有科隆国际设计学院、阿尔托大学、米兰理工大学、代尔夫特理工大学、卡内基·梅隆大学、清华大学、江南大学等。

2015 年 5 月，英国工业设计委员会发布了一项名为《服务创新与发展设计》（DeSID）的报告，该报告通过六个案例研究和对全球 49 家设计机构的调查，严格审视了服务设计的发展。DeSID 研究报告详细描述了服务设计师究竟能为客户带来什么，以及良好的客户关系对于设计项目成功的重要性。其清晰完整的见解既可以帮助服务设计机构对行业发展的广泛趋势进行比较，也有助于潜在客户理解其与设计师们合作可能产生的影响，包括项目层面和更广泛的文化变革层面。

通过对六个项目的仔细调查，DeSID 研究报告还提出了服务设计的三个关键类别。

（一）服务设计作为满足特定需求的手段

在第一类中，设计师从事的是特定、有限的可交付项目工作。在这种情况下，设计师和客户往往担任不同的角色，对设计项目做出各自的贡献。很多此类项目针对的是新业务的开发，设计工作往往是在早期阶段，主要侧重于能激励与发现改变的设计活动，如用户研究。

（二）服务设计作为以人为中心的创造性和系统性过程

在第二类中，客户因为设计过程而选择、尊重设计师，他们渴望向服务设计师学习，以提高其现有的创新实践。设计师和客户协同工作，项目也不一定要有明确的交付要求，而是让设计过程对客户的工作方式产生影响，客户和设计师利用这些技能来推动项目，可能是新的服务或是现有服务的改善。

（三）服务设计作为以人为中心设计（UCD）的理念和方法

在第三类中，设计师要了解企业客户的长期深刻变化，以及客户的思维、工作和提供服务的方式。在这些情况下，设计师为企业学习过程提供支持，设计成为尝试新方法的手段。此类项目可以在服务开发的所有阶段开展，包括从设计到实施。成功的话，它们会对服务的设计和提供方式以及客户对自身工作和身份的认知产生广泛的连锁反应。

四、服务设计的流程

从大的方面来说，开展服务设计的流程可以分为四个阶段，即：探索和解释阶段、设计产出阶段、设计验证阶段和设计执行阶段。具体到实际操作中，服务设计的流程还可以细分为需求分析、用户研究、服务提案开发、原型设计、用户体验测评、详细设计、交付等。这样一个开展服务设计的流程只是一个通用路径，具体设计操作还是要依据服务背景和设计实际状况来确定。这些阶段可能会往复循环，或者在某个阶段停留深入，但最终都应该以创造好的服务体验为导向。所以服务设计应该是不断反复进行的过程，从粗略的设计架构到精细的设计细节，再从细节到架构，是非线性的过程。正如本书第一章第三节所介绍的，服务设计的流程也充分反映了以用户为中心设计的理念。

在开展服务设计的过程中，服务设计的基本要素是不可或缺的。人始终是设计的中心，但也要将组织或企业的利益考虑其中。尤其是在触点的设计中，要考虑人、环境、价值等因素，需要反复洞察用户的习惯和理解、服务提供者的观点，以及其他重要因素。设计师必须依据预算、资源以及用户的看法做出决策。

（一）探索和解释阶段

1. 服务探索

探索阶段需要洞察服务中可能存在的问题，以获得有深度的服务见解。设计师需要全面了解所要设计的服务，包括整个服务系统、服务问题，为接下去的研究工作奠定基础。

在服务需求分析上，可以通过用户访谈、焦点小组、设计探测（design probe）、认知走查等方法了解服务的组织形式、商业模式和市场状况，以便清楚地看到服务所面临的机遇和挑战。

如何发现问题呢？服务的理念是深植于企业文化中的，因此发现问题首先要从组织入手。企业对于服务的理解和认可决定了服务能否顺利实施。所以设计师首先要从组织中发现问题，从而更好地理解企业的目标和态度。比如，在对地铁的服务设计中，地铁公司的服务理念决定了其服务方式，当设计师认为组织结构可能会影响全流程服务的流畅性时，就需要和管理层探讨更有利于服务用户的组织方式。随后深入了解利益相关者的看法，使用各种研究方法，例如启发式的深度访谈等，去发现用户行为背后的真正原因，甚至可以成为用户或者服务提供者，去洞察地铁乘客的体验，地铁安检人员、司机、站台人员的体验，地铁引导人员与乘客互动时的体验，等等。只有深入了解利益相关者的需求，才能为随后的设计奠定坚实的基础。

2. 服务解释

将探索阶段获得的各类问题进行整理归类后，就需要进一步定义问题，限定服务问题的关键和空间，确定服务情境中人与物的关系，并探讨服务问题背后的真正原因，以获得有利于下一阶段形成服务设计的洞见，从而帮助设计师提炼设计的价值，发现设计点或者改进点。

这一阶段的挑战是设计师如何以可视化的方式展现和定义问题。对此，可以根据需要结合定性和定量的研究方法：定量的数据能准确展现问题的表象，而定性的分析则能发现表象背后的深层原因。在可视化的具体方式上，设计师可以通过用户旅程图、服务蓝图（具体参见本章第二节）等手段将无形的服务深层结构呈现出来，明确流程中的关键问题。

具体来说，设计师需要洞察的第一个利益相关者是实施服务的企业或组织。服务的实施者对于服务设计的理念和态度在很大程度上决定了随后的服务设计能发挥什么样的价值以及多大的价值。设计师要明白组织的需求和意愿，只有在与实施者达成共识的情况下，最终的设计才可能成功交付。

在获得企业或组织认可后，设计师就要去洞察其他利益相关者的需求，寻找服务链上的问题。只有通过洞察寻找到了问题，才能在随后的阶段定义问题，然后做出设计和改善。

传统的用户研究方法都能用于服务设计中的洞察研究，例如访谈法、故事板法等。善用一些好的研究方法，不仅能帮助设计师以更全面的视角审查服务流程，而且在与利益相关者共同创造时，也能让他们更轻松地回忆起自己在服务中经历过的挫折，发现一些关键但难以察觉的问题。

（二）设计产出阶段

设计师获得对于设计具有启发的洞见后，在进一步设计服务细节之前，先要确定服务主张，即产品或服务能够被用户感受到的价值主张。无论是商业服务还是公共服务设计，服务主张都是非常重要的。在构建服务主张的过程中，需要思考服务能为用户带来什么价值、能为企业带来什么价值。

设计产出阶段一般包括以下几个步骤。

1. 场景建立

任何服务都是需要在一定的场景下进行的，因此首先需要定义和解释用户被服务的场景，其目的是让不同背景的设计师能够在一个平台、系统，或者可见、可想象的范围内，有共同的语言开展工作和协作。场景可以是纸面的、模拟的、搭建的或者真实的环境等。

2. 概念设计

在进入真正的设计阶段后，设计师要随时从全局到局部、从微观到宏观进行思考，生成设计方案。可以使用服务蓝图将洞见、商业目标和策略结合起来，设计出好的用户体验设计概念，并通过设计草图、效果图、流程图、视频动画和模型等将需求和分析的结果概念化和视觉化。同时，需要通过详细的归纳与说明来描述概念设计中涉及的各个触点的内容和功能。

在服务概念设计中，触点设计是非常重要的一步。项目的资源是有限的，做到每一个触点都尽善尽美是不可能的。设计师在洞察服务流程时，就应该对重要的触点加以区别，在设计中对这些重要触点投入更多的精力。在完成详细的设计报告时，要将服务前台和服务后台相结合，明确在提升服务的用户体验方面，后台与前台的交互关系。为了使概念设计不成为空想，必须反复进行概念发展和洞见调研，尽早获取服务使用者或者提供者对设计概念的反馈信息，不断完善设计，使设计过程保持落地状态。

同时，在产生服务概念设计时，设计师和利益相关者共创服务是服务设计的一种重要方式。通过共创，设计师可以获取利益相关者的需求和认知信息，解决一些关键但无形的问题，使服务的设计过程朝正确的方向发展。共创的具体形式依设计师可使用的资源和设计的需求而定，可以是焦点小组、用户访谈等。无论采取何种形式，设计师都要通过与利益相关者共创服务来构建良好的用户体验。

3. 原型设计

最后一步是构建能够用于用户体验测评的模拟原型。根据项目的不同和概念的深化程度，原型会有不同的展示方式。但服务设计的输出结果不应仅仅是设计效果图和工程图，而应该是问题解决及实施的原型方案。服务设计的表达通常采用服务提案报告或者商业计划书。由于服务设计是一个系统工程，服务设计原型、服务情境描述等是常见的表达方式。

（三）设计验证阶段

在服务设计概念以及服务设计原型产生后，就可以利用原型对服务设计进行验证，以尽早获得设计反馈，在设计实施前尽可能减少错误，降低服务实施后的不足所带来的损失。如同第六章中针对交互式产品原型设计所讨论的，服务设计的验证也是一个反复迭代的过程，应该穿插在设计中，在验证中发现的问题需要回到设计阶段重新纠正，然后再验证。设计的早期，可以使用低保真的讨论原型或参与原型做测试；在设计细节丰富后，可以使用模拟原型反复验证。如果有充足的资金和资源，也可以通过试点原型，为真正的用户提供服务。

根据服务内容的不同，验证或测试可以采取不同的方式，但是原理上就是采用用户体验测评的方法。具体验证方法可以是专家评估、实境调查、启发式评估，或者是借助于专业工具，如眼动仪、脑电仪、多导生理仪等（详见第九、十章）。

（四）设计执行阶段

当服务设计通过开发和验证测试以后，就可以进行试运行或者对外发布了。在服务交付执行后，还会伴随着发布后的追踪测试和评价。这些测试一般可以采用用户调查、现场观察、大数据分析等方法进行。并且根据具体的执行情况，仍然可能回到前面的步骤。执行过程中，管理层的认同和参与服务的员工对服务的理解尤为重要，运用服务蓝图等手段能让他们更好地了解服务所带来的价值。

第二节　服务设计的工具和方法

当前，服务设计领域的一个明显特点是已经融合了包括用户体验、设计学、心理学、消费行为学、社会学、管理学等多个学科，形成了一套较为成熟的多学科、多行业交叉融合的工具和方法。相对于交互式产品的用户体验设计来说，服务设计更倾向于采用综合的、系统化的工具和方法。同时，这些工具和方法的具体应用又因产品类型、服务类型、行业类型、产品开发阶段等因素而有较大灵活性。Jakob Schneider 和 Marc Stickdorn 在《服务设计思维》一书中罗列了近 30 种服务设计工具或方法（施耐德，斯迪克多恩，2015）。根据这些工具或方法所针对的对象和阶段，它们可以分为理解服务相关者、形成洞见、描述服务生态和评价服务设计质量四大类，本节将重点介绍前三类。

一、理解服务相关者的方法

服务设计做得好的首要前提是理解。理解服务相关者是整个服务设计的基础。因为部分方法与用户研究、任务分析方法重合，所以这里主要介绍两种，即利益相关者图解法和故事板法。

（一）利益相关者图解法

利益相关者图解法是指通过视觉或者其他形式将与服务相关的所有角色呈现出来。这种方法可以用来厘清服务提供者、服务购买者、服务使用者以及其他利益相关者之间的关系。

首先，通过资料调查与访谈，找出所有利益相关者。其中一些利益相关者是服务提供者未主动提及或者是服务提供者并没有意识到该利益相关者的存在。找出利益相关者之后，需要罗列出每个角色的兴趣和动机，然后分析不同角色之间的联系。可以根据不同的需求将角色分类，例如，为了在服务出现问题或者拓展服务时能够更加有效地运用资源，可以将具有相同利益的角色分成一类。以角色的重要性进行分类，则可以发现一些被忽视的角色。然而，这些角色对其他角色可能有很大的影响，此时需要重新考虑这种角色的定位。最后将这些信息以视觉化的形式呈现出来。通过这种图解利益相关者的方法，可以找出当前服务的问题点以及潜在的机会。

在诸多利益相关者图解法中，影响力因子得到了广泛应用。通过纳入影响力因子，利益相关者图解法能够把利益相关者关系网络中各种正式的、非正式的（或许更为重要的）关系表达出来，附加使用各种实线或虚线箭头等图符把各利益相关者之间的关系梳理清楚。下面介绍几种常用的利益相关者图解法。

1. 影响力/活力矩阵

一种图解法是影响力/活力矩阵（power/dynamism matrix），如表 8-1 所示。该矩阵的列是影响力，行是活力，是一个 2×2 矩阵。该矩阵对利益相关者进行了分类，有助于在战略实施过程中考量需要采取的措施。其分成 A、B、C、D 四个组别，其中 A 组（低影响力、低活力组）和 B 组（低影响力、高活力组）利益相关者相对容易应对。C 组（高影响力、低活力组）的利益相关者已经具备相当的影响力，属于重要的利益相关者。但因活力较低，所以他们的行为态势具有可预见性，其利益需求相对容易处理。而 D 组（高影响力、高活力组）利益相关者不仅具有很强的影响力，而且具有非常高的活力，因此在实施新的战略前，应优先通过测试性措施来探查这一组成员的反应。

表 8-1　　　　　　　　　　　　　　　　　影响力/活力矩阵

	低活力	高活力
低影响力	问题较少	无法预测但可控制
高影响力	重要性高但可控制	高风险性或机遇性

（来源：季鸿，张云霞，何菁钦编著，2018，57 页）

2. 影响力/利益矩阵

另一种图解法是影响力/利益矩阵（power/interest matrix），如表 8-2 所示。该矩阵的列和行分别是利益相关者的影响力和与企业战略相关的利益。这同样是一个 2×2 矩阵，分成 A、B、C、D 四个组别。A 组（低影响力、低切身利益组）利益相关者只需最低限度的关注。B 组（低影响力、高切身利益组）利益相关者应给予告知，因为与切身利益相关的他们能够影响更为重要的利益相关者。C 组（高影响力、低切身利益组）利益相关者虽然具有较高的影响力，但由于企业采取的策略与其关系不大，故大多采取顺应态度。不过，他们也可能因为突发事件改变态度，甚至转化为 D 组成员，所以对这一组成员的需求应给予满足。D 组（高影响力、高切身利益组）利益相关者尤为重要，他们既有很强的影响力，又与企业采取的战略具有较高的关联性，所以，企业实施新战略前必须考虑他们的意见和建议。

表 8-2　　　　　　　　　　　　　　　　　　**影响力/利益矩阵**

	低利益	高利益
低影响力	较少关注	持续告知
高影响力	持续满足	关键利益相关者

（来源：季鸿等编著，2018，57 页）

3. 影响力、正当性与紧迫性模型

此外，还有几位研究者在前人研究的基础上建立了一个利益相关者模型（Mitchell，Agle，& Wood，1997），即影响力、正当性与紧迫性模型（power，legitimacy and urgency model），如图 8-2 所示。该模型在影响力的基础上新增加了两个维度，分别是正当性和紧迫性，由此将企业利益相关者分为三大类型七个种类。借助这个模型，可以分析各利益相关者可能考虑的因素和采取的行动。这里，影响力指的是利益相关者影响企业行为的能力（权力），正当性是指利益相关者的诉求是否合理，而紧迫性是指利益相关者的诉求在时间上是否急迫。

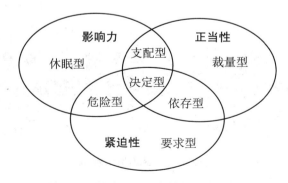

图 8-2　影响力、正当性与紧迫性模型

（来源：季鸿等编著，2018，58 页）

第一种类型是潜在型利益相关者（latent stakeholders）。这一组成员只具有利益相关者三种属性中的一种，即只具备影响力属性的休眠型利益相关者（dormant stakeholder），或只具备正当性属性的裁量型利益相关者（discretionary stakeholder），或只具备紧迫性属性的要求型利益相关者（demanding stakeholder）。

第二种类型是期待型利益相关者（expectant stakeholder）。相比第一组，这一组成员具有利益相关者三种属性中的两种，即同时具备影响力和正当性属性的支配型利益相关者（dominant stakeholder），或同时具备影响力和紧迫性属性的危险型利益相关者（dangerous stakeholder），或兼具正当性和紧迫性属性的依存型利益相关者（dependent stakeholder）。

第三种类型是决定型利益相关者（definitive stakeholder），他们同时具有利益相关者的三种属性。

需要注意的是，企业对每一种利益相关者的地位进行评估时，往往还会受到管理层的主观意识的影响。

（二）故事板法

故事板是一系列表明事情详细经过的图片或者图示，包括服务发生的场合或者服务提供的设施，其目的是形象化地描绘用户体验。故事板通常使用连环画的形式呈现，设计师通过一系列插图来讲述事情的来龙去脉，通过查看故事板就可以快速了解服务使用的场景。有时为了方便集体讨论，会以脚本的形式呈现。故事板可以是真实的，也可以是虚构的，真实的故事板通常使用照片来呈现。

制作故事板时，设计师必须从用户的角度出发，这样有助于将用户的观点融入设计。通过故事板中所呈现的服务情境，设计师可以针对未来的机遇与挑战展开讨论。故事板的示例见图 8-3。

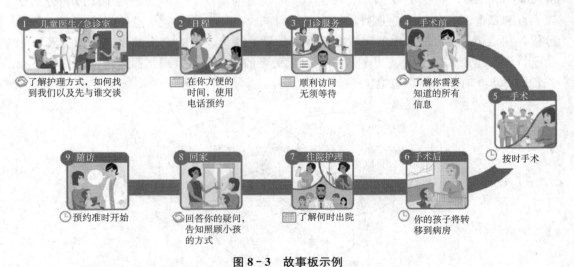

图 8-3 故事板示例

（来源：季鸿等编著，2018，70 页）

二、形成洞见的方法

理解服务相关者之后，服务设计接下来要做的事情是形成洞见。形成洞见的方法都是常用的方法，如观察法、深度访谈、实地参与、用户工作坊、5W1H1V 分析法以及文化探测法。其中有些方法在本书其他部分已经介绍过，这里将重点讲述 5W1H1V 分析法以及文化探测法。

（一）5W1H1V 分析法

5W1H 分析法是一种思考方法，也可以说是创造技法，多被用于项目管理中。这种方法针对目的、对象、地点、时间、人员和方法提出一系列的询问，并寻求解决问题的答案，如下：

- What（对象）——执行什么事情？
- Where（场所）——在什么地点执行？
- Why（目的）——为什么执行？
- When（时间）——什么时候执行？
- Who（人员）——由谁执行？
- How（方法）——如何执行？

借鉴 5W1H 分析法，在进行服务设计时，不妨用 5W1H1V 分析法来思考：

- What——用户使用该服务能做什么？该服务能为用户解决什么问题？
- Where——用户在哪儿会需要该服务？
- Why——用户为什么使用你的服务，而不用别的？为什么需要该服务？和其他服务有什么区别？
- When——用户在什么时候会使用该服务？
- Who——谁是我们的用户群？服务为谁设计？
- How——用户如何使用该服务？
- Value——服务的价值。

弄清楚这七个方面，可以帮助我们更好地理解我们要设计的服务、我们的用户群，以及用户场景，进而帮助我们针对服务进行决策。这种方法同样可用于功能分析和用户场景分析。

（二）文化探测法

文化探测（cultural probes）就是收集用户自行记录的一系列材料，如图 8 - 4 所示。分析这些材料可以为设计提供灵感。用户借助简单的脚本，在特定的时期内使用图表描述或想象他们的内心世界、思想、感受和关系。即使探测已经开始，研究人员仍然能通过电子邮件或者短信进行远程指导。为了获得较深入的信息，研究人员应尽量不去打扰用户。这种方法可以获得大量的信息，将不同的人、不同的观点带入设计中，能有效解决文化边界的问题。

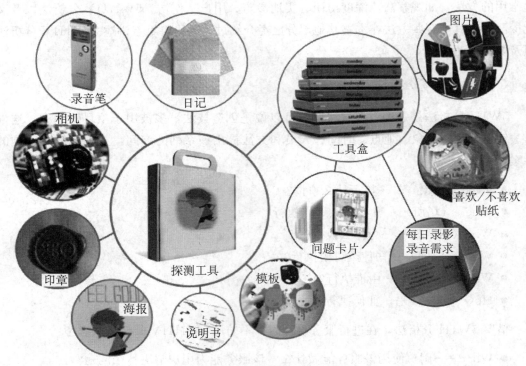

图 8 - 4　文化探测工具示例

（来源：季鸿等编著，2018，67 页）

可以使用时间轴记录个人或集体随着时间变化经历的事件或者过程。可以将今天设为中点，分别向前、向后延伸出时间序列。这种方式能帮助用户针对特定的服务回顾过去、展望未来，也能显示当前的需求和问题。

可以使用日志来记录一件事情或者一段时间内发生的事情。通常，日志更能表现用户的真实感受。不过，日志可能只会记录用户想让你看到或者用户认为重要的东西。因此，如果条件允许，可另外与用户安排一次访谈。日志可以是结构化的，以清单或者表格的形式让用户填写；也可以是开放式的，提供空白的笔记本让用户自由填写。结构化的日志便于后期整理，而开放式的日志能够收集到更感性的资料。

三、描述服务生态的工具

在理解服务相关者、形成洞见之后，需要做的事情就是生成和描述利益相关者的服务生态。其工具主要包括用户旅程图、服务蓝图、商业画布、用户生命周期图等，这里主要介绍一下用户旅程图和服务蓝图。

（一）用户旅程图

用户旅程图（也称客户旅程图）能提供生动逼真、结构化的用户体验资料。通常将用户和服务互动的触点作为架构，以用户体验为内容构建故事。通过这些故事，可以很清楚地看到用户与服务互动的细节以及在服务过程中用户产生的情感，如图 8 - 5 所示。

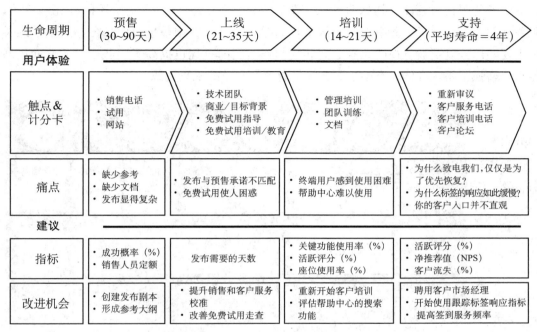

图 8 - 5 用户旅程图示例

（来源：季鸿等编著，2018，71 页）

构建用户旅程图，首先需要确定用户与服务互动的触点。接触的形式有多种，可以是面对面接触，也可以是网络接触。可以通过访谈或者收集用户自行建立的信息（博客、视频等）来发现构建用户体验历程的资料。接着将触点连接起来，地图需要简单明了，同时也需要承载足够的信息，能够详细描述服务过程中用户的洞察。

用户旅程图以用户角色为基础，记录用户在接受服务过程中的行为。运用用户自行建立的信息构建旅程图，有利于提升对用户情感上的理解。从用户的角度构建旅程图，不仅可以宏观地了解影响用户服务体验的所有因素，而且能找出正式或者非正式的触点。同时，个性化的旅程图（照片加上个人的叙述评论）更使人有身临其境之感。使用用户旅程图，能够厘清问题点和创新点，并能够通过个人视角的服务经验，将特定的触点作为进一步分析的基础。能够运用同样的语言比较不同的服务体验，同时可以快速、简单地对自己和竞争对手提供的服务进行比较。

（二）服务蓝图

服务蓝图（service blueprints）是一幅包括服务提供者、使用者和其他利益相关者视角的示意图，具有从用户联系到幕后制作的所有内容，如图 8 - 6 所示。

由于不同的团队会对服务产生不同的影响，在实践中可将他们联合在一起制作蓝图，这有利于他们意识到各自的责任。服务蓝图是一份"动态文件"，需要根据具体情况进行定期修改。这有助于提高服务提供者的调查研究能力，增强对环境变化的应变反应能力。

服务蓝图在服务设计初始阶段大多数是草图的形式。经过实施阶段的补充和修改，服务蓝图几乎包含了服务中的所有细节，同时明确了服务中最重要的部分，展示了服务中重复的部分以及被忽视的元素。而共同制作蓝图的过程也提高了团队成员的共同创新能力，增强了团队合作，有助于服务提供者更加有效地配置资源。

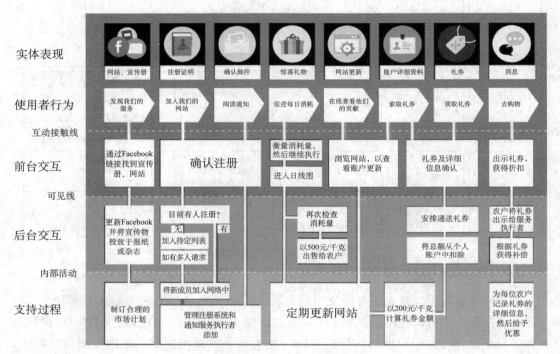

图 8-6　服务蓝图示例

（来源：季鸿等编著，2018，72 页）

（三）用户旅程图与服务蓝图的比较

用户旅程图与服务蓝图均以可视化方式，针对不同的研究对象、研究范围，按照时间先后揭示服务设计中人与服务、系统之间的交互关系。两者的相同点体现在：结构上都是遵循时间维度，本质上都是对服务设计中的相关信息进行可视化分析，目的均是提升服务品质。

但是在服务设计实践层面，用户旅程图与服务蓝图在研究对象、研究范围、研究价值、研究顺序等方面存在不同点（韦伟，吴春茂，2019）。

1. 研究对象

用户旅程图主要将用户，即服务的消费者和接受者视为研究对象。而服务蓝图则将利益相关者作为研究对象，不仅涵盖服务消费者和接受者，还包括服务人员、供应商、设计师、工程师等服务提供者。

2. 研究范围

用户旅程图是对用户整体流畅体验的可视化图示。以用户购买体验为例，用户旅程图方法从需求确认、考虑比较、决定购买和付款离开等阶段对整个服务流程中的用户体验、行为流程等进行整体分析，并系统优化整体旅程，设计出一个积极流畅的用户旅程。服务蓝图是对服务系统的可视化图示。这种方法通过分析服务系统中的用户行为、前台行为、后台行为和支持流程等，将服务系统中的隐性服务因素可视化，揭示潜在机会点，帮助服务提供者改进和管理现有服务系统。

3. 研究价值

用户旅程图可详细且全面地展示用户旅程中的用户体验和流程，以便于服务提供者研究分析，为用户创造积极流畅的体验旅程。其常被应用于体验规划设计和服务流程设计，以构建整体流畅的用户旅程。服务蓝图通过构建规范化的服务系统，揭示服务系统中可以改进和创新的机会点，以符合利益相关者的需求。其常被应用于服务系统内部的自我完善、品牌设计，以优化服务系统、提升品牌价值。

4. 研究顺序

考虑到用户旅程图以及服务蓝图各自的特点，在服务设计实践中，往往先采用人物画像等用户研究方法构建出用户旅程图，在其中发现用户痛点以及服务设计改进的机会点；然后站在各利益相关者的角度构建出服务蓝图，系统分析在用户旅程图中发现的用户痛点，并提出综合性的解决方法。换句话说，用户旅程图可以用来表征某一服务系统的用户体验相关问题空间，而服务蓝图是随后针对这个问题空间所提出的系统解决方案。

四、服务设计工具和方法应用实例

为让读者更为全面地了解如何将服务设计工具和方法融入设计实践中，下面将选择国内研究者王淼等（2019）对个性化旅游App"同道"的服务设计研究作为案例进行介绍。

(一) 服务设计背景

随着收入水平的提高，人们对文化生活越来越重视。在此条件下，旅游业也得到了极大的发展。人们更加希望获得自己期望中的旅行服务体验，而不是旅行社既定的旅游形式。现有的旅游类App设计中对用户线下交友的个性化需求关注度比较小，这也给旅游App的发展带来了新的机遇。

传统旅游行业和互联网的融合加快了人们获取信息的能力，涉及咨询、攻略、实时机票、酒店、景点订票等。旅游类App的竞争优势并不应该局限于界面设计和跟团价格等的领先，旅游的核心价值应该体现在更人性化、个性化的服务体验上。

个性化旅游App可以被定义为利用信息技术实现一个模拟用户与旅行社线上交流的平台，其通过获取并分析用户的旅游需求、历史偏好以及旅游时的约束条件，为用户推荐最合适的旅游产品，帮助用户快速做出旅游决策。个性化旅游 App 借助于大数据分析，为用户量身定制异于日常生活体验的旅行活动，满足用户的特定情感需求。量身定制即兴出行计划，既可以结识志同道合的朋友，又可以与其结伴共同走过一段旅程、加深友谊。

（二）服务设计目标

调查分析传统旅游出行方式方法，运用服务设计的思维和方法，建立一套针对年轻人的新型旅行方式的服务策略。

（三）服务设计流程

1. 用户分类与需求分析——人物画像卡

基于真实人物的行为、观点和动机，将调查要素抽象综合成为一组对典型产品使用者的描述。通过访谈问卷，对 30 名大学生的生活情况进行调查，就用户的日常活动、兴趣、人际关系、消费状况以及娱乐休闲规划等进行统计分析，以此建立特征用户角色表并整理出年轻人在以交友为前提的旅行中所需要的服务，根据用户旅行经验、需求以及目标和相关热情度来确定目标用户类型，构建用户分类与需求，形成人物画像卡，如图8-7所示。

	姓名：本 【人物类型】大学生（主要用户）	【关键差异】	1. 旅行方式：即兴出行 2. 没有独自旅行经验 3. 消费能力较弱 4. 注重体验 5. 乐于交友
	【人物简介】 　　本是一名在日本上大学的大一学生，今年20岁。以前曾与父母出去旅行。比较喜欢网购，喜欢和志同道合的朋友一起做喜欢的事情，对各地风土人情充满好奇，想在大学期间认识很多朋友。 　　曾经有过即兴出行的计划，但因为自己容易迷路，临时放弃了这个想法；后来在网上看了一些相关的旅行攻略，虽然仍旧心存热情，但还是没有勇气独自出行。 　　本想要一种可以为自己找到志同道合的朋友的软件，拓宽自己的人际交往范围，并提升自己即兴出行的勇气。		
【个人信息】 职业：学生 学校：日本某高校 年龄：20岁 学历：本科在读 收入：无	【用户行为】 预计花费：1 000元左右 使用同类软件的时间：不到1年 使用过的相关旅行软件：携程、途牛等 使用频率：每年5~8次 曾参与过的旅行方式：团体游、自由行 旅行的目的：交友 旅行所带来的意义：拓展朋友圈，学习知识	【用户态度和观点】 旅行的关注点：舒适度、安全性、行程合理性、对文化知识的探索深度、朋友性格与自己的匹配度 旅行的原因：娱乐为主 对各类旅行软件的满意度：还可以 旅行前最担心的问题：迷路，不舒心 认为当前最好的旅行App：无 会继续使用相关旅行软件，并对新型软件进行尝试	
【计算机和互联网经验】 配置：iPhone 8 手机上网经验：10年 主要使用情况：聊天，信息浏览，网购，玩游戏 每天使用时间：3~4 小时	【用户目标】 1. 认识朋友陪自己玩 2. 学会识路 3. 旅行价格：1 000元左右	【网站目标】 1. 使用"同道" 2. 交友成功 3. 成为"同道"会员 4. 引导用户将"同道"推荐给他的朋友	

图 8-7　"同道"人物画像卡

（来源：王森，马东明，钱皓，2019）

2. 服务设计概念规划——情景故事板

故事板能形象地展现用户与产品的交互、使用情景对交互行为的影响，以及过程和时间变化等诸多方面，从而获得更有针对性和市场价值的反馈。为了更好地理解用户行为和心理、场景使用习惯，并对"同道"App 的使用行为做出设想和规划，引入故事板，并将上述人物画像植入故事场景（如图 8-8 所示）。"同道"App 使用过程中包括注册、配对、互相定位以及反馈评价等。其中，根据故事的发展进程，用户会重点注意到自身安全保障、配对等待时间和审核时间等因素是否影响到自己的出行计划，以及在使用过程中的情绪感受变化。

图 8-8　"同道"情景故事板

（来源：王淼等，2019）

3. 服务系统构建——用户旅程图

用户旅程图可以精细、全面地展现服务过程中的用户体验。了解目标用户的行为习惯和使用反馈，以及由内而外各个环节的相互制约和联系情况。通过分析"同道"社区环境和用户需求，构建目标用户的旅程图。对目标用户旅行过程的服务按时间线分解为服务前、服务中、服务后三个阶段，如图 8-9 所示。通过分析目标用户旅程图，得知目标用户的需求主线，即线上需求配对、线下旅行体验、保留回忆的情怀体验以及线上评价反馈。

阶段	行为	触点	用户目标	痛点	机会点	感受 + −
服务前	产生旅行需求		旅行	没有同伴		
服务前	选择供应商 1.拿出手机 2.选择服务提供商 3.打开App	1.手机桌面图标 2.App界面	选择合适的商家	各类软件繁杂，影响消费者选择		
服务中	选择目的地 1.心仪或理想地区 2.查看具体位置 3.选定地址	1.列表页面 2.GPS定位页面	选择旅行目的地	1.定位不准确 2.目标地点过多 3.缺乏最优旅行路线组合		
服务中	上传调整个人需求 1.录入个人信息及要求 2.调整个人信息及要求 3.发布信息 4.发布成功/失败重新发布	App界面	准备定位志同道合的伙伴	1.需求匹配较难 2.信息发布慢		
服务中	配对 1.查看他人信息 2.选择心仪对象 3.等待系统反馈 4.配对成功/失败调整	App界面	选择伙伴	1.用户数量直接影响配对 2.系统反馈慢	合理划分真实需求，设立优先级	
服务中	开始旅行 1.打开App 2.双方协商见面时间地点 3.双方定位系统 4.开始旅行 5.发布状态	1.App界面 2.交通工具 3.GPS定位页面 4.旅行路线	旅行安全舒适	1.定位不准确 2.系统反馈慢 3.信息发布慢 4.用户安全没保障	对用户真实性和性格进行问卷调查	
服务中	结束行程 1.打开App 2.手动结束行程 3.了解消费情况 4.查看旅行记录	1.App界面 2.计费页面 3.人工客服	了解消费实时信息	1.缺乏用户个人信息的保护 2.系统反馈慢 3.信息发布慢		
服务后	评价反馈 1.评价同伴 2.反馈意见	App界面	享受下一次服务	个人信用评价差	建立评价奖励机制，评价方式合理、有趣、简洁	

图 8-9 "同道"用户旅程图

（来源：王森等，2019）

4. 服务系统构建——服务蓝图

通过分析现有服务以及"同道"用户需求，构建"同道"服务系统。具体的服务蓝图见图 8-10。"同道"服务系统包括以下特点：第一，采用同一技术平台、多地区分布式休闲分享模式，以片状化旅行地为载体，打造同地深度游休闲活动实名社区；技术平台通过数据库系统进行运营；后台服务数据和高校大学生的需求反馈是内容数据的主要来源；用户可分享探讨自己的兴趣爱好，获得真实的线下友谊，同时可根据自己的想法对当地的旅游形态提出自己的建议。第二，由各旅游地区提供服务管理系统，通过设立运维人员与服务人员来维护日常运营。服务人员通过后台发送访问信息以获取意见和建议，运维人员负责服务管理系统各项数据的监管和各种行为活动的平稳进行。

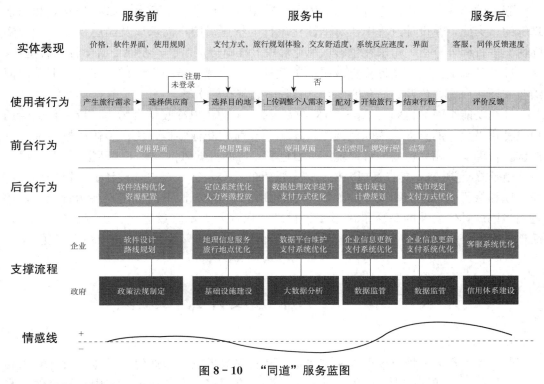

图 8 - 10　"同道"服务蓝图

（来源：王淼等，2019）

5. 原型设计——基于 App 客户端的服务应用设计信息架构

"同道"App 的信息架构可分为四个模块，即自我管理模块、交流互动模块、社区展示模块和社区管理模块。根据设计目的以及相关调研工作，主要对自我管理、交流互动以及社区展示这三个模块的功能进行设计。

（1）自我管理

用户可通过该系统上传自己的简介和需求、发布自己的意向旅行目的地，这种以兴趣为基础而建立起来的社交网络更有利于实现年轻人线下交友的初衷。

（2）交流互动

用户在兴趣一致的前提下配对组合，包括结交志同道合的朋友、与伙伴交流探讨具体事宜、制定个性化旅行路线、共享定位、评价反馈等。以此获得的友谊是真实可靠的，不仅限于线上互动，更有线下沟通、协作以及共同生活。

（3）社区展示

旅行过程中可以在平台上记录分享自己的感动点、地方特色深度回忆点、小伙伴眼中的"我"、线上购买的特产等，增强自己的魅力度，以便获得更多配对好友，满足自我线下交友需求。

总之，在传统元素基础上，根据人群定位，在保留并完善基本功能的前提下，融入线上匹配、线下交友的设计元素，达到区别于现有旅行或交友 App 的目的。

6. 原型设计——App 界面

服务的达成需要用户直接参与。因此，在服务过程中，交互界面必须是友好和易于理解的。为此，在设计过程中，对个性化旅行的特点、用户需求以及品牌视觉形象等实际情况进行综合分析，力求在色彩、视觉形象上准确传达信息，在保证科学性、合理性、交互性的基础上，兼顾图形视觉效果的美观性和时代感。新的界面设计在色彩上采用简洁蓝和通透白为主色调，简单明朗，色彩和谐且富有层次感。

社交功能页面的色彩与 App 整体保持一致，主题色以冷暖结合为主，旨在传达给用户一种积极美好的感觉。主题色同时被应用于导航栏和标签栏，使得整体风格更加统一协调。合理运用相邻色搭配可以统一页面色彩、协调视觉风格，且不失活泼。

由于旅行类 App 具有氛围轻松、情感接近的社交特征，在视觉设计上可以使用富有趣味性和旅行主题性的图案。例如，在相同旅行目的地界面下的各用户展示背景图，都是用当地最具代表性的高质量摄影图为衬底。视觉元素不宜过多，适当减少复杂图形。简单清晰且符合人性化需求的视觉设计，易于引起用户的兴趣并给予用户视觉享受。

第三节　著名服务设计公司案例

服务设计作为一种设计思维和方法论，其实践效果取决于如何与具体的设计需求相结合。目前，全球开展专业服务设计咨询的公司有很多。本节将展示其中较知名的两家设计公司，结合具体案例向读者介绍其服务设计理念和方法。

一、IDEO 公司

IDEO 最早可以追溯到 1978 年，正式成立于 1991 年，由三家设计公司合并而成：David Kelly 设计室（由 David Kelly 创立）、ID Two 设计公司（由 Bill Moggridge 创立）和 Matrix 产品设计公司（由 Mike Nuttall 创立）。在这三位创始人中，David Kelly 是斯坦福大学的教授，一手创立了斯坦福大学的设计学院，他同时也是美国工程院院士。Bill Moggridge 是世界上第一台笔记本电脑 GRiD Compass 的设计师，也是率先将交互设计发展为独立学科的人之一。目前，IDEO 提供的设计服务包括产品设计、环境设计、数码设计等，已经成为当代最具影响力的设计和创新公司之一。在波士顿咨询公司发起的调查中，IDEO 被全球企业高管评为全球最具创新能力的公司之一。

（一）IDEO 公司的服务设计理念

设计思维（design thinking）是一种以人为本的创新思维，从设计师的方法和工具中汲取灵感，整合了人的需求、技术的可能性以及实现商业成功所需的条件。

——Tim Brown，IDEO 总裁兼 CEO

作为以用户为中心设计的先行实践者之一，IDEO 公司始终把"人"放在设计工作的核心。这是该公司设计思维的一个关键原则。无论何种产品，总是由了解终端用户开始。只有专注聆听他们的个人体验和故事，悉心观察他们的行为，才能揭示隐藏的需求和渴望，并以此为灵感开始设计工作。在设计过程中，IDEO 公司强调通过建模启发思考，并在建模中不断学习，这贯穿于灵感洞察、创意生成与设计落实的全过程。

一般来说，IDEO 的设计思维过程包括以下三个阶段。

1. "以用户为中心"研究阶段

在 IDEO 公司，从组建项目团队开始，由心理学家、人类学家、社会学家担任的人因（human factors）专家就在团队中扮演着重要的角色。他们的工作包括从项目初始时调查问卷的设计、极端用户的寻找，到调查过程中的观察，以及在项目实施过程中监督项目是否按照用户的需求来落实。因此，人因专家要求要富有感性、直觉和同理心，可以洞悉用户最新的潜在需求。

IDEO 开展项目流程的第一步是内部研究（looking in），即考量一个项目，确认具体要解决的问题。首先会去访问用户内部的相关部门，围绕用户最初提出的问题，确认及修正真正要解决的问题，同时也了解并计划下一步访谈要涉及的对象。第二步要做的是外部研究（looking out）。访谈对象通常包括用户、经销商、竞争对手、行业专家等。IDEO 会根据问题和目标选择相应的方法，包括访谈、入户访问、实地观察、跟踪记录等。在内部研究和外部研究过程中，团队成员敏锐的观察力、访谈技巧、换位体验思考能力等能帮助项目团队对问题有全新的洞察。

2. 信息整合与提炼阶段

信息整合与提炼一方面是指透过表象挖掘其中的本质，而非简单地复述事实和数据；另一方面则是在一大堆看似杂乱没有关联的事实之间建立起必然的联系，使人们看到事实背后的规律和共性，使之成为可以指导项目团队给出解决方案的规则。其重要性丝毫不亚于前期的研究工作和后期的设计过程，甚至是决定一个项目成败最为关键的环节，因为这是衔接前期原始信息收集和后期创新机会点及设计原则成形的重要部分。

在信息整合与提炼过程中也充分体现了 IDEO 的深厚功底，公司内部大量采用了具有公司特点的信息整合方法，包括：

- 梭形整合：组织、诠释数据，并将数据整合在一起创造出完整的想法，形成前后一致的故事。在这种方法中，IDEO 设计师会被看成故事大师，从数据中演绎出可信的叙事。

- 蝴蝶测试：利用便笺帮助设计师将捕捉到的范围极广的洞见，以有意义的方式排列起来，从而汇聚人们的想法。即在头脑风暴过程中，当产生了多个有前景的想法时，把少量便笺"选票"发给每个设计参与者，然后将"选票"贴在他们认为应当继续推进的想法上。团队成员通过检视各种想法，来判断哪些想法吸引了最多的"蝴蝶"。

- 视觉思维：文字和数字可以表达想法，但是只有图画才能同时表达出想法的功能特征和情绪内涵。尤其是对于复杂问题，IDEO 公司在设计过程中大量采用可视化与图形化的方法帮助设计师考虑问题、做出决定。

3. 快速迭代式原型实施阶段

如同第六章中针对交互式产品原型设计的方法，IDEO 也强调快速迭代式原型方法（rapid prototyping），即在最短时间内以最具象的形式表现脑海中的想法。因为拿着与他人交流讨论的东西越具体，能够得到的反馈就越具体，也能越快速地帮助团队成员改进原有的想法。常规的流程是探索到灵感再获取反馈，研究成熟之后再进行设计，但 IDEO 更相信"以尽量低的成本犯错，尽早地犯错"。因此在设计过程中，IDEO 会不断循环"设计—原型—反馈"的过程，将研究和设计两者有机紧密地结合在一起，不断地测试、纠正，快速地循环往复，以真正保证团队随时调整方向、修正设计，使之不偏离用户真正的需求。同时，团队还很注重在项目的不同阶段与用户保持沟通和互动，在项目的进行过程中将一些早期的、初步的想法与用户分享，而不是等到最后的时刻发表。最终得到的是与用户充分接触、沟通、合作的成果。这是使方案最大限度贴近用户实际情况的最佳途径。

由此可见，设计思维与以用户为中心设计的方法在理念、流程等方面没有本质的差别。它们的共同目标都是为用户提供最佳的体验。

（二）IDEO 公司的服务设计案例

1. 凯泽医疗的换班流程设计

医院的换班制度是病患护理面临的最大挑战之一。为了优化其医院系统的护士换班流程，凯泽医疗和 IDEO 紧密合作，开发了一套信息交流解决方案。在这套方案中，护士可自行设计和实施工作方法，而不会给病人或员工带来任何风险。同时，病人因可以清晰地了解自己的医疗流程而感到安全和放松。具体的做法是：在与四所凯泽医疗所属医院一线护理人员共同工作的过程中，核心团队找到了在护士交接过程中存在的问题。按照惯例，交班护士要用 45 分钟时间向接班护士通报患者情况，但交接过程没有系统性，而且每家医院的程序都不尽相同，有的采用书面记录，有的采用面对面方式进行交流。信息汇总的方式也千差万别，有胡乱使用便笺的，也有将信息潦草地写在医院防护服上的。诸如在前一班护士值班期间患者康复进展如何、哪些家属在陪床、患者已经做完了哪些化验和治疗等需要注意的信息通常都丢掉了。设计团队了解到，许多患者觉得在护士交接班期间他们的护理过程出现了一段空白。这些观察结束后，紧接着是设计过程：头脑风暴、制作原型、角色扮演和拍摄录像。设计的结果是交接方式的改变。现在护士当着患者的面，而不是在护士站里交接患者的情况。仅用一周时间建立起来的原型，包括新的交接班程序和一个简易软件。通过这个软件，护士可以找出前一班次的记录，还可以在值班期间添加新记录。更重要的是，患者已经成了交接班过程中的一部分，而且还可以为护士补充重要的细节。凯泽医疗评估这一变化的影响后发现，从护士上班到与患者首次交流的平均时间缩短了一半多。有护士如此评价：这是第一次在值班结束时就把所有事情都办妥了。

2. 万豪集团旗下万怡酒店大堂设计

万豪希望 IDEO 能够与其品牌代理商 mcgarrybowen 广告公司合作，重新思考并设计酒店的公共空间。IDEO 在与顾客的交谈中发现：所有的万怡酒店几乎如出一辙，毫无特色。大堂的公共区域呈现出"正式""商务"的特质，令踏入此处的客人们感觉必须做点什么（看本杂志或来杯鸡尾酒），才能让自己显得不那么无所事事。商务旅客们的笔记本电脑是他们一切活动的中心。人们通过它工作、交流和娱乐，还会用它来查找当地的特色餐馆。在出差时，即便是闲暇时间也常与工作相关。与同事共进晚餐明显有别于和家人朋友聚餐，交谈中总是涉及工作。IDEO 通过以人为本的用户调研，结合麦盖博广告公司的传统市场调研，得出了这样的结论：现有的万怡酒店顾客体验停滞不前，而商务旅行者却越来越精明，越来越重视体验，这使得顾客满意度大幅滑坡。团队根据以上的洞察和发现，开发了指导设计的五条品牌原则：让顾客知道，酒店不仅了解他们的需求，还能预知他们的期望；为酒店注入一丝个性；运用一些方式让顾客在公共区域自在随心；让顾客有更多选择和控制权；帮助顾客在繁忙的差旅中放松并充满活力。这些品牌指导原则通过真实可触的设计呈现出来，为商务旅行者的体验注入了乐趣和时尚，并带来了更多选择。多个独立的接待台取代了传统的前台，客人在办理入住手续时和酒店员工之间有了更多交流，这也方便了酒店员工为客人提供帮助并展示新大堂的特色。在新的大堂中，一面 52 英寸液晶触摸屏提供了丰富的当地信息、地图、天气预报以及商业和体育新闻头条，顾客可以通过触摸屏便捷地找到满意的餐厅和出行指南。商务服务台备有多台供客人免费使用的电脑及连接好的打印机，方便顾客查询航班信息或打印登机牌，帮助顾客为下一站行程做好准备；设计一新的餐厅区在日间提供健康食品，晚间则化身为活力四射的"酒吧"；休息区的高靠背沙发提供了私密性，可移动的家具可任意组合，满足不同空间需求，供应的报纸、杂志、电视和咖啡让顾客们有了在此逗留的"借口"。

二、frog 公司

frog 公司的前身——esslinger 设计公司诞生于 1969 年的德国，它的创始人是 Hartmut Esslinger。esslinger 设计公司在早期为索尼设计了一些作品，并于 20 世纪 80 年代与当时正在寻求杰出设计的苹果公司签订了一个名叫"Snow White"（白雪公主）的长期项目。跟苹果公司合作之后，esslinger design 更名为 frog design（青蛙设计）。1984 年，frog 的设计语言系统首次运用于 Apple IIc，并且一经推出便受到人们的追捧。后来，frog 将"design"从企业名称和徽标中删去，从而正式由设计公司转型为一家全方位的创新咨询公司。作为目前全球最顶尖的创意公司之一，frog 一直强调从情感出发打造品牌全相、产品线及服务体系，并且设计出了索尼特丽珑电视、苹果 Mac 电脑、戴尔电子商务网站以及雅虎的 Music Box 等经典产品。

（一）frog 公司的服务设计理念

设计的目的是创造更为人性化的环境，我的目标一直是将主流产品作为艺术来设计。

——Hartmut Esslinger

frog 公司的设计原则是跨越技术与美学的局限，以文化、激情和实用性来定义产品。与 IDEO 公司一样，frog 公司将以用户为中心设计的理念与数据科学相结合，深入了解用户行为及其动机。其解决方案体现了设计师对用户动机、行为和价值观的同理心和敏锐洞察。

frog 公司的创意总监 Franco Papeschi 提出，设计过程有四个要点：用户导向、合作、迭代、积极主动。frog 将设计师与用户视作一个团队，通过结合求同思维、发散思维，得到富有创新性的解决方案。经过 50 余年的全球创新实践，frog 的迭代合作方法已经被不断检验和完善，形成所谓"五步思维法"。

1. 对齐：设定愿景、团队、范围及战略

通过一系列生动有趣的团队破冰活动，让组建的设计团队在轻松的氛围下，增进相互的了解。同时，共同讨论具有挑战性的议题并明确设计目标，比如：关注的人群是谁？他们的关键需求是什么？需要帮助他们实现什么？

2. 情境：深度了解用户

很多时候，在了解用户时，会发现说出来的想法与做出来的行为并不相符。因此，设计师既要洞察用户当前的行为，也要揭示他们的愿景。这个过程中需要设计师观察并与用户交谈，收集观察记录，再综合信息。比如，通过尝试与极端用户交谈，了解他们放大的需求，从而发现变动方法。

3. 机会：复杂性管理以及发展的洞察力

基于此前的研究洞察和发现，设计机会点说明定义了要追求的战略方向。这是一个可辅助行动的机会而不是一个解决方案，也就是说要寻找有创新潜力的缺口。具体就是寻找其中有趣的主题或者模式，记录后再加以说明。

4. 概念：快速形成发散的新想法

当明确了设计机会点之后，就进入一个"快速构思"的过程。团队成员重新寻找机会领域，互相吸取灵感并记录下来，将创意进行组合，引发横向思维创新。随后，通过"无声投票"筛选出一套最具潜力的设计概念，缓和团队氛围。团队成员选出最能代表用户价值和最大胆的想法，进而调整产品或服务的概念设计。

5. 解决：完善并审视愿景

最终，在产品或服务设计出来以后，结合市场研究和设计研究的方法，通过数据来验证已有的解决方案是好是坏。同时通过观察，了解用户所在的情境、行为模式，思考其行为动机，来判断解决方案带来的价值。

（二）frog 公司服务设计案例

1. 迪士尼电子产品设计

迪士尼，世界上最好的童话创造者，想为孩子们设计真正属于他们的消费电子产品。虽然此前业界分析师普遍认为这个市场没有什么前景，但是迪士尼意识到，基于其强大的品牌认知度、情感认同感和独一无二的顾客忠诚度，迪士尼是满足这个市场需求的不二选择。frog 公司面对的挑战就是提出新的概念并且设计出充满迪士尼魔幻色彩的全套产品。这个项目范围极大：从新产品的开发到最终的市场发行，从最初的设计概念和品牌战略到最终产品的包装以及多媒体的零售环境推广。

（1）将分析转化为洞察

通过设计研究、市场分析和战略评估，深入洞察客户的品牌特性、市场细分、现有资产和关键市场机会。通过将这种研究发现作为设计前的跳板，保证实际的每项建议都能满足客户以及消费者各方面的需求。

在这个项目开始时，市场上没有任何为孩子们设计的电子产品。早在十多年前，尝试进入这个市场的"My First Sony"以失败告终，原因是：太昂贵，适用面太窄，看起来太像玩具。

迪士尼是一个以内容立足的公司。要为它创造独一无二的产品，设计的重点在于利用它的品牌认知度，将它特有的内容元素融入产品中。不过，不能简单地通过加入 DVD 播放器或减少现有同种产品的功能来达到这些目标。迪士尼需要的是能和孩子们有情感共鸣，并且具有能让父母购买的特征的产品。

通过深入研究"迪士尼的精彩世界"，可以发现很多人从未注意到的细节。譬如米老鼠的耳朵设计得非常完美，不管它的头怎么转动，耳朵从来没移动过，始终都有一个不变的侧面轮廓。迪士尼的动画形象有许多的共同特点，例如通过不对称的设计赋予角色动感，从而给人们带来兴奋和紧张的感觉。

（2）将洞察转化为创意

根据用户测试、客户反馈和战略分析，对产品特性进行评估和优化。同时还考虑技术、文化和商业方面的影响。从一系列广泛的初始构想中，提炼出唯一可行的流程，化无形为有形。在整个设计阶段，根据用户测试、客户反馈和战略分析，审查并细化工作的各个层面；通过这一反复的流程来确保设计在技术、文化和商业方面的影响得到通盘的考虑。

这些细节让 frog 设计团队形成了对新产品的早期构想。产品与迪士尼品牌的联系需要显而易见而又很微妙。设计的目的不是单纯生成一个"米老鼠形的电话"，而是创造一个属于米老鼠的魔幻世界的电话机。

建立引人注目的视觉设计语言是整个系列产品的基础。产品独特的用户图形界面和声音在硬件、软件上与迪士尼特有的内容相互呼应。在零售环境中，引人注目的图形设计和包装设计，加上在店内不断播放的活泼生动的录像，抓住了迪士尼的内容精髓，为产品注入了生命力。

（3）将创意转化为现实

为了保证创意能被精确地转化为现实，项目的所有细节均详细说明、整理归档后交付给客户执行。多数情况下，frog 设计团队会亲自监控整个制作流程，推进合作关系，管理软件开发，并提供必要的支持。

迪士尼一开始的想法是建立"纯粹的必需品"，生产一系列产品。在详细研究了产品开发和销售战略后，frog 设计团队与制造商、零售商和其他合作伙伴会面讨论如何将概念实现。在迪士尼无绳电话和 FRS 双向广播通话器的实际概念设计过程中，frog 与迪士尼紧密合作一直到产品出现在货架上。这种密切合作的方式使得工程师与制造商在每个阶段都能很好地沟通，展示了创新概念如何通过低成本的生产得以实现。

（4）效果

这些奇特的产品为了让孩子们喜爱而被创造出来，而创造的过程也同样有重要的商业影响。这次合作使得迪士尼发展成为一个全新的、更加丰富的品牌。迪士尼现在控制着它的新产品的各个方面，而不是像以前一样被动地将其内容交给第三方制造企业。它能决定产品的外观和市场销售策略。本次设计结果使得迪士尼扩展了品牌的范围，提升了消费者认知度，同时将它变成提供消费类电子产品的公司。

2. 联合国儿童基金会急救模拟游戏设计

联合国儿童基金会是危急时刻强大的先遣急救者，但很多人并不十分了解它的角色。为了吸引潜在捐助者和志愿者，frog 公司和联合国儿童基金会开发了一款模拟联合国儿童基金会工作者紧张工作的游戏。但这只是游戏的早期原型，还需要强大的数字工具来增加全世界的使用者。frog 公司为此开发了一款可下载的开源模拟游戏，游戏指南中展现了联合国儿童基金会面临的挑战，可供各地的志愿者快速简单地展开。

基于真实的灾难场景，两个小时的模拟游戏将玩家设定为联合国儿童基金会紧急救援队的成员，涉及水、清洁卫生、营养、健康、儿童保护、物流与后勤。每队提供一台电脑，并被导向作为游戏主界面的网页应用。通过控制面板，队伍可以看到任务、考验、参考文档、动态消息和内部"电子邮件"系统，还有游戏倒数计时器。

为了设计出这款既吸引人又有教育意义的工具，frog 公司通过游戏机制平衡了教育主题和现实性。在游戏中，良好的协调和快速的决策反映了救灾人员的典型场景——有时只能利用不完备的信息。比如，健康和营养队伍需要快速地评估损失并做出大致的人口估计，来拟定疫苗提供的先后顺序。物流与后勤队伍需要对各队的投入进行排序，以分配有限的预算。在游戏控制面板上，各个队伍通过"电子邮件"互相联系，并从联合国儿童基金会总部、推特及各家新闻媒体接收紧急更新，给出相关信息的同时也分配手边的任务。

在整个体验过程中，游戏服务商监测通信并通过控制面板来控制游戏时间。服务商可以减慢或加快游戏速度，或者向被困住的队伍发送附加信息，根据动态情况调整游戏体验。在游戏结束时，服务商领导参与者就游戏体验及其与联合国儿童基金会在现实急救中的角色的相关性进行深入讨论。

通过呈现急救工作的困难和复杂之处，这款急救模拟游戏帮助联合国儿童基金会与在需要的时刻可能提供宝贵技能和资源的个人、组织建立了联系。

概念术语

服务设计，用户体验设计，交互设计，利益相关者，触点，服务系统，共同创造，

服务可视化，故事板法，5W1H1V 分析法，客户旅程图，服务蓝图

本章要点

1. 服务设计是利用科学的工具和方法对用户和服务提供者之间的关系进行全面、系统的梳理，进而提出的一种新兴的设计思想和理念。

2. 服务设计不仅需要考虑用户前台的触点或界面设计，还需要考虑更多的中台和后台的设计。

3. 服务设计与用户体验设计都强调以用户为中心设计的思维，但服务设计在内涵和外延上覆盖的范围更广。

4. 服务设计的要素包括利益相关者、触点、流程、服务等。

5. 服务设计将人、产品、信息、环境等相融合，将以人为本的理念贯穿始终，形成一个互动的和谐整体。其设计原则主要有：以用户为中心、共同创造、有序性、可视化、整体性。

6. 服务设计的三个关键类别是：作为满足特定需求的手段；作为以人为本的创造性和系统性过程；作为以人为中心设计的理念和方法。

7. 服务设计的流程可以分为四个阶段，即探索和解释阶段、创新产出阶段、设计验证阶段和设计执行阶段。具体到实际操作中，还可以细分为需求分析、用户研究、服务提案开发、原型设计、用户体验测评、详细设计、交付等。

8. 服务设计工具和方法可分为理解服务相关者、形成洞见、描述服务生态、评价服务设计质量四大类。其中，理解服务相关者的方法除了常用的用户研究方法外，还有利益相关者图解法和故事板法；形成洞见的方法除了观察法、深度访谈等外，还有5W1H1V 分析法和文化探测法；描述服务生态的工具除了商业画布、用户生命周期图等外，还有用户旅程图和服务蓝图。

9. 用户旅程图和服务蓝图都属于描述服务生态的工具，但两者之间在研究对象、研究范围、研究价值、研究顺序等方面存在不同。

复习思考题

1. 什么是服务设计？
2. 服务设计与用户体验设计有什么关系？
3. 服务设计的要素有哪些？
4. 服务设计的原则有哪些？
5. 服务设计的流程包括哪些阶段？
6. 服务设计的工具和方法分为哪几大类？
7. 服务设计常用的工具和方法有哪些？请至少列举出 6 种。
8. 用户旅程图与服务蓝图有什么区别？

拓展学习

布朗．IDEO，设计改变一切．沈阳：万卷出版公司，2011.

黄蔚．服务设计驱动的革命：引发用户追随的秘密．北京：机械工业出版社，2019.

里森，乐维亚，弗吕．商业服务设计新生代：优化客户体验实用指南．北京：中信出版社，2017.

李英．服务设计发展综述．科技与创新，2016（10）：54.

罗仕鉴，胡一．服务设计驱动下的模式创新．包装工程，2015，36（12）：1-4.

测评

第九章
用户体验测评概述

本章主要论述的是用户体验测评基本概念和指标体系的构建流程，以及实际开展用户体验测评时常用的工具。其中，第一节介绍用户体验测评的相关概念、基本的测试方法及其常见的指标体系、构建流程等内容。第二节介绍用户体验测评工具，主要包括用户体验测评中常用的设备和量表工具。

第一节　用户体验测评概念和指标

一、什么是用户体验测评？

正如第一章第三节"以用户为中心设计的理念和方法"中所述，用户体验测评是以用户为中心设计（UCD）实践的重要组成部分。用户体验测评是指在产品或服务开发的全周期过程中，测评者针对不同阶段的设计目标，选取适当的测评维度和指标，按照科学合理的测评流程，并通过对观察到的数据进行分析，完成对产品或服务的用户体验水平进行测试和评估的过程。

用户体验测评是以用户为中心设计方法中所有用户体验测试和评估方法的一个总称，包括可用性测试、启发式评估等多种方法（具体参见第十章）。其中，可用性测试是用户体验测评中最重要和最常见的方法，所以人们经常直接将用户体验测评称为可用性测试，并且为了强调测试的目的不仅限于是可用性，有人开始将可用性测试称为用户体验测试。

在第一章，我们曾提到产品可用性研究（或者用户体验研究）主要包括用户研究和产品研究两个大类。用户研究的方法在本书的第三章已有论述，而本章介绍的用户体验测评属于产品研究。

用户体验测评可以在实验室、会议室、用户自身所处的环境中进行，或是远程进行。类似于其他测评，用户体验测评也是可观察的，包括直接或间接观察（间接观察是指借助于一定的设备或工具进行的数据收集）。而且，大部分用户体验测评建立在一套稳定可靠并且操作方式明确的测量体系上，测评结果也大多是可量化的。由于这些特点，用户体验测评的结果可以横向或纵向比较。所谓横向比较，就是在不同的产品或服务、同一产品或服务的不同设计方案、不同设计版本之间对用户体验的优劣进行比较；而纵向比较是指在不同阶段、不同时间点对同一产品或服务的用户体验变化状态进行比较。

用户体验测评和其他测评不同的地方在于：用户体验测评揭示的是用户的体验，测量的内容大多与人及其行为或态度有关。由于一方面人的行为或态度具有深层性，受到的影响因素比较多，另一方面，人与人之间的差异很大，所以在用户体验测评中，经常会涉及测评结果的置信区间问题。

值得注意的是，获得测评结果并不是用户体验测评的最终目标，其目标应该是帮助项目或者研发团队获得产品的相关信息进而去提升产品的设计和体验。这些独特而关键的信息能回答很多其他研究回答不了的问题，例如："用户会喜欢这个产品吗？""这个新产品的使用效率会高于当前的产品吗？""这个产品中最为明显的可用性问题是什么？"

（一）用户体验测评的价值

随着社会生产力的发展，市场各行业同类产品数量和品牌激增。在这个用户的选择决定了企业生死存亡的时代，用户体验要素对产品竞争力的提升显得尤为重要。越来越多的企业也意识到了这一点，纷纷对自家产品开展用户体验测评，以发现产品存在的问题，进而提升产品的用户体验。具体来说，用户体验测评的价值主要体现在以下几点（塔丽斯，艾伯特，2016）。

1. 发现当前用户体验问题

用户体验测评可以发现当前产品的用户体验问题。和常规的产品评价不同，用户体验测评不仅可以识别一般的可用性问题，还可以发现一些隐藏的问题。例如，在一些交易页面中，用户需要反复地输入账号密码等信息，虽然这不耽误用户最终完成操作，但是这些低效的操作累积起来就会影响用户体验。

此外，它还能估计用户体验问题的数量和严重级别。例如，一项测评中所有的 8 名受测者都碰到了同一个问题，那研究者就可以确信该问题很常见，但是如果这 8 名受测者中只有 3 名碰到了这个问题呢？对于比较大的用户群体来说，碰到这个问题的人又占多大比例呢？这时候就可以依靠用户体验测评来进行估计。

2. 测评新旧版本差异

用户体验测评可以说明新旧两代产品的用户体验差异，如果是针对不同网站版面，则可以通过真实用户大样本的数据进行测试比较，在企业中有时这也被称为 A/B 测试。对于企业来说，尽可能准确地掌握该信息对评估版本改进的价值具有重要意义（可参见第十章第三节的相关内容）。

3. 为商业决策提供依据

用户体验测评是通过在产品开发周期中不断的迭代式测评来持续改进产品用户体验水平的。相比于简单观察或根据经验自觉进行决策判断，用户体验测评能提供的信息既多又深入，可以为决策提供重要参考或补充，从而避免决策者基于不正确的假设、"直觉"做出重要的商业决策。

4. 用于计算投资回报率

投资回报率（ROI）是商业计划的一部分，该部分需要计算新的产品设计能节省或增加多少价值。用户体验测评就是投资回报率计算的重要组成部分，企业可以通过它来确定网站中数据输入区域的一个简单改变会对营业收入带来哪些影响，例如减少 75% 的数据输入错误、减少操作时长、提升客服满意度和增加订单等。

（二）用户体验测评的类别

根据不同的分类维度，用户体验测评可分为不同的类别。用户体验测评实践中应用较为广泛的方法是可用性测试、启发式评估以及基于用户网络行为数据开展的 A/B 测试。这些方法将在本书的第十章详细论述。

另外，按照需要参与的人员情况，用户体验测评可以分为用户评估、专家评估以及基于大数据分析的用户体验测评。用户评估是指招募用户共同开展用户体验测评，专家评估是指依靠设计研究或测评专业人员开展用户体验测评，基于大数据分析的用户体验测评则不需要专门招募用户或邀请领域专家就可以开展。按照产品开发阶段的不同，用户体验测评可划分成形成性测评和总结性测评。根据测试的目的和测试的时间，常用的可用性测试可以是形成性测评，也可以是总结性测评，只不过可用性测试的具体方式有所变化。下面将重点对这两类用户体验测评方法进行介绍。但需要指出的是，各种方法的区分只是相对的。在实际应用中，根据实际用户体验测评的需求，不同的方法可能会相互融合或调整，而且用户体验测评也可以借鉴本书第三章中论述的用户研究的方法。

1. 形成性测评

形成性测评也叫探索性测评，是对低保真原型的测评，一般在产品开发周期的早期进行，其目的是发现或者验证产品用户体验设计的思路，并为产品的设计指明方向。以下是形成性测评的主要方法。

（1）启发式评估

启发式评估最早由 Nielsen 和 Molich（1990）提出，是一种由专家完成的产品可用性评估方法。所谓启发式评估，就是由多位评估者（一般来说为专家）对照一些可用性准则和依据自己的经验来对评估对象（成熟界面或原型界面）的可用性进行独立的评估。启发式评估的目的是找出产品中潜在的可用性问题。

有关启发式评估的详细内容请参见本书第十章相关内容。

（2）认知走查

认知走查是一种基于特定任务的用户体验测评方法。该方法要求用户在产品人机界面上完成一些具体的任务，并检查他们是否可以完成这些任务，以及任务过程中存在的问题。它强调用户完成任务，而不是使用手册，因此更关注任务细节。

关于实施的方式，以 3～6 人的小组为例，研究者需要先向受测者说明他们希望实现的目标（例如，预定一个航班、办理登机手续），确保大家都明白后，研究者会给受测者展示页面（例如，移动 App 的显示页面、航空公司信息亭的屏幕页面），每次只展示一个，与此同时，要求每个人写下下面四个问题的答案：

● 这是你期望看到的页面吗？
● 你正在向目标靠近吗？
● 你的下一步行动是什么？
● 为了达成目标，你预计下一步会看到什么？

随后，每个人需要陈述自己的答案，并表达相关的想法。例如，如果受测者觉得并没有向目标靠近，则需要说明原因。研究者应根据受测者的表述来分析相关的可用性问题。

应对 2～3 组受测者开展这样的调研，以确保覆盖所有情景。此外，值得注意的是，当研究者发现个别问题时，应该考虑这些问题是否会在产品的其他位置出现。例如，研究者注意到受测者在预订航班时，想找在线客服咨询，这时，他应该考虑在其他页面中受测者是否也需要在线咨询。条件允许的情况下，研究者应当反复地改进产品并进行新一轮的调研，以确保新产品中不再出现这些问题。想进一步了解认知走查的读者，可参见相关书籍（例如李宏汀等，2013）

（3）快速迭代测试评估

快速迭代测试评估（RITE）是在 2002 年由微软游戏部门开发的一种测评方法，其目的是迅速确定重大的可用性问题，具体来说，就是那些阻止用户完成任务或者产品不能满足既定目标的问题。快速迭代测试评估是最常用的可用性测试方法之一，它是在开发早期阶段针对产品原型的可用性问题所采用的一种快速有效的可用性测试方式。

快速迭代测试评估法的调研对象是产品原型，一般在开发早期进行。开发团队从头到尾跟进观察，具体来讲，就是从观察所有的可用性调研，跟进发现可用性问题，在解决方案上达成一致，到更新原型进行下一次测评，直至更新的方案解决了问题。

在可用性问题的严重性上，如果团队不能达成一致，那么还需要进行额外的调研，之后才能对原型做出更改。在受测人数上，传统的可用性测试一般安排至少 5 名受测者看到同一个设计，而快速迭代测试评估法大多情况下安排 2 名受测者即可。

2. 总结性测评

总结性测评也叫验证性测评，是对高保真原型或实际的最终产品进行的测评（例如，完成任务的时间、成功率等）。如前所述，可用性测试方法既可以用于形成性测评也可以用于总结性测评：当用作为形成性测评的时候，其针对的主要是低保真的原型设计，不用量化指标，只是找出可用性的问题；而当可用性测试作为总结性测评时，一般采用量化指标，如完成时间、成功率等进行分析，也就是第十章重点所讲的可用性测试方法。

总结性测评通常在产品开发后期进行，主要为了验证设计或开发的产品是否具有较好的用户体验水平。一般而言，总结性测评主要有以下六种方法。

（1）眼动跟踪测评

眼动跟踪是指通过眼动仪来捕捉用户注视的实时位置的方法。由于眼动跟踪数据的独特性，即使不对数据作进一步的分析（例如，观察用户注视的实时位置），研究者也可以轻易收集到深入的信息。

假设用户正在某网站上执行一项寻找指定超链接的任务，其需要找到该超链接并点击进入指定页面才算任务完成。然而，对于一些用户来说，全程都没有找到。在这种情况下，研究者就很想知道：用户是直接没有看到那个超链接，还是看到了却认为这不是目标而放弃了？关于这个问题，传统方法只能事后问用户，但是他们的回忆可能并不完全准确，而通过眼动追踪方法，研究者就可以清楚地知道用户在浏览过程中的所有眼动数据，进而得到可靠的答案。

另外，眼动追踪还可以通过提供热点图、注视轨迹图等直观方式来显示受测者的眼动数据。在热点图中，注视越密集的地方，一般颜色越红，表明该地区越"热"。在注视轨迹图中，数字代表用户注视点的顺序，数字圆圈大小则和注视时间成正比（如图 9-1 所示）。

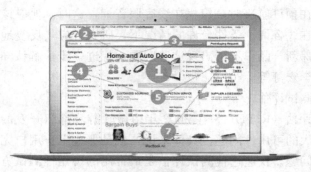

图 9-1　注释轨迹图样例

（来源：Yiru，2019）

需要说明的是，从方法分类来讲，眼动追踪测评是一种可用性测试方法，因为它在可用性测试中主要采用眼动追踪指标，所以才被称为眼动跟踪测评。在上面讲的例子中，研究者通过用户的眼动数据，可以帮助项目团队发现潜在的可用性问题。

（2）合意性测试

成功的产品仅仅可用性高是不够的。2002 年，微软游戏部门提出了一种新的方法：合意性测试。该方法关注的是人的情绪，评估的是产品是否会让用户产生预期的情绪反应。

在市场调研的基础上，微软的研究人员确定了 118 个积极的、消极的和中性的形容词（例如"非传统的""有吸引力的""不一致的""专业的"等）。进行合意性测试之前，研究者要创建一组情绪索引卡片，每张卡片上有一个形容词。在受测者体验完产品后，研究者需要将这组卡片交给受测者，要求他们从中选择 5～10 张卡片来描述他们对产品的感觉，然后说明原因。

关于受测人数，研究者建议，每种用户类型选 25 名受测者。如果该产品没有得到预期的情绪，则研究者可以根据需要对产品进行调整，然后再次测试。

（3）远程测试

远程测试是指测试者与受测者不在同一时空下，需要借助网络或监控视频渠道来进行的一种可用性测试方法。

远程测试具有时间与空间约束少、测试成本低、抽样偏差小等优点。

该测试主要有两种方式：

● 通过网站异步测试，只需在提供在线测试服务的网站上填写测试方案即可，该类网站有 UserZoom、UserTesting 等。

● 通过远程视频软件同步连接测试，使用像 GoToMeeting、Webex 或 Hangouts 等视频通话的服务，远程连接受测者，之后即可像在实验室那样对受测者进行测试。

（4）现场试验

现场试验是指在用户实际使用的自然环境中对产品进行可用性测试。基于现场试验的可用性测评也可以作为一种形成性测评方法，但是我们这里强调的是对已经基本成型的测试产品的现场可用性测评，所以这种方法属于一种总结性测评方法。现场试验的优点是容易获得大样本，费用较少，测试产品体积重量无特殊限制，环境条件或使用情况真实，测试结果的生态效度高。缺点是数据记录的完整性和准确性较差，测试环境受实际条件约束往往无法控制（巴克斯特，卡里奇，凯恩，2017）。

　　A/B测试就是现场试验的一种常用工具，主要用于比较几个版本的页面设计（例如网站）。该测试假设有A和B两个版本，A为现行的设计，B是新的设计，然后比较这两个版本之间研究者所关心的数据（点击率、转化率、跳出率等），最后选择效果最好的版本（如图9-2所示）。有关A/B测试方法的详细内容可参见本书第十章相关内容。

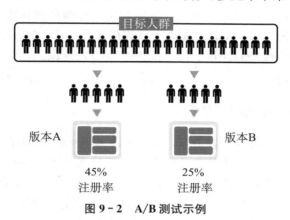

图9-2　A/B测试示例

　　（5）基于大数据分析的测评

　　前面介绍的各种用户体验测评方法，无论是专家评估方法还是邀请用户开展可用性测试的方法，都是针对产品的部分功能或界面开展的测评工作。而随着网络技术的发展，网站、手机等互联网、移动互联网产品的丰富，近些年来，越来越多的研究者开始采用获取的网络大数据来分析用户的网络使用行为特征，进而对产品或服务的用户体验质量进行评估或分析。比如，通过大数据技术对以往用户交易记录数据的分析，可以还原用户的交易过程，从而快速找到致使用户放弃支付的交易页面及原因，同时计算出类似交易完成率、完成时间、中途放弃率等测评指标。后期可以依据用户的使用信息反馈，对这一页面进行针对性的整改，以减少由这类问题造成的失败交易。基于大数据分析的测评一般都是针对已经正式上线的产品（基于真实的用户行为数据）开展的，因此，也可以把它归为总结性测评方法。有关基于大数据分析的测评方法的详细内容可参见本书第十章相关内容。

　　（6）实验室可用性测试

　　在用户体验实践中，最常用的总结性测评方法是在专业的可用性实验室或接近实验室的环境中进行的可用性测试。由于对环境等无关变量有较为严格的控制，这种方式有助于研究者发现其感兴趣的可用性问题或对不同产品、界面的用户体验水平进行准确的比较。具体的方法和步骤见第十章的内容，这里不再赘述。

二、用户体验测评指标体系

　　不管采用哪种用户体验测评方法，在测评之前通常都需要确定测评的指标包括哪些、这些指标的关系是怎样的、各个指标数据如何进行获取，即需要建立合理的用户体验测评指标体系。结合现有的用户体验测评方法总结，可以把用户体验测评指标分为绩效指标、自我报告指标、生理指标、可用性问题指标以及大数据分析指标等五个大类。其中可用性问题指标主要用于启发式评估方法，绩效指标、自我报告指标、生理指标主要用于可用性测试，而大数据分析指标更多应用在针对网站、手机等互联网产品，不需要用户参加测试的测评中。每个指标都可以被用来比较产品某方面的用户体验及可用性水平高低。但是，对于一个较为正式规范的测评，无论是上面提到的形成性测评还是总结性测评，采用单一指标往往都不足以全面评价产品用户体验的整体水平，一般需要根据一定规则对不同用户体验测评指标进行整合，从而形成针对产品用户体验的评价体系。

以下首先介绍用户体验测评指标体系的常见维度和指标，然后再结合案例介绍该指标体系的一般构建流程。

（一）用户体验测评指标体系的确立

如前所述，对于用户体验测评方法，不依赖于用户参与测试的大数据分析方法是近些年才逐渐成熟的。因此，对于用户体验测评指标体系来说，也可以分为基于用户参与测试的测评指标体系和不需要用户参与测试的测评指标体系。虽然按照现在一般的观点，用户体验的内容要涵盖产品可用性本身，还延伸到影响用户体验的各种非产品本身因素，但由于可用性因素在用户体验中的核心作用，用户体验测评指标体系在很大程度上可以可用性测试指标体系作为参照。

参照可用性测试指标体系，用户体验测评指标体系主要可以分为定性的和定量的两类测评指标体系。定性的用户体验测评指标体系更多关注用户体验测量维度、测量指标等和用户体验评价相关的各种要素概念的定义，以及其这些要素之间的关系。定性的评价体系主要包括一般和特定产品评价体系这两种类型。一般产品评价体系适合于某几类产品或较多类产品，而特定产品评价体系则往往限定于某一个产品或某一类产品。定量的用户体验测评指标体系更注重用户体验评价若干要素之间的量化整合。由于针对一般产品的用户体验评价体系对外部效度的要求很高，体系构建难度较大，故现有研究中很少涉及，大部分是针对特定产品的定量评价体系。有关用户体验测评指标体系的理论探讨，感兴趣的读者可参见相关的文献（例如郑燕，刘玉丽，王琦君，葛列众，2014）。

从用户体验测评工作实践上来说，可以采用维度（dimension）、指标（indicators）、方法（means）这三个层次来构建用户体验测评指标体系。其中，维度层是该体系的最高层次，该层次与开展用户体验测评的目标紧密相连，要求其能够全面反映产品或服务的用户体验内容和水平。比如，某个用户体验测评的目的是要对某产品的可用性水平开展评估，就可以参照 ISO 9241-11 标准，选用有效性、高效性及主观满意度三个维度来反映产品的可用性水平，作为第一个层次的维度内容。有时，维度也可以根据需要进行测评的内容来设置。指标层是第二个层次，由各种可以直接测量的测评指标构成，而且这些不同的指标与上一层中某个测评维度相对应。例如，可学习性指标可以反映操作的高效性维度等。方法层是该体系的第三个层次，是指针对各个指标，通过什么测评手段获取数据。比如，针对可学习性，可以通过达到一定操作标准需要的练习时间来测评。

表9-1是针对厨电产品中的点火灶开展用户体验测评所建立的指标体系样例。

表9-1 针对厨房产品中的点火灶开展用户体验测评的指标体系样例

维度	指标	方法
火焰视觉	火焰颜色	量表评分
	火焰形状	量表评分
	……	
点火体验	脉冲声音	量表评分
	重复点火	测试中记录数据
	……	
火力调节体验	旋钮手感	量表评分
	旋钮温度	测试中记录数据
	……	
……		

以下是用户体验测评指标体系中常见的测评指标及测评方法。

1. 绩效指标

在用户体验测评中，最常见和最优的指标就是绩效指标。绩效指标不仅仅依赖于用户的行为，还依赖于产品具体的场景或操作任务。这类指标可以帮助我们了解用户是否能顺利高效地使用设计的产品。以下罗列出的是常见绩效指标，可以根据具体实际需要进行选择。

（1）针对任务完成有效性的指标

任务完成率 任务完成率测量的是用户能在多大程度上有效地完成一系列既定的任务。任务完成率一般包括两类数据，一类是指某个用户正确完成所有操作任务（比如涉及某购物网站，可能包括会员注册、目标商品搜索、添至购物车、完成支付等不同操作任务）的比例，另一类是所有用户中正确完成某个任务操作的比例（比如仅仅针对会员注册任务）。可以将两者进行结合来总体上反映用户使用该产品时正确完成任务的情况。

一次任务完成率 该指标与任务完成率类似，唯一的差别在于，只计算在所有的测试中用户完全一致地按照设计操作方式完成的任务数占所有任务数的比例或者用户数占所有参加测试用户数的比例。

出错次数 这里说的出错，毫无指责用户犯错的意味，而是指有些时候用户虽然能完成任务的操作，但在完成过程中会出现与设计师预定操作序列或方式不一致的情况。有时候关注用户操作出错的总次数是很有意义的，可以反映产品设计的概念模型与用户期望间的匹配程度。不过要注意的是，在具体操作实践中，当用户出现某个操作错误时，一般其后出现的同样错误只计一次，不重复计算。

特定操作错误比率 该指标主要反映测试过程中出现某种错误类别的用户数占所有用户数的百分比。一般来说，出现某种错误的用户比率越高，说明此错误越典型，其界面设计或交互设计上存在问题的可能性就越大，越需要引起重视。

（2）针对任务完成效率的指标

对大部分产品来说，针对任务完成效率的指标是一类非常重要的用户体验指标，因为人们往往希望能够更快捷地使用产品实现既定目标。不过需要注意的是，对于一些特殊产品，比如游戏、学习类产品，可能并不适合采用以下这些指标来测评用户体验水平。

任务完成总操作时间　任务完成总操作时间是指用户完成某个任务操作的总时间。这个操作时间通常也包括在操作过程中用户出现错误操作但及时改正的时间。一般来说，总操作时间越长，表明实际操作绩效越差。

任务完成总操作次数　任务完成总操作次数是指从用户开始操作到操作结束总共的操作次数，比如：对于打印机打印操作来说，就是在软件界面中点击鼠标的次数；对于计算机文字输入操作来说，就是在计算机键盘上的按键次数。该指标在测试各类交互式产品的交互流程设计是否合理简洁时是一个较为有用的指标。

任务完成效率　由于人的操作存在速度-准确性权衡问题，所以有时候需要结合任务完成情况和任务完成时间，来综合反映任务完成的情况。此时，一个较为通常的做法是采用任务完成率与每个任务平均用时的比值来表明单位时间内完成任务的情况。

网页迷失度　这个指标一般用在针对具有超链接导航结构的网页产品用户体验测评中，主要反映用户在使用网页等产品时的迷失水平。一般通过考察三个值，即操作任务时所访问的不同页面数目、操作任务时访问的总页面数目、完成任务时必须访问的最小页面数目来计算，具体公式为 $L = \sqrt{(N/S-1)^2 + (R/N-1)^2}$。迷失度的评定标准如下：最佳迷失度为 0，迷失度小于 0.4 时，用户不会显现任何可观察到的迷失特征；迷失度大于 0.5 时，用户显现迷失特征（Smith，1996）。

2. 自我报告指标

用户的自我报告数据，可以提供有关用户对产品或服务方面重要的偏好、态度、情感、感受等信息。在绩效指标中提到的效率和有效性方面的信息也可以通过自我报告的方式进行获取。在具体形式上，大多采用里克特 5 点或 7 点量表（即有 5 个或 7 个强度依次变化的选项要求用户选择），有时候也会采用语义差异量表（即同时呈现语义完全相反的形容词词对及其中间状态要求用户选择）。自我报告指标的获取一般在用户体验测评的两个时间点进行，即每个任务刚结束时以及整个测试过程结束时。根据测评目的的不同，自我报告指标的选择较为灵活。同时，目前已经有多个比较成熟的自我报告指标可以被研究者直接借鉴使用，具体可见本章第二节内容。

以下仅列举一些在用户体验测评中常用的自我报告指标。

（1）吸引力

一般用于评估产品造型、配色、材质等外观相关因素的美观程度。

（2）易学性

一般用于评估用户上手新产品的容易程度，也可以反映用户使用过产品后再次使用能够保持的绩效水平。在该指标上评价越好，说明新手用户越容易学会使用该产品。

（3）易用性

易安装性　一般用于评估用户安装产品的容易程度。对于很多产品而言，这一指标涉及硬件安装和软件安装，比如打印机。

辅助性　一般用于评估用户在使用产品过程中能够获得辅助信息的容易程度，这种辅助信息可以来自说明书、辅助菜单甚至客户服务等各种辅助渠道。

可理解性 一般用于评估用户理解产品界面中各种信息，比如标识名称、菜单名称等的容易程度。

（4）满意度

一般要求用户报告对产品或服务的感受和体验。既可以针对产品或服务的某一点进行评价，也可以针对其总体感受和体验进行评价。

（5）推荐性

推荐性指标主要反映用户愿意向周围人推荐产品或服务的意愿强度，该类指标中较为典型的是净推荐值（NPS）。有研究表明，产品的用户体验水平感知与用户忠诚度存在较高的相关（Sauro & Lewis，2009）。因此，推荐性指标是一个较好的间接性用户体验测评指标。

3. 生理指标

相比于绩效指标和自我报告指标，生理指标最大的优势在于其能针对用户使用产品或服务时的情绪和心理状态提供很有价值的信息，而且这类信息往往具有直接性和自然性的特点。由于生理指标的获取一般需要借助于特殊的仪器或工具，生理指标在常规的用户体验测评中还没有得到广泛应用。不过最近十年，随着生理指标获取技术的不断成熟，生理指标已经逐渐成为用户体验测评中的重要参考指标。

同时需要说明的是，生理指标与绩效指标间并不是完全独立的关系，部分生理指标也可以反映产品绩效水平，比如眼动指标中的注视时间就可以反映效率高低。在本章中，为了读者更容易理解，生理指标单独列为一类指标。

（1）面部表情指标

用户面部表情反映了用户在使用产品或服务过程中的内在情绪状态。目前已经有较为成熟的面部表情分析系统，可以较为准确地识别出用户表情中包含的高兴、悲伤、生气、惊讶、害怕、厌恶等情绪成分。一般来说，更多的积极情绪表明更好的用户体验水平。

（2）眼动指标

眼动追踪技术的出现，使得研究者可以从视觉信息加工的角度对用户使用产品或服务过程中的注意和视觉过程进行深入研究。和眼动追踪相关的多个指标，如用户视线转移路径、区域的平均注视时间等都可以用来反映用户体验水平。比如，用户在某个界面中完成操作过程时，较大数量的离散注视点可能表明搜索效率较低，从而说明产品界面中显示元素的布局不够合理等。

目前，常用于用户体验研究中的眼动指标有如下几个。

视线驻留时间 视线驻留时间是关注某个兴趣区的时间总和，涉及兴趣区内所有的注视点和眼跳，也包括回访的时间。视线驻留时间是表示对特定区域感兴趣程度的一个非常重要的指标。驻留时间越长，对特定区域感兴趣的程度就越高。

注视点数量 注视点数量就是在特定时间在特定区域（比如研究者划分的兴趣区）内注视点的总数量。

平均注视时间 平均注视时间是所有注视点的平均持续时长，通常介于 150ms 和 300ms 之间。平均注视时间与注视点数量和视线驻留时间比较相似，也能反映被所关注对象吸引的程度。平均注视时间越长，用户的投入程度越高。

视线浏览顺序　视线浏览顺序是每一个兴趣区首次被关注到的时间排序。浏览顺序可以告诉研究者在指定的任务背景下，每一个兴趣区的相对吸引力。

首次注视所需时间　有些情况下，需要知道用户花费多长时间才第一次注意到一个特定的元素。例如，用户在一个页面上平均只访问了 7 秒时间，但是研究者想知道一个特定的元素是否在前 5 秒就被注意到了。这个问题不难找到答案，大多数眼动追踪系统为兴趣区标记了时间点，并具体到每一个注视点产生的精确时间。

回访次数　回访次数是指眼睛注视到一个兴趣区，并在视线离开这个兴趣区之后，又再次返回注视这个兴趣区的次数。该指标可以代表一个兴趣区的"黏性"。

视线到达率　视线到达率就是在兴趣区内至少有一个注视点的用户比率，也就是看到兴趣区的用户占所有用户数量的比率。

（3）微动作指标

虽然在某种意义上，微动作指标也可以放入绩效指标范畴，但其一般需要借助于动作分析仪等专用动作分析工具（如 EthoVision XT，具体参见本章第二节），而且操作路径长度以及操作转动角等微动作相关指标也是通过对用户肢体运动进行分析得到的，因此也将其列为生理指标范围。微动作指标背后的基本思路是，如果一个产品的用户体验水平较高，用户完成指定任务所耗费的能量或代价也会相应较低。

操作路径长度　操作路径长度是指任务完成过程中用户肢体（如手指）操作按键移动的总长度，是从移动距离的角度来反映用户的操作容易度。一般来说，操作路径长度与操作完成时间成正相关。

转动角　转动角是指用户在完成某个任务操作时，其肢体（如手指）所转动的角度之和。一般来说，根据两点之间直线最短的原理，用户的转动角越大，说明操作过程中用户需要耗费更多无谓的多余路径。

（4）心率变异性和皮肤电指标

在用户体验领域，心率变异性（heart rate variability，HRV）和皮肤电（electrodermal activity，EDA）是经常用来评估用户紧张度的生理指标之一。心率变异性主要测量心跳之间的时间间隔，皮肤电指标与交感神经系统活动的增强密切相关。一般来说，很差或消极的用户体验，更容易引起较高程度的紧张感，从而导致心率变异性和皮肤电产生相应的变化。

（5）脑电指标

脑电（electroencephalography，EEG）指标在心理学领域被广泛用于对神经活动变化的测量，通过记录头皮上的有效电极与其他位置的参考电极之间的电压随时间的变化而获得，可以反映个体的心理活动或唤醒程度的变化。在用户体验研究领域，应用较多的脑电分析主要包括两种类型：EEG 频谱分析和 ERP（事件相关电位）分析。EEG 频谱分析以 α 和 β 波为比较常用的指标，涉及的研究内容包括用户的情感体验、认知负荷及个体经验等多个方面。而采用 oddball 范式开展的 ERP 分析，通过前额区到中央区的 N1、N2、P2 成分可以推测不同用户在对产品的情感体验、美学感知、期望使用意愿等方面的差异。

（6）肌电指标

肌电（EMG）指标用来衡量肌肉的激活程度，是一种非侵入式的测量手段，通过探测并放大肌肉纤维收缩时产生的微小电脉冲来测量肌肉活动。在用户体验测评中，肌电指标主要用于两个方面：第一个是面部肌肉可以很好地反映不同的情绪，表面肌电可以测量到微弱的信号，即使是那些观察不到的细微面部表情。因此，面部肌肉常被用来进行情绪反应的实时测量。另一个是肌电信号可以作为用户肌肉疲劳度的指标，比如握持手机时的上肢肌电信号就可以反映肌肉的疲劳度。

4. 可用性问题指标

可用性问题指标是一种定性的用户体验测评指标，主要反映用户完成任务过程中遇到的问题及背后可能的原因。一般来说，可用性问题的数量越多，严重性程度越高，反映出用户体验水平越差。具体在用户体验测评实践中，严重性程度可以用 3 级（如非常重要、比较重要、一般）或 5 级（无关紧要问题、较小问题、中等程度问题、严重问题、灾难性问题）来进行标定。可用性问题的类型如下：

- 系统漏洞（bug）问题：系统存在漏洞可导致用户在使用过程中无法顺利完成任务。
- 结构设计问题：系统的逻辑结构混乱可导致用户无法按照自己的经验和预期完成任务，不得不很困难地在多层目录体系里反复寻找，出现迷路现象。
- 交互设计问题：系统的操作方式或流程不符合用户的操作习惯，可致使任务无法顺利完成。
- 视觉设计问题：系统界面的颜色、形状、大小、位置以及图标等设计不当或存在歧义，可造成用户的误解，致使任务无法顺利完成。
- 文本问题：文本中的语词定义不准确或生僻，会使用户无法正确理解，致使任务无法顺利完成。

5. 大数据分析指标

随着互联网、移动互联网、物联网的发展，越来越多的产品或服务被部署在网络上，这给用户体验测评提供了新的方法和数据来源，设计师不需要实地开展用户测试或调研，就能获得大量真实的用户行为数据。基于对这些数据的分析，可以非常有效地衡量用户的操作过程特征，从而分析和判断网络产品的用户体验水平，推动相应的产品设计决策。而这些指标也往往成为互联网公司的关键业绩指标（key performance indication，KPI）。以下针对不同类型产品列出常用的大数据分析指标。

（1）针对网站产品

针对网站产品，主要通过特定时间段最原始的网站流量，再综合页面浏览情况，来间接反映用户体验水平，一般有以下指标：

- 用户网页浏览数，指特定时间单个用户或用户群体浏览网页总数。
- 用户访问量，指特定时间访问网站的用户总数。
- 用户访问频率，指特定时间内单个用户访问网站的频数。
- 活跃用户量，指特定时间访问网站用户中达到活跃标准的用户数量。
- 新注册用户量，指特定时间访问网站后新注册用户数量。
- 新用户/老用户比例，指特定时间内访问网站用户中，新用户数与老用户数的比例。

- 特定内容的访问量，指网站中特定内容被访问的数量。
- 单页面停留时间，指用户在单个页面上停留的时间。
- 每次会话的平均时长，指用户从进入网站到离开网站的总时间。
- 页面跳出率，指进入网站后没有进行操作就离开网站的用户比例。

（2）针对手机等移动端产品

相对于网站产品很多时候希望用户能够尽量停在页面上，移动端产品虽然很多是以类似网页的 H5 页面形式呈现，但其往往更关注用户的操作流程以及操作效率。因此，有时除了可以参考针对网页产品的测评指标外，以下指标也常常被使用：

- 页面平均点击数，指用户在移动端为完成特定操作目标而在不同页面上点击的总次数。
- 页面点击时间，指用户在移动端某页面中完成点击所花费的时间。
- 操作交互路径数，指用户完成某个特定操作所经过的交互路径数。
- 页面间操作关联度，指在两个页面间用户进入第一个页面后就会进入第二页页面的比例。
- 完成操作用户比例，指通过漏斗分析得到的按设计目标完成最终操作的用户比例。

以上各种指标只是用户体验测评中较为常见的几种指标，根据不同的研究目的和研究的产品，研究者还可以具体考虑可以采用的其他相关指标。比如，如果我们要研究某个产品说明书的可用性，那么我们除了需要记录用户操作产品完成任务的时间之外，还需要记录用户浏览产品说明书的时间、浏览的频次等。

（二）用户体验测评指标体系的构建流程

构建用户体验测评指标体系的流程主要包括用户需求分析、桌面资料分析、确立指标及权重、确立各指标数据来源及测试方法、确定指标分数整合方法等。虽然整个体系可以针对产品的某个功能或交互设计进行个性化设置，但构建思路及搭建流程是相通的，具体如下。

1. 用户需求分析

用户需求分析主要是收集用户使用产品过程中有哪些典型的使用场景、需求等信息，然后再对这些信息进行梳理。这些信息的收集渠道主要有以下四个（古德曼等，2015）。

（1）内部访谈

首先对利益相关者和专家进行一对一访谈，了解公司对现有用户和目标用户的理解程度。如果产品拥有固定的客户基础，研究者就可以访谈直接接触这些工作的人，如销售人员、客服支持人员、市场调研人员、技术销售咨询师、培训师等。如果公司尝试将产品打入新市场，研究者就需要对相关负责人进行访谈，来收集这些人对用户需求的看法。

（2）对用户进行研究

即直接对用户进行访谈或现场调研。

（3）参考市场研究数据

销售和市场部门通常有详细的用户概况及市场研究数据，能够提供完整的用户分类，研究者可以参考这些资料。

（4）利用用户的使用数据及反馈

当用户使用产品遇到问题时，会咨询用户论坛或客服支持等意见反馈系统，研究者可以从这些地方收集用户反馈及功能需求。

2. 桌面资料分析

通过相关资料和文献检索是帮助研究者获得用户体验测评指标的重要途径，尤其是与所要测评的产品直接相关的资料会更有参考价值。在实践操作上可以通过谷歌、百度等搜索引擎或者 Web of Science、Engineering Village、Springer 等专业数据库获得各类研究论文、研究报告、行业白皮书等，从中分析前人开展用户体验测评所用的指标体系。

3. 确立指标及权重

（1）确立维度和指标

在完成第一步和第二步的工作后，研究者就可以结合用户需求特征、产品设计特点，借鉴前人的指标体系内容，来确立用户体验测评指标的维度以及相应的测评指标。

（2）根据需要确定是否要建立指标的权重关系

这一步并不是必需的，主要取决于研究者是否需要对不同的产品进行用户体验水平的比较。不过在一般建立的测评体系中，需要为不同的测评指标赋予不同的权重，以便将来能更合理地对多个测评指标进行综合计算，得到最终的用户体验测评分数。

一般可以采用层次分析法、灰色关联分析法和熵权法等来对指标的权重进行定量分配。

层次分析法　层次分析法（analytic hierarchy process，AHP）是美国运筹学家 Thomas L. Saaty 教授于 20 世纪 70 年代提出的一种将与决策有关的元素分解成目标、准则、方案等层次，并在此基础之上进行定性和定量分析的决策方法。该方法具有系统、灵活、简洁的优点（引自邓雪等，2012）。

该方法可以将所要分析的问题层次化，根据问题的性质和需要达到的总目标，将问题分解成不同的组成因素，并按照因素间的相互关系及隶属关系，将它们按不同层次聚集组合，形成一个多层分析结构模型，最终归结为低级指标相对于其高一级指标的权重问题（许树柏编著，1988）。具体如何采用层次分析法来确定权重关系，请参阅相关文献（例如邓雪等，2012）。

灰色关联分析法　灰色关联分析作为一种系统分析技术，是分析系统中各因素关联程度的一种方法。其用于确定评价指标的权重的原理实际上是对各位专家的经验判断与某指标专家经验判断的最大值进行量化比较，根据彼此差异大小来分析确定专家群体经验判断数值的关联程度，即关联度。关联度越大，说明专家经验判断趋于一致，该指标在整个指标体系中的重要程度就越大，权重也就越大。据此对各个指标进行归一化处理，从而确定其相应的权重。具体如何采用灰色关联分析法来确定权重关系，请参阅相关文献（例如崔杰，党耀国，刘思峰，2008）。

熵权法　熵权法是根据各指标的信息载量大小来确定指标权重的方法。熵是来源于热力学的一个概念，是对系统无序程度的一种度量，信息熵则是对系统有序程度的一种度量。某个评价指标的信息熵越小，表明指标值的变异程度越大，提供的信息量越大，在综合评价中所起的作用也越大，即指标的权重也越大；反之，权重越小。因此，可以根据各指标值的变异程度，利用信息熵确立各指标的权重。具体如何采用熵权法来确定权重关系，请参阅相关文献（例如冯运卿，李雪梅，李学伟，2014）。

4. 确立各指标数据来源与测试方法

确定用户体验测评体系各指标后，就要考虑采用何种测试方法获得相关数据。一般来说，从大的方面可以分为三类：用户调查、用户测试以及网络数据分析。

（1）用户调查

用户调查是指通过访谈或问卷的形式，让用户对自己和产品的交互过程及其结果做出评价，比如对交互流程的满意程度进行评价等。部分问卷或量表可以参考本章第二节的内容。

（2）用户测试

用户测试是指通过事先设定一些典型操作任务，采用音视频记录设备或者特定的生理指标专业设备记录用户在完成操作任务过程中的各种行为数据或生理数据。具体测试过程可以参考本书第十章"可用性测试方法"部分。

（3）网络数据分析

如前所述，用户网络行为数据具有真实性、非干扰性等优势。目前，在网络数据捕获方面，一般采用以下几种典型的技术方式（杨芮，2015）。

JavaScript 页面标签　　通过 JavaScript 收集页面数据是行业内使用最为广泛的方式，可以更精确地收集更多的数据，根据 cookie 识别用户。其工作方式是通过访客浏览器捕获用户数据，并将这些数据发送到数据收集服务器，通过远程服务器查看数据报告。

服务器日志技术　　服务器日志技术是最原始的用户行为数据收集技术，最初被用于捕获 Web 服务器产生的错误，随着分析的需求从基于技术转向基于营销，其功能慢慢地被"强化"为捕获更多的数据。最有名的日志分析工具是 Webtrends。

包嗅探器技术　　包嗅探器技术也发展了很长时间，是比较先进的一种 Web 数据收集方式，但由于其实用性不强目前使用并不广泛。包嗅探器的数据捕获过程相当于在用户浏览器和 Web 服务器中间加了一个备份装置，用来记录用户和服务器之间交互的过程数据。

5. 确定指标分数整合方法

在有些时候，我们最终对用户体验测评结果的分析，不仅仅是在每个单一的维度上对测评分数进行比较或分析，而是需要分析这些维度的各个指标所反映出来的产品在总体上的用户体验水平。这就需要将不同类型的指标分数进行转化合并成总体分数。以下简要介绍其中几种较为常用的整合方法。

（1）根据百分比合并

根据百分比合并的原理是将所有维度上指标的得分，根据其与最高分之比，转变为百分比得分。比如，如果是在一个 5 点量表上进行评分，最高分是 5 分，那么假如评分为 4 分，就可以将其转为 80 分（4/5×100％）。

假如没有预先定义的最高分，比如任务完成时间，很难说到底完成时间少到何种程度才算达到满分的标准，那么此时可以采用的一种方式就是将所有任务（或所有用户）完成时间中最短的时间作为 100 分的标准，然后用其去除其余的任务完成时间，将各自转为百分比分数。表 9-2 给出了一个根据百分比合并的样例。

表 9 - 2　　　　　　　　　　　　　　　　根据百分比合并样例

编号	转换前			转换后			平均分
	完成时间（s）	错误数（个）	满意度评分（1~5）	完成时间	错误数	满意度评分	
1	65	7	4.2	46	100	84	77
2	40	11	3.0	75	64	60	66
3	30	9	4.5	100	78	90	89
4	52	8	2.8	58	88	56	67
满分标准	30	7	5	—	—	—	

注：平均分越高，表示总体用户体验水平越好。

（2）根据 z 分数合并

根据 z 分数合并的原理是基于正态分布的假设，通过计算特定分数距离总体分布的平均值的数值，来将相应的分数转变为 z 分数。然后将 z 分数合并，从而把各个维度指标整合成一个分数。公式如下：

$$z = (x - \mu) / \sigma$$

式中，x 为某一指标具体分数，μ 为总体平均数，σ 为标准差。

表 9 - 3 给出了一个根据 z 分数合并的样例。

表 9 - 3　　　　　　　　　　　　　　　　根据 z 分数合并样例

编号	转换前			转换后			平均分
	完成时间（s）	错误数（个）	满意度评分（反向，1~5）	完成时间	错误数	满意度评分（反向）	
1	65	7	0.8	1.21	−1.02	−0.68	−0.16
2	40	11	2.0	−0.45	1.32	0.74	0.53
3	30	9	0.5	−1.11	0.15	−1.03	−0.66
4	52	8	2.2	0.35	−0.44	0.97	0.29

注：平均分越低，表示总体用户体验水平越好。

比较上面两张表中的结果可以看出，同样的数据，采用百分比合并和采用 z 分数合并，虽然在量化关系上具有一定的一致性，但得到的具体结果还是会存在一定的偏差。这也说明了一个问题，即无论是哪种方法，都不能保证绝对精确和合理，只能在现有数据的基础上，尽量找到一个能反映各指标综合关系的有效整合分数。

同时需要说明的是，在上述样例中，我们假定所有的指标权重都是一样的，但在实际操作中，可以结合权重关系（第三步）进行多指标分数的整合。

（三）用户体验测评指标体系实例

本部分内容将结合构建用户体验测评指标体系的两个实例来帮助读者理解构建用户体验指标体系的流程。

1. 基于层次分析法的信息系统用户体验评价模型构建

针对信息系统的自身特点，通过文献检索分析，以及在专家座谈的基础上，确定了如表 9-4 所示的信息系统用户体验评价体系。该体系分为三个层次，用户体验评价属性分为四个维度，分别为感官性体验（aesthetics）、有用性体验（utility）、可用性体验（usability）、情感性体验（emotion）（严晴等，2016）。结合这一信息系统用户体验评价体系，设计专家测评问卷，问卷包含信息系统 14 个方面的对应内容。

本研究以信息系统产品使用 5 年以上用户 3 人及计算机软件用户体验研究 5 年以上专家 5 人为调查对象，总计 8 人。在现场对表 9-4 中影响信息系统用户体验水平的各个指标进行 1~9 评分，并将结果填入表 9-5。比如：如果指标 1 比指标 2 稍微重要，则 A1 格中填入 3；如果指标 2 比指标 1 稍微重要，则 A1 格中填入 1/3。

表 9-4　　　　　　　　　　　信息系统用户体验评价体系

评价目标	一级指标	二级指标	指标说明
信息系统用户体验水平	感官性体验	色彩搭配	界面色彩是否协调
		界面布局	界面布局是否简洁清晰
		字体字号	界面字体字号是否清晰可辨
		总体吸引力	界面总体的吸引力程度
	有用性体验	功能完备性	系统功能是否完整
		需求契合性	系统功能是否匹配用户需求
	可用性体验	可学习性	系统是否容易学会掌握
		效率性	系统的使用是否高效
		可记忆性	系统是否容易让用户记忆
		出错性	系统是否具有低的出错概率
	情感性体验	友好性	系统使用是否令用户感到友善
		惊喜感	系统使用是否有超出期望的喜悦
		可控性	系统使用过程中用户是否操作自信
		安全感	系统是否让用户感觉安全可信

表 9-5　　　　　　　　　　　指标评分问卷样例

	指标 1	指标 2	指标 3	指标 4
指标 1	—			
指标 2	—	—		
指标 3	—	—	—	
指标 4	—	—	—	—

结合对一二级指标层权重的计算，可得到信息系统用户体验评价模型，其中二级指标相对于总体用户体验水平的权重可以按如下公式进行计算。

$$第\ i\ 二级指标相对于总体的权重＝B_i×C_i$$

式中，B_i 是该指标对应一级指标相对于总体的权重，C_i 是该二级指标相对于一级指标的权重。

由最后的计算结果，我们可以看出感官性体验和有用性体验对信息系统用户体验水平的影响最深（见表 9-6）。也就是说，这两个方面是导致用户体验差异的最主要因素。此外，可用性体验对用户体验水平也有较大影响，即信息系统产品的使用体验也至关重要。

表 9-6　　　　　　　　　　　　信息系统用户体验评价模型

评价目标	一级指标	二级指标	权重
信息系统用户体验水平	感官性体验（0.27）	色彩搭配（C_1）	0.19
		界面布局（C_2）	0.32
		字体字号（C_3）	0.15
		总体吸引力（C_4）	0.34
	有用性体验（0.27）	功能完备性（C_5）	0.40
		需求契合性（C_6）	0.60
	可用性体验（0.25）	可学习性（C_7）	0.21
		效率性（C_8）	0.32
		可记忆性（C_9）	0.17
		出错性（C_{10}）	0.30
	情感性体验（0.21）	友好性（C_{11}）	0.27
		惊喜感（C_{12}）	0.11
		可控性（C_{13}）	0.28
		安全感（C_{14}）	0.34

2. 谷歌的用户体验框架 HEART

考虑到已有的测评指标，比如完成任务所用的时间、任务完成率等，都更偏向于微观层面，谷歌内部团队提出了 HEART 框架，以便更好地衡量用户体验。该框架为用户体验从业人员提供了宏观层面的测评指标，并直接影响到公司策略。

HEART 中的每个字母代表一种用户体验测量标准，具体如下：

- Happiness（愉悦度）
- Engagement（参与度）
- Adoption（接受度）
- Retention（留存度）
- Task success（任务完成度）

具体各个维度的描述和测量方式见表 9-7：

表 9-7　　　　　　　　　　　　HEART 各维度描述和测量方法

维度	描述	测量方式
Happiness（愉悦度）	用户满意度，向其他人推荐的可能性	用户调查
Engagement（参与度）	一般用户在多大程度上使用你的产品（时间、访问量等）	数据分析
Adoption（接受度）	注册后会去使用你产品的用户所占的百分比，以及/或会去使用你产品某一功能的用户所占的百分比	数据分析
Retention（留存度）	过后有多少用户仍会继续使用	数据分析
Task success（任务完成度）	完成一项任务的效率或错误率	用户测试

HEART 框架的出色之处在于它包含了微观和宏观的测量标准，能帮助判断一个产品的用户体验的影响。留存度对当前和未来的收益有最直接的影响，而其他用户体验度量标准会影响产品价值。

第二节　用户体验测评工具[①]

"工欲善其事，必先利其器。"随着用户体验测评水平的提高、问题研究层次的深入，研究者逐渐发现，仅仅依靠简单的人力开展一些经验性的工作已经变得越来越困难，必须借助于各种有效的用户体验测评工具才能实现最终的测评目标。

本节主要对目前用户体验测评中较为常见的工具作简要介绍。根据测评工具的物理属性，我们把用户体验测评工具分为三个大类：用户体验测评的设备工具、针对网站用户体验测评的在线工具和用户体验测评的量表工具。

一、用户体验测评的常用设备工具

常用的用户体验测评设备主要包括以下的硬件和软件，这些设备能够广泛地用于各种不同类别的产品测试中，为研究者的测评工作带来便利。

（一）可用性测评工具——Morae

Morae 是著名的 TechSmith 公司生产的专门用于用户研究和可用性研究的工具。TechSmith 公司是全球最大的为办公室专业用户提供屏幕捕获和视频录制软件的供应商。

Morae 系统主要由记录器、远程浏览器和管理器三部分组成，可以方便地完成观测、记录操作日志以及分享用户体验的工作。记录器可以用来记录屏幕及系统的活动以及用户的音视频数据资料；远程浏览器可以通过网络与记录器相连来显示完整的用户体验，包括计算机显示器操作过程、相关音频评论以及用户表情面貌的视频等；管理器主要通过运用标记、自动片段分割处理等技术来方便地进行关键点的录像回放以及快速的视频编辑。Morae 可以安装在任意现场，甚至可以安装在用户的笔记本电脑上，融入其原有的自然的工作环境中。因此，Morae 非常适合现场用户调研，可以得到准确无误的用户体验数据。总体来说，Morae 是一个能够帮助研究者快速、便捷地开展软件系统可用性研究的工具，其最主要的可用性研究领域包括电子商务网站、商业软件等等。图 9-3 和图 9-4 分别是 Morae 软硬件系统连接示意图和视频分析界面。

正如著名可用性研究专家 Nielsen 所说："自从 Morae 问世以来，用户测试正变得更加有效。"（引自 TechSmith，2008）

---

① 这部分内容建议在阅读了第十章的内容以后再进一步阅读。

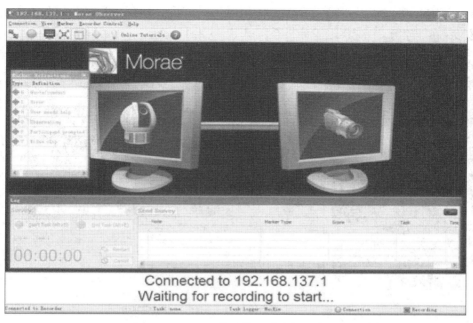

图 9 - 3　Morae 软硬件系统连接示意图

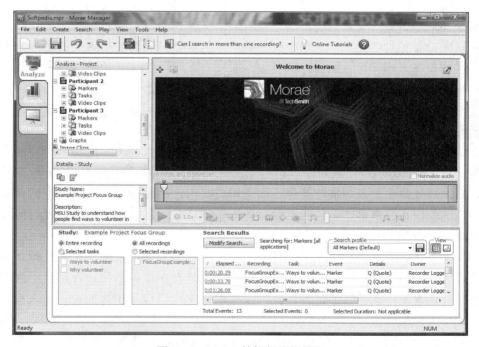

图 9 - 4　Morae 的视频分析界面

（二）移动设备测评工具——移动摄像头（MDC）

　　移动摄像头是一款可轻松安装在小型移动设备上的小型相机（如图 9 - 5 所示），主要用于观察用户与移动设备之间的交互。它不仅可以记录用户的关键操作，也可以记录用户使用设备的方式以及手持方式等。使用时，只需将其连接到移动设备后开始拍摄即可。该设备可以和行为观察记录分析系统（The Observer XT）结合使用。

图 9 - 5　移动摄像头（MDC）示意图

此外，移动摄像头还有以下几点特征：

- 能高清稳定地记录移动设备的特写图像、视频。
- 适配设备种类广泛。不论是手机还是平板电脑，只需调整摄像头的距离和角度至匹配设备大小即可。
- 轻巧。其完整套件仅包括带支架的相机及 USB 数据线，非常便携。

（三）用户视线分析工具——眼动仪

眼睛是心灵的窗口，眼睛既是我们信息来源的重要感官，又能反映出用户的心理过程。眼动仪（eye tracker）是测试眼睛运动的高科技仪器，可通过记录、分析眼睛注视点、扫描轨迹和瞳孔直径等眼动指标，构建用户操作产品时的眼动模型，用数据表征用户对产品的关注点、观察产品各视觉对象的先后顺序、对各视觉对象的注视时间和感兴趣区域（area of interest，AOI）。

相对于以往研究者采用完成任务时间、错误类型和数量以及满意度等传统指标进行可用性研究和评估，眼动仪记录视线运动模式的优势在于可揭示用户在屏幕上感兴趣或注意的空间位置及注意的转移过程，其视线跟踪技术可以应用于界面分析、人操作的内因分析等可用性领域。

目前，国内外的可用性研究中采用的主流眼动仪包括用于桌面式用户体验测评的 Tobii Pro X3-120（如图 9 - 6 所示）、GazeTech mini、MangoldVision 等，针对真实场景的眼镜式眼动仪，如 Tobii Pro Glasses 2、Ergoneers 公司的 Dikablis（如图 9 - 7 所示）。同时，国内的自主研发公司，如上海青研推出的 EyeControl 眼动测试系统也已得到广泛应用。

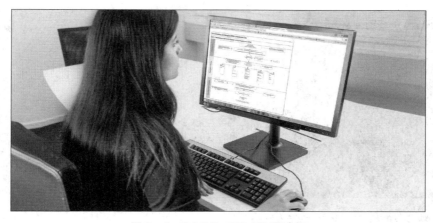

图 9－6　Tobii Pro X3-120 眼动仪

图 9－7　德国 Ergoneers 公司的 Dikablis 眼动仪

（四）用户面部表情分析系统——FaceReader

荷兰 Noldus 公司开发的 FaceReader 可以对面部表情进行自动分析，能够客观地评估用户在可用性测试过程中的情绪变化，包括不同时间点的表情类型以及整个实验过程中各种表情的次数分布情况。其最新版本是 FaceReader 7.1（如图 9－8 所示）。

FaceReader 集成了三个功能模块：面部查找（face finding）、面部建模（face modeling）与面部分类（face classification），可将表情划分为以下 7 类：高兴、悲伤、生气、惊讶、害怕、厌恶、中性。其主要优点包括：分析自动进行；较高的精确度和可靠性；无须校准；容易整合到行为观察记录分析系统 The Observer XT 中进行分析和可视化；允许其他软件实时访问其数据；能够分析不同种族被试的面部表情；能够分析不同年龄段被试的面部表情；等等。同时，最新版本还增加了检测情感态度功能，使研究者能够更深入地检测被试的情绪，并且能够测量感兴趣、无聊和困惑等次级面部表情。

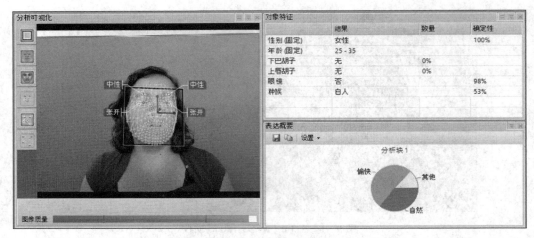

图 9 - 8　FaceReader 7.1 界面示意图

（五）微动作记录设备——动作分析系统

目前，用于用户体验测评中的动作分析设备主要是荷兰 Noldus 公司的 EthoVision XT 和 The Observer XT。Noldus 公司的动作分析系统最早被用于动物运动轨迹记录分析，可以自动地记录动物的活动及个体间交流。由于人因学以及用户体验行业的快速发展，现在已经被广泛应用于用户行为或动作分析。

1. EthoVision XT

EthoVision XT 是一个集运动和行为的自动监测、记录和分析于一体的综合系统（如图 9 - 9 所示），可以用来记录和分析用户操作时的微小动作（如拇指操作），比如操作时间、操作轨迹等客观指标。其主要工作原理是先把需捕捉的对象（如手机操作时的拇指、电脑操作时的整只手）用特定颜色标记，然后通过颜色自动跟踪和记录捕捉对象的运动轨迹，最后再根据研究者的需要设定好各个区域的范围，由软件系统自动计算操作过程中的各个指标。

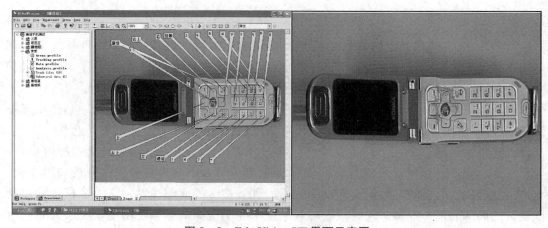

图 9 - 9　EthoVision XT 界面示意图

EthoVision XT 的功能多样性使其成为当今行为学研究理想的工具，效率高且数据可靠，所有采集的数据具有高度的可重复性，并且数据、分析结果及原始图像都可在报告中体现。

2. The Observer XT

The Observer XT 是一个记录和分析运动行为的综合系统（如图 9-10 所示），可以记录姿势、运动、位置、面部表情及人们的社交活动，也同样可以用来分析用户操作中的具体行为的次序、正误、时间等客观指标。

The Observer XT 从本质上来说是一个帮助研究者对用户操作过程中出现的各个关键事件进行整理和分析的工具。其基本原理是，首先由研究者定义好各种不同的关键事件（比如用户皱眉），然后在回放用户测试录像时当某个事先定义的关键事件一出现分析人员就在时间线上添加相应的关键事件标记。最后，当全部测试过程回放结束，添加关键事件标记的工作也就完成了。此时，可以借助 The Observer XT 的分析功能帮助研究者对某个关键事件进行深入分析。需要注意的是，添加关键事件标记的工作是一项较为枯燥但又要求仔细的任务，而且 1 个小时的测试过程，录像回放标注有时会需要 3 个小时甚至更长的时间。这就需要分析人员非常耐心细致。

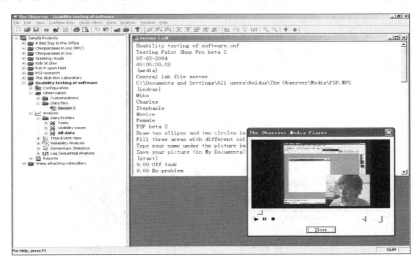

图 9-10 The Observer XT 界面示意图

（六）用户生理状态记录设备——生理多导仪

各种刺激信号作用于机体的感受器后，大脑会对这些刺激的信息进行加工和处理。在此过程中，可能会同时出现一些生理指标，如眼电、脑电、心电、肌电、皮电、呼吸、体温等的变化。使用生理多导仪可准确记录和分析用户的这些生理指标，在一定程度上反映用户的情绪状态。

目前，主流的生理多导仪主要包括美国 Biopac 公司的 MP150 生理多导仪系统（如图 9-11 所示）、美国 MindWare 公司的生理多导仪系统（如图 9-12 所示）和德国 Mangold 公司的 Mangold-10 系统等。

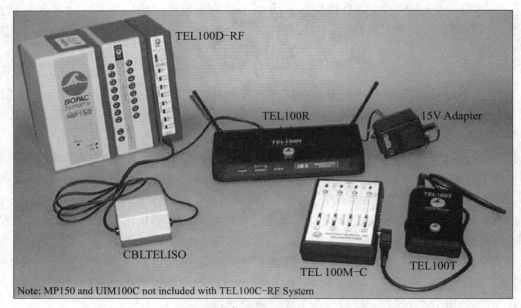

图 9 - 11　美国 Biopac 公司的 MP150 生理多导仪系统

图 9 - 12　美国 MindWare 公司的生理多导仪系统

二、针对网站用户体验测评的在线工具

由于针对网站的用户体验测评可以直接通过获取用户的网络浏览行为数据来进行分析，一些在线网站用户测试工具就可以帮助设计师看到用户如何与网站进行交互，从而针对设计问题进行必要的改进。目前，国外有一些公司开发了相关工具来更好地开展网站相关测试，以下列举其中四个例子。

（一）A/B 测试工具——Optimizely

Optimizely 是一家提供 A/B 测试服务的美国互联网公司，其网站（如图 9 - 13 所示）

可以可视化地在线编辑测试内容和目标，简单方便。所谓 A/B 测试，简单来说，就是为同一个目标制定两个方案（比如两个页面），让一部分用户使用 A 方案，另一部分用户使用 B 方案，记录下用户的使用情况，看哪个方案更符合设计目标。

举例来说，REVOLVE 是在线零售领域品牌，旗下有超过 500 个男士和女士的设计师品牌，产品包括服装、鞋子以及配饰等等。借助于 Optimizely 的测试服务，RE-VOLVE 找到了更有效的办法来提高消费者的兴趣：采取重新格式化桌面导航的方法，从而增加了约 20％的参与度；同时通过不同的初始页面替代方案，使得消费者直接从其网站下载应用程序的数量增加了 350％。

图 9 - 13 Optimizely 测试网站界面

（二）用户偏好实时测试工具——Qualaroo

Qualaroo 是一个实时客户数据收集平台，它能嵌入用户网站或博客，使用户可以将调研问卷放在网站的指定页面。例如，在页面右下角设置一个弹出问题对话框，要求网站访问者实时回答一些有针对性的问题或调查（如图 9 - 14 所示）。这有助于网站管理员编辑其网站以提升网站的体验。

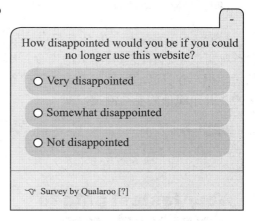

图 9 - 14 Qualaroo 问题样例

（三）页面点击分析工具——Crazy Egg

Crazy Egg 是基于用户点击行为的用户体验分析工具，能够实现监控一个页面的所有点击，并能清楚友好地予以显示（如图 9 - 15 所示）。它还能够轻松显示页面的点击热图，相当准确地监控所有页面的点击位置。具体包括：

● 热图（heatmap）：可以告诉我们页面上什么地方的热度高（点击量高）、什么地方的热度低（点击量低）。据此，设计师可以改变页面的布局，加强页面与用户的交互。
● 页面滚动图（scroll map）：可以告诉用户在页面上会从上到下看些什么（特别是一些长的、需要用户滚动页面右侧的滚动条的页面），以及用户会在什么位置离开页面。据此，设计师就能知道应把页面的元素加在什么位置，从而增加用户在页面的停留时间。

- 页面覆盖工具（overlay）：可以告诉我们页面上每个元素的点击数量。据此，设计师可以增加更多的点击或者是减少一些不必要的点击。

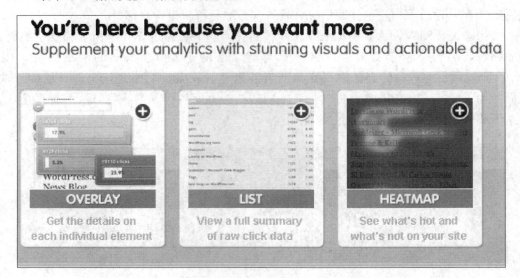

图 9 - 15　Crazy Egg 测试工具界面示意图

（四）网站可用性测试平台——UserTesting

UserTesting 是一个为开发和设计提供网站可用性测试的平台（如图 9 - 16 所示）。设计师可以定制自己想要测试的内容，比如目标受众的特定区域、参与测试的潜在用户数量、用户在自己的网站或平台上所执行的操作等。接下来，这个平台就会去联系潜在客户，并组织他们参与测试。

图 9 - 16　UserTesting 测试平台

设计师在短时间内就可以得到一些数据反馈，如用户喜欢什么和不喜欢什么、是什么原因让他们退出网站等，并根据这些数据反馈来优化网站和应用程序。

三、用户体验测评的常用量表工具

在用户体验研究领域，国外有很多研究者已经开发出一些可以直接用于产品研究的量表。这些量表已经经过效度和信度的检验，因此可以直接拿来使用。

这些量表主要分为四类：针对产品或系统整体的用户体验评估量表、针对单个任务的用户体验评估量表、针对网站的用户体验评估量表和针对游戏体验的评估量表。下面对这些量表进行简单介绍（邵罗，路易斯，2018）。

（一）针对产品或系统整体的用户体验评估量表

这类评估量表主要用于受测者完成测评任务后，对产品的用户体验进行评价。这些评价可以作为产品用户体验的"晴雨表"，在比较多个备选的设计或者产品时，可以使用这类量表。

1. QUIS（用户交互满意度问卷）

全称 Questionnaire for User Interface Satisfaction，是马里兰大学人机交互实验室开发的用于评估用户对人机界面不同方面主观满意度的工具。该问卷经过信度和效度的检验，适合于各种不同类型的界面评估。

该问卷的条目主要涉及用户背景、系统总体满意度以及九个特定界面因素的评估（包括屏幕因素、终端和系统反馈、学习因素、系统容错性、技术手册、在线教程、多媒体、电话会议以及软件安装）。对于每个因素，都会有不同的 9 点量表条目。以下是 QUIS 的条目样例：

混淆　　　　　　　　　　　清晰

屏幕上显示的信息　　1　2　3　4　5　6　7　8　9

关于该问卷的具体信息，读者可以在其官网获得（http：//www.cs.umd.edu/hcil/quis/）。

2. SUMI（软件可用性测试调查表）

全称 Software Usability Measure Inventory，是爱尔兰软件协会编制的用于软件可用性研究的调查表。SUMI 的测试对象是普通用户。软件的管理者、开发者、使用者，以及人因专家等都可以通过 SUMI 来收集数据。在完成时间上，约 10 分钟；在人数方面，要求有代表性的用户至少 10 人。该调查表满分 100（大多数软件得分为 40～60），采用 3 点量表设计，要求用户在每道题目上从三个选项（即同意、无法确定、不同意）中进行选择。

SUMI 共有 50 道题，分为以下五个维度：

- 效率（efficient）：用户认为软件是否能够高效完成工作。
- 情感（affect）：用户是否能愉悦地使用软件。
- 辅助性（helpfulness）：软件在多大程度上是"不解自明"的，以及辅助信息的适用性如何。

- 可控性（control）：用户是否能轻松控制软件完成工作。
- 易学性（learnability）：用户掌握软件操作的速度。

SUMI 的得分可以用于衡量软件产品可用性的优劣。在软件在开发过程中，用 SUMI 来评估有助于发现产品在可用性方面的弱点，以便对其中的问题加以解决。SUMI 非常适用于交互设计过程的后几个阶段并且可以用来评估已上市产品的可用性。SUMI 附带一个统计软件，能对数据进行分析并给出定量的评估数据。该软件是收费的，关于 SU-MI 的具体信息，读者可从其网站获得（http://sumi.uxp.ie/index.html）。

3. PSSUQ（研究后系统可用性问卷）

全称 Post-Study System Usability Questionnaire，起源于 IBM，是用于评估用户对计算机系统或应用程序满意度的问卷。最初包括 18 道题，后来删减为 16 道题。

PSSUQ 有四个分数（一个整体分数和三个分量表分数），计算规则如下：

- 整体：题目 1～16（所有题目）的平均值。
- 系统质量（SysQual）：题目 1～6 的平均值。
- 信息质量（InfoQual）：题目 7～12 的平均值。
- 界面质量（IntQual）：题目 13～15 的平均值。

PSSUQ 采用从 1（非常同意）到 7（非常不同意）的 7 点计分方式，分数越低表示满意度越高。该问卷不需要付许可费，但使用问卷的研究者须说明引用出处。在实际使用过程中可以根据需要增减题目，但要确保能计算整体分数和各分量表的分数，从而保持标准化问卷的优势。

4. SUS（系统可用性量表）

全称 System Usability Scale，编制于 20 世纪 80 年代中期，采用 5 点计分方式，可用于对各种系统的可用性水平进行测试。SUS 具有较好的效度，同时得分以百分制来计算，便于对产品可用性水平进行客观评价。

SUS 要求用户在使用过系统后，在没有听取有关系统的任何外界信息前提下进行打分。该量表只有 10 道题目（见表 9-8），主要从需要的支持、培训和复杂度等方面对系统进行评价。评价的总分本身并没有意义，需要乘上 2.5 后转化为 SUS 分数。一般来说，SUS 分数超过 60 被认为可用性水平比较好。

表 9-8   **SUS 标准版样例**

（1 代表非常不同意，5 代表非常同意）

序号	题目	1	2	3	4	5
1	我愿意使用这个系统。					
2	我发现这个系统很复杂。					
3	我认为这个系统很容易。					
4	我需要专业人员的帮助才能使用这个系统。					
5	我发现系统的各项功能都很好地整合在一起。					
6	我认为系统中存在大量不一致。					
7	我能想象大部分人能快速学会使用这个系统。					
8	我认为这个系统使用起来非常麻烦。					
9	使用这个系统时我非常有信心。					
10	使用这个系统时我需要大量的学习。					

5. UMUX（用户体验的可用性量表）

全称 Usability Metric for User Experience，是一套相对较新的标准化可用性调查表，主要目标是使用符合 ISO 可用性定义的较少项目，获得与 SUS 一致的可用性感知度量。UMUX 总共包括 4 个项目：1 个是测量综合体验问题的项目，另外 3 个是分别测量 ISO 可用性定义（有用、高效、令人满意）的项目。计分方式为从 1（强烈赞成）到 7（强烈反对）的 7 点里克特量表计分。

6. CSUQ（计算机系统可用性问卷）

全称 Computer System Usability Questionnaire，是专门测量计算机系统可用性的问卷，是 PSSUQ 的一种变形，由 IBM 公司人因研究组的 James R. Lewis 于 1995 年首次发表于《国际人机交互杂志》。该问卷第 3 版与 PSSUQ 第 3 版的题目数一致，也为 16 道，采用 7 点量表的形式，要求用户在不同意-同意的程度上进行选择，最后根据总分来确定计算机系统总体可用性水平。

研究表明该问卷具有较好的信度、效度以及敏感度，是用户体验测评人员开展相关研究的一个可靠工具。读者可登录 https：//www. isislab. it/delmal/MTAP/Questionnaires/CSUQ. pdf 查看完整问卷。

7. USE（有用性、满意度、易用性问卷）

由 Arnie Lund（2001）编制，包括 30 道题目，分为 4 类：有效性（usefulness）、满意度（satisfaction）、易用性（ease of use）和易学性（ease of learning）。每道题都需要用户针对其同意的程度给出 7 点里克特评分。读者可登录 http：//garyperlman. com/quest/quest. cgi?form＝USE 查看完整量表。

8. NPS（净推荐值）

全称 Net Promoter Score，由贝恩咨询公司的 Fred Reichheld（2003）首次提出，是一个迅速发展起来的自我报告指标，可用来衡量用户的忠诚度。其问卷只有一道题目："你有多大的可能性把该产品推荐给你的朋友或同事？"用户需要在从 0（绝无可能）到 10（极有可能）的 11 点量表上作答。根据得分，用户被分为三类：打分在 6 以下的被称为贬损者（detractors），打分为 7～8 的被称为被动者（passives），打分为 9～10 的被称为推荐者（promoters）。

NPS 的计算很简单，即用推荐者（打分为 9～10 的用户）的百分数减去贬损者（打分为 0～6 分的用户）的百分数，在计算中忽略被动者，最终得分区间为－100～＋100。

（二）针对单个任务的用户体验评估量表

在用户体验测评中，很多研究者会在参与者完成单个任务后，立即进行可用性感知的快速评估。研究表明，可用性感知的整体评估和任务评估相似但不完全相同（Sauro & Lewis，2009），因此有必要区分这两类测量。

1. ASQ（情景后问卷）

全称 After-Scenario Questionnaire，用于当用户完成一系列相关任务后进行评分，由

3 道题目组成：

    1. 我对在该情境中完成任务的容易程度感到满意。

    2. 我对在该情境中完成任务所用的时间感到满意。

    3. 在完成任务时，我对辅助性信息（在线帮助、信息、文档）感到满意。

问卷采用 7 点评分形式，1 代表非常同意，5 代表非常不同意。3 道题目涉及可用性的 3 个基本方面：有效性（题目 1）、效率（题目 2）和满意度（所有题目）。

2. SEQ（单项难易度问卷）

全称 Single Ease Question，用来收集用户对完成任务的整体难易度的评分，类似于 ASQ 的题目 1。SEQ 有 5 点计分和 7 点计分两个版本，根据相对信度和用户对 5 点和 7 点计分的偏好研究，建议使用 7 点计分的版本。SEQ 的 7 点计分版本的样例如下：

    整体上，这个任务：

    非常困难 ○ ○ ○ ○ ○ ○ ○ 非常容易

3. SMEQ（主观脑力负荷问卷）

全称 Subjective Mental Effort Question，仅有 1 道题目，采用从 0 到 150 的等距量表计分方式，有 9 个文字标签对应从"一点也不困难"（略高于 0）到"极其困难"（略高于 110）。SMEQ 的样例如下：

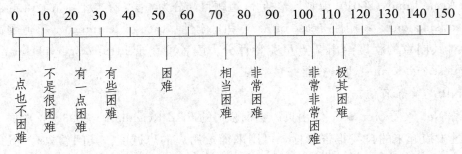

在 SMEQ 的纸质版本中，受测者需要先画一条 150mm 的线，然后在上面标记出完成任务所感受到的脑力负荷，SMEQ 分数即受测者标记的超过基线 0 的毫米数。在网页版本中，则为拖动滑动控件打分。

4. ER（期望评分）

全称 Expectation Rating，该评分表明了受测者在执行任务前后所感知到的任务难易程度之间的关系。ER 来自 SEQ 的变形，包括 2 道题目。例如，Tedesco 和 Tullis（2006）使用了以下 2 道题目：

● 在进行所有任务之前（期望评分）：你预期这个任务的难易度如何？

● 完成每个任务之后（经验评分）：你觉得这个任务的难易度如何？

和 SEQ 一样，ER 也有两个计分版本（5 点计分和 7 点计分），根据相对信度和用户对 5 点和 7 点计分的偏好研究，建议使用 7 点计分的版本。

难易程度前后评分的优势之一是，研究者可以将结果制作成散点图并映射到象限中去，如图 9-17 所示。

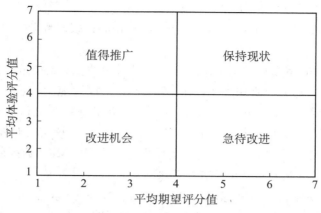

图 9 - 17　ER 结果散点图

5. NASA-TLX（NASA 任务负荷指标）

在产品可用性研究中，尤其是在进行用户绩效测试时，用户的心理负荷高低可以直接反映产品使用的难易程度。NASA-TLX（NASA Task Load Index）由美国国家航空航天局（NASA）Ames 研究中心人类操作研究小组开发，专用于测量任务操作过程中人的心理负荷。该量表的开发团队认为心理负荷是多维的，具体来说，主要有脑力要求（mental demand）、体力要求（physical demand）、时间要求（temporal demand）、努力程度（effort）、绩效水平（performance）以及受挫程度（frustration level）。这六个维度在心理负荷结构中的权重不同，其加权值随任务类型和情景的不同而有所差异。具体每个维度的内容如表 9 - 9 所示。

表 9 - 9　　　　　　　　　　　　　　NASA-TLX 的维度及其内容

维度	两极	内容
脑力要求	低/高	需要多少脑力和知觉活动（比如思维、决策、计算、注视、搜索）？任务容易还是困难？简单还是复杂？紧张还是宽裕？
体力要求	低/高	需要多少推、拉、转动等体力活动？容易还是困难？缓慢还是快捷？舒适还是劳累？
时间要求	低/高	速度或频率给你造成的时间压力有多大？是悠闲的还是快速的？
努力程度	低/高	为了达到绩效水平，需要做多大努力（包括心理和生理上）？
绩效水平	好/差	你认为自己在达成规定目标方面做得如何？对自己的成绩满意程度如何？
受挫程度	低/高	在完成任务过程中有过多大的动摇、烦恼、紧张和气馁？感到多大满足、充实和轻松？

NASA-TLX 用一条分为 20 等分的直线表示，受测者在直线上与其实际水平相符处标一记号，然后根据六个维度相对于总负荷的权重计算总负荷得分。

国内有研究者（肖元梅等，2010）对 NASA-TLX 的信度和效度进行了检验，结果表明该量表在我国使用具有较好的信度和效度。

（三）针对网站的用户体验评估量表

针对网站的用户体验评估量表更有针对性，主要用于评估网站可用性感知。

1. WAMMI（网站分析和测量调查表）

全称 Website Analysis and Measurement Inventory，其评估在线进行，由 SUMI 发展而来。

WAMMI 包括 20 道题目，均采用 5 点里克特计分方式。和 SUS 一样，其题目有正反向之分，包括 5 个部分：吸引力（attractiveness）、控制能力（controllability）、效率（efficiency）、辅助性（helpfulness）、易学性（learnability）。另外，再加上一个总体可用性分数。与 SUMI 相似，标准化的 WAMMI 总分也是 100。该工具对教育用途是免费的，但商业用途需要收费。其优势是可以将一组结果与一个 WAMMI 数据库进行比较。

2. SUPR-Q（标准化的用户体验百分等级问卷）

全称 Standardized User Experience Percentile Rank Questionnaire，是一个等级量表，用于测量用户对网站可用性（usability）、信誉/信任度（trust & credibility）、外观（appearance）和忠诚度（loyalty）的看法。与 WAMMI 一样，SUPR-Q 提供了以百分比表示的相对排名。除了可以进行全球范围的评分比较，SUPR-Q 的数据库还可以将其评分与最多 10 个其他网站或行业进行比较。

SUPR-Q 第 2 版有 8 道题目：7 道采用 5 点同意程度计分方式，1 道采用 11 点推荐可能性计分方式（同 NPS）。SUPR-Q 总分计算方式是前 7 道题目得分的总和加上第 8 道题目分数的一半。SUPR-Q 原始分的区间为 7～45，但可以转化为百分等级分数进行判断。例如，SUPR-Q 的百分等级分数为 75 意味着该网站的总体评分高于 SUPR-Q 数据库中 75% 的网站。

（四）针对游戏体验的评估量表

1. 电脑游戏娱乐体验问卷

Feng 等（2008）编制了第一份经过信效度验证的电脑游戏娱乐体验问卷，该问卷主要是基于 Nabi 和 Krcmar（2004）的媒体娱乐三角理论（tripartite model of media enjoyment）。该问卷包括三个维度：情绪（affect）、认知（cognition）、行为（behavior）。情绪维度主要包括积极情绪和消极情绪，当然恐惧、伤心、焦虑等特定的情绪也都包含在内；认知维度主要包括游戏角色行为判断、对游戏故事情节的评价态度等；行为维度主要包括游戏玩家在游戏活动过程中对游戏的看法或者潜在看法的外部行为表现。

2. 游戏体验问卷

Poels 等（2007）在之前研究的基础之上，编制了游戏体验问卷（Game Experience Questionnaire）。这个问卷包括七个维度，即知觉和想象上的沉浸感（sensory and imaginative immersion）、紧张感（tension）、胜任力（competence）、心流体验（flow）、负性情感（negative affect）、正性情感（positive affect）、挑战感（challenge），共 42 道题目。但是该问卷主要针对单机游戏，而且不包括冲动性情绪体验（sense of impulsiveness）。

3. 手机游戏用户体验评价量表

国内也有研究者基于心流理论和游戏平台的固有特性，设计开发了适用于手机游戏的用户体验评价量表。该量表包括 22 道题目，分为 6 个维度，具体如表 9-10 所示（郭伏等，2013）。

表 9 - 10	手机游戏用户体验评价量表的维度
维度	题项及描述
反馈	1. 当做出操作时，我能够及时接收到游戏的反馈。
	2. 我能够接收到在游戏中任务成功与否的及时反馈。
	3. 我能够及时接收到在游戏中获得奖励的反馈。
沉浸	4. 游戏具有吸引力。
	5. 我的情感能够随着游戏情节的改变而变化。
	6. 在玩游戏时，我暂时忘记了烦恼。
	7. 在玩游戏时，我感觉不到时间的流逝。
挑战	8. 游戏提供在线帮助（如文本、视频或者音频提示等）来帮助我完成挑战。
	9. 通过不断完成挑战，我的技术和对游戏的理解逐渐提高。
	10. 我受到了自身技术提升的鼓舞。
社交	11. 游戏支持玩家之间的竞争。
	12. 游戏支持玩家之间的合作。
	13. 在游戏过程中我能够与其他玩家进行互动与交流。
	14. 游戏提供的排行榜能够清楚地反映我的游戏水平。
移动	15. 游戏界面简洁。
	16. 游戏操作简单、易理解。
	17. 我能够在不同状态下（行走、站立、坐姿等）进行游戏。
	18. 我能够在不同环境下（噪声、照明灯）进行游戏。
控制	19. 我能够自主控制游戏进程，可随时开始、暂停及保存游戏。
	20. 游戏中我能够自由使用策略。
	21. 通过操控游戏中的角色，我能够实现自己的意图。
	22. 当运行出现故障时，我能够使游戏迅速恢复到故障前的状态。

基本概念

　　用户体验测评，形成性测评，启发式评估，认知走查，快速迭代测试评估，总结性测评，眼动跟踪测评，合意性测试，远程测试，现场试验，基于大数据分析的测评，用户体验测评指标体系，绩效指标，自我报告指标，生理指标，可用性问题指标，大数据分析指标，用户体验测评指标体系构建流程，用户调查，用户测试，网络数据分析，用户体验测评工具，用户体验测评的设备工具，可用性测评工具，移动设备测评工具，用户视线分析工具，针对网站用户体验测评的在线工具，用户体验测评的量表工具

本章要点

　　1. 用户体验测评是以用户为中心设计（UCD）方法中所有用户体验测试和评估方法的一个总称，包括可用性测试、启发式评估等多种方法。

2. 用户体验测评和其他测评不同的地方在于：用户体验测评揭示的是用户的体验，测量的内容大多与人及其行为或态度有关。

3. 用户体验测评的价值主要在于发现当前可用性问题、测评新旧版本差异、为商业决策提供依据，以及用于计算投资回报率。

4. 按照的产品开发阶段的不同，用户体验测评可划分成形成性测评和总结性测评。

5. 形成性测评也叫探索性测评，是对低保真原型的测评，主要包括启发式评估、认知走查、快速迭代测试评估等方法。

6. 总结性测评也叫验证性测评，是对高保真原型或实际的最终产品进行的测评，主要包括眼动跟踪测评、合意性测试、远程测试、现场试验、基于大数据分析的测评、实验室可用性测试等方法。

7. 用户体验测评指标分为绩效指标、自我报告指标、生理指标、可用性问题指标以及大数据分析指标等五个大类。

8. 绩效指标包括针对任务完成有效性的指标（如任务完成率等）以及针对任务完成效率的指标（如任务完成总操作时间等）。

9. 自我报告指标的获取一般在用户体验测评的两个时间点进行，即每个任务刚结束时以及整个测试过程结束时。根据测评目的的不同，自我报告指标的选择较为灵活，具体形式可以采用自编问卷或者成熟的测评量表。

10. 生理指标最大的优势在于其能针对用户使用产品或服务时的情绪和心理状态提供很有价值的信息，而且这类信息往往具有直接性和自然性的特点，比如面部表情指标、眼动指标等。

11. 可用性问题指标是一种定性的用户体验测评指标，主要反映用户任务完成过程中遇到的问题及背后可能的原因。

12. 大数据方法可以帮助设计师不需要开展用户测试或调研，就能获得大量真实的用户行为数据。基于大数据分析，可以非常有效地衡量用户的操作过程特征，从而分析和判断网络产品的用户体验水平。

13. 构建用户体验测评指标体系的流程主要包括用户需求分析、桌面资料分析、确立指标及权重、确立各指标数据来源及测试方法、确定指标分数整合方法等。

14. 用户需求分析主要是收集用户使用产品过程中有哪些典型的使用场景、需求等信息，研究者再对这些信息进行梳理。这些信息的收集渠道主要有四个：内部访谈、对用户进行研究、参考市场研究数据、利用用户的使用数据及反馈等。

15. 一般可以采用层次分析法、灰色关联分析法和熵权法等对用户体验测评指标的权重进行定量分配。

16. 用户体验测评数据的来源从大的方面可以分为三类：用户调查、用户测试以及网络数据分析。

17. 用户体验测评指标分数的整合可以通过根据百分比合并或根据 z 分数合并方法来完成。

18. 根据测评工具的物理属性，用户体验测评工具分为三个大类：用户体验测评的设备工具、针对网站用户体验测评的在线工具和用户体验测评的量表工具。

19. 用户体验测评设备主要包括硬件和软件设备，比如可用性测评工具、移动设备测评工具、用户视线分析工具、用户面部表情分析系统、微动作记录设备、用户生理状态记录设备等。

20. 一些在线网站用户测试工具可以帮助设计师看到用户如何与网站进行交互，从而针对设计问题进行必要的改进，比如 A/B 测试工具、用户偏好实时测试工具、页面点击分析工具、网站可用性测试平台等。

21. 用户体验测评的常用量表工具主要分为四类：针对产品或系统整体的用户体验评估量表、针对单个任务的用户体验评估量表、针对网站的用户体验评估量表和针对游戏体验的评估量表。

复习思考题

1. 什么是用户体验测评？
2. 用户体验测评中有哪些常用的绩效指标？
3. 如何构建某个产品的用户体验测评指标体系？

拓展学习

塔丽斯，艾伯特．用户体验度量：收集、分析与呈现．2 版．北京：电子工业出版社，2016.

巴克斯特，卡里奇，凯恩．用户至上：用户研究方法与实践．2 版．北京：机械工业出版社，2017.

古德曼，库涅夫斯基，莫德．洞察用户体验：方法与实践．2 版．北京：清华大学出版社，2015.

李宏汀，王笃明，葛列众．产品可用性研究方法．上海：复旦大学出版社，2013.

邵罗，路易斯．用户体验度量：量化用户体验的统计学方法．2 版．北京：机械工业出版社，2018.

鲁宾，切斯尼尔．可用性测试手册．2 版．北京：人民邮电出版社，2017.

中国用户体验专业协会．2019 年用户体验工具调查报告．（2019 - 12 - 04）．https：//www. uxtools. cc/blog/2019report.

BONNIE E. How to use the Google HEART framework to measure and improve your App's UX. （2020 - 01 - 14）．https：//clevertap. com/blog/google-heart-framework/.

NOLDUS. Human factors research with Noldus tools. https：//www. noldus. com/applications/human-factors-ergonomics.

Software Usability Measurement Inventory（SUMI）．http：//sumi. uxp. ie/index. html.

Computer System Usability Questionnaire（CSUQ）．https：//www. isislab. it/delmal/MTAP/Questionnaires/CSUQ. pdf.

第十章

用户体验测评方法

教学目标

- 掌握可用性测试方法的流程。
- 掌握启发式评估方法的流程。
- 掌握 A/B 测试方法的流程。
- 学会区分可用性测试、启发式评估和 A/B 测试这三种方法的应用范围及特点。

学习重点

- 第一节重点：掌握可用性测试方法的操作流程，包括测试前准备工作、测试执行、测试数据分析以及测试报告撰写，了解该方法的特点及应用范围。
- 第二节重点：掌握启发式评估方法的操作流程，包括准备阶段、执行阶段和数据分析阶段，了解该方法的特点及应用范围。
- 第三节重点：掌握 A/B 测试方法的操作流程，了解该方法的特点和应用范围。

开脑思考

- 公司刚上线了一款新的 App，想知道界面和交互设计对用户来说是否足够友好，你该如何开展一次可用性测试？
- 当前领导需要快速得到一个产品的用户体验测评报告，时间很紧，来不及招募用户进行测试，你有什么办法吗？
- 某天你所在的团队围绕到底本次用户体验测评选择什么测评方法产生了争论，你会如何分析和表达你的观点呢？

在第一章，我们提到产品可用性研究或者说用户体验研究主要包括用户研究和产品研究两个大类。用户体验测评属于产品研究。在第九章，我们按照产品开发的不同阶段，把用户体验测评划分成形成性测评和总结性测评两个部分，并对用户体验测评的基本概念、指标和工具做了梳理。这一章将重点介绍用户体验测评实践中应用较为广泛的三种方法：可用性测试、启发式评估以及基于用户网络行为数据开展的 A/B 测试。

第一节　可用性测试方法

一、可用性测试方法简介

（一）方法起源

"可用性测试"第一次出现是在 1981 年。施乐公司下属的帕罗奥多研究中心 Xerox Star（施乐三星）工作站在产品开发过程中首次使用了可用性测试。1984 年，美国财务软件公司 Intuit 在其个人财务管理软件 Quicken 的开发过程中也引入了可用性测试的环节。经过了二十多年的发展和应用，可用性测试已经是产品开发必不可少的环节，并被广泛应用到用户体验研究的各个领域。

可用性测试有狭义和广义之分。狭义的可用性测试指的是通过较为严格的测试设计，选择适当的测评指标，招募目标被测试者，通过完成一定的典型操作任务，发现产品中存在的作业效率与满意度等相关问题，从而来定量或定性地评估产品的可用性水平。广义的可用性测试则是指通过招募用户作为被测试者，记录其使用产品的过程和反馈，来优化和改善产品设计的方法，也称为用户测试。广义的可用性测试根据测试的目的、开发阶段、测试指标以及测试场所等分类维度可以分为许多不同的方式。例如，在开发流程的早期针对低保真设计原型，以发现可用性问题为目的、以定性指标为主的可用性测试（见第九章第一节中的形成性测评方法"快速迭代测试评估"）。再比如，在第九章第一节总结性测评方法中所提到的"眼动跟踪测评"和"远程测试"，就是在开发后期，针对高保真设计原型采用不同测试指标，或者测试者与被测试者不在同一时空下的两种可用性测试方式。目前，可用性测试已经成为用户体验研究中最常用的方法之一。以下部分主要针对狭义的可用性测试（比如，产品开发后期的面对面测试）来介绍其方法特点、流程和应用实例。

（二）方法特点

作为在实践中应用最为广泛的用户体验测评手段，可用性测试在以下方面具有自身的方法特点。

1. 测试环境

由于可用性测试一般是通过被测试者操作产品的主客观绩效指标来评价产品设计的可用性水平，为了保证结果准确性，必须避免无关因素的影响，如环境因素（照明、噪声）。因此，可用性测试的环境往往得相对严格些，以保证研究的信度和效度。另外，有些客观绩效指标的记录和观察要依赖专门的实验测试设备才能完成，比如想要被测试者浏览网站时的眼动轨迹，就要使用眼动仪，所以在可用性实验室或者是临时搭建的实验室中进行可用性测试更为恰当。

2. 测试流程

可用性测试的各个步骤都有较大的联系，在真正执行测试时，必须制定一个详细的测试方案，包括测试的材料、影响测试的干扰因素等。在可用性测试中，研究者必须考虑到实施过程可能会出现的意外情况，并想出应对的策略，保证测试能够顺利进行下去。

3. 测试结果分析方法

对于定量化的可用性测试来说，往往会通过实验和问卷的方式来收集量化的数据资料，因此，在后期可以通过科学的统计分析方法，如平均数差异检验、相关分析、非参数检验等来对结果进行解释和分析，这也要求测试人员具有一定的统计学基础。

此外，可用性测试更多属于定量分析，而认知走查、启发式评估更多属于定性分析。定量评估对被测试者的测定过程是比较合理和科学的，与定性评估相比，定量评估能够避免评估过程中的个人主观性。因此，可以通过对数据的统计分析，做出更为客观和准确的结论，为产品的设计或改进提供更有效的建议。

同时，可用性测试虽有其独特的优势，但也存在着不足之处，其中最多的问题是测试环境与实际使用环境的差异。为了控制影响测试的无关因素（例如，噪声），可用性测试往往在专门的实验室中进行。这种环境通常都带有一定的人为性，因此，如何合理地把实验室得出的结论应用于实践是值得注意的问题。另外，可用性测试大多需要招募目标用户来参加，同时还有一定的仪器设备要求，这给测试时间周期、经费预算等方面都带来了一定的挑战。

（三）应用范围

基于自身的特点，可用性测试可应用在以下几个方面。

1. 通过效率指标对产品的可用性水平进行比较或者筛选高效的产品

虽然启发式评估、认知走查也能发现产品的可用性问题，但是这些方法都无法回答ISO可用性定义中的"高效性"问题。而在可用性测试中，被测试者完成典型任务的操作指标，比如完成时间、正确率等才能反映出完成任务的高效性水平。

2. 基于可用性测试的结果累积对某些产品的可用性水平进行横向与纵向的比较

对于公司来说，需要了解自己产品的可用性水平处于市场中的哪个位置，以及产品的最新版本与历史版本在设计上是否有进步。因此，公司内部的工作人员能够通过一段时间的可用性测试的数据累积，来了解以上两个方面的情况。

3. 指导设计者设计产品

可用性测试作为一种迭代进行的测评方法，在产品开发的各个过程中，都可能发现可用性问题，从而根据测试收集到的数据提出改进产品设计的优化建议。

二、可用性测试流程

科学规范的可用性测试要求严格按照科学的测试流程进行。可用性测试流程分为测试前准备、测试执行、测试数据分析、测试报告撰写等几个部分，下面是对各部分内容的一些介绍。

（一）测试前准备

1. 确定测试方案

测试的方案涉及测试时长和时间、测试地点、测试实施人员、被测试者要求以及测试任务等。

（1）测试时长和时间

如果可能，测试的时间最好安排在上午，此时人们的精力较旺盛。倘若安排在工作日晚上，由于工作一天后被测试者已经很疲惫了，很可能会影响测试的结果。另外，测试的时长（包括前期准备）最好不要超过 90 分钟，因为测试时间太长，被测试者容易产生疲倦感和厌烦感，对测试失去兴趣和积极性，这同样也会影响最终的实验结果。

（2）测试地点

测试地点一般来说需要具备舒适性、私密性、无打扰等特点，可以利用现有的工作场所，也可以租用外部测试场所进行测试。

测试实验室一般需要具备的设备包括：

- 装有网络摄像头的笔记本电脑。
- 截屏或录屏软件。
- 用于记录参与者行为的摄像机及三脚架。
- 用于做记录的笔记本电脑。
- 外置麦克风。

（3）测试实施人员

完成一个可用性测试，一般至少需要两名测试实施人员：一名负责让被测试者完成任务，另外一名负责观察被测试者的行为并做必要的现场记录。有时还需要配备一位专门负责记录设备维护和被测试者接待的外围人员。

（4）被测试者要求

在招募被测试者前，需要先确定对被测试者的要求，具体包括：

- 被测试者要与测试产品的目标用户相匹配。
- 考虑被测试者的人口统计学特征：年龄、性别、受教育水平、产品使用经验、工作类型等。
- 确定被测试者的人数。

应当避免招募以下两类被测试者：一是半年内参加过同类测试的人。之前参与测试的经历很可能会影响被测试者的行为和认知，造成本次测试结果产生偏差。二是与被测试产品功能密切相关的从业者。毕竟产品的目标用户是普通人，被测试者如果是一名用户体验研究人员或者是交互设计人员，就很难站在普通用户的视角来完成测试。

在被测试者数量上，应根据测试的目的来定。如果是为了发现产品中的可用性问题，按照可用性专家 Jakob Nielsen（2000）的建议，在产品的每个用户群中招募 5 名被测试者即可发现大多数（约 85%）可用性问题。但如果是为了比较不同产品的可用性水平，建议参照抽取大样本的惯例，以不少于 30 名被测试者为宜。

（5）测试任务

测试任务是指在可用性测试中需要被测试者使用产品来完成的操作任务。不同于一般的行为研究，可用性测试中的测试任务的一个重要特点是需要设定一个操作场景，其目的是尽量给被测试者创造出一个贴近现实生活的环境，以观察被测试者的真实使用体验。比如，测试一个打印机产品，其测试任务不能直接写成"请在电脑上使用 Word 软件打印出一份文稿"，而应该使用类似下面这样的指导语："现在是早上 9 点，您刚刚到达办公室，发现今天会议需要用到的一份分析报告还没有打印。此时，您只有最多 3 分钟时间完成这个文档的打印。请您开始这个打印操作。"

创建场景时要注意以下五个重要原则：

- 提供符合现实生活的场景。
- 按照顺序安排任务场景。
- 任务场景应跟被测试者的实际经验吻合。
- 避免给予被测试者暗示性的话语。
- 每个场景中应安排足够的任务量。

另外对于具体的测试任务要注意以下几点：

- 任务应是有意义的，并按照一定的逻辑顺序呈现给被测试者。特别是要规定清楚每个任务的完成时间，不能让被测试者把时间都花在同一个任务上。负责监督被测试者完成任务的测试者应密切留意这一点。
- 每一张小纸条注明一个任务。任务的指令应该明确，但不能出现如何完成任务的提示语。
- 在创建测试任务时，任务的内容应包含该产品的核心功能，即围绕核心功能设计测试任务，以此测试该产品的可用性。

2. 准备测试材料

在预测试开始时，应充分准备好测试材料，用于与被测试者沟通，采集数据。测试材料的内容应包括：

- 测试者指南。测试者在一场测试中扮演着重要的角色，因此在测试前应准备一份测试者指南，相当于建议表，告诉测试者在观察期间应该做什么、不应该做些什么，更重要的是应该记录些什么信息。

- 知情书。这是给被测试者阅读的。它会告诉被测试者即将要发生什么，强调真正测试的不是被测试者本人而是产品，试图让被测试者放松。
- 记录授权。让被测试者签署记录授权的目的是可以通过录像、拍照、录音等方式，记录被测试者在可用性测试中的表现。
- 测试样品。
- 测试场景与任务。以书面的形式整理。
- 测试后问卷。用于了解被测试者的主观感受。

对于任务场景的呈现，有两种方式可选择：第一种是以书面的方式发给被测试者自行阅读，第二种是向被测试者朗读出来。

3. 招募被测试者

在确定了测试方案并准备好测试材料之后，接下来就需要招募被测试者。招募被测试者常用的方法有两种：

- 发放简要的招募信息，留下联系方式，让有意参加测试者主动联系。
- 根据被测试者招募标准中的要求，编制招募问卷并投放到网络上。有意参加测试者在问卷中留下个人信息，等待联系。

这两种方法的共同点在于：都要先写清楚一些基本的招募信息，包括测试目的、形式、时间、时长、地点和奖励。

另外，无论采用什么招募方法，都有可能遇到被测试者事先答应参加测试，但在测试当日没有出现的情况。对此，可采取以下几个简单的策略。

- 提供联系方式。一般测试者会在测试前1～2周开始招募被测试者，当确定了哪些人是我们的被测试者时，应该将联系人的联系方式给被测试者，告诉被测试者他们如果有重要的事情无法参加测试，应告知联系人。
- 提醒被测试者。在正式开始的前一天以及当天，应联系并提醒他们。
- 多招募被测试者。即使测试者留下了联系人的联系方式，也提醒了他们，仍然会有被测试者缺席，面对这种情况，测试者得多招些被测试者，避免被测试者人数不足，对测试结果造成不良的影响。

4. 预测试

在进入正式测试前，测试者应进行一次预测试。预测试的目的是让测试者对测试需要多长时间有个准确的估计，并了解测试过程中会遇到哪些让被测试者产生疑惑的地方。为此，测试者可以找两个被测试者进行预测试。测试者也可以找亲近的人、与被测试者背景相似的人，请他们帮忙做预测试。预测试是正式测试时的一个预演，能帮助测试者了解正式测试的更多细节，同时也可以发现没有考虑到的情况，尽量减少在正式测试时出现的不愉快情绪或者不可预知的问题。

（二）测试执行

可用性测试的执行有以下几个步骤。

1. 介绍

测试者的行为会直接或间接影响被测试者的情绪，从而对测试的结果产生影响。测试者应在门口迎接被测试者，用友好且礼貌的态度对待被测试者，与被测试者初步建立起和谐的氛围。接着，测试者介绍测试的相关事项，包括：

- 介绍在场的测试者，以便被测试者有疑惑时可以询问。
- 解释测试的目的和时长。
- 强调测试的对象是产品，而非被测试者本人。
- 告知测试会录像，但结果完全保密。
- 告知被测试者需要用到的测试材料。
- 询问被测试者对本次测试过程或任务存在的疑惑。

测试者还得让被测试者签署知情书，包括保密协议和被测试者在了解测试意图的前提下同意参加测试。

2. 正式测试前的访谈

访谈的目的是了解被测试者的个人情况，包括：

- 被测试者的职业。
- 被测试者的日常生活状况，比如每天上网时长及网龄。
- 被测试者的产品使用情况，比如对于网络游戏的测试，需要了解被测试者玩该款游戏的频次、时长、熟练程度等。

3. 被测试者执行任务

正式执行可用性测试时需注意以下几点：

- 把写好的任务分发给被测试者并让他们大声读出来。
- 可以在每个任务下方写上："完成任务时说出来，并回到原始页面。"因为有时被测试者并不确定他们已经完成了任务，会接着做下去，或者本来没有完成任务却以为自己完成了。写上这样的描述，可以避免以上这两种情况的发生。确保被测试者完成上一项任务之后，再让其继续执行。
- 测试者要注意自己的声音以及肢体语言的影响。测试者对被测试者的反应，无论是言语上的还是肢体上的，都容易无意影响到被测试者。
- 把每一个被测试者都作为个体对待。虽然理智上清楚每一个个体都是独特的，但是人很容易受到上一个被测试者表现的影响。在开始每一个新的测试前，把上一个测试的记忆"清空"。不管之前的被测试者表现如何，测试者都应该只收集记录行为而不做过多解读。
- 尽量减少与被测试者的交流，不得已要与被测试者交流时，应采用中立的态度，避免给予被测试者过多的暗示。举个倾向性问题的例子："大部分人很容易找到这个功能，你呢？"而中立一点的措辞是："这个功能是好用还是难用？"测试者的措辞会影响被测试者的操作，因此要保持中立的态度。
- 如果测试的目的主要是希望发现可用性问题，不需要进行定量化的绩效比较，可以鼓励被测试者在操作时进行"发声思考",即让被测试者边操作边把思考过程大声说出来。让被测试者"发声思考"主要是为了了解他们在执行任务时如何思考。但需要注意的是,从实践来看,由于每个人的表达能力等不同,发声思考方法并非对每个被测试者都合适。

- 控制好每个任务的测试时长,但不能告诉被测试者有时间限制,因为这会对被测试者造成一定的心理压力,不能以放松的心态执行任务。
- 记录执行任务时遇到的问题。
- 可能会出现被测试者无法完成一些任务的情况,对此,测试者应根据测试任务的目的决定是否让被测试者继续完成部分任务还是终止任务的执行。
- 观察被测试者的行为时,很难将所有情况如实记录下来。为此,可以借助摄像机、录屏软件等相关的工具进行记录。

4. 填写问卷

完成可用性测试后,经常会通过一组封闭式问卷来让被测试者对产品进行等级评估。封闭式问卷既可以是测试者根据产品测试目的自主编制的,也可以是标准化的测评问卷,如系统可用性量表(SUS)、用户交互界面满意度问卷(QUIS)、软件可用性测试调查表(SUMI)等。

为避免对被测试者的产品真实体验产生干扰,填写问卷的时间通常安排在被测试者完成测试任务后(问卷实施的详细方法也可以参见本书第三章的相关内容)。

5. 测试结束后的访谈

在可用性测试结束后,开展被测试者访谈是一项非常重要而且有效的步骤。访谈的内容通常可以包括以下几个方面:

- 针对被测试者测试过程中的一些关键事件,如出错、犹豫等与被测试者进行原因讨论。这是帮助测试者了解被测试者的使用体验,以及发现产品存在的可用性问题以及可能的解决方案的重要来源。
- 与被测试者了解的相似产品进行比较,比如被测试者用过的竞争性产品是什么,在使用过程中有什么好的或不好的体验经历,等等。
- 围绕产品使用体验与被测试者进行自由式问答,包括被测试者对产品感兴趣的相关问题。
- 其他研发人员或者利益相关者想了解的信息,也可以通过直接与被测试者进行交流来获取。

6. 感谢被测试者并给予报酬

测试结束后需要对被测试者的参与表示感谢,并提供一定的报酬,最后送别被测试者。

(三) 测试数据分析

可用性测试完成后,接下来就需要对测试获得的各类数据进行仔细梳理和分析。数据分析的具体流程和指标可根据测试目的灵活确定(可以参照第九章提到的用户体验测评指标），以下仅给出较为常用的一些测试数据分析方法。

1. 参照可用性定义的三个方面，明确可以反映可用性水平的测试指标

（1）有效性方面

比如，至少可以分析以下两种与有效性相关的指标：

- 完成测试的被测试者比例。这个统计量纳入所有完成测试的被测试者，不管是独立完成的，还是在帮助下完成的。
- 独立完成测试的被测试者比例。这个指标不纳入在测试者帮助下完成任务的被测试者，仅仅指独立完成任务的被测试者比例。

（2）效率方面

效率方面最常用的指标就是任务完成时间，可以通过计算其平均数、中位数、数值范围和标准差等统计量来反映任务完成效率，具体如下：

- 完成任务的平均时间。对于每一个任务，可以计算所有被测试者完成任务的平均时间，来粗略反映被测试者完成任务的整体效率。
- 完成任务时间的中位数。把所有被测试者完成任务的时间，按照升序排列，处于中间位置的被测试者完成任务的时间即为中位数。相对于完成任务的平均时间，这个统计量可以较好地避免个别极端数据的影响。
- 完成任务时间的数值范围。这个统计量是指完成任务的最长和最短时间范围，能够在一定程度上反映被测试者在完成任务时间上差异的大小。当范围很大时，后续需要去分析其背后的原因，比如：是不是完成任务时间最长的被测试者对任务理解出现了偏差？
- 完成时间的标准差。与数值范围类似，这个统计量也可表明不同被测试者在同一任务或者同一被测试者在不同任务上完成时间的差异大小。当标准差数值较大时，同样需要分析其背后可能的原因是什么，比如：是不是因为被测试者间的个人经验不同？

（3）满意度方面

满意度主要通过问卷填写获得。许多标准化的问卷或量表，如情景后问卷（ASQ）、研究后系统可用性问卷（PSSUQ）、系统可用性量表（SUS）、用户交互界面满意度问卷（QUIS）、软件可用性测试调查表（SUMI）等，都可以通过对问卷结构中的各个维度进行单独汇总评分（比如 SUMI 可以分为效率、情感、辅助性、可控性和易学性五个维度），也可以对问卷总体分数进行汇总。

2. 根据获得的数据类型，确定可以使用的统计分析方法

在统计上，不管是有效性指标，还是效率指标、满意度指标，所有获得的数据基本可以分为四种类型：称名数据、顺序数据、等距数据和等比数据。确定各个指标的数据属于这其中的哪一类十分重要，因为这决定了可以采用何种统计方法进行统计分析。

（1）称名数据

称名数据是用数字来代表事物或对事物进行分类，其特点是没有量值、单位和绝对零点，不能作常用的量化分析。称名数据适用于当信息更多具有质的特征而不是量的特征时。

比如在问卷调查中，"您的性别？［1］男［2］女"中的"1"和"2"就没有特定的含义，不具有数字的意义，只是用"1"代表男性，用"2"代表女性。

（2）顺序数据

顺序数据是按照事物的大小、等级或程度而排列数字的数据。数字只表示等级、大小或程度的顺序。其特点是有量值，无等距和绝对零点，既不表示事物特征的真正数量，也不表示绝对的数值，不能进行代数运算。在用户体验领域，最常见的顺序数据是来自问卷的自我报告数据，比如将网站评定为"非常好""很好""一般"等。

（3）等距数据

在等距数据中，数字距离可以代表所测量的变量相等的数量差值。等距数据中相邻数值之间的差距是相等的，1 和 2 之间的差距就等于 2 和 3 之间的差距，也等于 5 和 6 之间的差距。等距数据没有绝对零点，只有相对零点，因此对等距数据可进行加减运算，不能进行乘除运算，它们之间不存在倍数关系。有关等距量表最典型的实际例子就是温度计。在可用性研究中使用量表或问卷收集数据时，所得的数据大多数为等距数据，比如：

我觉得（产品名称）用起来很麻烦。

非常不同意　不同意　中立　同意　非常同意

（4）等比数据

等比数据具有称名数据、顺序数据、等距数据的一切特性。等比数据不但能代表事物的类别、等级，还有绝对零点。在日常生活中，身高、体重值是常见的等比数据。

表 10—1 是针对不同类型数据可以采用的统计方法汇总。

表 10-1　　　　　　　　　不同类型数据可采用的统计方法汇总

数据类型	统计方法
称名数据	频率分析、列联表分析、卡方检验
顺序数据	频率分析、列联表分析、卡方检验、Wilcoxon 秩和检验、Spearman 等级相关分析
等距数据	所有描述统计、t 检验、方差分析、相关分析、回归分析
等比数据	所有描述统计（包括几何平均数）、t 检验、方差分析、相关分析、回归分析

（来源：塔丽斯，艾伯特，2016）

（四）测试报告撰写

在对可用性测试的数据进行分析后，最终的成果需要以可用性测试报告的形式呈现。正式的可用性测试报告主要有两种类型：一种用于公司内部人员交流，主要是用于对产品进行有针对性的改良，提高产品的可用性水平；另一种用于学术发表，主要是对新技术、新产品或新设计进行理论分析。这两种类型报告的目的不同，在形式上也有较大的差异。

1. 用于公司内部交流的可用性测试报告

一般来说，在公司汇报测试成果主要有两种形式：一种是 Word 文档形式，另一种是幻灯片形式，如 PowerPoint 或 Keynote 形式。不同的形式各有其特点：Word 文档形式适合详细展示测试过程细节，而幻灯片形式更有利于快速高效地交流重要的测试信息。

但不管采用的是哪种形式，在撰写可用性测试报告前，都应该考虑好以下几个问题：这份报告的目标受众是谁？目标受众的目标是什么？目标受众想要了解什么信息？目标受众需要知道什么信息？目标受众对这份报告有什么期望？了解这些内容有助于汇总测试结果，提高报告的价值。

（1）Word 文档形式报告

该形式的报告包括以下内容（见表 10 - 2）。

表 10 - 2　　　　　　　　　　　　　可用性报告框架组成

结构	内容
标题页	测试产品版本和名称
	测试时间和执行者
	相关负责人的联系方式
测试执行概要	测试总结
	产品描述
	方法概述
	结果（以平均数呈现）
测试背景	完整的产品描述
	测试对象描述
测试方法	被测试者信息
	测试中产品的使用环境（包括测试任务和设备）
	测试管理工具
测试流程	程序
	给予被测试者的测试概要说明
	被测试者任务说明
	可用性参数
测试结果	数据分析
	结果表示（包括行为结果和满意度结果）
附录	测试中使用的资料

标题页　简要地介绍测试产品版本和名称、测试时间和执行者、相关负责人的联系方式等。标题页的描述应尽可能简洁明了，能让公司内部其他的工作人员知道本次测试的大致情况。

测试执行概要　这部分内容可以帮助受众快速掌握本次测试的核心内容。产品利益方不需要了解测试细节就能获得他们感兴趣的信息。

在测试执行概要中，一般需要介绍本次测试使用的方法。如果方法不是常用的，需要简单介绍该方法的特点以及为什么要使用该方法、产品的简要信息、测试的简要流程、测试的主要结果和发现等。

测试背景　该部分包括：完整的产品描述，比如该产品的功能、市场定位等；测试对象描述，即执行这项测试的测试者情况，包括其测试的经验和年龄等相关信息。

测试方法 介绍被测试者的信息，包括被测试者的特征和个人背景情况，以及被测试者是如何被招募到的；测试中产品的使用环境，包括测试任务和设备，要一一列举采用了哪些任务和设备，并简要描述这些任务和设备以及使用它们的目的。

测验流程 详细地介绍测试的实际操作步骤、测试过程的注意事项、被测试者在测试时执行了什么任务、被测试者的任务说明等。

测试结果 介绍本次可用性测试的结果，包括行为结果和满意度结果；对发现的可用性问题提出相应的改进建议。

附录 如果在测试中使用了一些资料，则需要在附录中呈现。

（2）幻灯片形式报告

幻灯片形式报告的主要特点是可以利用灵活的排版、丰富的多媒体内容，简洁生动地给受众展现可用性测试的概况、方法、结果、建议等几个部分。

幻灯片形式的报告应多采用图表和视频等直观生动的表现方式。

2. 用于学术发表的可用性测试报告

如前所述，撰写用于学术发表的可用性测试报告和用于公司内部交流的报告有较大差异。前者主要是围绕与被测试者体验相关的新技术、新产品或新设计开展实验研究，很多时候是采用 A/B 测试等多种类型的横向比较测试，然后根据测试数据进行统计分析，从而提出某种新见解、新观点，并能够激发其他研究者开展更为深入的研究。比如 VR（虚拟现实）眼镜发布以后，研究者可能会挑选市面上不同类型或品牌（如 HTC 或 Oculus）的产品进行可用性测试，从而提炼出 VR 眼镜用户体验设计中需要注意的关键问题。

在报告格式上，两者也有较大的差别，用于学术发表的可用性测试报告要更严格些。目前来说，工程心理学领域的可用性研究论文均采用美国心理学会（APA）的写作格式，即 APA 格式。在这里，不再展开介绍，有兴趣的读者可以参阅相关书籍（例如中国心理学会主编，2016）。

三、可用性测试实例——汽车人机交互界面可用性测试

（一）测试目的

通过对三款配置有典型交互界面的车型进行实车的可用性测试，分析和比较不同汽车人机交互界面设计带给驾驶者的操作体验差异。

（二）测试方法

1. 测评指标构建

通过文献资料的分析，将至少在两篇以上文献中出现的维度进行了提取和梳理，最终归纳出汽车人机交互界面测评的指标（如表 10-3 所示）。

表 10 - 3 汽车人机交互界面测评的关键指标

可用性	测试维度	关键指标
效率		操作清晰，能提供有效的反馈，被测试者能顺利完成操作
效用	操作难易度	操作的准确性高，产生错误也能更正并完成任务
易学性		学习成本低，能很快上手使用
可记忆性		操作简单，没有复杂的操作步骤
舒适性	操作负荷	操作舒适，不会造成压力和疲劳
满意度	满意度	感知系统有用，被测试者喜欢界面的设计
安全性	驾驶安全性	系统操作的安全性好，不影响驾驶状态

通过分析影响汽车人机交互界面用户体验的相关因素，构建了如图 10 - 1 所示的汽车人机交互界面用户体验评价体系。

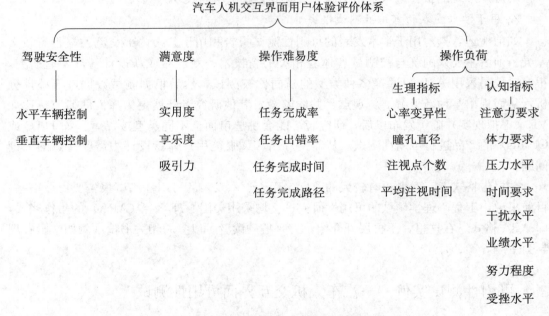

图 10 - 1 汽车人机交互界面用户体验评价体系

2. 被测试者招募

共招募 12 名被测试者，满足如下条件：

● 年龄 25～40 岁，男女各半。

● 有 3 年以上驾龄。

● 每周驾驶时间不少于 6 小时并熟练使用汽车内置的人机交互界面功能。

● 家庭住址、工作地点或常联系地址不在测试行政区，且近三个月未走过测试路线。

3. 测试设备和材料

● 眼动仪（Tobii Pro Glasses 2）一台（如图 10 - 2 所示），用来记录被测试者的眼动数据。

图 10 - 2　Tobii Pro Glasses 2 和眼镜记录模块

- 无线蓝牙多导生理仪一台，记录被测试者的生理指标数据。
- 手持式 GPS 一台，用来记录车辆的驾驶状态。
- 行车记录仪三台，用来记录测试过程中的路面信息和车内操作过程。

测试车辆：根据本次测试目的，选择了在市场上具有代表性的三个品牌的车型，分别是奔驰、宝马和特斯拉。

4. 测试任务

分为静态测试和动态测试两个部分，如表 10 - 4 所示：

表 10 - 4　汽车人机交互界面可用性测试任务

测试任务	测试顺序	功能模块	操作任务
静态测试	1	空调模块	设置空调温度
	2		调节通风
	3	娱乐模块	播放音乐
	4		播放收音机
	5	通信模块	连接蓝牙
	6		拨打电话
	7		回拨电话
	8	导航模块	设定导航目的地
	9		搜索附近地点
	10	导航模块	设定导航目的地
动态测试	11	通信模块	拨打电话
	12	通信模块	接听电话
	13	空调模块	设置空调温度
	14	娱乐模块	播放收音机
	15	导航模块	语音设定返程导航
	16	通信模块	回拨电话
	17	导航模块	搜索附近地点
	18	娱乐模块	播放音乐
	19	空调模块	调节通风

5. 测试流程

测试前测试者对车辆进行安全检验，然后在车辆上进行装置搭建和测试，并将人机交互界面的状态设置为初始状态。测试中，随车测试人员在副驾驶座引导被测试者完成测试，记录被测试者的操作任务并协助被测试者完成主观问卷。

结果分析和报告输出略。

第二节　启发式评估方法

一、启发式评估方法简介

（一）方法起源

启发式评估方法最早由著名的可用性专家 Nielsen 和 Molich 在 1990 年的 CHI 会议（美国计算机学会主办的人机交互领域顶级会议）上提出，是一种由专家完成的人机交互界面评估方法。Nielsen 和 Molich 在分析了很多产品的可用性问题后，总结和归纳出隐藏在产品背后的十个可用性原则，被称为启发式评估十原则。基于这些原则，可用性专家可以对一个不了解的系统或产品进行评估，从而衡量出该系统或产品的可用性程度。由于启发式评估是一种快速且低成本的方法，可以方便找出系统或产品中潜在的可用性问题，所以该方法被提出后，已经被广泛地应用于各种系统或产品的用户体验评估中。

（二）方法特点

相对于其他用户体验测评的方法，启发式评估有如下特点。

1. 启发式评估的优点

启发式评估的优点主要有：

- 成本低：启发式评估通常只要几个小时就可以完成，此外，并不一定需要从最终目标用户中挑选被测试者参加。
- 效果好：根据 Nielsen 的研究，只要有 3～5 个评估者就可以找到 75％～80％的可用性问题。
- 效率高：与可用性测试相比，启发式评估的效率较高，可以在产品开发过程中随时使用。
- 对评估者要求不高：由于启发式评估易学易用，即使评估者不是可用性专家（经过训练），启发式评估同样能够取得较好的效果。
- 适应于产品开发各个阶段使用。启发式评估方法不但可以对最终产品进行评估，而且还可以对产品的各类原型（甚至是低保真度的纸上原型）进行评估。

2. 启发式评估的缺点

启发式评估的缺点主要有：

- 虽然专家评估的效果好，但是很多时候不容易找到适合的评估专家，因此成本较高。
- 具有主观性，不同的评估者存在不同的偏向或观点，评估结果会出现偏差。
- 评估者只能模仿被测试者来使用界面，但他们毕竟不是真正的被测试者，因此测试的结果并不一定能代表被测试者的真实情况。
- 评估者的经验对评估效果的影响较大。有经验的评估者往往能发现核心的可用性问题。

（三）应用范围

与其他大部分可用性评估方法相比，启发式评估的实施费用更少，可以为组织节约成本。其应用范围主要有两个方面：

- 可以应用在产品开发的各个阶段，但在产品设计的前期使用效果更为明显。
- 除了可以评估产品的可用性水平以外，也可以用于需求收集、竞品分析（对竞争产品进行评估以找出其优势和劣势）等。

二、启发式评估流程

启发式评估的流程包括准备阶段、执行阶段以及数据分析阶段。

（一）准备阶段

准备阶段需要做的主要工作有以下几个方面。

1. 招募评估者

招募评估者时需要从人数、知识背景和身份三个方面考虑对评估者的要求。具体的细节如下。

（1）人数

使用启发式评估时需要招募多名专家，只有一名专家评价的话，会忽略掉很多问题。一般来说，1 个评估者发现可用性问题的比例范围为 19%～51%，平均为 34%。如果有 3～5 个评估者，则可以找到 75%～80% 的可用性问题。

（2）知识背景

最佳的评估者应同时具备可用性知识和设计知识，能发现产品或系统中存在的可用性问题，能针对发现的问题提出切实的解决方案。

（3）身份

产品的设计者本人不适合作为评估者。这一方面是因为设计师对产品倾注了大量的时间和精力，难以做到客观的评价。另一方面，设计者即使发现产品存在的问题，也更倾向于直接去修改，而不是将其记录在评估报告中。

2. 选择评估原则

在正式实施启发式评估时，要根据评估的对象和目标选择好使用哪种启发式原则。比如在有些互联网公司，已经针对公司的各种产品特点，开发了适合本公司的启发式评估的原则。关于启发式原则，不仅专家可以使用它们作为评估的工具，产品的设计者还能依据这些原则来指导界面设计。目前有多种用户界面评价的标准，其中应用最广泛的是 Nielsen 启发式评估十原则。以下是这十个原则的具体内容。

（1）系统状态可见性原则

该原则是指系统必须在一定时间内给予用户适当的反馈，告诉用户系统现在正在执行的内容，而且，这种反馈必须做到迅速。比如：

- 每一个窗口/对话框是否都有标题？标题是否准确描述了该窗口/对话框的内容？
- 菜单、弹窗、出错提示是否每次都出现在同一个位置？

（2）系统与现实世界的匹配性原则

该原则指在和用户对话时，系统不应该使用指向系统的专业语言，而是使用用户熟悉的词语、句子。这个原则要求系统反馈给用户的用语必须遵循现实中用户的习惯，并且是以自然且符合逻辑的顺序反馈。比如：

- 用户是否能理解图标的含义？
- 菜单项的组织和排序是否符合用户常规操作的逻辑？

（3）用户的控制度和自由度原则

该原则是指用户在使用系统时，由于曲解了功能的含义而做出错误的操作，为了让用户尽快从此错误状态中出来，必须有非常明确的"紧急退出"操作，比如"取消"和"再运行"的功能，这样能避免出现用户不希望见到的结果。比如：

- 如果系统可同时打开多个窗口，用户是否可以自由组织排列这些窗口？
- 如果系统可同时打开多个窗口，用户是否可以自由地在这些窗口之间切换？

（4）一致性和标准化原则

该原则是指在同一个系统中，提示用语、弹窗、按钮样式、操作方法和反馈要保持一致。比如：

- 界面中（包括弹窗）的数字表示形式是否一致？
- 界面中图标的使用是否一致？

（5）防止错误原则

该原则是指在设计一开始时就应该防止错误发生，再好的事后错误消息提示，也不如防患于未然的设计。对于那些会带来重大影响的操作，应该先弹出确认对话框，让用户再次确认是否执行该操作。比如：

- 菜单项是否不易混淆？
- 如果可以同时打开多个窗口，各窗口之间的导航是否简单清晰？

（6）可识别性原则

该原则是指为减少用户对操作目标的记忆负荷，动作和选项都应该是可视的、可分辨的和可理解的。比如：

- 弹窗、提示和消息是否出现在用户通常会注视的屏幕位置？
- 弹窗的排版是否合理利用了留白等视觉元素，使得其内容清晰易懂？

（7）灵活性和效率性原则

该原则是指快捷键对于无经验的用户是不可见的，而对于有经验的用户是可见的，这样系统就能同时满足有经验和无经验用户的需求，并且应提供快捷键定制化服务。比如：

- 如果系统同时供不同经验水平的用户使用，是否设有不同级别的错误提示？

- 用户是否可以自定义快捷方式和指令？

（8）简洁美观的设计原则

该原则是指在用户对话的过程中，尽量不要包含无关紧要的多余信息。多余信息会分散用户的注意力，干扰用户对重要信息的关注。比如：

- 是否只有（并且全部）必要信息显示在界面中？
- 所有图表的视觉风格是否一致，并且互不混淆？

（9）帮助用户认知、判断及修复错误原则

该原则是指当用户执行了一项错误操作，出现错误的结果时，应使用用户熟悉且易懂的语句表示错误，指出问题，并提出建设性的解决方法。不仅告诉用户系统出错了，还应该告诉用户如何解决这个问题。比如：

- 提示信息的语言是否简洁无歧义？
- 出错提示的语言是否无语病？

（10）帮助文档原则

该原则是指即使在没有帮助文档时用户能很好地使用系统，仍然得提供帮助文档。这些信息应该很容易被找到，并根据当前的操作，列出具体的执行步骤来指导用户。比如：

- 在线帮助的选项在界面中是否容易被发现？
- 在线帮助的选项在界面中的视觉设计是否独特？

（二）执行阶段

启发式评估的执行阶段通常包含以下几个步骤。

1. 向评估者介绍和解释用于评估的启发式原则

在开展启发式评估之前，首先有必要向评估者介绍和解释用于评估的启发式原则，比如 Nielsen（1994）启发式评估十原则，其目的是让评估者能够熟悉各项启发式的内容并理解其含义，以避免评估者产生可能的疑问或误解从而影响评估效果。如果评估者原先对所给的启发式原则已经非常了解并具有一定的评估经验，则该步骤可省略。如果评估者是非专家评估者，则有必要对其进行相关的培训。

2. 向评估者介绍评估的对象

如果评估对象是面向大众设计的走来即用（walk up and use）产品（或系统），或者评估者是产品所在领域的专家，就没有必要对评估者进行指导。如果产品所在领域是评估者不熟悉的，就有必要对评估者加以指导，使他们学会使用产品并了解产品的用途。

3. 评估界面

在进行评估的时候，每个评估者要对界面进行独立的评估，以保证评估是无偏向的。Nielsen 建议，评估者原则上应该自己决定如何与被评估的界面进行交互。但通常建议评估者至少要浏览界面两遍：第一遍大概了解交互流程和系统概貌；第二遍专注于具体的界面元素。评估者在操作和检查界面时，应利用所给的可用性准则进行比较。除了考虑针对所有对话元素的一般性准则以外，评估者也可以考虑针对特定对话元素的一些（没有被包括在所给的启发式原则之内的）可用性准则。

如果评估需要花费的时间较长，那么评估者可能会因为持续评估时间过长而疲劳，从而影响评估质量。因此，为了消除这种负面影响，应该在评估过程中安排适当的休息时间。

（三）数据分析阶段

启发式评估所找到的可用性问题同时包含主要问题和次要问题，也包含虚假的可用性问题，因此有必要对每位评估者所找出的可用性问题进行严重性等级的评定，来确定需要处理的问题的优先级。评定可用性问题严重性等级的过程，可以帮助产品研发团队把精力集中在最关键的问题上。可用性问题越严重，往往越能影响目标用户的体验。解决了这些关键问题，能更快地提高产品的可用性，提升用户对产品的满意度。

因此，采用何种标准判断一个可用性问题就比较重要。对于不同的产品研究，可能会有不同的标准，其中一种是四级严重性标准，具体是：

- 等级 4——任务失败，目标用户无法完成任务。比如，目标用户无法找到完成任务的操作按钮。
- 等级 3——严重问题，目标用户需要较长的时间完成任务。比如，系统没有提供足够的反馈，目标用户不知道某个操作是否正确，是否应该进行下一步操作。
- 等级 2——中等问题，对目标用户完成任务略有影响。目标用户在大多数情况下能完成任务，但是可能需要花费一定的精力。比如，页面显示的文字较小，目标用户需要更仔细地阅读。
- 等级 1——没问题，对任务的操作基本没影响。

三、启发式评估案例——站酷的 Web 端产品可用性启发式评估[①]

（一）评估目的

了解站酷的 Web 端产品设计是否符合用户的使用习惯、是否存在使用障碍，找出站酷 Web 端在注册、登录、浏览、发布流程上存在的可用性问题，并提出再设计方案，以提高产品体验。

（二）评估专家招募

评估专家招募要求如下：

- 熟知 Web 端的注册、登录、浏览、筛选、发布等常规流程，了解互联网相关设计领域者优先。

---

① 该案例引自 http://qinsman.com/1607_heuristic/，略作删减。

- 对界面设计或交互设计有基本的了解，了解程度越高越好。
- 有站酷或 Dribbble、UI 中国等竞品网站产品的使用经验者优先。

（三）评估流程

本测试采用的方法为启发式评估，每个评估者单独开展评估。评估流程如下：

- 熟悉可用性准则。
- 熟悉网站和任务流程。
- 按照任务流程对每个界面进行评估。
- 自由对全站所有页面进行整体走查测试。
- 确定可用性问题所在的界面位置。
- 确定可用性问题违反的原则。
- 对可用性问题的严重程度进行评级。
- 提出改进建议。

评估原则：Nielsen 启发式评估十原则（见前文介绍）。
严重性程度的评级：分为四级，分别为极高、高、中和低。
评估时长：2 小时内。
评估环境：在线上远程进行，评估平台为一台个人电脑。

（四）评估结果

具体的评估结果如下。

1. 页面标题栏带有冗余的前缀或后缀（如图 10-3 所示）

- 可用性问题编号：1。
- 界面位置和功能：全部窗口的标题栏。
- 启发式原则：
  系统状态可见性：每一个窗口/对话框是否都有标题？标题是否准确描述了该窗口/对话框的内容？
- 可用性问题：每个窗口都显示有"站酷（ZCOOL）"作为前缀或后缀，导致标题名称过长，在使用标签页显示的浏览器中无法显示全部内容，可能造成用户困惑。
- 严重程度：中。
- 改进建议：去掉页面标题中的前缀或后缀"站酷（ZCOOL）"。

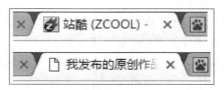

图 10-3　可用性问题：页面标题栏带有冗余的前缀或后缀

2. 按钮风格不一致（如图 10-4 所示）

- 可用性问题编号：2。

- 界面位置和功能：全部界面的按钮。
- 启发式原则：
  一致性和标准化：界面中图标的使用是否一致？
- 可用性问题：
  - 扁平化与拟物化的按钮并存。例如，分页器按钮使用了具有明显立体感的渐变，在其他图标、按钮均采用无渐变或渐变不明显的扁平化风格的情况下，对一致性有一定的影响。
  - 不同模块之间采用了风格截然不同的两套图标。
- 严重程度：高。
- 改进建议：所有模块的图标风格统一设计，去除不必要的渐变，贯彻扁平化风格。

图 10-4 可用性问题：按钮风格不一致

第三节 基于大数据的 A/B 测试方法

一、A/B 测试方法简介

（一）方法起源

随着互联网和移动互联网的发展，互联网公司在产品开发过程中往往深深融入了敏捷开发和产品迭代优化方法和思想。因此，网络界面的更新优化成为产品设计过程中常常会涉及的工作。那么，如何确定优化后的产品在性能、用户体验等方面要优于旧的版本呢？以下将要介绍的 A/B 测试方法就是已经在主流的互联网公司中得到广泛应用的有效测评方法。

A/B 测试方法是为 Web 和 App 的页面或流程设计两个版本（A/B）或多个版本（A/B/n），分别随机让一定比例的属性相同或类似的用户群组访问，然后通过统计学方法进行分析，收集各群组的用户体验数据和业务数据，最后分析评估出最好版本并正式采用的一种用户体验测评方法。

A/B 测试方法的概念来源于生物医学的双盲测试。双盲测试中病人被随机分成两组，在不知情的情况下被分别给予安慰剂和测试用药，经过一段时间的实验后再来比较这两组病人的状况是否具有显著的差异，从而证明测试用药是否有效。最早的 A/B 测试方法应用可以追溯到 2000 年谷歌的工程师将其用于测试搜索结果页展示多少搜索结果更合适（王晔等，2019）。这次的 A/B 测试为今后的广泛应用奠定了一个重要基础。

目前，国内外已有多个方便开展 A/B 测试的相关工具，除了第九章第二节已经介绍过的 Optimizely 外，Google Analytics 作为一款免费工具，除了可以很方便地得到网站跳出率、访问数、浏览量、新访问百分比、新增流量、访问页数、平均停留时间等有价值数据外，还针对 AB 测试，提供了一个叫作"内容实验"的功能版块，可以实现对多个页面版本的分流测试。此外，国内的呍喝科技公司也推出了自己的 A/B 测试系统 AppAdhoc，用户在确定优化内容后，只需根据试验特征，选择对应的平台和模式，即可完成多版本试验创建、试验版小流量在线发布、实时数据决策；同时，可视化的编辑模式也降低了使用门槛。

（二）方法特点

相比于传统的用户体验测评方法，A/B 测试有以下特点。

1. 获得的数据更加客观和准确

传统的用户体验测评方法虽然能够搜集被测试者直接反馈的意见，但是所收集的信息往往有偏差和失真。尽管测试者在编制调查问卷或访谈问题，或者在设计可用性测试方案时费尽苦心，以希望获取被测试者真实想法，但实际上常常不能如愿。这是因为被测试者在参加传统的用户体验测评时，往往会表现出与其在日常自然状态下不一样的行为反应。另外在一些问题上，被测试者可能出于种种顾虑不能如实回答。而与此相反，A/B 测试是在被测试者没有觉察的情况下进行，被测试者的行为可以反映其真实的心理状态。

2. 往往可以获得更大量的真实数据

由于受到时间、地点、经费的限制，传统的用户体验测评方法招募的被测试者数一般为 5～30 人不等，而 A/B 测试就不受以上因素的制约。A/B 测试的被测试者数取决于在分流设计中，有多少 UV（独立访客）分流到不同的版本中。而对于一些主流的网站，其每日访客数量是非常庞大的。因此，A/B 测试的结果可能来自成千上万个被测试者真实访问网站的数据。从统计上来说，通过这样的数据才能得到更为可靠的结果。

不过，也要认识到 A/B 测试存在其不可避免的问题，因为通过 A/B 测试所获得的都是被测试者的点击率、页面驻留时间、转化率等指标数据。这些数据并不能完全反映界面或交互设计本身的用户体验水平。也就是说，仅仅通过 A/B 测试收集的数据，我们很难理解用户行为背后的原因。比如，用户转化率的增高可能是由于页面上增加了一个"免费试用"的选项。同样，如果设计师改变了页面布局，被测试者对页面美观度和交互效率的体验也可能有一定提高。但实际上，体现在转化率上的数据并不会相应提高，因为被测试者往往带着自身需求来访问网站，目的是寻找一个能够满足他们需求的解决方案，而不是仅仅为了网站的美观度而来。因此，在 A/B 测试结束后再补充一些线下用户的访谈调研，会更有利于评估者分析界面的用户体验差异。

（三）应用范围

A/B 测试目前在以下几个方面都有广泛的应用。

1. 优化界面用户体验水平

A/B测试可以让互联网公司在优化界面用户体验设计后，来验证设计假设是否成立，比如在界面元素上的更改如何影响用户行为和体验，从而获得影响用户体验水平的关键因素。

2. 提升目标转化率

通过持续改进用户体验，A/B测试可以不断提高某个目标的转化率。比如希望通过广告着陆页提高销售数量，就可以尝试通过A/B测试更改标题、图片、表单域、召唤语和页面整体布局等。A/B测试有助于确定哪些更改会对访客的行为造成影响。随着时间推移，可以将测试中的多个有效更改合并到界面的新版本中。

3. 优化广告效果

通过测试广告文案，公司可以了解哪个版本能获得更多点击。通过测试后续的着陆页，可以了解哪种布局能最好地将访问者转化为客户。

4. 优化算法

产品开发人员和设计人员可以使用A/B测试来了解新功能或更改所带来的影响。产品发布、客户互动、模式和产品体验都可以通过A/B测试进行优化，只要目标能明确定义，并且有清楚的假设。

但进行A/B测试也有其前提条件，即网站已经有比较多的访客，能及时地测试出转换率（被测试者从着陆页跳转到你设置的目标页，就算一次成功的转换）。因此，在网站没有上线推广之前，一般不建议做A/B测试。通过A/B测试进行网站优化，应该是在有了稳定的用户群之后（云眼，日期未知）。

二、A/B测试流程

A/B测试通常是一个反复迭代的过程，基本步骤包括以下几个。

1. 设定指标

A/B测试的最终目的，是通过测试手段找到更优秀的产品方案。因此，科学地选择优化指标，是A/B测试的基础。一般来讲，能够通过A/B测试来评估的指标只能是××率或者人均××，如点击率、进入率、人均时长、人均刷新等。而一些绝对数字如独立访客数、页面浏览量、打开人数等，由于被测试者分组的随机性带来的不确定因素，无法进行评估。

2. 设计两个以上的优化方案，并完成相关模块开发

在设计用于A/B测试的不同优化方案时，可以只是对页面的较小修改，比如类似标题元素、事件按钮等页面元素上的修改，也可以一次修改多个对应元素，这样测试效果可能会更加明显。根据需要，也可以同时进行多个页面的A/B测试。但无论采用哪种方式，都应该对将来能够根据得到的数据分析比较不同方案的优劣有事先的把握。

3. 确定被测试者的分流比例

在不影响其他测试的前提下，尽可能为每个被测试者分组提供更多的被测试者数据，这与测试的成功率成正比。假设某个页面的独立访客数在5 000左右，然后我们为每个被测试者分组分配的流量比例为2%，那么一天差不多会有100个独立访客进入被测试者

分组，测试的结果很容易受到某些异常样本的影响。比如，如果有个别被测试者因为工作原因每天都会频繁进行购买，恰好其又被分入了某个被测试者分组，那么其购买行为就可能带偏整个被测试者分组的统计结果。如果实在没办法保证被测试者数，那么可以考虑延长测试时间的方法。

4. 进行线上测试

在具体实施 A/B 测试方案时，可以直接通过自己的产品网站进行测试。还可以考虑使用第三方的 A/B 测试工具（如国内的 AppAdhoc 和国外的 Optimizely），自己只专注于设计迭代方案，把这些方案通过第三方平台发布给被测试者，然后自由调整流量分配，比如让 1% 的被测试者使用 A 方案，5% 的被测试者使用 B 方案等等，最后根据获得的数据反馈，来对不同的设计方案进行评估。

5. 收集被测试者数据进行数据分析和效果判断

通过 A/B 测试收集到充足的被测试者数据后，接下来就是通过各种统计方法来对数据进行统计分析，从而推断采用不同设计方案对被测试者行为带来的实际影响。采用统计推论方法来分析数据是为了做出科学的 A/B 测试结论，其中，在比较差异时，是否达到统计显著性是非常重要的。比如，"被测试者转化率增加了 10%" 这一效果，既可能是进行了优化设计带来的，也可能只是一些随机的指标变化造成的。因此，只有统计上显著的结果才能代表某种设计变化确实对感兴趣的指标产生了影响。

稳定的分析结果，需要稳定的数据来支持。所以在进行 A/B 测试数据分析之前，需要先对所收集的被测试者数据进行降噪，排除异常数据。

数据降噪常采用的一种工具是箱形图（box plot；如图 10 - 5 所示）。这种统计图能够准确稳定地描绘出数据的离散分布情况，有助于我们快速识别出一组数据中的异常值。

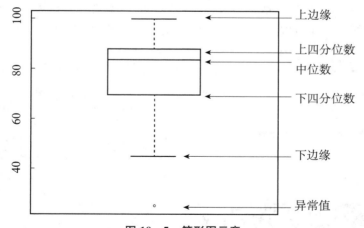

图 10 - 5　箱形图示意

数据降噪后，就可以进行统计分析，方法主要有两种：方差分析和 t 检验。这两种方法属于假设检验，由样本推断总体，用于判断两组或多组数据是不是具有显著的差异。

- 两样本 t 检验：适用于判断两组数据均值是否存在显著差异。
- 单因素方差分析：单一因素多个均值差异的检验，适用于想分析的影响因素只有一个的情况，比如只有不同的被测试者分组这个单一因素。
- 多因素方差分析：与单因素方差分析的区别在于影响因素的数量，可以检验多个因素影响下的结果，比如根据时间和被测试者分组这两个因素进行分析，得到各因素对结果的影响。

6. 根据测试结果发布新版本或添加新方案继续测试

每次 A/B 测试完成之后，就要对测试结果进行分析总结，并对产品提出新的优化方案，再进入下一轮 A/B 测试，以此迭代下去（焦成远，2019）。

三、A/B 测试方法实例——招商信诺着陆页优化①

（一）案例背景

信息流广告投放是招商信诺获取客户线索的重用方式之一，由于在投放过程中会不断产生获客成本，如何在迭代过程中快速找到促进着陆页转化增长的方案，是市场运营部门最关注的优化内容。A/B 测试可以帮助其同时在线运行多个版本，更加高效地找出最优版本。

（二）测试方案

AppAdhoc A/B 测试采用科学的流量分割，使得每一组被测试者具备一致的特征。测试过程中还可以随时调整被测试者流量，使企业可以在新版本上线之前，以最低成本观察客户对多个优化方案的数据反馈。同时，根据测试数据，将被测试者反馈效果最好的版本，作为最终的新版本迭代方案。本次测试，市场运营部门提出如下假设：在表单中增加一项信息，不仅可以获取更多客户线索，同时也不会影响最终转化。

于是，针对现有着陆页样式，设计测试方案如下（见图 10 - 6）：

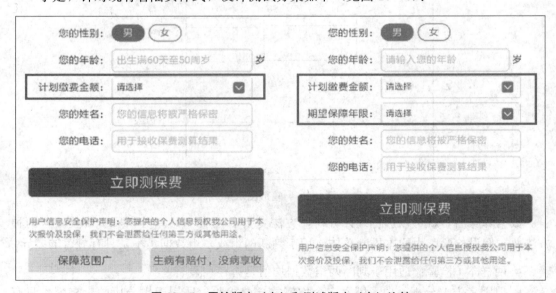

图 10 - 6　原始版本（左）和测试版本（右）比较

---

① 引自吆喝科技（日期未知）的客户案例，略作删改。

- 原始版本：被测试者须填写的表单信息为 5 项，即性别、年龄、计划缴费金额、姓名、电话。
- 测试版本：增加 1 项"期望保障年限"信息，被测试者须完整填写 6 项信息后方可提交表单，其余页面元素保持不变。

同时，将"立即测保费"按钮的点击情况作为本次测试的核心指标。

（三）测试目标

本次测试的主要目标是，通过对比两种设计方案的核心指标数据，找到能够有效提升按钮转化率的页面样式，验证市场部门的假设是否成立。

（四）测试数据反馈

考虑到快速优化迭代的需求，本次测试的运行周期仅为 2 天（一般来说，为了获得更加可信的数据结果，测试运行周期应至少保证 1～2 个完整的自然周）。

本次测试共收到 6 万左右的样本数据，结果表明测试版本的保费测算率低于原始版本，样本数据均值下降了 32.33%。

推测可能的原因在于：测试版本增加了一项表单内容，提高了被测试者提交的成本；同时，原始版本页面下方的投保优势内容也因为表单项的增多，下移至首屏以外，被测试者需要下滑屏幕才能看到，在一定程度上可能会对被测试者的行为产生影响。

根据本次测试结果，市场运营部门决定保留原始版本的页面和表单内容，从其他角度入手考虑下一步优化方向。

概念术语

可用性测试，称名数据，顺序数据，等距数据，等比数据，启发式评估，启发试评估十原则，走来即用产品（或系统），A/B 测试，目标转化率

本章要点

1. 可用性测试有狭义和广义之分。狭义的可用性测试指的是通过较为严格的测试设计，选择适当的测评指标，招募目标用户，通过完成一定的典型操作任务，发现产品中存在的作业效率与满意度等相关问题，从而来定量或定性地评估产品的可用性水平。广义的可用性测试则是指通过招募用户作为被测试者，记录其使用产品的过程和反馈，来优化和改善产品设计的方法，也称为用户测试。

2. 可用性测试可应用在以下几个方面：通过效率指标对产品的可用性进行比较或者筛选高效的产品；基于可用性测试的结果累积对某些产品的可用性水平进行横向与纵向的比较；指导设计者设计产品。

3. 可用性测试流程分为测试前准备、测试执行、测试数据分析、测试报告撰写等几

个部分。

4. 启发式评估指基于一些启发式原则，招募可用性专家对一个不了解的系统或产品进行评估，从而衡量出该系统或产品的可用性程度的方法。

5. 启发式评估在产品设计的前期使用效果更为明显。

6. 启发式评估的流程包括准备阶段、执行阶段以及数据分析阶段。

7. 目前有多种用户界面评价的标准，其中应用最广泛的是 Nielsen 启发式评估十原则。

8. A/B 测试方法是为 Web 和 App 的页面或流程设计两个版本（A/B）或多个版本（A/B/n），同时分别随机让一定比例的属性相同或类似的用户群组访问，然后通过统计学方法进行分析，收集各群组的用户体验数据和业务数据，最后分析评估出最好版本并正式采用的一种用户体验测评方法。

9. A/B 测试可应用在以下几方面：优化界面用户体验水平、提升目标转化率、优化广告效果，以及优化算法。

10. A/B 测试流程包括：设定 A/B 测试的目标；设计两个以上的优化方案，并完成相关模块开发；确定参与测试的备选方案与分流比例；进行线上测试；收集被测试者数据进行数据分析和效果判断。

复习思考题

1. 什么是可用性测试？
2. 可用性测试的基本流程包括哪些？
3. 什么是启发式评估？
4. 启发式评估的基本流程包括哪些？
5. 什么是 A/B 测试？
6. A/B 测试的基本流程包括哪些？
7. 可用性测试、启发式评估和 A/B 测试的优点和局限性分别是什么？

拓展学习

李宏汀．王笃明．葛列众．产品可用性研究方法．上海：复旦大学出版社，2013.

米勒．用户体验方法论：最懂用户体验的人教你做用户体验．北京：中信出版集团，2016.

鲁宾，切斯尼尔．可用性测试手册．2 版．北京：人民邮电出版社，2017.

中国用户体验专业协会．2019 年用户体验工具调查报告．（2019－12－04）．https：//www.uxtools.cc/blog/2019report.

第五篇

实践与展望

第十一章

实　　践

教学目标

- 理解在一个组织环境中，开展和推广用户体验实践的策略、方法、流程、措施以及主要活动。
- 了解用户体验实践中组织建设的主要内容，包括用户体验组织成熟模型、用户体验组织结构模型、组织内用户体验标准的开发。
- 理解用户体验职业主要工作岗位的主要工作内容、主要挑战、会用到的方法和工具、对教育背景的要求。
- 理解用户体验职业的知识准备和能力要求。
- 了解用户体验新人的一些工作策略，以及有关职业再教育和成长的一些信息。

学习重点

- 第一节重点：从组织的角度，在一个实践的环境中进一步理解本书前面章节的知识；理解开展和推广用户体验实践的基本方法、流程、措施和活动、潜在的困难、影响因素以及一些工作策略；通过用户体验的组织成熟模型，了解影响用户体验实践中组织成长的要素；了解组织建设中用户体验的组织结构模型及其对用户体验实践的影响；了解组织建设中用户体验标准的内容和开发策略。
- 第二节重点：从用户体验专业人员个人职业生涯的角度，结合本书前面章节的内容，理解用户体验主要工作岗位的主要工作内容、主要挑战、会用到的方法和工具以及对教育背景的要求；理解从事用户体验工作在教育、知识、能力等方面所需要的准备；了解用户体验新人的一些工作策略；了解有关用户体验职业再教育和成长的一些信息。

开脑思考

- 有一个组织准备启动用户体验实践，该组织的领导想知道有哪一些策略他们可以采纳来加快用户体验实践在组织中的推广，你会给他们提供一些什么建议？
- 根据你自己的知识、能力和兴趣，选择一个最匹配的用户体验工作岗位，并且找一找你目前在哪些方面还需要进一步的努力。

本书前面的章节按照以用户为中心设计的流程全面论述了用户体验相关理论、流程、方法和活动等，本章将论述用户体验的实践，其中第一节论述在组织环境中的用户体验实践和推广，第二节则主要论述用户体验专业人员的个人职业生涯和成长。

第一节　组织实践和推广

本节讨论用户体验在组织环境中的实践和推广。组织可以是一个工厂企业、政府机构、学校等。以用户为中心设计的流程和方法为用户体验的实践提供了方法论上的支持，但是在一个组织中开展用户体验实践的成效取决于许多因素，如组织文化、管理层的支持、推广的策略、流程管理、人员培训、用户体验团队的组织结构、组织内用户体验实践的成熟程度等等。

一、组织实践

ISO 9241-210（2010）定义了以用户为中心设计的原则、流程和主要活动（见本书第一章第一节）。ISO 9241-220（Review Version，2018）进一步详细地规范了组织中的用户体验实践。参照 ISO 9241-220，本部分从以下四个方面来讨论如何在组织中开展用户体验的实践：组织的用户体验策略；组织内用户体验实践的能力建设和资源配置；产品开发中的以用户为中心设计活动；产品开发后的用户体验实践。所讨论产品的范围主要是面向用户的交互式软硬件。

在一个组织内，这四个方面的工作，相辅相成。具体地说，"组织的用户体验策略"为在整个组织内开展用户体验实践提供了良好的用户体验文化和管理层支持的组织环境、组织策略。"组织内用户体验实践的能力建设和资源配置"为在整个组织内开展用户体验的实践提供了所需要的执行能力和资源（包括人力、财务、设备等）。进一步地，"产品开发中的以用户为中心设计活动"通过具体有效的以用户为中心设计活动来确保在各个项目的实施中，产品能达到预期的用户体验目标。最后，从全部用户体验的角度出发，"产品开发后的用户体验实践"从产品引入市场、运营和用户使用、更新升级、产品退出市场等整个产品的生命周期中全方位地考虑用户体验实践，降低了用户体验风险，最终提供优质的全部用户体验。

需要强调的是，如果一个组织能够在这四个方面遵循 ISO 9241-220 的建议开展用户体验的实践，用户体验的投资回报和经济效益就能够最大化地体现出来。在许多情况下，组织的用户体验文化可能并没有达到足够的成熟水平，在这种情况下，一个组织如果可以依据各自具体的情况，选择性地开展以下所建议的用户体验实践，也一定能够得到相应的投资回报和经济效益。

(一) 组织的用户体验策略

参与组织用户体验策略工作的主要人员是组织内部负责用户体验的各层次管理人员。目的是建立并保持整个组织内提倡用户体验的文化氛围，促使用户体验成为组织发展策略的重要组成部分。所要取得的主要结果包括：用户体验成为整个组织的资产之一；展示了管理层对用户体验实践的支持，并且制定了组织内开展用户体验实践的一系列政策；通过有效的管理，正在向一个以用户为中心的组织转变；组织在各个产品业务部门设立用户体验标准；在组织的投资决策、成本和风险管理中充分考虑了用户体验。具体的工作主要从以下两方面来开展。

1. 将用户体验融入组织的业务发展策略中

将用户体验融入组织业务发展策略中的主要目的是在组织的各种发展策略中充分考虑用户体验，并使得组织内各方面都受益。主要的措施包括：

- 制定组织的用户体验战略目标、远景规划以及相应的执行路线图。
- 分析和确定在产品设计、用户服务等方面用户体验的改善能为组织带来业务成长的机遇以及经济回报，并建立相应的分析方法。
- 确定组织内目前存在的用户体验风险（包括产品设计、用户服务等方面），制定减小用户体验风险的相应措施。
- 将用户体验列为产品开发和投资等决策评价体系中的指标之一，从而保证在决策过程中充分考虑用户体验。
- 在市场竞争和营销分析的决策中充分考虑用户体验。
- 将用户体验纳入组织内的人力资源、技术设备、财务及采购、基础设施、成本效益、风险分析的决策和日常管理中，确保开展用户体验实践所需的必要资源。

2. 在组织内将用户体验实践常态化

在组织内常态化地开展用户体验实践的目的是在组织内将用户体验实践作为日常业务运行的有机组成部分，来达到所预定的用户体验目标。主要的措施包括：

- 指定一名组织内高层管理人员负责用户体验的推广和日常工作，比如公司负责用户体验的副总裁、公司首席体验官。
- 建立一个负责推广用户体验和定时评估考核组织内用户体验实践进展、有效性的机构，比如对各个生产线和产品系列的用户体验实践进展实施追踪。
- 在组织的产品设计开发和日常业务运行中建立一整套以用户为中心设计流程和方法，制定和宣传组织的用户体验政策，培育和维持用户体验的组织文化意识。
- 制订组织的用户体验持续发展战略计划，并且充分考虑各种利益相关者和组织内各方面的需求。

(二) 组织内用户体验实践的能力建设和资源配置

参与组织内用户体验实践的能力建设和资源配置工作的主要人员是产品经理、项目经理、用户体验经理、负责跨产品和项目流程设计的负责人。目的是为组织开展用户体验实践提供必要的能力和资源，确保在组织内各个产品和项目的开发中整合了以用户为中心设计的流程和活动。所要取得的主要结果包括：每个产品和项目都包括了用户体验目标；在产品和项目的开发中采用了合适的以用户为中心设计流程和活动；组织内执行以用户为中心设计流程和活动的人力资源、基础设施等已到位；产品和项目的风险管理中考虑了用户体验；用户体验成为业务采购、供应和运营流程中一个重要的考虑因素。具体的工作主要从以下三方面来展开。

1. 将以用户为中心设计方法整合到产品的开发流程中

将以用户为中心设计方法整合到产品的开发流程中的目的是确保组织能够将以用户为中心设计方法有效地整合到产品开发流程的各个阶段，并达到预期的用户体验目标。主要的措施包括：

● 将组织内的以用户为中心设计流程和方法，以及有关用户体验和以用户为中心设计的通用术语标准化。

● 将以用户为中心设计方法整合到整个产品开发的流程中，确保组织内各部门对以用户为中心设计方法有一个统一的认识，并且明确具体的流程、方法和步骤。

● 如果组织采用敏捷（agile）开发流程和方法，需要将以用户为中心设计流程和方法灵活有效地整合进去，并建立统一的机制和流程来收集、追踪各种产品可能存在的用户体验问题以及相对应的风险。

2. 确保各项目开展以用户为中心设计活动所需的资源

确保各项目开展以用户为中心设计活动所需资源的目的是保证提供充足的、有效的组织资源来支持以用户为中心设计活动，从而确保各项目达到预期的用户体验目标。主要的措施包括：

● 确定负责维护和改进以用户为中心设计活动的基础设施（包括实验室、设备、工具、方法、培训等）的部门。

● 发布和维护组织内开展以用户为中心设计活动所需要的用户体验标准、设计指南、必需的数据等。

● 确定所采用的以用户为中心设计方法、所需的人力资源和执行这些以用户为中心设计方法所需的技能。

● 开展必要的以用户为中心设计活动的培训，确保用户体验人员能够胜任所规定的以用户为中心设计方法和工具。

● 建立能够评估和改进项目组开展以用户为中心设计活动能力的机制。

3. 控制产品的用户体验质量

控制产品用户体验质量的目的是在产品开发、业务收购、设备资源采购、业务运营等活动中充分考虑用户体验，保证满足可接受的用户体验标准。主要的措施包括：

● 建立统一的跨产品和项目的用户体验质量标准以及评估方法。

● 确保开发的产品在设计评审、产品测试、质量控制、投放市场等决策中充分考虑用户体验质量标准。

- 当从其他组织收购业务和采购设备时，确保对所收购业务的产品和采购的设备开展用户体验测评，保证这些产品和设备满足可接受的用户体验质量标准。

（三）产品开发中的以用户为中心设计活动

参与确定产品开发中所需要的以用户为中心设计活动的主要人员是项目经理、产品经理、资深用户体验专业人员等。目的是通过有效的以用户为中心设计活动来确保产品达到预期的用户体验目标。所要取得的主要结果包括：开发出满足用户需求的产品；开展了适当的以用户为中心设计活动，并且采用了合适的方法；实现了预期的用户体验目标。有关具体的以用户为中心设计活动，本书前面的章节已经详细讨论了，以下主要从项目的流程和管理等角度从以下四方面概括性地讨论。

1. 计划和管理项目的以用户为中心设计活动

该项工作的目的是确保以用户为中心设计活动在整个项目的开发流程中得到系统的开展，并且在整个项目流程中可以评价和追踪各种活动的结果。所要取得的主要结果包括：与项目利益相关的各方面人员（包括管理、业务、技术、市场、用户体验等部门）对项目中以用户为中心设计工作的范围达成共识；以用户为中心设计活动融入整个项目计划中；以用户为中心设计活动得到系统的开展。主要的措施包括：

- 确定产品的用户体验质量目标、可能存在的潜在风险、化解风险的方案。
- 确定项目中需要开展的各项以用户为中心设计活动以及活动范围。
- 确定支持这些活动的相应方法和所需的资源（包括人力资源、时间进度、数据、软硬件设备、人员技能、财务预算等）。
- 管理所计划项目中的以用户为中心设计活动，并且确保各项活动按计划进行。

2. 确定用户需求

确定用户需求的主要目的是充分了解产品用户的特征、目标、任务、使用场景和环境等，为产品开发提供详细和可验证的用户需求。所要取得的主要结果包括：充分了解用户的特征、目标、任务、使用场景和环境；获得可验证的产品详细用户需求。

以用户为中心设计方法强调从产品用户的需求出发来驱动产品的开发，但是以用户为中心设计理念并非完全排除其他方面的考虑（比如，组织的业务需求、技术需求和限制）。因此，在收集产品用户需求的基础上，用户体验专业人员应该与项目团队紧密合作，收集和确定组织内其他利益相关者的需求（包括来自组织内其他部门的业务发展策略、业务需求、技术需求和限制等）。在许多情况下，最终详细的产品设计需求是以用户需求为出发点，权衡了其他业务和技术等方面需求的考虑，从而能够提供优质的用户体验、产生良好的业务经济效益、生成在技术上可行的产品解决方案。主要的措施包括：

- 通过用户研究等活动，收集和定义产品的不同用户群体以及相应的特征、任务、目标、需求、使用场景和环境（物理、社会、组织、市场等环境）等。
- 根据收集到的信息，开展场景分析和任务分析，包括人（用户）和机（产品软硬件系统）之间的功能分配等。
- 确定现有产品（如果有的话）所存在的用户体验问题；基于项目的用户体验质量

目标和用户需求，进一步细化用户需求。

- 收集和确定组织内其他利益相关者的需求（包括来自组织内其他部门的业务发展策略、业务需求、技术需求和限制等）。
- 与项目利益相关者（业务经理、产品经理、技术经理等）沟通和协调用户需求（包括解决用户需求之间的冲突、解决用户需求与业务和技术等需求之间的冲突、为每项用户需求分配实施的优先等级等）。
- 根据以上所有信息，确定产品的详细用户需求（包括产品功能、业务流程、产品内容等）。

3. 确定符合用户需求的产品设计方案

确定符合用户需求的产品设计方案的目的是快速生成用户界面设计原型来收集用户的反馈意见，通过迭代式设计，形成满足产品用户体验目标的最佳产品设计方案。所要取得的主要结果包括：提供一个或多个可用来进行用户体验测评的设计方案（设计原型）；通过迭代式设计和用户体验测评，得到经过多轮改进的设计方案。主要的措施包括：

- 详细定义基于用户需求的人机交互要求、用户界面信息架构等。
- 确定合适的人机界面技术（例如，语音输入、触摸屏）。
- 采用快速迭代法生成并不断改进用户界面原型（概念模型、低/高保真设计原型），整个迭代过程包括用户体验测评的活动。
- 在生成并改进设计原型时，考虑相关的用户体验和用户界面设计标准。

4. 开展用户体验测评来验证用户需求

开展用户体验测评来验证用户需求的目的是采用适当的用户体验测评方法来及时收集针对设计原型的反馈，通过迭代式设计的方法不断修改设计方案，直到形成满足产品用户体验目标的最佳设计方案。所要取得的主要结果包括：通过用户体验测评发现用户体验问题；通过不断修改形成满足用户需求的最佳设计方案；发现产品设计中暂时无法解决的用户体验问题。主要的措施包括：

- 确定在项目开发的不同阶段采用的合适的用户体验测评方法。
- 根据所确定的项目用户体验质量标准（定性和定量）来决定所测试设计原型的可接受度以及所需要改进的程度。
- 完成所计划的用户体验测评活动。
- 分析测评的结果，从用户体验风险的角度排出需要解决问题的优先顺序，并提出改进用户体验的设计修改方案。
- 对暂时无法通过设计改进的用户体验问题（比如，技术的限制），提出其他方法（比如，使用用户界面指导语、用户手册）来降低在产品使用中潜在的用户体验风险。

（四）产品开发后的用户体验实践

参与产品开发后的用户体验实践的主要人员为运营经理、服务和用户支持经理、资深用户体验专业人员等。这方面的工作在实践中往往会被忽略，但是从全部用户体验的角度出发，用户体验贯穿于产品引入市场、运营、用户使用、更新升级以及退出市场的整个产品生命周期中，因此，在产品开发完成后，还需要全方位地考虑用户的需求，降低用户体验风险。

这方面的工作所要取得的主要结果包括：从产品开发过渡到运营所需要的用户体验实践；获得用户对产品使用的反馈信息；为用户使用产品提供各种支持方案；产品在使用中暴露出在使用场景和用户需求等方面的变化；产品在其整个生命周期（包括退出市场）中继续满足用户需求。

1. 产品引入市场

针对产品引入市场所开展的用户体验实践的主要目的是在产品引入市场之前，实施各种用户支持的策略和完成各种用户支持方案，从而保证用户在最初接触产品时能得到最佳的用户体验。所要取得的主要结果包括：形成引入市场和用户沟通的策略以及方法；生成用户帮助、培训等内容；确定具体的用户支持方案。主要的措施包括：

- 确定产品引入市场对用户可能的影响，例如工作场所设计、软件和硬件人因工程方面的影响。
- 制定产品引入市场和用户沟通的策略，以及引入市场期间追踪潜在的用户体验问题的方法。
- 确定产品使用中用户支持系统或服务的要求，并提供用户支持系统。
- 确定产品本地化、用户培训和文档等的需求，并根据用户需求提供具体方案。

2. 产品运营和用户使用

针对产品运营和用户使用所开展的用户体验实践的目的是系统地收集用户对产品设计、使用、用户支持等方面的反馈意见，为产品用户体验的改进提供依据。所要取得的主要结果包括：获得用户使用数据和反馈信息；发现产品使用中的用户体验问题；形成产品用户体验需要改进和升级的清单。主要的措施包括：

- 系统地监控和收集产品的使用情况、用户反馈意见、用户体验问题。
- 确定和改进产品用户维护、用户支持系统中存在的问题。
- 分析产品使用中可能出现的使用场景和设备等方面的变化。
- 评估新技术对产品用户体验、可维护性的潜在影响。
- 实施必要的产品纠错来维持预期的用户体验目标。
- 根据用户使用情况和反馈意见，制定产品用户体验需要改进和升级的清单。

3. 产品更新升级

针对产品更新升级所开展的用户体验实践的目的是依据用户的使用和反馈意见来定义产品更新升级的需求，通过必要的产品更新升级来提供优质的用户体验。所要取得的主要结果包括：获得用于定义产品更新升级的用户使用和反馈数据；确定新版本的用户需求；生成充分考虑了用户体验影响的更新升级版。主要的措施包括：

- 评估相关的新技术对产品用户体验的潜在影响。
- 制定改进产品用户体验的产品升级项目清单。

● 评估更新升级对用户体验、培训、帮助及用户支持的潜在影响。

● 向产品项目团队提供有关用户体验质量问题的反馈，以改进未来的产品设计。

● 确定新版本的需求，并根据用户体验排出满足它们的优先级。

4. 产品退出市场

针对产品退出市场所开展的用户体验实践的目的是在产品退出市场的过程中充分考虑到用户需求，从而降低用户体验风险。所要取得的主要结果包括：完成产品退出市场过程中的用户体验风险评估，并提出相应的对策；确定用户对新产品的要求；针对现有产品形成用户认可的重要功能清单。主要的措施包括：

● 调查现有产品的使用情况、可能的使用场景变化。

● 制定用户数据保存和保护的方法。

● 评估产品退出市场过程中的用户体验风险。

● 评估产品退出对现有用户的作业任务、业务流程、健康安全等方面的影响。

● 确定对用户重要的现有功能，为新产品的开发提供反馈。

二、组织推广

（一）组织内用户体验实践的一般成长过程

上一部分讨论了在比较成熟的用户体验组织文化环境中的用户体验实践，但是，任何成熟的用户体验组织文化环境都有一个形成和发展过程。Nielsen（2006a，2006b）根据大量的案例将组织用户体验实践的成长过程分为八个阶段。虽然并非所有的组织都是按照这八个阶段成长，但是这个过程比较全面地概括了组织内用户体验实践的一般发展规律。了解这些一般的发展规律，有助于确定影响组织内用户体验实践的一些重要因素，从而少走弯路，加快成长的步伐。以下是对这八个阶段的介绍。

1. 排斥用户体验实践

开发人员完全忽略产品用户的需求。他们开发的目标是构建产品的功能并保证这些功能能够正常运作。在这种思维模式下，用户的需求对他们无关紧要。如果一个组织处于这样的用户体验敌意的阶段，在开展用户体验活动之前，首先必须改变开发团队尤其是管理层的观念，这样才能进入下一阶段。

2. 以开发人员为中心的用户体验实践

开发团队依靠自己的直觉确定什么是良好的用户体验。这种方法仅适用于一类为开发人员或其他极客开发的工具，例如 Web 服务器，其用户都是开发人员。但是，绝大多数的产品是为普通用户服务的，开发团队对用户体验的理解是极其有限的。该阶段唯一的小进步是人们开始关注用户体验，但是在具体的实施方法上犯了原则性的错误：开发团队关注的只是代表他们自己所在群体的体验，而不是普通用户的体验，即所谓的"专家为专家设计"现象。

3. 非结构化或随意的用户体验实践

虽然大多数设计开发决策仍主要依赖于设计开发团队对用户体验的判断，但是组织开始意识到不应该依赖于这种主观的判断。尽管存在很多障碍，但在这个阶段，组织内的一些团队开始启动小规模的用户体验活动。有人会招募一些实际产品用户进行简单的可用性测试，或者就某个产品项目的用户体验质量咨询外部用户体验专家。

4. 预算有限的用户体验实践

一些小规模用户体验项目带来的投资回报引起了管理层的注意，或者某个高层领导受到外界的影响而开始从产品质量角度来考虑产品的可用性。以上情况可能会促使组织对用户体验投入一些专用预算。但用户体验的预算分散在组织的基层，而且可能在不通知的情况下被随意取消。从方法论上来说，尽管用户体验活动开始涉及对产品用户界面的部分设计，但是这些活动主要集中在开发流程后期的用户测试方面。因此，尽管通过这些用户测试发现了产品设计中的一些用户体验问题，但是许多大的用户体验问题发现的时间太晚。开发团队或因为已经没有足够的时间，或因为设计的改变需要花费很大的开发资源，也就无法真正从设计上解决这些大问题。其结果是，这些用户体验活动对改进产品用户体验的影响力有限。

5. 有限管理的用户体验实践

组织内部成立了一个正式的用户体验团队，由用户体验经理领导。大多数情况下，该团队开始只有几个成员，但随着组织对用户测试的需求量增加，该团队往往会成长并获得专用的可用性测试实验室。在用户研究方法的选择上类似于上一阶段：焦点仍然是开发流程后期的用户测试，主要区别在于可用性测试等活动更加一致，因为团队成员相互学习的同时改进了方法。用户体验的预算还是非常有限，无法为所有项目实施应有的以用户为中心设计活动，只能集中在有限的项目上。其余的项目仍然采用随意分散的以用户为中心设计活动。

6. 系统化的用户体验实践

在此阶段，组织已经认识到需要一个系统化的以用户为中心设计流程，包括用户研究、原型设计、用户测试等多项活动。在重要的项目中，团队在做任何设计之前都会进行早期用户研究。通常，组织内部有用户界面设计标准。此外，组织可能会有一个相对标准化的简单流程来跟踪整个设计项目和跨产品版本的用户体验质量，高层管理人员像监督其他业务指标一样开始监控这些用户体验指标。最后，迭代式设计在这个阶段更为常见，因为组织意识到无法在一轮的设计和用户测试中达到最佳的用户体验质量，更好的结果来自逐步完善的迭代式设计。

7. 整合的用户体验实践

在上一阶段，组织开始进行早期的现场用户研究。在本阶段，这种早期的现场用户研究活动更为常见，产品开发的每个步骤都会考虑用户的需求及其相关数据。除了上一阶段的简单的产品用户体验质量评估，在本阶段组织通常通过量化的用户体验指标来追踪各个项目的用户体验质量。此外，每个项目都定义了用户体验目标，产品达到这些目标才能发布。在本阶段，组织开始使用用户体验数据来制订产品投资和开发的计划。

8. 用户体验驱动的组织

在此阶段，用户体验数据（各种用户需求数据、用户体验指标等）不仅仅定义了个别项目，还成为组织产品开发和投资计划决策中必须考虑的重要因素之一。例如，在决策过程中，组织会采用用户体验数据来确定各种备选方案的优先级。此外，全部用户体验的概念已推广至整个组织，用户体验活动不仅仅局限于产品的用户界面设计，而是扩展到产品的整个生命周期。另外，用户体验活动不仅仅局限于产品设计，也渗入流程设计、服务设计等之中。在上一阶段的基础上，组织的用户体验设计流程、活动和方法更为成熟，用户体验影响整个组织的发展策略。

（二）用户体验的组织成熟模型

从前面的讨论中可以看出，有一些重要的因素影响组织内用户体验实践的成熟。以往的研究通过总结和概括这些重要因素提出了一些用户体验组织成熟模型（Lacerda & von Wangenheim，2018）；中国用户体验协会（UXPA）也曾经启动一个研究项目，提出了一个用户体验组织成熟模型（陶嵘，黄峰，2012），并采用该模型对一些中国企业的用户体验实践开展了初步评价。综合以往的研究和以上的讨论，我们可以确定评价一个组织用户体验成熟度的五个主要因素，即管理层参与、资源投入、教育培训、以用户为中心设计流程、用户体验标准，并基于此提出一个用户体验的组织成熟五阶段概念模型（见表 11-1）。

表 11-1　　　　　　　　　　用户体验的组织成熟五阶段概念模型

	管理层参与	资源投入	教育培训	以用户为中心设计流程	用户体验标准
阶段五：用户体验驱动	●	●	●	●	●
阶段四：整合	◕	◕	◕	◕	◕
阶段三：系统	◑	◑	◑	◑	◑
阶段二：有限管理	◔	◔	◔	◔	◔
阶段一：探索	○	○	○	○	○

如表 11-1 所示，该模型在用户体验实践中至少有两方面的应用。首先，通过模型中每个要素在各阶段定义一些具体的要求（类似于检查表），模型可以用作评价一个组织（包括整个组织以及各分组织）用户体验实践成熟度的一个工具，从而帮助组织确定当前在各要素上的成熟水平，并且找出差距。其次，模型可以成为一个用户体验实践的指导框架，帮助组织制定在某一段时间内所要达到的成熟水平，并根据模型的具体要求和存在的差距，制定出达到预期成熟水平的组织用户体验实践路线图。

（三）组织中推广用户体验实践的策略

作为一种不同于传统产品开发的理念和方法，在组织中推广用户体验实践一定会遇到一些阻力和困难。正如上述用户体验组织成熟模型所示，许多因素会影响组织成长的进度。这就需要一些策略和正确的方法来克服这些阻力以及困难，以最小的代价获取最大的效果。以下是在组织推广用户体验实践时需要考虑的一些策略，不过用户体验实践的组织推广并没有一个固定的流程，具体取决于组织的文化和环境等因素。

1. 选择最佳的推广途径

在一个组织中启动用户体验实践，一般有以下三种可能的途径。

（1）自上而下的途径

该途径强调用户体验推广的动力来自组织内部的管理层。组织的管理层意识到用户体验的重要性，开始招兵买马，成立内部的用户体验团队，或者雇用外部的用户体验咨询公司。这种自上而下的途径在当今全社会强调"体验经济"的宏观环境下比以往更有可能实现。中国改革开放所引进的外资企业受其总部企业文化的影响，率先在中国的企业组织中建立了一系列用户体验团队。这种企业文化或多或少已经影响了国内许多企业，尤其是高科技企业。今天，任何做面向用户产品的大型科技企业中，几乎都有用户体验团队。自上而下的途径相对来说效率比较高，能少走弯路。

（2）自下而上的途径

该途径是指用户体验实践推广的动力来自处于组织基层的产品开发项目团队。个别基层团队和个人自发地在一些小规模项目中开始尝试一些非结构化、随意性的用户体验活动，然后经过一段时间逐渐地影响管理层。这种自下而上途径的影响力相对来说是渐进的、随机的、低效率的，导致组织内的用户体验推广有可能半途而废。自下而上的途径要在组织内发挥更大的影响，在特定的时候必须得到管理层的支持。

（3）自上而下和自下而上的组合途径

这种组合途径强调组织内用户体验实践推广的动力同时来自管理层和产品开发项目团队两个方向。有许多外部和内部的组织环境等因素可能导致这种组合途径的产生，其中一种可能性是组织基层开发项目团队的一个重要产品由于用户体验的原因而失败（包括用户的反馈意见、接受度、市场占有率等），组织的业务受到较大的影响，而市场上同类竞争产品的用户体验效益明显体现出来，促使管理层意识到用户体验的重要性，痛下决心开始增加对自发开展用户体验实践的团队在资金和人力资源上的投入，并且逐步在组织中推广。

无论一个组织的用户体验推广是从哪一种途径开始的，都仅仅是一个开端。以下许多其他的重要策略都会影响组织内用户体验实践的效率。

2. 获取管理层的支持

没有管理层的支持，组织内用户体验实践的推广将是非常困难的。用户体验实践的推广需要管理层的支持，包括用户体验预算、人力资源和设备等。获取和保证管理层对用户体验实践的支持至少有以下几个途径：

- 展示组织内一个重要产品项目的用户体验活动所产生的量化的投资回报和业务价值（详见下文"采用渐进有效的策略"）。
- 聘请外部知名的用户体验咨询公司来给管理层提供简明扼要的培训。
- 利用为管理层汇报工作进展的机会，提供外部其他组织（尤其是行业中的竞争企业）用户体验实践的成功例子。
- 开始在组织的业务运营绩效报表中报告用户体验实践的进展和相应的投资回报。
- 争取一位高层管理人员作为组织内的用户体验赞助人。条件成熟时，组织应该有一位首席体验官，这个位置不同于负责具体设计工作的首席用户体验设计官。首席体验官旨在提供领导力、策略、资源和协调等组织方面的工作支持。

3. 改进或再造现有的产品开发流程

有效地开展用户体验实践需要将用户体验活动融入现有的设计和开发流程中，否则用户体验活动会被认为可有可无，因此需要改进甚至再造现有的设计和开发流程。但是，流程变革并非易事，一定会遇到反对之声，尤其当别人还不理解用户体验或者用户体验实践本身还没展现出其价值时。要考虑的策略包括：

- 充分了解组织对开发流程能容忍多大程度的中断，然后制定有效的策略。
- 如果组织内阻力比较大的话，采用渐进的方法。考虑从个别项目开始或者仅仅改进整个开发流程中的部分阶段（比如，在产品测试阶段加入用户体验测评）。
- 发布具有指导性质的将用户体验活动融入开发流程的设计指南，并在不同的流程阶段设立用户体验活动的检查点。
- 当组织的用户体验实践达到成熟阶段时，发布具有强制执行性质的以用户为中心设计流程标准，并建立有效的审核制度。

4. 建立一个有效的用户体验团队

用户体验实践需要一个内部中心组来推动（规模不必太大）。一般来说，中大型组织需要建立一个包括用户体验中心组加上向产品线项目组报告的用户体验人员的混合团队。建立用户体验团队应该考虑以下一些策略：

- 确保团队拥有涵盖核心用户体验学科的技能和经验，包括用户研究、可用性测试、交互和视觉设计等。
- 在组织内提供用户体验培训课程来帮助推广用户体验的理念。
- 对于愿意辅助用户体验活动的非全职用户体验人员，可通过培训发放用户体验资格认证。这样既解决了用户体验人员缺乏的情况，又保证了从事用户体验活动所需的基本技能要求。
- 启动和制定从事用户体验活动的设计工具和模块，建立可分享的可用性实验室。
- 随着组织的成熟，分阶段推出用户界面设计标准、标准化的以用户为中心设计流程和方法、分享再用式交互设计模型和模式库。
- 制定用户体验组织的战略和发展计划，确保其与整个组织的战略和业务目标保持一致。
- 在成熟阶段，将产品用户体验绩效指标融入组织的总运营指标中，用用户体验数据来影响组织的投资策略和产品路线图。

5. 采用渐进有效的策略

用户体验实践的推广不能急于求成，因为组织文化的改变不是一夜之间就可以完成的，需要一个渐进有效的策略。可以考虑以下一些方法。

（1）在以用户为中心设计方法的选择上由易到难

在启动初期，如果缺乏用户体验人员并且用户体验的组织文化还不成熟，首先考虑短期易出效果的用户界面原型设计、可用性设计、快速用户测试，暂时不考虑开展较大规模的现场用户研究等。

（2）善于利用项目展示来呈现用户体验工作的价值

在启动初期，展示项目的选择较为重要。选择的项目应该是与主要业务密切相关、能够引起管理层注意，并且能够定量计算用户体验业务价值和回报的项目。即使开展有限的用户界面设计改进和可用性测试，也可以定量地计算出用户体验的投资回报。

（3）考虑在用户体验方法论方面的成长

继续将用户体验活动集中在用户界面的可用性设计方面，通过可用性测试来清理许多不良的设计。条件成熟时，再考虑开展深入的用户研究，从而从更大范围影响产品的用户体验设计。

（4）优化对重要项目的用户体验投入

不要平均地分配用户体验资源给各个项目，这会导致每个项目仅仅开展简单的用户体验活动。应该确保高影响力的项目有足够的资源来开展早期的用户研究、多轮迭代式设计和用户体验测试等活动。

（5）增强对整个组织的影响力

当无法为所有项目提供足够的用户体验资源时，可以考虑为没有用户体验人员参与的项目提供用户体验咨询，帮助项目团队自己开展有限的以用户为中心设计活动（比如，用户界面的可用性设计），为非用户体验人员提供培训，发放用户体验资格认证，为开发团队制定用户界面可用性设计指南，同时也帮助推广用户体验实践。

（6）争取将产品用户体验绩效融入组织的业务绩效追踪系统中

这样可以定期向管理层汇报以用户为中心设计实践的进展、用户体验的投资回报以及面临的困难，主动争取管理层的支持，并且影响管理层的产品发展和投资策略。

6. 传播用户体验理念和文化

用户体验不仅仅是一份工作，它也是产品设计开发中的文化和价值体系，因此组织内的人们需要一定的时间来完成观念上的转变。目前，用户体验行业已形成一个共识：用户体验人员必须具备的技能之一是说服力，传播用户体验理念和文化是一个永无止境的过程，传播这种理念和文化是用户体验人员职业生涯中不可分割的工作内容。用户体验理念和文化的传播需要通过多种渠道在组织内各个层面展开，可以考虑以下这些策略（包括前面已经讨论过的）：

- 展示用户体验实践的成功个案和投资回报。例如，在组织内部的开发大会上对此进行展示。
- 建立内部用户体验社交群体（例如，微信群）。当组织还没有正式的用户体验团体时，该群体可分享各自用户体验活动的信息；当条件成熟时，向管理层展示已经聚集的用户体验工作爱好者，可以帮助管理层看到拓展用户体验工作的可行性。
- 邀请管理层和开发人员来可用性测试实验室观摩可用性测试，这种影响的效果好于培训课。
- 将以用户为中心设计方法融入现有的开发流程中；开发组织内用户体验的设计指南和标准。

- 在组织内开设用户体验培训课和提供专项的用户体验资格认证（比如，交互设计、用户问卷调查和访谈），吸引更多的非用户体验人员加入用户体验实践。

三、用户体验组织的建设

随着用户体验实践的推广，在组织内成立用户体验团队就提上了议事日程。用户体验组织的建设包括许多方面，本部分集中讨论用户体验的组织结构模型和组织内用户体验标准开发。

（一）用户体验的组织结构模型

用户体验的组织结构模型决定了用户体验团队在整个组织结构中的相对位置、用户体验团队内部的结构以及其与不同业务产品报告线之间的关系。组织结构模型直接关系到用户体验团队的工作效率和影响力等，组织结构模型的选择也受一些因素的影响（例如，整个组织的规模）。不同的用户体验组织结构模型优点和缺点共存，重要的是为用户体验团队选择一个与整个组织环境相匹配的组织结构模型。以下比较和分析三种典型的用户体验组织结构模型及其特点，并且提出一些建议。

1. 集中式模型

该模型的特点是整个组织内所有的用户体验人员都在同一个用户体验中心组里工作，并且向用户体验团队经理报告。用户体验团队的管理以项目为基础，从功能上讲，它是组织内部的一个为各类产品项目提供短期用户体验咨询和设计服务的代理机构。产品线上的项目经理向用户体验经理提出用户体验工作的需求，用户体验人员按照需求分配给具体的产品线项目，并签订相应的"临时工作合同"和详细的用户体验工作计划。用户体验人员一旦完成一个产品项目后就转向另一个产品项目。表 11-2 呈现了该模型的优缺点。

表 11-2　　　　　　　　　　　集中式模型的优缺点

优点	缺点
• 用户体验中心组通常有较强的交互和视觉设计能力。 • 可支持各类项目的用户体验工作。 • 有利于做到用户界面设计的跨产品一致性。 • 有利于管理和控制所需的用户体验人力资源。 • 有利于用户体验设备资源的共享。	• 不易与项目以及相应的业务产品线建立有效的沟通和工作关系。 • 用户体验人员对所参与项目中的产品用户体验设计的归属感不强，缺少对产品长远开发策略的影响。 • 用户体验人员缺乏对各个产品业务领域和组织的深入了解。 • 不易将以用户为中心设计融入产品项目的开发流程。

一般来说，集中式模型主要适合于小规模的组织或者每年开发项目不多的组织。因为在这样一个组织环境中，该模型的缺点可以相对被控制在比较低的风险程度上。但是在一个有众多产品生产线和多层次的中大规模的组织内，该模型的缺点在实践中就会表现得很明显。这种短期服务式用户体验工作模式无法有效地开展深入的用户体验工作，最终直接影响到产品的用户体验质量。

2. 分散式模型

该模型的特点是以业务产品线基层组织和项目为基础，用户体验人员被分配到不同产品的业务和项目组织。由于用户体验人员数量有限，产品生产线上一般没有设置专门的用户体验团队经理，用户体验人员直接向相应的产品生产线组织内某一个功能部门的经理报告，比如产品质量控制团队、用户培训团队、市场调研团队、开发团队等。用户体验人员参与的具体项目和用户体验活动由有这些功能部门的经理直接分配。因为这些功能部门的经理并非用户体验专业出身，所以用户体验人员所从事的具体项目和以用户为中心设计活动很大程度上取决于该经理对用户体验的理解，以及与用户体验人员之间的协调结果。表 11 - 3 呈现了该模型的优缺点。

表 11 - 3　　　　　　　　　　　　　　　分散式模型的优缺点

优点	缺点
<ul><li>各业务产品线上的基层组织单位对用户体验有控制权。</li><li>用户体验资源是业务产品团队的一部分。</li><li>相对容易将以用户为中心设计融入产品开发流程。</li><li>用户体验人员对产品用户体验设计具有一定的归属感。</li><li>产品发布后可进行快速迭代式设计。</li></ul>	<ul><li>用户体验人员孤立地工作，与其他产品线上的用户体验人员缺乏用户体验专业方面的交流和合作。</li><li>易导致不同用户体验人员在以用户为中心设计方法方面产生不一致的想法。</li><li>无法对组织管理层和组织内的用户体验策略产生统一的影响。</li><li>缺乏组织内设计标准、实验设备等方面的共享。</li><li>不能有效地利用用户体验人力资源，用户体验人员有可能去做一些非用户体验的工作来满足项目的短期需求。</li><li>用户体验人员可能长时间集中在某一产品线上从事低效的以用户为中心设计活动。</li><li>用户体验人员缺乏长期用户体验职业发展的支持。</li></ul>

由于用户体验工作的独立性，在分散式模型下用户体验工作的有效性很大程度上取决于用户体验人员个人的经验和影响力、用户体验人员所报告经理对用户体验的理解、经理和用户体验人员之间的工作协调关系。如果用户体验人员个人的经验和影响力有限，该模型的缺点就将表现得比较明显。在短时间内，这种模型可以帮助用户体验人员在各自的产品项目中从事一些基本的以用户为中心设计活动，但是从整个组织的长远发展策略来看，这种各自为政的工作模式可能会导致整个组织内在用户体验策略、方法、设计标准、流程等方面缺乏协调。另外，分散在各业务产品线上的用户体验人员容易因为各种原因而跳槽（例如，缺乏长期职业生涯的支持、缺少用户体验专业领域内的交流沟通和合作），各业务产品线上的用户体验人力资源也不易长期维持。因此，长远来说，分散式模型不易发挥有效的作用和影响力，也无法长久存在。

3. 混合式模型

在该模型中，用户体验团队包括一个用户体验中心组加上分散在各个业务产品线上的用户体验人员。中心组的用户体验人员向中心组的用户体验经理报告，而分散的用户体验人员分别向各个业务产品线上的功能部门经理直接报告，但是在用户体验相关技术和方法上接受中心组用户体验经理的领导（副报告线）。这种模型的另外一种形式是：分散的用户体验人员直接向中心组的用户体验经理报告，同时接受各个业务产品线上的功能部门经理的领导（副报告线）。表 11 - 4 呈现了该模型的优缺点。

表 11 - 4   混合式模型的优缺点

优点	缺点
• 有利于提升对组织管理层的影响和制定组织内统一的用户体验策略。 • 能够对重要产品项目提供持久的支持。 • 有利于形成跨产品的用户体验策略。 • 有利于开发组织内统一的用户体验设计、流程、方法和标准。 • 有利于建立用户体验中心组与各个业务产品线之间的工作联系和沟通。 • 用户体验人员对产品用户体验设计具有一定的归属感。 • 支持组织内用户体验人员职业生涯的发展。 • 能够灵活地调整跨产品项目的用户体验人力资源。	• 对用户体验中心组的管理能力要求高，否则无法支持和协调分散的用户体验人员。 • 对用户体验中心组的技术力量要求高，否则无法承担组织内用户体验标准、方法或工具、策略等的开发工作。

一般来说，混合式模型比较适合于大中型组织。由表 11 - 4 可知，该模型既保留了集中式模型的优点，又具备分散式模型的优点。混合式模型的中心组为分散在各个产品线上的用户体验人员提供职业发展咨询、工作绩效评估以及协调功能，同时还承担开发用户体验标准、提供方法或工具、开展职业辅导培训以及招聘人员等工作。更重要的是，用户体验中心组能够直接管理各个产品生产线上具体的用户体验实践和绩效，用户体验经理与产品业务线保持有效的工作关系和沟通，从而有利于整个组织内形成统一的跨产品用户体验发展策略，并且对组织的管理层和组织的业务发展策略产生更大的影响。

（二）组织内用户体验标准开发

当用户体验团队走过了组织建设的初期阶段后，整个组织内跨产品的以用户为中心设计流程和用户界面设计的标准化就提上了议事日程。推广标准化的以用户为中心设计流程和用户界面设计，是基于用户体验的组织建设的一个有效手段之一。

1. 用户体验标准的多层次结构

用户体验标准体系是一个金字塔式的多层次结构模型。自上而下，这个多层次模型包括国际标准、国家标准、行业和企业标准，各层次的标准内容体现了继承性和一致性的关系。最高层次的国际标准一般定义了各方面取得共识的指导和设计原则，而不是具体的设计要求，从而体现出在一定范围内具体设计的灵活性；而最底层的行业和企业标准则在国际、国家标准的原则内容框架下详细地规范了具体的标准要求。

用户体验标准体系的最高层次是由国际标准化组织（ISO）工效学技术委员会（ISO/TC 159）发布的国际标准。该委员会下设 4 个分委员会（SC），截至 2020 年 3 月一共颁布了 140 部标准［包括 139 种由 4 个分委员会负责的标准（见表 11 - 5）和 1 种由 ISO/TC 159 直接负责的标准］，其中许多内容都涉及用户体验。例如，在 ISO 9241 标准系列中，ISO 9241-210 是一部有关以用户为中心设计方法和原则的标准，ISO 9241-220 是一部有关以用户为中心设计流程的标准（征求意见稿），而 ISO 9241-230 则是有关以用户为中心设计中测评方法的标准（起草中）。本章作者作为 ISO 技术工作组（ISO/TC 159/SC 4/WG 6）成员，参与了相关工作。

表 11 - 5   ISO/TC 159 分委员会（SC）标准统计

分委员会（SC）	已发布标准数	正在起草标准数
SC 1（一般工效学准则）	8	0
SC 3（人体测量和生物力学）	24	7
SC 4（人-系统交互工效学）	74	10
SC 5（物理环境工效学）	33	6
总数	139	23

（来源：ISO，n.d.）

第二个层次是国家标准。中国人类工效学标准化技术委员会和中国标准出版社第四编辑室已出版《人类工效学汇编：一般性指导原则及人-系统交互卷》。该卷收入了人类工效学（人因工程学）的一般性指导原则，以及 13 部有关视觉显示终端及控制中心的人机交互和人机界面设计的人类工效学国家标准。美国国家层次上的标准包括已颁布的近 40 部人因工程的政府标准［美国国家航空航天局（NASA）、美国国防部（DoD）、美国联邦航空管理局（FAA）等标准］，以及非政府标准［美国人因和工效学会（HFES）、美国国家标准学会（ANSI）等标准］。其中，HFES 目前已颁布 3 部标准，包括计算机工作站人因工程标准、软件用户界面设计人因工程标准、产品设计人体测量设计的指导准则。

第三个层次是各行业和企业标准。这些标准具体规范了某个行业和企业产品领域的用户体验标准（包括用户界面设计、以用户为中心设计流程和方法等）。这些标准可能是对外的，也可能是对内的。例如，微软公司颁布了详细的 Windows 系列软件产品的用户界面设计标准，苹果公司颁布了基于 iSO 的用户界面设计标准。以上两个标准都是对外的，从而保证不同开发商在同一技术平台上开发应用软件时都采用同一种用户界面设计标准。许多企业也颁布了供组织内部使用的一系列用户体验标准。这些内部标准一方面保证了组织内不同产品线和项目团队都采用统一的标准，另一方面也有助于组织内部的用户体验实践。

2. 组织内用户体验标准的内容

本部分将集中讨论第三个层次即组织内部的用户体验标准，因为组织内部的用户体验标准开发与组织内用户体验实践和推广更直接相关，而开发和使用这些用户体验标准也是推动组织成长的一个重要手段。这些用户体验标准大致可分为以下两个方面。

（1）设计标准

目前大部分设计标准的内容集中于视觉人机界面的设计，以下的讨论也集中在这方面。随着新技术的发展，各种语音、触摸、手势等人机交互的设计标准也不断涌现出来。视觉人机交互设计的标准主要包括：

● 用户界面设计的指导原则：产品用户界面设计应该遵循的用户体验原则，例如跨平台的一致性原则、无障碍设计原则。这些设计原则很多来自国际和国家标准。

● 视觉设计资源库：例如，代表企业产品品牌和可用性设计的软件产品用户界面的视觉设计风格（颜色、图形、字符等）。

- 人机交互设计指南：基于用户体验测评验证的具体交互设计要求，这种要求来自对产品的用户需求、产品功能和产品所采纳的平台技术等方面因素的考虑。例如，用户在任何页面上的导航不能超过 n 次点击。
- 交互模式设计原型库：基于用户体验测评验证的各种用户界面交互模式和模块（主要以设计原型的形式），例如各种页面导航、页面菜单的交互模式。
- 基于软件代码的交互模式库：这种基于软件代码的交互模式是在视觉设计和交互模式设计原型的基础上完成的，软件开发人员在编程时可以直接调用这些交互模式的代码，大大节省开发时间的同时又保证符合企业品牌和可用性设计的要求。

（2）方法论标准

用户体验方法论标准主要包括：

- 以用户为中心设计流程：具体规范了组织内在产品开发流程的不同阶段所应该采用的统一的以用户为中心设计活动和方法、以用户为中心设计活动的检查点以及检查的内容等。
- 用户体验测评方法：具体规范了组织内统一选用的各种方法、具体的测评程序、用户和样本大小的选择、用户调查问卷设计、规范化的专家评估等等。
- 用户体验质量指标：具体规范了组织内统一使用的用户体验质量指标、指标的基准量值、验证指标的方法、用户体验指标的追踪方法、用户体验指标的报告程序等等。例如，用户满意度至少达到 85%，新用户独立完成作业任务的成功率至少达到 95%。
- 组织用户体验成熟度评价规范：具体规范了成熟度的等级、成熟度评价的维度（因素）、具体的检查表和执行方法等。

3. 为什么要进行组织内用户体验标准开发？

（1）促进产品用户界面设计的一致性，节省开发、维修和升级成本

设计的一致性意味着不需要为每个产品设立单独的设计标准，一个标准可以覆盖一个系列的产品。从用户体验生态的角度来说，设计一致性表现为产品设计的跨平台一致性（电脑、平板、手机等）。通过标准化来维持用户界面的设计一致性，用户体验团队可以与开发团队合作开发出可再用的用户界面资源，比如基于软件代码的软件产品的用户界面风格（style sheets）、基于软件代码的各种人机交互模式。这些用户界面代码资源能帮助开发人员快速生成用户界面，大大节省软件用户界面的开发、维修和升级成本。

（2）提升产品的可用性和用户体验

首先，用户体验标准所规定的详细的设计规范（包括设计原则、人机交互模式等）是建立在以往用户体验测评等活动的基础上的，因此具有可用性的保证。其次，基于一致性和可用性的设计可帮助用户将有关新产品使用的心理模型与他们以往使用产品时所建立的心理模型相匹配，从而减少学习使用新产品的时间，提高工作效率和用户体验，为产品开发商降低用户支持成本。

（3）有利于推广组织的产品品牌

任何产品都有一定的品牌，其设计对于产品的市场投入、用户体验、营销至关重要。产品品牌的设计往往与用户界面密切相关，因此用户界面设计标准化有利于规范产品品牌设计，例如在网站上提供体现产品品牌的页面模板。

（4）有利于组织内用户体验实践的推广

开发人员参照用户界面设计标准的过程，本身就是一个学习用户体验设计的机会。融入标准化的以用户为中心设计开发流程，对开发团队来说是一个非常好的与用户体验人员互相协调和合作的学习过程。用户界面设计标准和以用户为中心设计流程的标准同时也可帮助用户体验团队宣传用户体验，而标准化的用户体验指标则有利于管理层追踪各类产品的用户体验质量。

（5）促进更高效的以用户为中心设计活动

各个项目组所开展的以用户为中心设计活动，以及基于标准化的用户研究方法（包括用户访谈、问卷调查等）所制作的一系列人物画像和用户旅程图等，可以用来建立一个跨项目的用户体验资源库，从而为今后针对同一类产品和用户群体的项目所再用。需要的话，新项目团队可以只在现有的人物画像和用户旅程图等资源的基础上，根据更新的用户需求做一些修改，从而节省一些重复性的用户研究活动时间。另外，人机交互模式资源也有助于用户体验人员快速生成用户界面设计原型。

（6）有利于外包和收购业务

由于开发资源和技术等方面的原因，一个组织通常需要第三方承包商来完成一些产品的开发。用户界面设计标准有利于与承包商沟通用户界面设计的要求和验收标准。另外，当一个组织收购其他企业的业务时，用户界面设计标准有助于为被收购企业产品的改造提供人机交互设计的指导。

（7）有助于用户体验团队的成长

在一个大中型组织中，如果采用所推荐的混合式用户体验组织结构模型，许多分散在不同业务上的用户体验人员的工作经验和技能可能参差不齐，他们需要用户体验中心组在方法论和设计资源上给予支持。开发标准化的以用户为中心设计流程、以用户为中心设计测评方法、用户界面设计标准等有助于帮助这些分散的用户体验人员的成长。另外，在开发这些标准的过程中，对于中心组的用户体验人员也是一个学习和成长的机会，还有利于增强用户体验中心组对分散在各个业务上的用户体验人员的影响力和领导力。

4. 组织内开发用户体验标准的策略

（1）开发基于软件代码的用户界面设计资源库

在推广用户体验标准的实践中，仅提供基于描述性文字的设计指南和交互模式设计原型库是不够的，还需开发基于这些设计的软件代码的交互模式库。由此，可以大大节省开发人员的开发时间，并且可以有效地促进用户体验标准的推广和采纳。

（2）借力于项目开发的工作

用户体验团队可以通过交互和视觉设计建立基于非软件代码的人机交互模式资源库，

但是许多组织的用户体验团队没有软件开发人员，因此需要与项目开发人员进行合作。基于软件代码的人机交互模式资源库有可能是非常庞大的（考虑到跨技术平台和产品平台的要求），短时间内不太可能完成；而与各类项目的开发人员合作，则能够保证每个项目完成后都可以生成一些基于软件代码的人机交互模式，并通过一定的积累过程逐步建立资源库。这样的策略可以大大减少对专门开发该资源库的庞大的人力资源的需求。

（3）计算投资回报率

通过软件应用程序追踪各项目利用基于软件代码的人机交互模式资源库的情况，然后计算所节省的开发时间，并换算成量化的投资回报率，这种方法一方面可以帮助开发团队分析使用人机交互模式资源库和设计标准所获取的经济效益，另一方面也有助于向管理层和整个组织宣传用户体验工作的益处。

（4）参照国际和国家标准

要善于在开发和推广组织内用户体验标准时，参照国际和国家标准。利用这些高等级标准的权威性来帮助提高项目团队对用户体验标准的接受程度，例如，利用 ISO 9241-210 和 ISO 9241-220 来支持组织内的以用户为中心设计流程标准的制定。

（5）审核管理标准的执行

用户体验标准在用户体验实践中的影响力很大程度上取决于审核管理的效果。在实践中，如果没有一定的审核管理程序，一般来说开发团队不会非常自觉地执行用户体验标准。因此，用户体验团队要在开发流程中设置对用户体验标准执行情况的检查点。在开发流程的初期，确定开发团队是否非常清楚地理解了标准的规范要求，然后在开发中期或后期检查标准的执行情况。有可能的话，建立一个自动化的追踪应用系统，这样用户体验团队和管理层都可以非常清楚地了解各产品项目组对用户体验标准的具体执行情况。

（6）跟踪技术发展的方向

人机交互技术的快速发展对用户界面设计标准和资源库的开发提出了新的要求。用户体验团队要及时跟踪技术的发展，随时更新现有的用户体验标准和资源库。例如，为优化跨平台（电脑、平板和手机）的用户体验，采用响应式网页设计（responsive Web design）的编程方法就是其中一种很好的选择。

第二节　个人职业生涯和成长

本节从用户体验专业人员个人职业生涯的角度，从教育、知识、技能、经验等方面来讨论用户体验职业生涯的准备、入门和成长等内容。

一、用户体验职业的主要工作岗位

用户体验职业包括一系列的工作岗位，每个工作岗位对应一定的工作职责范围。作为一个新型的交叉型职业工作领域，用户体验岗位的内涵和职责范围也在不断变化。20多年前，当用户体验实践刚开始时，专业人员缺乏，工作的职责范围没有清晰的定义，一个开发团队往往只有一名用户体验专业人员，他要承担多种角色，甚至承担用户研究、用户分析、人机界面原型设计、用户体验测评等各类工作。今天，随着用户体验实践的成熟，流程和方法越来越精细化，工作越来越深入，用户体验实践中各个工作岗位的职责范围和角色分工也越来越具体和分化。目前，一个开发团队中有交互设计师、视觉设计师、用户研究员等多名分工明确的用户体验专业人员已经不足为奇。

Lebson（2016a）在《用户体验职业手册》一书中对各种用户体验工作岗位做了详细的描述。以下将部分参考该书，并且结合用户体验在中国的具体情况以及实践，概括性地论述几个主要的用户体验工作岗位的工作职责、内容、挑战、方法和工具、工作头衔以及教育背景等要求。充分理解这些用户体验工作岗位之间的区别，有助于用户体验专业人员按照自己个人的兴趣、教育和技能背景，找到能够发挥自己最大才能的最佳用户体验工作岗位。

（一）用户研究和用户体验测评

用户研究和用户体验测评岗位的主要职责是充分理解产品用户的需求，并且在开发的每个环节代表这些用户来确定产品设计是否满足用户的需求。需要了解用户的特征、目的、任务、使用场景和环境等，善于理解用户的语言，然后将用户需求转换成用户对产品设计的具体要求。通过现场研究、行为观察、实验室可用性测试等数据来识别用户体验的痛点和需求，为团队的解决方案提供依据。

1. 主要工作内容

用户研究和用户体验测评岗位的主要工作内容包括：

- 采用各种方法开展用户研究，了解用户的需求。
- 定义人物画像、使用场景等，为设计提供用户体验的基础数据。
- 开展可用性测试以获取用户的反馈意见，验证新产品的设计原型。
- 对所采集的数据进行分析，报告研究和测试的结果，对所发现的用户体验问题提出设计改进建议。

2. 主要挑战

用户研究和用户体验测评岗位的主要挑战包括：

- 在用户研究和可用性测试中要防止偏差。在运用定量和定性研究方法时要充分考虑样本大小、测试指导语、测试程序、测试的设计等因素对测试结果的影响。
- 要注重对项目团队和产品设计的影响力。项目团队有时可能因为赶项目进度，不重视用户研究，用户体验人员需要说服团队理解用户体验的重要性。需要用基于用户测试的数据形成有效的建议来影响设计。

- 要理解组织业务策略、业务流程和需求、技术的可行性等，以便在根据用户体验测评结果提出设计改进方案时，能提出令人信服并且有效的解决方案。
- 要充分理解各种用户研究和测试方法的特点以及差别，根据需要选择合适的方法。

3. 会用到的主要方法和工具

用户研究和用户体验测评岗位会用到的主要方法和工具包括：

- 方法：用户访谈、现场观察、问卷调查、人物画像法、用户旅程图法、可用性测试、启发式评估等。
- 工具：统计分析软件、可用性测试软件等。

4. 工作头衔

用户研究和用户体验测评岗位的工作头衔包括：用户研究员、用户体验研究员、可用性工程师、可用性专家、用户体验测评员等。

5. 教育背景要求

用户研究和用户体验测评岗位的教育背景要求包括：

- 学历：本科学历是最基本的要求，硕士研究生学历比较普遍，一些组织需要博士研究生学历。
- 专业知识：主要是心理学、社会学、统计学、人机交互、人因工程等学科的知识。其他知识包括计算机和信息科学、工业设计等。

（二）交互设计

交互设计岗位的主要职责是通过用户人机界面的交互设计，使得用户在使用产品时能够达到预期的用户体验目标。需要非常清楚地理解用户需求，并将这些需求转化成人机交互的设计概念，通过生成设计概念、低保真和高保真的人机界面设计原型，帮助团队形成解决方案，并采用迭代方式依据用户体验测评所收集的用户反馈意见不断地改进设计。

1. 主要工作内容

交互设计岗位的主要工作内容包括：

- 充分理解用户的需求，并将这些需求转化成人机交互模型和用户界面的设计概念。
- 快速地依据设计概念生成用户界面设计原型（低保真、高保真的交互式用户界面设计原型）。
- 在设计中同其他岗位的团队成员合作，听取和尊重他们的建议，包括视觉设计师、软件程序员、产品经理、业务分析员等。
- 在设计中理解和充分考虑产品所面临的技术限制等因素。

2. 主要挑战

交互设计岗位的主要挑战包括：

- 设计中不应过分强调艺术方面的设计，而忽略对人机交互有效性设计的考虑和对用户体验的洞察。
- 明确了解所要解决的用户体验问题、用户需求、所要解决问题的核心，从而有效地提供设计解决方案。
- 目前交互设计开始面向服务，因此要注意向服务设计领域拓展。

3. 会用到的主要方法和工具

交互设计岗位会用到的主要方法和工具包括：

- 方法：人机交互设计概念化、低保真原型设计、高保真原型设计、信息架构设计、用户任务流程设计等。
- 工具：人机界面原型化工具（如 Sketch、Axure RP、Photoshop 等）、计算机和网络应用程序开发语言（如 JavaScript、HTML5、CSS）、交互式动画等。

4. 工作头衔

交互设计岗位的工作头衔包括：交互设计师、用户体验架构师、用户体验设计师、产品设计师、用户界面设计师、信息架构师等。

5. 教育背景

交互设计岗位的教育背景要求包括：

- 学历：本科或硕士研究生。
- 专业知识：人机交互、工业设计等设计类专业知识。其他知识包括计算机和信息科学、人因工程、工程心理学等。

（三）视觉设计

视觉设计岗位的主要职责是按照视觉设计原理和元素规范，设计产品的概念、流程、功能和人机交互等信息。以交互设计师提供的并且经过用户体验测评验证的人机交互设计概念为基础，应用设计元素（包括字体、颜色、图像、空间结构等），加上创造设计和艺术设计，以增强产品的整体视觉吸引力、易用性和品牌效应，提升用户体验。

1. 主要工作内容

视觉设计岗位的主要工作内容包括：

- 将团队初步形成的人机交互概念和功能性信息转化为视觉化的设计原型。
- 起草设计概念或者将团队的设计概念转化为视觉表征。
- 完成最后的产品设计方案，包括视觉设计创意和品牌信息。
- 定义产品用户界面的设计风格标准和指导准则、设计模式库、图形库等。

2. 主要挑战

视觉设计岗位的主要挑战包括：

- 在开发阶段平衡设计仿真程度和实际的需要。比如，在早期可用性测试阶段，侧重于设计原型的概念、结构、流程和功能，不应该过多强调视觉设计。
- 将高保真产品原型交给开发团队时，在设计文件中详细定义设计元素的细节，避免在编程中丢失信息。
- 设计的目的并不是简单的视觉艺术设计，因此更要考虑如何支持有效的人机交互。
- 需要团队合作精神，要善于表达设计创意并吸收来自团队的反馈信息。

3. 会用到的主要方法和工具

视觉设计岗位会用到的主要方法和工具包括：

- 方法：整体布局和排版设计、图案和图像设计、微互动和动画设计等。
- 工具：Photoshop、调色板等。

4. 工作头衔

视觉设计岗位的工作头衔包括：视觉设计师、体验设计师、用户界面设计师、交互设计师等。

5. 教育背景

视觉设计岗位的教育背景要求包括：

- 学历：通常是本科。
- 专业知识：艺术设计、工业设计、人机交互等知识。其他知识包括人因工程、工程心理学等。

（四）内容和信息设计

内容和信息设计岗位的主要职责是设计与产品有关的内容和信息，包括市场、新闻、用户手册、产品内容、在线用户帮助文件、技术文件等。遵循以用户为中心设计的理念来保证这些内容和信息是有用的以及可用的。

1. 主要工作内容

内容和信息设计岗位的主要工作内容包括：

- 充分理解使用内容和信息的用户、用户的目的以及使用场景等，遵循以用户为中心设计理念和流程来设计内容和信息。
- 开发用户文件（在线和纸质产品文件、用户帮助文件等）。
- 起草用户界面文件（系统错误信息、按键、用户界面各种设计元素的命名等）。
- 遵循组织的写作风格或规范、品牌要求、标准模板来编写内容和信息。

2. 主要挑战

内容和信息设计岗位的主要挑战包括：

- 将内容和信息设计整合到产品的用户体验设计中，因为所有的内容和信息都将影响用户与产品交互时的体验。
- 有些组织过分强调内容和信息的设计工具，而不是设计过程中如何按照以用户为中心设计的流程来起草基于用户体验的内容和信息。

3. 会用到的主要方法和工具

内容和信息设计岗位会用到的主要方法和工具包括：

- 方法：用户需求分析（培训和帮助等方面）、用户作业分析、可用性测试、信息架构设计、技术写作方法等。
- 工具：各种内容和培训系统、相应的开发平台、办公软件等。

4. 工作头衔

内容和信息设计岗位的工作头衔包括：内容专家、信息设计师、社交媒体编辑、技术编辑等。

5. 教育背景

内容和信息设计岗位的教育背景要求包括：

- 学历：本科或者硕士研究生。
- 专业知识：中文写作、大众传媒、技术写作、技术传播等专业知识。技术写作和传播等专业在国内可能刚刚兴起，但在发达国家已比较普遍。其他知识包括人机交互、人因工程、工程心理学等。

（五）用户体验策略和管理

用户体验策略和管理岗位的主要职责是负责用户体验策略以及业务价值的推广，通过提供最佳的产品用户体验来满足组织的业务目标。除了一定的用户体验工作经验，还应该具备一些常见的业务技能，包括规划、财务、人力资源等。善于发现产品用户体验改进的机会，能够与管理层交流，采用合适的数据说服管理层对用户体验的投入。能够制定用户体验工作策略和计划（以用户为中心设计活动的需求、开发团队的用户体验技能需求等）。

1. 主要工作内容

用户体验策略和管理岗位的主要工作内容包括：

- 在组织管理层和业务部门内发现支持用户体验策略的赞助者。
- 制作用户体验策略发展路线图，开展一系列策略性活动。
- 在组织内推广用户体验策略，并有效地与业务部门沟通。
- 制订开展用户体验工作的计划来支持组织的业务策略。
- 定义产品可以达到的用户体验设计目标和远景。
- 管理用户体验团队（人力资源、工作流程、员工绩效等）。

2. 主要挑战

用户体验策略和管理岗位的主要挑战包括：

- 需要有财务、运营、营销和市场的技能来推广并且说服别人接受用户体验策略。
- 获取业务的财务数据和业务的指标，用这些数据来估算用户体验投资回报率及其对业务的影响力。
- 在组织中提升用户体验团队的影响力。

3. 会用到的主要方法和工具

在所使用的方法和工具上，对用户体验策略和管理岗位没有特别要求。

4. 工作头衔

用户体验策略和管理岗位的工作头衔包括：用户体验策略专家、用户体验团队经理、产品经理等。

5. 教育背景

用户体验策略和管理岗位的教育背景要求包括：

- 学历：至少拥有与用户体验有关的学士学位，有工商管理硕士学位更好。
- 专业知识：任何的用户体验知识都有帮助（包括人机交互、人因工程、工程心理学、工业设计等）。用户体验的工作经验很重要，比如，至少从事过某些方面的用户体验工作（用户研究或交互设计等），拥有竞争分析、产品创新和市场策略等知识。

二、用户体验工作岗位的选择

在以上这些用户体验工作岗位中，没有绝对的分类标准，重要的是如果你对用户体验某一方面的工作感兴趣，就要充分了解该工作岗位所承担的职责和所需要的技能，从而更好地制订提高自己用户体验理论修养和实际工作经验的学习计划。

作为一名用户体验专业人员，可以有一个主要的工作岗位加上其他的辅助工作，但最重要的是人们认可你在某一类用户体验工作岗位上的表现。比如，你的主要工作岗位是用户研究和用户体验测评，但是你对交互设计感兴趣并具备一定的技能，你就可以根据自己用户体验测评的结果，提出交互设计的概念或者设计原型。这种多重的用户体验工作可以在技能上实现互补，有利于职业的成长。

作为一名用户体验专业人员，在用户体验职业生涯中，具体的工作内容和头衔可能随组织环境、工作需求等因素而变。从技能成长的角度来说，一名用户体验专业人员应该从整体上把握用户体验领域的知识，同时根据工作性质的改变，不断地更新某一方面的技能。用户体验是一项致力于人与技术关系的工作，技术永远是在更新的；同时，作为一个新型的交叉领域，用户体验相关方法和工具也在不断发展。因此，用户体验专业人员需要的是终生的知识更新和学习。

三、用户体验专业教育和能力培养

(一) 专业教育

1. 正规用户体验专业教育的途径

如果你刚进大学还没有选择专业，首先你需要决定今后想从事哪方面的用户体验工作。例如，如果希望从事用户研究和用户体验测评方面的工作，应该考虑选择心理学等行为学科，同时选修一些信息技术、人机交互、人因工程、工程心理学和设计方面的课程。如果希望从事交互设计方面的工作，应该选择工业设计、艺术设计、人机交互、信息技术或计算机科学等专业，同时选修一些人因工程、工程心理学、行为科学等方面的课程。如果大学设有人机交互、人因工程、工程心理学等方面的交叉专业，则应该主修这些专业。

如果你已经大学本科毕业，准备从事用户体验工作，那么无论你是哪个专业毕业，一个比较好的途径是去获取一个与用户体验相关的硕士学位，这样你就能通过硕士课程的学习获得比较完整的专业教育。大多数硕士课程（用户体验、人机交互、人因工程、工程心理学等）的指导老师非常欢迎不同专业背景的本科生来报考。当然，本科专业背景最好是与信息技术、设计、人因工程、工程心理学、行为科学等方面相关，这样有助于更快地进入用户体验研究和应用的领域。

2. 用户体验课程体系

了解用户体验相关专业本科生和硕士研究生的主要学习课程有助于对用户体验专业知识有一个整体的把握，这些课程主要包括以下三个方面：

- 用户体验原理：人机交互、人因工程、用户体验、工程心理学等。
- 方法论：心理学和行为科学研究方法、统计学等。
- 工具类：用户界面原型设计、人机交互设计、视觉设计、网页设计、计算机编程、计算机和信息科学等。

Farrell 和 Nielsen（2013）对 963 名用户体验专业人员做了一个问卷调查，其中，70％的人来自美国、英国、加拿大和澳大利亚。调查结果表明，约 1/3 的人认为用户体验专业教育中非常有用或者比较有用的课程包括：设计、人机交互、研究方法、网页设计、科技写作、心理学、人因工程或人因学、计算机编程、沟通与媒体研究、社会学和行为学、统计分析、市场学等。北京师范大学心理学部开设了用户体验专业的硕士研究生班，其主要课程包括：用户体验概论、心理学研究方法、认知心理学、实验设计与心理统计、工程心理学、视觉传达、数据分析与可视化、发展心理学、设计程序与方法、体感交互科技、用户研究、用户界面设计、商业模式策略、产品服务体系、人机交互前沿以及毕业设计等。

3. 与用户体验领域相关的美国高等教育状况

目前，美国的高校已建立起相对完整的人因学科（包括用户体验、人因工程、工效学、人机交互、工程心理学等）教育体系，培养了大量的社会所需人才。截至 2018 年，全美国有约 90 所大学可以授予人因学科类学位（见表 11 - 6），其中得到美国人因和工效学会（HFES）认证的可授予硕士或博士学位的院校有 20 所。HFES 认证强调对硕士和博士学位点的要求，并有严格的认证评价程序，涉及师资力量、课程设计、研究项目和实验室设备等。

表 11 - 6　　　**可授予人因学科类专业学位的美国大学统计（2018）**

学位类别	HFES 认证的大学数	非 HFES 认证的大学数	总数
博士	17	41	58
硕士	3	11	14
学士	不认证	17	17
小结	20	69	89

（来源：许为，葛列众，2018）

针对人因学科的特点，美国的高等教育体系体现出交叉学科的特征。在以上的院校中，心理学系和工科类系（包括工业工程、系统工程、计算机以及设计）约各占一半。研究生的录取强调不同学科间的交叉融合，特别鼓励跨学科的本科生报考。美国人因学科的高等教育体系采用了"学位＋副修＋课程"的模式：除了学位以外，许多大学允许本科生将人因学科作为副修，并且在心理学、计算机、设计、工程等专业开设人因学科的本科生和硕士生课程已常态化。

4. **与用户体验领域相关的中国高等教育状况**

中国科学院心理研究所、浙江大学心理和行为科学系、浙江大学心理科学研究中心、浙江理工大学心理学系、清华大学工业工程系和心理学系、北京师范大学心理学部等院校研究机构已经建立了与用户体验相关的研究和教学专业，并且有相关的本科、硕士和博士课程。近些年，许多大学的设计和工业设计院系也陆续设置了与人机交互设计、用户体验等相关的本科以及研究生专业，例如同济大学设计创意学院、东南大学工业设计系、江南大学设计学院、浙江大学工业设计系、北京邮电大学数字媒体与设计艺术学院、湖南大学设计艺术学院等。

5. **学习用户体验专业知识的其他渠道**

大学本科和研究生教育并不是获取用户体验专业知识的唯一途径。人们可以通过其他途径来获取用户体验方面的专业知识，例如自我学习、参加短期的用户体验职业培训、参加用户体验专业会议的工作坊培训以及边工作边学习等方式。在用户体验实践发展的初期，正规的用户体验专业教育很少甚至不存在，一批早期从事用户体验实践的专业人员几乎都来自其他非用户体验领域，通过各种不同的学习渠道和实践途径，如今他们已经成为这方面的专家。

（二）能力培养

除了专业知识，用户体验工作的性质决定了用户体验专业人员需要培养和具备一些特定的能力，对这些能力的要求随着资历的增加和工作责任担当的提升而进一步提高。根据 Farrell 和 Nielsen（2013）对 963 名用户体验专业人员的问卷调查，受访者认为在日常的用户体验工作中，与用户体验工作相关的最主要活动包括以下几方面，了解这些活动，有助于全面了解用户体验专业人员需要具备哪些能力。

- 收集用户需求。
- 分析用户任务或活动。
- 制作用户体验故事板、用户旅程图、用户作业流程图。
- 提出解决方案和设计概念。
- 设计用户界面原型。
- 对设计方案和原型进行启发式评估。
- 与产品业务专家合作。
- 详细定义产品交互设计的方案。
- 说服别人接受自己所提出的设计方案或者建议。
- 进行用户参与的可用性测试。

这些受访者进一步认为，为了有效地开展以上这些活动，用户体验人员必须拥有以下这些基本能力（Farrel & Nielsen，2013）：

- 能感受用户的挫败感，并充分理解和抓住他们所反馈信息的要点。
- 能耐心听取别人的意见（用户和团队其他成员）（"闭嘴听"）。
- 能主持讨论会和鼓励别人发表意见。
- 能说服别人接受自己的意见。
- 善于与人沟通和交流。
- 与专业人员交流时能采用相关的技术和工程词语。
- 了解开发产品的基本工作原理和流程。
- 了解用户如何使用产品的具体情况。
- 能说服别人去解决产品设计中所发现的问题。
- 能在公众面前演示、呈现和报告研究结果。
- 具有讲故事的描述能力（用户故事板、使用场景等）。
- 对新事物具有好奇心和学习的动力（如人机交互技术、用户体验设计）。
- 具有写作和沟通的技巧。
- 具有观察别人行为的能力（比如，在可用性测试过程中）。
- 热衷于设计和分析。
- 善于跟别人合作。

这些能力的培养不是短时间内可以完成的，有志于从事用户体验工作的人们，需要在平时的学习、生活和工作中，有意识地锻炼和提高这些能力。

四、用户体验职业入门

从事任何职业，起步阶段都不是一帆风顺的，用户体验工作也不例外。本部分将讨论一些能够帮助用户体验新人的策略，从而使其能有效地发挥影响力，为今后事业上的成长打下基础。一些资深用户体验专家提供了一些建议（例如 Magain & Chambers，2014；Belinda，2017）。一个用户体验新人可能会面对以下几种场景之一，本部分的讨论也是围绕这些场景进行。

- 作为第一份用户体验工作，用户体验新人来到一个已经有用户体验文化氛围的团队组织。
- 尽管整个组织有一定的用户体验文化氛围，但是新招的用户体验人员（仅有 1~3 年的用户体验工作经验）所工作的部门还没有形成一定的用户体验文化氛围，他是这个部门的第一位用户体验专业人员。
- 一位非用户体验专业人员在一个组织内从事非用户体验工作，但是对用户体验非常感兴趣，通过自我学习和参加用户体验专业会议上的工作坊等方式已经了解了一定的用户体验知识，希望在自己的本职岗位上尝试做一点用户体验工作，为以后从事全职的用户体验工作做准备。

（一）学习别人在第一年里所做的事情

在 Farrell 和 Nielsen（2013）的调查中，963 位受访者认为在用户体验工作的第一年里，以下这些建议对他们的帮助最大。总的来说，用户体验新人根据自己本身的能力和组织环境的情况可考虑尝试这些建议。

- 熟悉和掌握产品业务的知识、技术词汇、业务流程。
- 做许多不同的项目，先易后难，开阔自己的视野。
- 得到别人的指导，看别人怎么做用户体验工作，善于提出问题。
- 尽量争取在一个重视用户体验和合作的团队里工作。
- 除了学校里所学的理论方面的知识，阅读用户体验实践和方法等方面的书籍。
- 开展可用性测试，与用户交谈，与团队讨论测试的结果。
- 除了有很好的专业学习的准备，第一年有一位用户体验业务导师帮助过渡。
- 制订自己的工作和学习计划并取得经理的支持。
- 与项目团队成员形成良好的合作关系，尤其取得技术人员对用户体验工作的支持，这样有利于发挥用户体验工作对设计的影响。

（二）找一个专业导师

在组织内部或者其他地方找一个资深的用户体验人员学习用户体验实践和应用的知识，少走弯路。以往所学的用户体验专业知识大部分是从课堂上得来的，与实际工作可能存在脱节，而且在实际应用中，会碰到许多意料不到的困难。一般来说，大多数组织鼓励新人找导师（mentor），在大公司通常可以找到这样的导师。经过一段时间以后，用户体验新人可以自己尝试去完成以用户为中心设计流程中的一些活动。在 Farrell 和 Nielsen（2013）的调查中，74%的受访者表示曾经有过导师，约一半人得到过各种途径的用户体验在职指导。

（三）寻找自我累积经验的机会

如果你当前的岗位不是用户体验，但你通过自学或参加培训有了一定的用户体验理论知识，并且在正式开始自己的用户体验职业生涯之前，你希望自我累积一些用户体验工作的经验，可考虑以下一些途径：

- 尝试开展一些简单的以用户为中心设计活动，看看自己是不是适合做用户体验工作。如果是的话，进一步确定你想要学习的用户体验专业知识。
- 评价你工作的环境中有没有什么可以改进的地方，包括组织的网站、业务应用程序。选择一个容易按照以用户为中心设计流程和主要活动来完成的项目。
- 自己做一个假设的用户体验项目。比如，对手机上的一个 App，根据以用户为中心设计流程，从朋友圈里收集反馈意见，然后提出修改的设计原型，观察朋友如何使用新的设计原型，最后改进设计方案。
- 学习和使用制作低保真和高保真设计原型的工具，练习设计用户界面原型的流程。
- 如果组织内其他部门招聘可用性测试用户，尝试去参加，在参与的过程中增加对可用性测试的感性认识。
- 参与组织内与用户体验相关的活动。

（四）独立地开展有效的用户体验工作

假定你是某个部门中唯一的用户体验人员。尽管你之前已经有 1～3 年的用户体验工作经验，但在这种情况下，最大的挑战是该部门的项目团队以及主管可能对用户体验工作不了解。为此，可考虑下面一些策略：

- 在选择最初的项目时，扬长避短，将用户体验工作的重点放在适合于自己特长的方面，比如用户界面原型设计或者可用性测试。
- 采用可用性测试和用户反馈数据驱动的方法。让团队观摩可用性测试，尤其是程序开发人员，让他们看到用户在使用他们所设计的产品原型时所遇到的困难，从而提升对设计的影响力。
- 利用向主管做汇报的机会，提供其他组织用户体验实践的成功例子来获取其支持，或者展示组织内一个重要产品项目的用户体验投资回报率，进一步取得其支持。
- 优先考虑将自己大部分时间投入一个重要的项目中去，不要在多个项目之间平均分配自己的时间。
- 腾出一些时间来帮助改进团队的用户体验文化氛围。比如，提供简单的用户体验培训课程来推广用户体验理念。
- 争取将产品的用户体验绩效融入项目的业务运转绩效追踪系统中，定期向管理层汇报用户体验实践的进展。
- 如果所在组织内有用户体验中心组，积极参与中心组的活动，主动取得中心组经理和资深用户体验人员的指导，并且利用他们发布的用户体验标准和方法来指导本部门的用户体验活动。

（五）交流和传播用户体验

利用现有的网站和专业社交媒体交流自己的用户体验工作，并且在所在的组织部门内传播用户体验理念。

展示用户体验实践的成功个案和投资回报。例如，如果组织内还没有建立用户体验团队，在组织内部建立用户体验社交群体，该群体可分享用户体验活动的信息。

在线建立你的存在。加入外部社交媒体的用户体验讨论组，关注你感兴趣的用户体验专业人员，分享有关用户体验的感想和感兴趣的文章，并上传已完成的工作与社区分享，获取他人的反馈意见。

五、用户体验职业再教育和成长

（一）用户体验领域的主要专业协会和刊物

1. 国内专业协会

国内的专业协会主要有：

- 中国用户体验专业协会（UXPA 中国）：http：//www. upachina. org/
- 中国用户体验联盟（UXACN）：http：//www. uxacn. com/index. html
- 中国人类工效学学会：http：//www. cesbj. org/
- 中国心理学会：https：//www. cpsbeijing. org/
- 中国计算机学会人机交互专业委员会：https：//www. ccf. org. cn/c/2017-02-14/575597. shtml

2. 国外专业协会

国外的专业协会主要有：

- Human Factors and Ergonomics Society：https：//www. hfes. org/home
- User Experience Professionals Association：http：//uxpa. org/
- ACM Special Interest Group on Computer-Human Interaction：https：//sigchi. org/

3. 国内主要专业刊物

国内的主要专业刊物有：

- 《人类工效学》：http：//www. rlgxxzz. cn/
- 《心理科学》：http：//www. psysci. org/CN/volumn/current. shtml
- 《应用心理学》：http：//www. appliedpsy. cn

4. 国外主要专业刊物

国外的主要专业刊物有：

- *Human Factors*：https：//journals. sagepub. com/home/hfs
- *Ergonomics*：https：//www. tandfonline. com/loi/terg20

- *International Journal of Human-Computer Interaction*：https：//www. tandfonline. com/loi/hihc20
- *Theoretical Issues in Ergonomics Science*：https：//www. tandfonline. com/loi/ttie20
- *Journal of Usability Studies*：http：//uxpajournal. org/
- *ACM Transactions on Computer-Human Interaction*：http：//tochi. acm. org/
- *ACM Interactions*：https：//interactions. acm. org/
- *Behaviour and Information Technology*：https：//www. tandfonline. com/loi/tbit20
- *International Journal of Human-Computer Studies*：https：//www. journals. elsevier. com/international-journal-of-human-computer-studies

（二）用户体验职业资格认证

作为一门新兴的交叉学科领域，用户体验在岗人员的知识结构、经验、能力参差不齐，需要一个考核评价机制和行业准入制度，从而有利于标准化和高质量的实践、行业的健康发展、社会认可度的提升。1992 年，美国人因和工效学会（HFES）成立了美国人因和工效学专业认证委员会（BCPE）来组织实施人因和工效学专业认证（BCPE，n. d.）。为适应社会的需要，后来又增加了用户体验的职业资格认证。美国人因和工效学专业资格分为专业级及准专业级两大类。专业级的认证类型包括注册专业人因学或工效学家、注册专业用户体验专家。截至 2018 年 1 月，BCPE 已发放 1 132 份专业级资格证书和 197 份准专业级资格证书。

取得 BCPE 用户体验专业级资格证书的要求包括：

- 教育背景：本科学历或以上，完成与人因学科相关的课程（24 个大学学分）。
- 工作经验：至少有 3 年与人因学科相关的全职工作经验。
- 工作样本：在分析、设计和用户测试三个方面各提供两份工作样本。
- 通过 BCPE 统一命题的专业资格闭卷考试。该考试每年举办两次，考试的内容包括人因学科各方面的知识，中国也有几个考试点。

现在市场上有一些咨询公司提供用户体验认证，这些用户体验认证对专业、用户体验工作年限、用户体验工作样本没有严格的要求，只要经过 1～2 周的短期培训，通过一个考试就可以取得一个证书。显然，BCPE 用户体验专业级资格认证比这些认证要严格得多。但是，这些短期培训或多或少也帮助了用户体验实践的推广。

概念术语

组织的用户体验策略，组织内用户体验实践的能力建设和资源配置，产品开发中的以用户为中心设计活动，产品开发后的用户体验实践，用户体验的组织成熟模型，用户体验的组织结构模型，集中式用户体验组织结构模型，分散式用户体验组织结构模型，混合式用户体验组织结构模型，用户体验标准，用户体验标准体系的多层次结构，用户体验职业的主要工作岗位，用户研究和用户体验测评，交互设计，视觉设计，内容和信息设计，用户体验策略和管理，用户体验专业教育，用户体验能力培养，用户体验职业再教育和成长，用户体验职业资格认证

本章要点

1. 在一个具备成熟用户体验文化的组织环境中，为取得最大的投资回报率和经济效益，应该从四个方面来开展用户体验实践：组织的用户体验策略；组织内用户体验实践的能力建设和资源配置；产品开发中的以用户为中心设计活动；产品开发后的用户体验实践。

2. "组织的用户体验策略"强调为组织内开展用户体验实践提供良好的用户体验文化和得到管理层支持的组织环境，将用户体验融入组织的业务发展策略中，在组织内将用户体验实践常态化。

3. "组织内用户体验实践的能力建设和资源配置"强调为组织内开展用户体验实践提供所需要的执行能力和资源（包括人力、财务、设备等），将以用户为中心设计方法整合到产品的开发流程中，确保各项目开展以用户为中心设计活动所需的资源，控制产品的用户体验质量。

4. "产品开发中的以用户为中心设计活动"强调通过有效的以用户为中心设计活动来确保在各个项目的具体实施中，产品达到预期的用户体验目标。

5. "产品开发后的用户体验实践"强调在产品引入市场、运营和用户使用、更新升级、退出市场这一整个产品的生命周期中全方位地考虑用户体验实践，降低用户体验风险，从而为用户提供最佳的全部用户体验。

6. 一个成熟的用户体验组织文化环境并不是与生俱来的，都有一个发展的过程，并受到许多因素的影响。

7. 用户体验的组织成熟模型定义了影响组织内开展用户体验实践的主要因素以及成长的几个典型阶段。

8. 用户体验的组织成熟模型可以用作评价一个组织（包括整个组织以及各分组织）用户体验实践状况的一个工具，从而帮助制定出达到既定成熟水平的用户体验实践发展路线图。

9. 在组织中推广用户体验实践会遇到困难，需要一些策略和正确的方法来克服这些困难，以最小的代价获取最大的效果。

10. 用户体验的组织结构模型决定了用户体验团队在整个组织结构中的相对位置、用户体验团队内部的结构以及其与不同业务产品报告线之间的关系。组织结构模型直接关系到用户体验团队的工作效率和影响力等，整个组织的规模等因素影响用户体验组织结构模型的选择。

11. 有三种典型的用户体验组织结构模型：集中式模型、分散式模型和混合式模型。不同的组织结构模型优点和缺点共存，重要的是为用户体验团队选择一个与整个组织环

境相匹配的组织结构模型。

12. 用户体验标准体系是一个多层次的结构。组织内用户体验标准的开发对于用户体验团队的建设及其在组织内发挥影响力至关重要。

13. 组织内用户体验标准包括用户体验设计标准和方法论标准（流程、方法、指标）。

14. 开发组织内用户体验标准有助于组织的成长和用户体验实践。同时，开发组织内用户体验标准需要一些策略。

15. 用户体验职业的主要工作岗位有用户研究和用户体验测评、交互设计、视觉设计、内容和信息设计、用户体验策略和管理。

16. 每个用户体验工作岗位都有分工明确的职责范围、工作内容、会用到的方法和工具、工作头衔，以及对教育背景的要求。并且，每个工作岗位在用户体验实践中都可能遇到一些挑战。

17. 用户体验职业需要知识准备（正规用户体验专业教育等），也需要具备有助于开展用户体验实践的能力。

18. 用户体验职业的专业教育主要通过正规的本科专业或者研究生课程获取，也可以通过其他渠道获取。

19. 用户体验工作的性质决定了用户体验专业人员需要一些特定的能力，对这些能力的要求随着资历的增加和工作责任担当的提升而进一步提高。

20. 用户体验新人要采取一些有效的策略，最大限度地发挥自己的作用和影响力，为下一步事业上的成长打下基础。

21. 用户体验专业人员的职业再教育和成长有许多机会，包括利用许多与用户体验相关的专业协会和刊物，以及进行职业资格认证等。

复习思考题

1. 在一个理想的用户体验实践组织环境中，为取得最大的效益，应该从哪几个大的方面来开展用户体验实践？

2. 制定组织的用户体验策略，应该从哪几个方面来开展工作？

3. 应该从哪几个方面来增加组织内用户体验实践的执行能力和资源配置？

4. 应该从哪几个方面来开展组织内具体项目中的以用户为中心设计活动？

5. 应该从哪几个方面来开展产品开发后的用户体验实践？

6. 组织内用户体验实践的成熟一般会经历哪几个主要阶段？

7. 本章提到的用户体验组织成熟模型包括哪几个重要因素，以及分为哪几个阶段？

8. 用户体验的组织成熟模型至少有哪两个方面的应用？

9. 在组织中推广用户体验实践会遇到困难，举出至少两种策略来帮助克服这些困难。

10. 用户体验的组织结构模型至少有哪三种？每一种模型的优缺点是什么？

11. 用户体验标准一共有哪几个层次？

12. 举出开发组织内用户体验标准的至少两个方面的好处。

13. 用户体验职业的主要工作岗位有哪些？选择一个你最感兴趣的岗位，并说明该岗位的主要工作内容、可能遇到的挑战、会用到的主要方法和工具、对教育背景的要求。

14. 在用户体验本科和硕士研究生的教学课程中，从用户体验原理、方法论、工具类三方面各举出至少两门课程名称。

15. 用户体验从业人员需要培养哪些特定的能力？举出至少三项能力。

16. 用户体验新人可采取哪些有效的策略来最大限度地发挥影响力？举出至少两项策略。

17. 用户体验职业再教育和成长有哪些途径？请举出至少两种途径。

拓展学习

董建明，傅利民，饶培伦，等. 人机交互：以用户为中心的设计和评估. 5 版. 北京：清华大学出版社，2016.

德根，袁小伟. 用户体验最佳实践：提高用户体验影响力的艺术. 北京：机械工业出版社，2013.

ISO 9241-210. Ergonomics of human-system interaction—part 210：human-centered design for interactive systems. Geneva，Switzerland：International Organization for Standardization (ISO)，2010.

ISO 9241-220（Review Version）. Ergonomics of human-system interaction—part 220：processes for enabling, executing and assessing human-centered design within organizations. Geneva，Switzerland：International Organization for Standardization (ISO)，2018.

LEBSON C. The user experience careers handbook. Florida：CRC Press，2016.

MAGAIN M，CHAMBERS L. Get started in UX：the complete guide to launching a career in user experience design（Kindle Locations 276 - 283）. UX Mastery，2014.

中国用户体验专业协会. 2019 年用户体验工具调查报告.（2019 - 12 - 04）. https：//www. uxtools. cc/blog/2019report.

FARRELL S，NIELSEN J. User experience careers：how to become a UX pro，and how to hire one.（2013）. https：//media. nngroup. com/media/reports/free/User _ Experience _ Careers. pdf.

HFES（Human Factors and Ergonomics Society）. Directory of human factors/ergonomics graduate programs in the United States and Canada.（2020）. https：//www. hfes. org/resources/educational-and-professional-resources/hfes-graduate-program-accreditation/directory-of-human-factorsergonomics-graduate-programs-in-the-united-states-and-canada.

NIELSEN，J. Corporate UX maturity：stages 1 - 4（2006 - 04 - 23）. https：//www. nngroup. com/articles/ux-maturity-stages-1-4/.

NIELSEN，J. Corporate UX maturity：stages 5 - 8（2006 - 04 - 30）. https：//www. nngroup. com/articles/ux-maturity-stages-5-8/.

第十二章

展　望

教学目标

- 了解智能时代给用户体验实践带来的新挑战和新机遇。
- 理解针对智能系统用户体验设计的基本原则。
- 了解针对智能系统设计而提升的以用户为中心设计新方法和基本思路。
- 理解创新设计的本质和用户体验驱动的三因素创新设计概念模型。
- 了解四种用户体验驱动的创新设计方法以及基本工作思路。

学习重点

- 第一节重点：了解智能时代给用户体验实践带来的新挑战和新机遇，理解针对智能系统用户体验设计的基本原则，了解针对智能系统设计而提升的以用户为中心设计新方法和基本思路。
- 第二节重点：从用户体验的角度理解创新的本质，了解基于用户需求、基于人机交互技术、基于智能化人机合作、基于整个体验流程这四种用户体验驱动的创新设计方法的原理和基本工作思路。

开脑思考

- 有一个组织准备启动一个智能产品的开发项目，请分别从用户需求获取、原型设计、用户体验测评三个方面给项目团队推荐一种针对智能产品用户体验设计的以用户为中心设计方法。
- 请描述一种用户体验驱动的创新设计方法，并且结合你所知道的应用实例或者构思一个初步的工作方案来支持这种创新设计方法。

前面的章节按照以用户为中心设计的流程全面讨论了用户体验相关理论和实践，但其中绝大多数是在过去三十多年中针对非智能系统的设计而产生和应用的。当前，我们进入一个智能和创新的时代，用户体验实践也遇到新的挑战，需要一整套成熟的用户体验方法来更加有效地支持智能系统和创新的设计。因此，本章将展望今后在这方面的新发展。其中，第一节论述用户体验驱动的智能化设计，第二节则主要论述用户体验驱动的创新设计。需要指出的是，本章论述的一些针对智能系统用户体验和创新设计的新方法以及相应的基本工作思路是基于现有初步的研究，还有待进一步改进和完善。

第一节　用户体验驱动的智能化设计[①]

目前，人工智能（AI）技术正在催生许多智能系统。广义上，智能系统是指基于 AI 等技术的带有智能特征的产品、服务、业态、产业，包括智能城市、智能家居、智能制造、智能医疗、智能物联网、自动驾驶汽车、机器人、虚拟现实、智能无人商店等。这些智能系统的研发不但给用户体验的实践带来了新挑战和新机遇，而且也对以用户为中心设计的方法提出了新要求。

一、智能时代用户体验实践所面临的新挑战

（一）智能系统的解释性和理解性

普华永道（PwC）咨询对 1 000 多名已经采纳 AI 技术的企业高管的调查表明，61％的受访者认为，创建透明的和可解释的 AI 是建立 AI 可信度、推广 AI 技术的重要步骤之一（Egglesfield et al.，2018）。作为目前 AI 的核心技术，机器学习（ML）算法模型和学习过程不透明，所输出的决策结果不直观。对于许多非技术用户来说，这些智能系统就像"黑匣子"（black box）（Bathaee，2018）。这种"黑匣子"现象导致用户对智能系统（医疗诊断、工业流程监控、安全检测智能监控、自主智能系统等）的输出结果和决策产生疑问：你为什么这么做？为什么会是这样的结果？你什么时候成功或者失败？我什么时候可以信任你？等等。AI 的"黑匣子"效应所导致的 AI 解释性、理解性等问题直接影响用户对智能系统的信任度和决策效率，从而影响 AI 的推广（Donahoe，2018；Zhou & Chen，2018）。

（二）智能系统的有用性和可用性

以往一些 AI 项目花费了较大的成本，却由于缺乏使用价值而失败。目前 AI 界就智能系统开发的瓶颈效应已达成共识：一个是 AI 技术；另一个是 AI 应用落地场景的定位

[①]　本节部分参考了许为（2019a，2019b，2020）的文章《三论以用户为中心的设计：智能时代的用户体验和创新设计》《四论以用户为中心的设计：以人为中心的人工智能》《五论以用户为中心的设计：从自动化到智能时代的自主化以及自动驾驶车》。

（李彦宏等，2017）。智能系统的设计一定要有明确的目的，通过提供有用的（useful）AI解决方案，即合适的应用场景和产品功能来满足用户需求，这样的智能系统才能被用户所接受，并且产生社会和经济效益。同时，AI解决方案也必须是可用的（usable），即通过有效的人机交互设计为用户提供易学易用和最佳用户体验的解决方案。近几年基于AI技术的自动驾驶汽车已经导致了多起致命事故（NTSB，2017），其原因是司机过度依赖自动化系统、缺乏对汽车操纵的参与、机载人机交互界面的可用性差等用户体验问题。

（三）用户的新需求

正像马斯洛的多层次需求模型所揭示的，社会的进步和新技术促使人在基本需求得到满足后逐步追求更高层次的需求。当前，人们已从追求产品可用性的单一需求转向追求多层次用户体验的需求，包括安全、情感、尊重、自我实现等需求，例如人们对产品智能化、个性化、情感愉悦化的需求。人们也开始担心智能系统（大数据和物联网等）的应用可能对用户个人隐私、信息安全等产生的影响。人们还开始关心智能系统（机器人、智能自主系统等）可能对人的决策权、伦理、技能成长等产生的影响。另外，社会的进步也促使对人机交互的优化设计比以往更多地考虑残疾人、老年人、康复病人等特殊用户群体的能力和需求。

（四）人机交互设计的新要求

我们已进入一个智能化普适计算的时代，普适计算可以随时随地使用任何设备，要求更自然的人机交互方法，从而对人机交互设计提出了更高的要求。语音识别、面部识别、手势输入、脑机接口、视线追踪等新技术，一方面为自然用户界面和多模态人机交互提供了可能性，另一方面也对人机交互设计的自然性、精确性、有效性提出了新的挑战。基于虚拟现实（VR）、混合现实（MR）、增强现实（AR）等技术的人机交互环境带来了对人机交互界面设计范式的新考虑。隐式人机交互智能系统通过对用户行为、任务以及上下文场景的感知和推理等信息，在用户不主动参与的状态下能主动为用户提供服务，改变了传统的显式人机交互设计完全依赖可视的人机界面和直接的人机交互行为的途径。

（五）人机关系的新变化

基于AI技术的智能系统开始具有感知、学习、推理、决策、执行等能力，智能系统中的人机关系已经从传统的人机交互向人机组队（human-machine teaming）转变（许为，2019a，2020）。其中带有机器智能的系统开始充当人类操作员的合作队友，这种从"工具"向"合作队友"的转变代表了智能时代人机关系研究和应用范式的重大革新。这种人机之间的新型合作关系直接影响到智能系统的可用性和用户体验，也给设计增加了复杂性，有一系列问题需要得到系统化的研究。这方面的讨论已经超出本书的范围，有兴趣的读者可参阅许为（2020）的文章。

二、"以人为中心的AI"开发理念

在计算技术界，目前对AI的关注已不仅仅局限于技术，还开始考虑其他非技术的因素。埃森哲咨询对全球 25 个国家或地区的 6 300 多名 IT 企业高管的问卷调查表明，公民化的 AI 是新技术影响社会的五大趋势之一，即 AI 应该成为负责任的社会成员（Accenture，2018）。近几年，斯坦福大学、加州大学伯克利分校、麻省理工学院等大学分别成立了"以人为中心的 AI"（human-centered AI，HAI）研究机构（Li & Etchemendy，2018），这些 HAI 研究强调 AI 的下一个前沿不仅是技术，还必须合乎伦理、惠及人类；AI 旨在增强人的能力而不是取代人。一些知名高科技企业分别制定了 AI 研发的伦理指导准则（保护个人隐私和信息安全等）。一些专业协会也制定了行业规范，例如电气和电子工程师协会（IEEE，2019）出版的"伦理化设计"从业人员手册。

以上这些努力主要是从技术和伦理两个方面来推进 HAI 研究。正如上文所讨论的，从用户体验的角度出发，还需要考虑可解释和可理解的 AI、有用的和可用的 AI、用户的新需求、人机交互设计的新要求、人机关系的新变化。许为（2019b）提出了一个扩展的 HAI 概念模型（见图 12-1）。该模型包括三个方面：

- 伦理化设计：AI 解决方案应该从伦理等角度出发，致力于解决社会偏见、维护公平，从而增强人的能力而不是取代人。
- 技术提升：进一步提升 AI 技术以达到人类智能的深度（更像人类的智能）。
- 人因工效设计：基于 AI 的智能解决方案应该是可解释的、可理解的、有用的和可用的，充分考虑用户的特征和需求，从而符合人因工效学的要求。

如图 12-1 所示，为提供完整的 HAI 解决方案，该 HAI 概念模型增加了"人因工效设计"方面的考虑。人因工效设计主要强调以下两个目标：

- 克服 AI 的"黑匣子"问题，为用户提供透明的、可解释的、可理解的 AI 解决方案，从而提高用户的信任度和决策效率。
- 提供具有合适使用场景和产品功能的（有用的）、易学易用的（可用的），并且满足用户需求以及体验的 AI 解决方案。

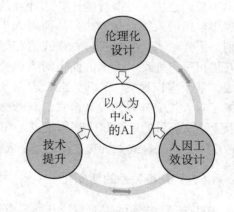

图 12-1 一个以人为中心的 HAI 概念模型
（来源：许为，2019b）

该 HAI 概念模型强调三个因素之间的协同互补关系。例如，如果不考虑 AI 对人类的影响（伦理化设计），从技术上片面地使 AI "更像人类"，从长远来说，这种 AI 解决方案实际上不可能达到以人为中心的目的，最终可能伤害人类；类似地，如果不考虑 AI 对人类的影响（伦理化设计），可理解的和可用的 AI 解决方案（人因工效设计）的广泛使用对人类来说就是危险的（Donahoe，2018）。与此同时，伦理化设计的 AI 旨在增强人的能力而不是取代人，因此同样需要人因工效设计的支持，保证在应急状态下人类操作员能够对智能系统做出快速有效的最终决策和控制。例如，在智能化自动驾驶汽车（低于全自动的 5 级水平）的人机界面设计中，在应急时刻汽车的控制权应该快速转交给人类驾驶员，这就需要系统具备有效的人机交互设计，近几年所发生的多起自动驾驶汽车致命事故充分说明了人因工效设计的重要性。

三、智能时代用户体验实践的新机遇

从 AI 技术发展的历史来看（见表 12-1），深度学习技术的突破和成熟应用推动 AI 在 2006 年左右进入第三次浪潮。重要的是 AI 在一些应用场景下开始满足用户的需求，开始形成一些实际的应用解决方案和商业模式，这是第三次浪潮与前两次浪潮本质上的不同，即带来了实用的 AI（李开复，王咏刚，2017）。同时，在 AI 的第三次浪潮中，除了 AI 技术和计算力的提升、解决方案的实际应用以外，人们开始从 AI 的伦理问题、"黑匣子"效应引发的 AI 可解释性、AI 的应用场景和用户体验等各方面来考虑 AI 解决方案，这些考虑都是围绕人的因素而展开的。因此，目前的 AI 正在进入一个"技术提升和应用＋以人为中心"的新阶段，两者缺一不可。其中的"以人为中心"更是与"以用户为中心设计"的理念不谋而合。

表 12-1　　　　　　　　　　**AI 的三次浪潮和发展的阶段特征**

	第一次浪潮 （20 世纪 50—70 年代）	第二次浪潮 （20 世纪 80—90 年代）	第三次浪潮 （2006 年—　　）
主要方法和技术	早期的"符号主义和联结主义"方法，产生式系统，知识推理，专家系统	统计模型在语音识别、机器翻译中的应用，人工神经网络在模式识别中的初步应用，专家系统	深度学习技术在语音识别、数据挖掘、自然语言处理、模式识别等方面的突破性应用，大数据分析，计算力提升
用户需求	无法满足	无法满足	实用的、能解决实际问题的 AI 解决方案
工作重点	技术探索	技术提升	技术提升，落地场景应用方案，伦理化设计，人机交互技术
阶段特征	学术主导	学术主导	技术提升和应用＋以人为中心

（来源：Xu，2019）

20 世纪 80 年代个人电脑刚兴起时，计算机应用产品的用户主要是程序员等专家用户。因此，在设计中只考虑技术因素，不考虑可用性，这种现象被称为"专家为专家设计"（许为，2003）。在很大程度上，目前基于 AI 的智能解决方案的开发也面临着类似的问题，许多 AI 研发集中在技术上，AI 的"黑匣子"问题就是一个例子，AI 人员为自己设计，而不是为普通目标用户考虑（Miller et al.，2017）。如同 30 年前以用户为中心设计实践的兴起，今天，智能时代的新版以用户为中心设计的实践也为用户体验专业人员提供了新机遇。

如图 12-1 所示，该 HAI 模型充分体现了以用户为中心设计理念在智能系统研发中的应用，基于以用户为中心设计开发的智能系统就是从目标用户的需求出发，提供满足用户需求的智能解决方案。这里，用户的需求包括用户对 AI 技术的伦理顾虑、AI 的可解释性和可理解性、AI 的使用场景和实用性、AI 的可用性以及带来的用户体验等各方面的需求。只有满足了这些用户需求的解决方案，才是体现 HAI 开发理念的智能解决方案。以上这些努力只有通过用户体验实践来实现，也充分表明了智能时代用户体验实践的新机遇。

四、智能系统用户体验设计的基本原则

为获取最佳的用户体验，如同非智能系统的设计一样，智能系统的用户体验设计也需要遵循一些基本原则。针对智能系统的新特征，用户体验设计需要遵循以下一些新的基本原则。

（一）有用的 AI 和场景化 AI 的设计

智能系统的用户体验设计一定要有明确的目的，用户目的驱动的设计要建立在有意义的场景化基础上，提供满足用户需求的应用落地场景以及所需的功能，从而为用户提供有益的使用价值。从社会和用户的需求出发，采用有效的以用户为中心设计方法来挖掘应用落地场景。有用的 AI 和场景化 AI 的设计是智能系统价值的重要体现之一。

（二）可用的、自然的和有效的人机交互设计

在挖掘出满足用户需求的落地应用场景的前提下，智能系统的用户体验设计要为用户提供可用的（易学易用）智能系统，并充分利用先进的人机交互技术提供自然的、有效的人机对话。比如，依托语音识别、面部识别、手势输入、视线追踪等新技术，为智能系统提供自然的用户界面；利用多通道交互（比如，在虚拟现实环境中，采用手势＋视线追踪输入），捕捉用户意图、行为和上下文场景，进一步提高人机交互的自然性、精确性和有效性。同时，利用有效的以用户为中心设计方法来优化智能系统的人机交互设计。

（三）有效的和可观察的系统反馈设计

智能系统应能给用户提供有效的反馈信息，以帮助用户了解系统目前正在做什么、为什么这样做，以及接下来会做什么，从而支持有效和安全的操作，以及良好的用户体验。例如，在目前自动驾驶汽车的智能技术还没达到完全成熟水平的情况下，在许多交通路况场景和突发事件中，仍然需要人类驾驶员的人为干预。因此，从用户信任和安全的角度考虑，自动驾驶汽车的人机界面应该清楚地显示当前交通路况和自动驾驶汽车智能系统运转状况，以便在应急状态下系统能够提供有效的自动模式转换警告信息，驾驶员能够快速有效地夺回车辆的控制权。近些年所发生的多起自动驾驶汽车致命事故说明了这一设计原则的重要性。

（四）可解释和可理解的设计

设计要避免 AI 的"黑匣子"效应，为用户提供可解释和可理解的智能系统。许多 AI 系统非常复杂，决策模型在学习过程中随时间而改变，很少反映在其源代码中，导致通过查看算法和源代码无法完全理解 AI 的工作。例如，基于 AI 技术（比如，神经网络

的深度机器学习）的智能决策系统（比如，医疗诊断、安全检测），应该为用户解释为什么是这样的辅助决策结果；同时人机界面设计要为各类目标用户提供符合他们各自需求（例如，领域知识水平）的可理解的解释，从而提高用户对智能系统的信任度和用户的决策效率。

（五）提升人的能力而不是控制或者完全取代人的设计

机器智能活动的设计只能是取代人的部分任务，提升人的能力而不是控制或者完全取代人。有人已经开始担心 AI 将来会取代人的工作并脱离人的控制，设计应该帮助克服这种担心。例如，对一些低效重复、场景特别危险、易被自动化替代的人工作业，应该考虑由机器来完成。也就是说，智能系统应该是人的能力的延伸，为人的决策提供透明的数据和有效的建议。但是，设计一定要保证人在系统中是最终的决策者。例如，在设计某领域智能流程监控的决策系统时，要明确定义系统控制的等级优先权，允许智能系统根据不同的模式自动做出一些低等级的决策，而对于高等级的决策和潜在的冲突，智能系统可以依据操作场景向人类操作员推荐一些建议，但是最后的决策则必须由人类操作员通过输入命令或者其他控制手段来做出。

（六）伦理化的设计

基于 AI 的智能系统研发的出发点不能仅仅是技术，还要从伦理、道德、法律等角度考虑，保证智能系统是合乎道德伦理的、负责任的、安全的、包容的、公平和公正的。例如，一些利用不完整或被扭曲的数据训练而成的基于 ML（机器学习）的智能系统可能会轻易地产生并放大偏见，其遵循的"世界观"有可能导致某些用户陷入不利的地位，影响社会的公平性。当基于 AI/ML 的企业、政府服务等智能决策系统被越来越普遍地投入使用时，它们基于偏见"世界观"所做出的决策，将直接影响人们日常的工作和生活。因此，设计要体现伦理准则，遵循相关的行业规范和法律。

（七）个性化的设计

这是指借助 AI 和大数据等技术为智能系统用户提供更加个性化的体验。例如，通过对用户实时在线行为、使用场景、上下文场景等信息的感知、分析和建模，系统可以根据不同的模式特征对用户的个性化需求从使用行为、场景、个人兴趣等方面进行分类，从而提供相对应的个性化功能、内容和服务。

（八）人机智能互补合作的设计

基于新型人机关系，智能系统的设计要体现人机智能的互补和合作。人机智能互补表现为以人脑为代表的生物智能（认知加工能力等）和以计算技术（人工智能等）为代表的机器智能通过整合达到智能互补（在信息感知、信息处理、记忆、决策等多个层面），从而实现系统的综合优势。同时，可以通过技术手段来优化操作中的人机合作，同步协调彼此的场景意识、任务、知识的获取和管理、目标、决策权的分配等，达到高效的协同式交互。这类人机系统如"机器＋人"的融合智能系统、"机器＋人＋网络＋物"的复杂智能物联网系统（例如智能工厂、智能城市等）。

五、针对智能系统设计而提升的以用户为中心设计新方法

现有的以用户为中心设计方法主要适用于非智能产品的用户体验实践（Nielsen，1993b；Xu，2014）。针对智能时代用户体验实践的需求，可以从以下几个方面来探索提升以用户为中心设计的方法：

- 人因工程的原理和方法。
- AI 等技术的原理和方法。
- 现有方法在智能系统用户体验设计中的局限性。
- 以往的一些初步研究或应用实例（例如何胜等，2017；Vinodhini & Vanitha，2016；Wei，2017；吕超，朱郑州，2018）。
- 用户体验专业人员与 AI 技术人员协同合作的考虑。

根据以用户为中心设计的流程，从下将阐述这些方法的原理以及基本的工作思路（许为，2019a）。

（一）用户需求获取

开发基于 AI 技术的智能系统首先要解决的问题是如何挖掘和确定用户的需求以及应用场景。如果构建一个强大的智能系统来试图解决一个不符合用户需求或者根本不存在的问题，就是一个失败的解决方案。

1. 产品最佳落地体验和使用场景的分析和确定

在现有的以用户为中心设计方法中，获取产品的最佳落地体验和使用场景等信息通常采用用户研究的方法（问卷调查、现场研究等），但是这些方法不易预测潜在的用户需求和应用场景。应用 AI 和大数据等技术，可以一定程度上弥补这方面的缺陷。比如，对于在线的软件智能系统，可应用 AI 和大数据等技术对用户行为、上下文场景等在线数据进行建模来预测用户对使用场景的需求。智能系统有一定的感知（通过感应器或者信息收集渠道）和分析能力，在获取用户的行为、用户当前的上下文使用场景等信息数据后，通过一定的算法和建模，就可预测用户下一步可能的需求和体验的应用场景，并且支持个性化的设计。这是一种对实时在线用户行为、使用场景驱动的需求的动态捕获（吴书等，2016；Vinodhini & Vanitha，2017）。这种基于智能化建模和分析所定义的场景首先需要用户体验专业人员的合作，从用户体验角度来充分理解用户需求和使用场景。

不同于传统的业务思维方式，这种实时在线使用场景需求的捕获有助于实现使用场景驱动的动态化、个性化的系统功能和内容。李彦宏等（2017）认为，未来"业务"的概念将会变得模糊，"场景"可能成为产品运作的核心。这意味着产品不再像过去那样围绕固定的"业务"来分类，而是围绕使用场景来设计。比如，对一款移动应用来说，如果用户使用在线购买电影票的功能，该系统可根据用户行为的数据来推测用户正处于什么使用场景，除了买电影票以外，是否需要影评、是否需要购买爆米花等，从而自动地

为用户提供与当前的上下文场景相匹配的功能。

　　2. 用户在线个性化行为和需求的获取

　　在现有的以用户为中心设计中，通过用户研究等方法，可了解用户使用产品时可能的个性化行为和需求，但是这种信息可能是静态和含糊的，无法快速有效地推断用户需求动态的变化和准确的个性化需求。AI 和大数据等技术使得我们有可能根据用户的实时在线行为数据，快速有效地挖掘用户行为的特征模式，从而找到用户的个性化需求。例如，获取在线的用户人物画像（吕超，朱郑州，2018；Sun et al.，2017）、用户日志库特征（何胜等，2017）、用户行为分类（Wei，2017）等需求信息。根据这些特征信息，分类建立目标用户模型和推荐算法，智能系统可以向用户实时提供符合他们各自的个性化需求的界面、内容、功能和服务等。定义用户在线个性化行为和需求的基本工作思路如下：

- 通过初步的用户研究和现有的以用户为中心设计方法，确定合适的用户分类方法（例如，人物画像、用户行为分类），确定用户分类和用户数据之间的相关关系。
- 确定所要收集的用户数据和有效的变量。
- AI 人员建立智能分类算法，生成智能系统的设计原型。
- 用户体验人员和 AI 人员合作，开展基于用户数据的机器学习训练，通过一定的用户体验测评和根据初步的计算结果以及分类来验证算法模型的有效性。
- 根据验证的结果，进一步修改、训练和改进算法。
- 需要的话，开展迭代式设计和验证，直到所建立的模型能够根据用户行为等数据准确地将用户个性化分类。
- 进入项目下一个阶段的开发以及相应的以用户为中心设计工作（确定详细的产品开发需求、设计等）。

　　3. 动态化人机功能分析和分配

　　人机功能分析和分配是在完成用户需求以及特征分析等活动后，根据用户和机器系统各自的能力特征等合理地分配人与机器各自从事的具体作业任务，以达到最佳的人机匹配和系统工作效率。在非智能系统中，人机功能分析和分配在一个产品的整个生命周期里是相对固定的。智能系统具备一定的学习和推理等能力。在一个产品的生命周期中，用户和机器的作业任务、功能、流程、职能分配以及工作职责都可能发生变化，机器应该逐步接管重复低效的人工任务。当机器能帮助人承担更多的这类工作后，用户就有更多的机会去从事决策和创造性的活动（Xu et al.，2019）。因此，在智能系统的设计中，要从人与机器是合作关系的角度出发，开展动态化的人机功能分析和分配，借助智能技术来达到最佳的人机匹配和整体效率。

　　确定动态状态下的人机功能分配也为智能系统的自适应、个性化的人机交互设计提供了基础。依据用户行为和状态、外界突发事件、对上下文场景的感知和推理等信息，智能系统不仅能主动地调整用户界面的显示格式和内容，而且能动态地调整系统功能和工作模式（例如，智能系统的自动化水平），实现实时动态的人机功能分配，从而提高人机系统的整体效率。开展动态化人机功能分析和分配的基本工作思路如下：

- 首先根据智能系统的功能列表完成静态的人机功能分析和分配，以及理想状态下

（即最佳学习状态）机器所能承担的全部功能和作业任务。

- 选择合适的指标来量化机器的学习能力，并在此基础上确定在不同机器学习水平上所对应的可以由机器承担的人的功能和作业任务。
- 根据用户体验目标，评估和进一步确定由机器承担的人的功能和作业任务。
- 从技术、业务、用户体验、人机系统整体增益等几方面来综合权衡，最终确定可以由机器来承担的功能和任务（随着机器学习能力的提高）。
- 完成动态的人机功能分析和分配，得到基于机器学习绩效的人机功能分配任务表。
- 进入项目下一个阶段的开发以及相应的以用户为中心设计工作。

（二）原型设计

1. "AI 先行"的设计

2016 年，谷歌提出了"AI 先行"的设计策略（引自李开复，王咏刚，2017）。"AI 先行"是 AI 时代的一种设计思维，它给用户体验人员的启发是，在以用户为中心设计流程中，当用户需求和使用场景等确定以后，在生成智能系统的人机交互设计原型时，用户体验人员不应该仅仅关注传统的图形用户界面的人机交互设计元素（例如，页面布局、导航结构、视觉和交互设计），而应该从人与机器是合作关系的设计思维角度出发，依据动态的人机功能分析和分配的结果，最大限度地利用机器的智能功能来减少用户的人工工作量。例如，如果技术可行的话，人机交互界面应该优先考虑输入效率和准确性高的语音交互，利用人脸识别技术来提升安全和身份识别的效率，利用 AI 和大数据对用户行为、上下文场景等进行分析建模来提供个性化的推荐、自动数据输入、智能搜索等，从而提升用户体验，并在此基础上进行具体的人机交互设计。

同时，"AI 先行"的设计必须基于以用户为中心设计的理念和用户需求，这样才能让采用的智能功能符合用户的需求，并产生最佳的用户体验。开展"AI 先行"设计的基本工作思路如下：

- 根据智能系统的产品功能、用户需求以及所采用的智能技术，初步确定可以采用的机器智能功能。
- 完成动态的人机功能分析和分配，得到基于机器学习绩效的人机功能分配任务表，进一步确定可能的机器智能功能。
- 从用户体验、技术、市场、开发成本等几方面综合考虑采用机器智能功能的可行性，确定可以采用的机器智能功能。
- 完成常规的用户界面设计（页面结构、信息架构、交互元素等），在原型设计中整合所选用的机器智能功能。
- 生成解决方案的整体原型设计，开展用户体验测评来进一步确定机器智能功能和人机交互设计的有效性以及可能带来的用户体验增益。需要的话，开展下一轮迭代式设计和用户体验测评来改进设计。
- 进入项目下一个阶段的开发以及相应的以用户为中心设计工作。

2. 基于用户需求差异性的实时动态个性化设计

在非智能产品的设计中，个性化的设计办法，通常是依据用户需求和特征将用户分成不同类型的角色或者人物画像，当用户实际使用产品时，系统首先收集用户的一些基本特征信息，然后与各种预期的用户角色匹配，从而提供相应的个性化功能、内容和服务。这种用户角色匹配是一成不变的，因此这是一种静态的个性化设计。另外，通过用户研究初步获得用户需求后，用户体验人员通常希望通过多个用户界面设计原型和可用性测试来进一步比较和核实用户的需求，但是最后的设计方案通常是一个服从多数用户的"折中"设计方案，这种方法的一个缺点是设计很难准确地满足用户个性化的需求。

一种提升以用户为中心设计方法的途径是，利用前面所讨论的 AI 和大数据等技术来获取用户在线个性化行为和需求，再根据这些个性化需求为相应的用户群体提供动态的个性化产品功能、内容和服务。比如，采用 AI 和大数据技术，根据对读者实时行为的分类建模，为他们提供个性化的图书馆在线服务功能和内容（何胜等，2017）。另外，也可根据用户在智能系统体验上的差异性需求，允许用户调整智能系统的一些初始控制参数，来提供个性化的产品体验。例如，某个智能系统的用户由几个具有不同特征的用户群体（年龄、教育、文化等）组成，用户体验研究表明不同的用户群体对智能化程度有不同的偏好。在设计中，可以考虑当智能系统自动判别出当前用户的群体属性时，将系统的初始智能化程度自动地设置为该群体偏好的水平，或者允许用户根据自己的偏好来调整初始智能化程度。构建基于用户差异性的实时动态个性化设计方案的基本工作思路如下：

- 通过用户研究或者大数据等分析方法确定用户特征（性别、年龄、教育、偏好等）、行为（购物习惯、在线行为等）等方面的特征信息与所需的产品功能、内容或服务之间的相关关系。
- 采用基于 AI、大数据等技术的用户需求在线分类方法（人物画像、行为分类等）（参见前文"用户需求"部分），区分用户群体特征以及相对应的用户需求。
- 根据用户群体特征的分类所对应的个性化需求，构建解决方案的设计原型（比如，提供相应的产品功能、内容或服务）。
- 采用用户体验测评方法来验证和改进设计原型，需要的话，开展迭代式设计和验证，最后确定个性化设计方案。
- 进入项目下一个阶段的开发以及相应的以用户为中心设计工作。

3. 基于用户上下文使用场景等在线信息的实时动态个性化设计

该方法是基于用户使用产品时的上下文场景等在线信息所提供的用户需求来达到动态个性化设计的目的。智能系统通过其感知和分析能力获取用户当前的上下文使用场景信息（包括对用户的行为等数据的追踪），可以预测用户下一步可能的需求，从而为用户推荐合适的个性化功能、内容或服务。例如，作为一个在线系统的应用实例，网络搜索引擎可以提供智能化和个性化的搜索。系统的智能功能根据收集到的用户点击的链接历史数据，为用户提供相匹配的搜索结果。当系统"感知"到一个用户计划去巴西旅游，并且目的地是亚马逊热带雨林时，如果该用户搜索"亚马逊"，该用户更有可能看到与亚马逊热带雨林旅行相关的结果。当系统"感知"到另一个用户网上购物行为的上下文使用场景信息，并成功地预测用户的需求时，如果该用户搜索"亚马逊"，其搜索结果则可能是亚马逊电子商务网站。作为应用实例，Vinodhini 和 Vanitha（2016）研制的上下文感知式医疗监控（CAHM）系统能够依据患者在线行为和上下文场景信息，为他们初步提供与当前场景匹配的健康监控功能和内容。基于用户上下文使用场景在线信息，实现实时动态个性化设计的基本工作思路如下：

- 首先确定产品的最佳落地体验以及相应的用户使用场景。
- 详细定义使用场景与其所对应的一系列能够有效表征上下文使用场景的参数（比如，用户的历史点击数据、用户的历史访问或者搜索内容）之间的相关关系。
- 选择有效的 AI 技术来实现场景化的建模（基于能够有效表征上下文使用场景的参数）。
- 通过大数据和 AI 学习得到有效的场景化模型。
- 构建智能系统的设计原型。
- 按照以用户为中心设计流程，采用迭代式用户界面设计原型和用户体验测评方法，进一步验证和改进设计原型、用户需求、AI 场景化模型的有效性。
- 最后确定基于上下文使用场景信息的个性化设计方案。
- 进入项目下一个阶段的开发以及相应的以用户为中心设计工作。

4. 基于"以人为中心的 ML"的设计

智能系统的学习能力基于 ML（例如，神经网络）技术。在 ML 中除了算法，数据也是重要因素之一。如今，数据专家已是智能系统开发团队的新成员。谷歌提出了"以人为中心的 ML"理念（Lovejoy & Holbrook，2017），强调以人的需求为基础，将用户放在首位，通过快速迭代找出最佳的解决方案。

根据"以人为中心的 ML"理念（Lovejoy & Holbrook，2017），用户体验人员与 AI 和数据专家之间的协同合作是开展"以人为中心的 ML"工作的前提。用户体验人员将用户使用场景转化为一种体验形式的表征，AI 和数据专家将机器学习数据以及模型的内容转化为系统的应用内容，双方需要互相理解彼此的实践和目标，而用户体验就是 AI 和数据专家与用户体验人员之间的设计交汇点。因此，他们之间的协同合作有助于建立一个基于用户体验的 ML 解决方案。

以用户为中心设计倡导的基于用户反馈的迭代式设计方法本质上没有过时，只是还需要与数据专家合作来操纵和调整 ML 所需要的训练数据，同时需要相应地调整用户研究和反馈工作的策略。另外，现有的 ML 系统工具无法将学习流程可视化，AI 和数据专家在调整算法时会经常依赖于他们自己的想象力，用户体验人员需要帮助他们在整个过程中做出以用户为中心的选择，采用合适的绩效和用户体验指标，评估和改进 ML 系统的设计，通过迭代式设计来获取最有效的 ML 模型。

（三）用户体验测评

1. 基于 WoZ 设计原型的用户体验测评

现有针对低保真设计原型的用户体验测评方法，假设产品没有学习能力，因此不利于测评机器的智能功能。绿野仙踪式（Wizard of Oz，WoZ）设计原型测试是一种用于构建早期的 ML 设计原型的方法（Pearl，2016）。用户体验人员可以借助 WOZ 方法来开展针对早期智能系统设计原型的用户体验测评，从而达到改进设计的目的。该方法需要项目团队人员模拟智能系统的学习能力，测试期间针对用户的输入和预定的智能系统功能，人工模拟智能系统的"智能化"输出，而参与测试的用户并不知道这些"智能化"输出是人工模拟的结果。如果智能系统采用语音用户界面，项目团队人员就使用语音合成器来模拟智能系统的输出响应。这种 WoZ 测试通过观察用户与所模拟的智能系统之间的交互来一步一步地验证设计的思路，在每次迭代式设计和用户体验测评之后，收集和分析反馈数据，重复测试和改进直到满足项目的设计目标为止。

基于 WoZ 设计原型的用户体验测评对于智能系统的设计至关重要，因为当用户能够认真地参与来自智能系统的输出响应时，他们会逐步生成一个有关该系统的心理模型，并根据模型调整他们的交互行为，为系统的设计提供客观的反馈意见。另外，为测试智能系统的个性化设计，可以在测试情境中使用用户的个人内容，比如，通过询问最喜爱的歌手来测试歌曲推荐引擎。

2. 用户体验测评中的用户任务和测评场景

智能系统的用户体验测评还要考虑 AI/ML 逻辑的准确性（Lebson，2016b）。现有的用户体验测评方法注重产品用户界面的可用性设计，而对于基于 AI 的智能系统来说，用户界面背后复杂的学习逻辑和随着 ML 能力的提高所产生的"智能化"输出，会直接影响人机交互中的用户体验。因此，在设计用户体验测评中的用户任务时要考虑智能系统的特征。另外，相对于非智能系统的用户体验测评通常在实验室进行，智能系统的用户体验测评则应该尽量在实际的使用场景下进行，从而提高测评的有效性和设计的应用性。在计划智能系统的用户体验测评时，需要考虑以下一些基本问题：

- 包括简单和复杂任务的应用场景来测试人与智能系统的交互。比如，对于基于语音交互的智能系统来说，既要考虑简单的问询式任务，也要考虑需要多轮问询的复杂任务，每个额外的用户输入都可以帮助进一步细化前一轮的问询。
- 包括概括性和开放式的任务，以便为智能系统提供更大的测试空间。
- 引入基于用户个人数据的测试示例来提高测试的有效性。例如，采用用户喜欢的歌曲或电影来测试智能系统的输出响应以及评估用户的体验反应。
- 考虑与智能系统相匹配的应用场景和任务，提高用户对智能系统响应的真实体验和测评的可靠性。例如，如果智能系统是家居机器人，最好在家庭的环境中进行，并且提供与该上下文场景相匹配的用户任务。

3. ML 训练和测试中用户体验人员与 AI 团队之间的协同合作

在传统的软件应用程序中，它们的输出由代码中固定的算法和规则所决定，具有确定性和可预测性。而智能系统的输出会随机器学习而变化，具有不确定性。因此，传统的测试验证面临挑战，这是目前 AI 领域研究的课题之一。以下将集中讨论在 ML 训练和测试中，用户体验人员与 AI 团队之间的协同合作。

基于 ML 的智能系统通过学习有可能生成极端的内容或者产生意想不到的行动（显示信息或者控制输出），对此，用户体验人员和 AI 团队可以通过合作来测试极端的边缘情况，帮助减小 ML 的算法偏差，这是预防 ML 中不可预测情况发生的手段之一（Pásztor，2018）。例如，机器有时不理解上下文信息或者用户发出的简单但意想不到的命令，为此就需要在现场进行广泛的测试，包括测试极端的边缘情况，从而帮助减少这些错误。用户体验人员要为 AI 团队提供关于用户期望的信息，从而帮助他们微调算法以防止不良响应。采用以用户为中心设计所倡导的迭代式设计和用户体验测评方法，可以帮助不断改进设计，直到智能系统不再产生不良输出。

用户体验人员和 AI 团队也需要在 ML 训练中协同合作。智能系统中的 ML 需要算法和训练数据，通过训练和学习创建一个适用于产品的算法模型。在产品投放市场之前，ML 需要数据训练；在投入市场以后，根据用户的反馈意见，通过重新训练来改进设计。在这一流程中，用户体验人员要与 AI 团队协同合作（Pásztor，2018），用户体验人员可以帮助收集培训数据，定义用户希望从智能产品中获取的预期结果。对于有些场景，定义预期的结果并不容易，因为用户期望的结果通常是主观的。但通过协同合作，AI 团队可以对算法进行训练，用户体验人员则可以利用早期原型开展用户体验测评。也就是说，AI 团队和用户体验人员一起评估分析训练好的模型和真实用户的执行结果。他们通过这些迭代式设计和测试，共同完善智能系统的设计。

六、小结

根据本节的以上论述，我们可总结出以下几点：

第一，针对智能系统，现有的以用户为中心设计方法有许多局限，但利用人因学、AI 等技术的原理和方法进行提升后，可以帮助克服这些局限。

第二，提升后的以用户为中心设计新方法并不是对现有的以用户为中心设计方法的完全取代，而是对它们的补充。例如，基于 AI 等技术的方法可以提供动态化（例如，动态化人机功能分配）、智能化（例如，"AI 先行"的设计、对机器智能功能的用户体验测评）、个性化（例如，实时个性化建模分类、实时个性化设计）的用户体验。

第三，提升后的以用户为中心设计新方法在实践中具有一定的可操作性，有相应初步的应用和研究实例支持，今后的研究应进一步改进和完善这些方法。

第四，在智能时代的用户体验实践中，用户体验专业人员通过与开发团队的协同合作，利用提升后的以用户为中心设计新方法，同时结合现有的以用户为中心设计方法，将有助于提升智能系统的用户体验。同时，用户体验人员和 AI 团队也需要协同合作，不断改进和完善这些方法。

第二节　用户体验驱动的创新设计[①]

创新设计和创新驱动是当前中国社会经济发展的趋势。2018年全国两会期间，全国政协委员叶友达教授向大会提交了《关于鼓励基于用户体验的设计创新，加速科技创新成果转化的提案》，该提案建议加大对基于用户体验的设计创新的宣传力度，建立全国或区域用户体验研究机构，促进科技创新成果快速、高效落地。因此，当前的创新实践也是提升用户体验实践影响力的新机遇。

一、创新设计和用户体验

（一）创新与发明的区别

发明是利用自然规律解决生产、科研、实践中各种问题的新技术解决方案，比如一种全新的酿酒方法、一个新的产品特性，或是一个新的业务流程。然而，发明仅关注技术，只有将发明的技术开发成符合消费者需求、被社会和消费者接受的产品，发明才有可能被认为是创新。为了将发明转化为创新，一个人或组织需要将各种知识、能力、技能和资源组合起来。在历史上，有许多重要的发明人都没从他们的重大发明中得到回报。比如，一般认为汽车的发明者是德国人卡尔·本茨（奔驰汽车之父）。1885年，本茨研制出世界上第一辆马车式三轮汽车，并且获得世界上第一项汽车发明专利。虽然本茨发明了汽车，但是因为没有相应的制造技术来降低成本，所以无法大规模推广。美国福特汽车公司的创始人福特，通过汽车生产流程化，大大降低了成本，同时对早期的汽车——T型车噪声大等问题进行了改进，实现了大规模生产，成功进入市场，从而将汽车家用化。这种将发明技术普及至普通用户群体的行为，才算是创新。所以，创新的表现是，为用户和社会所接受，满足用户和社会的需求，从而产生社会价值。

（二）创新的本质

Evans等（2004）研究了美国两个世纪以来53位著名创新者的创新过程（包括电话、互联网搜索引擎等），结果表明，大多数的创新经历了在实验室里研发原始技术，然后进行商业推广，最后形成用户可用和易用的产品的漫长过程。他们把这些创新者称为"大众化的推行者"，认为没有创新，发明只不过是一种消遣。可见，创新本质上就是持续地使用用户体验（用户需求、使用场景等）与不断调整的技术达到最佳匹配的过程。创新使技术变得有用、易学、易用，从而为人们创造一种能带来新体验的生活和工作方式。这种"实用性"创新过程本质上就是基于技术发明的用户体验驱动的创新，这正是以用

[①]　本节部分参考了许为（2019a）的文章《三论以用户为中心的设计：智能时代的用户体验和创新设计》。

户为中心设计所倡导的设计理念。当然，以用户为中心设计的理念并不是完全由用户来引领或驱动设计，而是将用户置于研发的中心位置，由用户体验专业人员主导，并且通过提炼和洞察用户需求，从用户行为和使用等数据中发现或预测新的体验模式，从而为创新设计服务（Kitson，2011）。

二、用户体验驱动的三因素创新设计概念模型

创新设计活动在过去很长一段时间内强调技术的驱动，忽视对用户和用户体验的充分考虑，导致出现了比较高的失败率（Debruyne，2014；李四达编著，2017）。针对这种情况，许为（2019a）提出了一个用户体验驱动的创新设计概念模型（见图 12-2）。该模型认为创新设计需要综合考虑三大因素：用户、技术和环境。"用户"因素包括产品的用户群体、用户不同层次的需求、使用场景、用户体验等；"技术"因素包括技术发明、各种生产资源（材料、制造、工艺、流程等）；"环境"因素主要包括创新组织内部的业务以及财务、外部经济等，从社会技术系统理论来讲，还应该包括社会、文化、组织、管理、政策规范等宏观内容。

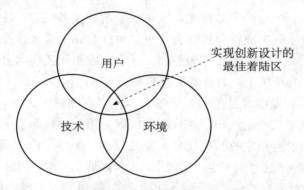

图 12-2　用户体验驱动的三因素创新设计概念模型

（来源：许为，2019a）

从图 12-2 可以看出，成功的创新设计是充分权衡这三个因素的结果。如果一个创新项目仅仅考虑技术和环境而忽略用户因素，该产品就不可能被用户和市场所接受；如果仅仅考虑用户和环境而忽略技术因素，则该产品可能无法实现；如果仅仅考虑用户和技术而忽略环境因素，则该产品可能无法给创新组织带来业务价值和经济效益。以上三种情况最后都可能导致创新设计的失败。因此，充分权衡用户、技术、环境这三个因素之后所获取的重叠区域就是创新设计解决方案的空间，即实现创新设计的最佳着陆区。

根据该模型，创新设计本质上是一种用户体验驱动的过程，而以往的创新设计活动通常过分地强调技术的驱动作用，没有对用户需求和用户体验给予充分的考虑。创新设计就是从用户需求出发，通过提炼和洞察用户需求、用户行为、使用场景等数据，权衡技术和环境因素，发现或预测用户体验，从而达到用户体验驱动创新的目的。

三、用户体验驱动的创新设计方法

根据人因学的原理，从用户体验驱动的角度出发，可以从以下四个方面来探索用户体验驱动式创新设计的方法：

- 人因工程学的原理和方法。
- AI 等技术的原理和方法。
- 现有以用户为中心设计方法在创新设计上存在的问题。
- 以往一些相关的研究以及一些成功的创新设计实例（例如 Brunner et al.，2008；Saffer，2013；Lee，2018；何胜等，2017；文哲编著，2017；赵军主编，2016；罗仕鉴，朱上上编著，2010）。

由此，可以归纳总结出以下四类用户体验驱动的创新设计方法（许为，2019a）。

（一）基于用户需求的创新设计

1. 基于当前用户痛点

现有产品使用中所暴露出来的用户痛点就是产品对用户体验所造成的负面影响以及需要改进的地方。但是并不是说创新设计就是解决用户痛点，创新设计需要洞察并挖掘一个行业中同类产品所共有的用户痛点，提出独特的体验解决方案。用户痛点可以通过传统的用户研究方法或者采用 AI、大数据等技术对用户行为等数据进行建模和分析来发现（Wei，2017）。

例如，美国亚马逊公司成长的初期，经历了美国互联网经济兴起以及后来泡沫破裂的整个过程。面对众多的同质性电商网站的竞争，亚马逊能够生存下来的一个主要原因就是针对许多电商网站所共有的用户痛点，提供了一系列创新的互联网在线购物的体验方案（Brunner et al.，2008）。比如，当时的顾客对同质化的网上购物都感觉缺少实体商品的体验，并且对产品质量存在担忧。对此，亚马逊从为顾客搭建体验的情感层面出发，专门开设一个商品讨论区，允许顾客给所购买产品打分和评论，促进顾客之间的互动，营造出一种购物社区的体验来减少顾客对网购产品质量的担忧；同时追踪顾客的购买行为，主动推出相关产品的个性化购买建议，并实施"一键下单"等措施。这些举措再加上优化的业务模式，大大提升了顾客的体验和公司的竞争力，从而从大多数电商中脱颖而出。

开展基于用户痛点的创新设计的基本工作思路如下：

- 通过用户研究（人物画像、用户旅行图等）、AI 和大数据建模分析（用户行为数据等）等方法，洞察产品（包括自己的产品和行业中的同类产品）使用中的用户痛点。
- 分析收集到的用户痛点，确定同类产品之间共有的用户痛点，并排出它们的优先级。
- 从用户、技术、环境（社会、业务、经济等）三方面综合权衡，列出优先考虑的用户痛点，提出可能的解决方案概念。

- 开展用户研究来进一步验证和细化解决方案概念。
- 生成几种优先考虑的解决方案的设计原型。
- 遵循以用户为中心设计理念，对备选方案的设计原型开展迭代式设计和用户体验测评，筛选出少量的方案，直至最后确定可能的创新设计方案。
- 进入项目下一个阶段的开发以及相应的以用户为中心设计工作。

2. 基于差异化体验

确定差异化的体验就是洞察并挖掘产品的关键体验，也就是一个行业中其他同类产品所不具备的体验，这是产品竞争优势的关键体验着陆点。推特公司的成功就是一个很好的基于差异化体验的创新实例（Saffer，2013）。2000 年，博客开始在全球流行，但事实上，真正完整阅读博客内容的人相对较少。2006 年，最多只允许发 140 个字符的微博客推特上线。这种独特的字数限制在一开始让许多人费解，但是，实践证明推特这种依靠一个简单功能的通信方式彻底革新了人们对通信交流的体验，表现出特有的传播价值。例如，2012 年，飓风"桑迪"袭击美国东海岸，造成大面积停电，包括灾民、媒体、官方在内的推特用户共发送了 2 000 多万条推文，从而将灾情及时地告知公众。

构建基于差异化体验的创新设计的基本工作思路如下：

- 通过用户和市场研究，搜集现有同类产品的用户需求、用户使用场景、用户任务等数据。
- 分析同类产品的共同和差异性特征，以及这些特征与用户研究数据和用户体验之间的相关关系。
- 分析找出潜在的、能提供差异化体验的产品或者功能概念。
- 综合权衡现有技术、社会和业务需求、用户体验这三个因素，过滤出几个可能可行的产品或者功能概念。
- 生成解决方案的设计原型。
- 通过迭代式设计和用户体验测评，获取反馈信息，最终确定创新设计方案。
- 进入项目下一个阶段的开发以及相应的以用户为中心设计工作。

3. 基于潜在用户需求和使用场景

这种创新设计方法是通过用户研究，挖掘或预测潜在的（尚未发现或实现的）、有价值的用户需求和使用场景，然后在产品上实现这种潜在的体验。在用户研究中，用户一般不可能清楚地告知他们具体所要的东西。有一个经典的例子，说 19 世纪时如果你问用户："你想要一个什么样的快速交通工具。"用户会回答："跑得快的马车。"他们不会说要汽车，因为他们无法想象有人会制造出像汽车这样的产品。所以，创新既要基于用户潜在的需求，也要超越用户的期望。在这类创新过程中，需要一些特殊的用户研究方法，例如现场研究（Pelto，2013）。研究者需要有较强的观察和分析能力，团队中需要有具备创新意识的设计人才，这样才能够挖掘出潜在的用户需求，并且将这种潜在需求转化为创新的产品体验。

例如，苹果公司 2007 年推出的 iPhone 就是一个超越用户期望的产品。iPhone 既不完全是手机，也不完全是电脑、电视、照相机或音乐播放器，它是所有这些产品的结合，这种集成的用户体验正是建立在一个个使用场景下潜在的用户需求基础上的。同时，苹果公司还首次将多点触摸屏技术应用在 iPhone 上。另外，苹果公司创始人乔布斯的敏锐洞察力和创新力，以及苹果公司内部以用户为中心设计的组织文化，这些众多因素的汇合促成了 iPhone 的成功。

构建基于潜在用户需求和使用场景的创新设计的基本工作思路如下：

- 开展用户现场研究或者大数据分析等活动，收集和观察用户在日常生活和工作中的行为、习惯、使用场景、痛点、需求等。
- 分析和整理用户研究的数据，找出用户潜在需求的趋势。
- 开展多学科团队成员参加的"头脑风暴"活动（可特别邀请有创新能力的人员或者雇用外部创新公司），报告用户研究的发现，列出一些针对潜在新产品的设计构想。
- 就潜在新产品的设计构想，开展市场产品竞争分析和技术可行性分析。
- 权衡新产品设计构想、市场分析、技术分析等结果，明确其中可能的新产品设计概念。
- 生成解决方案的设计原型。
- 通过迭代式设计和用户体验测评获取反馈信息，并不断修改设计，最终确定创新设计方案。
- 进入项目下一个阶段的开发以及相应的以用户为中心设计工作。

（二）基于人机交互技术的创新设计

1. 基于现有人机交互技术

从科技发展的角度看，许多新技术的发明和推广，是由人机交互技术的用户体验革新所引发的。例如，在 PC 时代，基于鼠标技术的图形用户界面（GUI）替代了传统的基于键盘的 DOS 指令界面，大大提升了用户界面的可用性，显著地促进了 PC 的普及。同样，移动互联网大门的打开也是基于人机交互技术的创新——触控用户界面技术。事实上，触控用户界面技术本身早在苹果公司开发 iPhone 之前就存在，然而，苹果公司对其进行了提升（采用多点触控等技术），再加上赋予手机一系列新整合的使用场景和新功能等，从而带来了一个全新的移动体验平台——智能手机（文哲编著，2017）。因此，创新设计并不一定需要崭新的突破性技术，对现有技术进行提升再加上符合用户需求的创新的使用场景、最佳落地体验等，也可以为用户和市场提供一种全新的体验。

2. 基于新的人机交互技术

新技术和相关学科的发展促进了新的人机交互方式的产生，也为创新设计提供了一种渠道。例如，人们如今能够通过有效的技术测量（例如，EEG、ERP 等）和数据分析（信号特征提取及模式分类算法等）手段，深入人脑的神经层面去了解人机交互时人的信息加工机制，从而实现一种新的自然式人机交互方式。目前，人机交互新方式——脑机接口（BCI）技术的应用使得人们可以在不同场景中利用人脑活动（例如诱发或自发EEG）来操控机器（比如，计算机设备）（Borghetti, Giametta, & Rusnock, 2017）。

这种用"脑"来控制机器的技术应用前景非常广阔（比如可以为残疾人提供辅助工具，为特殊工作环境的操作员提供控制机器的另一种途径），也为进一步的人机融合的探索研究提供了实验和技术基础（吴朝辉等，2014）。

3. 基于多模态的人机交互技术

多模态的人机交互技术是指组合了多个通道（模态）（视觉、听觉、触觉等）的人机交互技术。多模态交互通过并行、协作方式来整合来自多个通道的输入，捕捉用户的交互意图，进一步提高了人机交互的自然性、精确性和有效性。

例如，人们戴 VR 眼镜玩游戏很容易产生头晕等症状，这是一种典型的虚拟现实综合征。许多研究正在进一步了解虚拟和虚实混合环境中人的空间认知能力以及局限，以便为工程技术设计提供指导。我们可能可以通过基于眼球追踪、结合视线交互和体感交互的多模态人机交互设计，减少头部过度移动，使得人在虚拟环境中更自然地追踪视觉目标，从而达到改善虚拟现实综合征的目的，同时也提高人机交互的有效性和用户的沉浸体验。如果这种解决方案能够有效地实现，而且经过验证能达到预期的效果，那么这种基于现有的单模态人机交互的多模态组合式设计就是一种创新设计。

（三）基于智能化人机合作的创新设计

前文提到，在智能系统中，智能技术推动人机关系由传统的交互向合作的方向发展，使得有可能利用人的生物智能和以 AI 等为代表的机器智能，在感知、学习、决策、执行和控制等不同认知加工水平上，通过技术整合手段来达到人机智能的互补，从而提升人机系统在合适的使用场景中的整体智能，实现智能化人机合作的创新设计。

智能聊天机器人（智能音箱）从原理上讲就是一个智能化人机合作的创新设计产品。Lee（2018）的研究发现，根据 Comscore 的数据，谷歌应用商店平均每天上线 1 000 多个 App，但是 2016 年美国所有智能手机的用户中，近一半用户的 App 月下载量为零。2017 年的数据是，用户平均每天使用 9 款 App，一个月内不超过 30 款；用户平均只打开他们下载的 App 总数的三分之一。这些数据表明，消费者的需求已经发生变化，不同于多年前 App 刚出来的时候。与此同时，聊天机器人应运而生，它可以简化人们的生活，减少需要不时下载的 App。当人们有问题时，聊天机器人可提供更简单、快速、高效的解决方案。而且，区别于传统的搜索引擎，聊天机器人从用户需求出发增强搜索体验，通过语音对话式方案提供更加个性化的推荐。

聊天机器人的设计充分利用了机器系统在感知（语音输入等）、记忆（超大容量的在线知识库、跨平台的智能化大数据搜索等）、学习（理解人类用户输入的上下文场景、对用户个性化需求的识别、再学习能力等）、推理和决策（识别用户个性化需求、意图等）、执行（推荐个性化信息、语音输出等）等方面的智能，大大提升了用户获取知识的能力和效率。同时，采用合适的应用场景，使人机之间实现基于自然语言的交互对话；用户的输入帮助智能系统进一步优化机器的学习和搜索，从而达到智能化人机合作，提升人机系统的整体智能，最终实现一种具有新体验的创新设计。

基于智能化人机合作的创新设计可至少从以下两个方面入手。

1. 基于实时在线用户行为模型

收集实时在线的用户行为数据，按照 AI 算法建立用户行为分类模型，根据这些模型，智能系统能够主动地辨认终端用户，从而提供个性化的用户界面、功能、内容等体验。例如，基于 AI 的实时人物画像建模向用户推荐商品（吕超，朱郑州，2018），基于 AI 的用户日志库特征向用户提供个性化的在线图书馆服务（何胜等，2017）。这类系统利用感知（收集实时在线用户行为参数等）、分析和分类（根据用户行为参数对用户群体进行分类等）、执行（根据分类模型和所对应的用户需求，提供所需的个性化功能和内容等）等方面的机器智能，将机器作为人的合作伙伴来提升人机系统的整体智能，从而实现智能化人机合作的创新设计。

2. 基于用户操作实时在线的上下文场景信息

收集用户操作实时在线的上下文场景信息，包括用户行为、使用场景、对用户生理和情感状态等的感知、用户意图信息等，在用户不主动参与的情况下，智能系统能够根据这些信息主动地与用户进行交互，并为用户提供所需的服务，如智能家居、智能家政、残疾人服务/社会机器人（Liu et al.，2018）。Vinodhini 和 Vanitha（2016）开发的上下文感知式医疗监控（CAHM）系统，能够依据患者在线的行为和上下文场景信息，为他们提供与当前场景匹配的健康监控功能和内容。这类系统利用感知（通过感应器等渠道收集实时在线用户行为、面部表情、上下文场景等信息）、推理（推测用户意图等）、执行（提供主动式交互和服务等）等方面的机器智能，将机器作为人的合作伙伴来提升人机系统的整体智能，从而实现智能化人机合作的创新设计思路。

最后，构建基于智能化人机合作的创新设计的基本工作思路如下：

- 根据用户研究所获取的数据信息，针对所要解决的用户体验问题（用户需求和用户痛点等），确定合适的使用场景。
- 根据用户特征（经验、能力等等），确定机器智能需要提升的认知加工阶段（感知、记忆、分析、学习、决策、执行等）。
- 开展机器智能技术可行性分析，进一步确定可行的机器智能功能。
- 开展人机作业和功能的分析，确定人的哪些作业和功能可以由机器智能来取代，从而达到最佳的人机智能互补，提升人机系统的整体智能。
- 提出解决方案的设计概念。
- 开展技术和环境（业务、社会等）分析，充分权衡用户、技术、环境这三个因素，进一步优化产品设计概念。
- 选择最佳并可行的人机界面交互技术。
- 生成解决方案的设计原型。
- 通过迭代式设计和用户体验测评获取反馈信息，并不断修改设计，最终确定创新设计方案。
- 进入项目下一个阶段的开发以及相应的以用户为中心设计工作。

（四）基于整个体验流程的创新设计

基于整个体验流程的创新设计的理念是在社会技术系统的大环境中，采用"以用户为中心＋跨越整个体验流程＋优化所有触点"的方法，提供一个端到端（end to end）的用户体验整体解决方案。例如，病人从找医生、挂号、看病、检查、住院、开刀，到最后康复就是一个端到端的用户体验流程，系统地解决整个体验流程中所有触点的用户体验问题，就是提供一个端到端的用户体验整体解决方案。病人使用 App 来挂号仅仅是整个体验流程中的一个触点，很明显，仅仅优化这一个触点上的用户体验并不能给病人带来全部用户体验。如果采纳以用户为中心设计的理念对病人的整个体验流程进行优化，包括其中的每一个触点，同时对医院的一些不合适的规章制度和流程进行再造，那么尽管没有采用新发明的技术，但是最后的解决方案却完全有可能较大地提高病人的就医体验和医院的服务效率。这种基于整个体验流程的端对端的用户体验整体解决方案本身就是一种创新设计。

2009 年在旧金山成立的优步（Uber）公司通过一种乘车共享的商业模式再造和服务设计，从乘客和司机两个用户群体利益的角度出发，使用经济杠杆来平衡乘客与司机的体验，使他们最终各取所需：乘客获得舒适的用车服务，而司机则获得他们期望的经济收入（李四达编著，2017）。在设计中，优步通过对乘车服务全程各环节的分析，发现并解决了"用户的痛点"，包括约车、等待、乘车方向、付款等触点上的用户体验问题。同时，优步还通过 App 来配对乘客和司机，达到按需乘车和共享服务的目的，从而实现基于整个体验流程的创新设计。

由此可见，创新设计的范围广泛，不仅仅是前面所讨论的对有形产品的创新，还包括对无形产品的创新。用户体验产生于与有形产品（人机界面等）的交互，也产生于与无形产品（业务流程、服务模式等）的交互。所以，用户体验驱动的创新设计包括流程创新设计、服务创新设计、商业新业态或新模式创新设计等。基于整个体验流程的创新设计自然也包括有形和无形的产品。

显而易见，基于整个体验流程的创新设计不同于局部的交互设计，不仅仅注重局部的点方案（比如，人机界面设计、视觉设计、包装设计），而是更强调提供整体解决方案。如果把设计的目标和范围放在一个社会大环境生态中来看，一个端到端的创新设计应该考虑到物理、社会、经济、文化等各种因素，这是一个思维方式和观念的转变。这种基于端到端体验流程的设计思维，可应用于零售、通信、银行、交通、能源、科技、政府公共服务以及医疗卫生等广泛的领域。

目前正在兴起的服务设计从本质上来说就是提供一种基于整个体验流程的端到端的用户体验整体解决方案。在许多行业，一家企业现有的产品和技术一般很难拥有远超同行业竞争对手的优势，但如果能优化整个体验流程，进行业态和商业模式再造，则完全有可能产生端到端的用户体验整体解决方案，并最终从竞争对手中脱颖而出。这种创新设计的基本工作思路如下：

- 通过用户研究等活动，构建当前问题领域内端到端的业务流程图、服务流程图、技术系统架构图（与技术人员合作）等。
- 采用用户旅程图等用户体验工具对问题领域内所有的触点进行全面的分析（确定

当前的用户痛点、用户需求等），即完成用户旅行图中面向用户的前端（front end）部分。

- 构建出对应于用户旅行图前端部分各个触点的后端（back end）服务蓝图（service blueprint），包括支持前端所有触点的各类技术、流程、App、数据源、服务等。
- 分析和确定后端技术、流程、App、数据源、服务等方面导致用户痛点和影响用户需求满足的各种因素。
- 开展技术和环境（业务、社会等）分析，充分权衡用户、技术、环境这三个因素，排出所要解决问题的优先级清单。
- 根据优先级清单，通过流程再造、技术平台整合、服务设计等方法，针对重要的触点，对相应的后端技术、流程、App、数据源、服务等方面进行重新调整和设计，并生成设计概念和原型（包括流程设计原型、App 用户界面设计原型等）。
- 通过迭代式设计和用户体验测评获取反馈信息，不断修改设计概念和原型，确保后端技术、流程、服务等的重新调整和设计真正解决了用户痛点并满足了用户需求。
- 最后确定基于整个体验流程的端到端的用户体验整体解决方案。
- 进入项目下一个阶段的开发以及相应的以用户为中心设计工作。

四、小结

根据本节的以上论述，我们可总结出以下几点：

第一，四大类创新设计的方法包括：基于用户需求、基于人机界面技术、基于智能化人机合作以及基于整个体验流程。这些方法涉及用户与系统（软硬件产品、有形和无形产品等）在不同范围和层面上的触点，而用户体验就产生于这些触点。因此，这些方法都充分体现了用户体验驱动的创新设计思路。

第二，这些方法的具体实现手段多种多样，既可以采用现有的人因工程学和以用户为中心设计方法（如用户研究），也可以基于 AI 和大数据等技术进行实时用户建模，或者应用人机界面技术。

第三，用户体验驱动的创新设计不一定需要新的技术发明，基于现有的技术以及人因工程学和以用户为中心设计方法同样可以完成创新设计，比如基于用户需求的创新设计、基于现有人机交互技术的创新设计以及基于整个体验流程的创新设计等。

第四，这些方法具有一定的可操作性，有初步的研究和应用实例参考，但也需要得到进一步细化和完善。同时，在开展用户体验驱动的创新设计工作时，许多方法需要用户体验人员与其他学科团队密切合作。随着创新设计的进一步深入，相信会有更多的用户体验专业人员参与进来，用户体验驱动的创新设计一定会在用户体验实践中发挥更大的作用。

智能系统，AI的"黑匣子"效应，可解释的和可理解的AI，有用的和可用的AI，人机组队，"以人为中心的AI"开发理念，AI的三次浪潮，针对智能系统用户体验设计的基本原则，动态化人机功能分析和分配，"AI先行"的设计策略，用户的差异性需求，个性化设计，"以人为中心的ML"的设计，WoZ设计原型测试，发明与创新的区别，创新的本质，用户体验驱动的三因素创新设计概念模型，用户体验驱动的创新设计方法，基于用户需求的创新设计，基于人机交互技术的创新设计，基于智能化人机合作的创新设计，基于整个体验流程的创新设计

本章要点

1. 广义上，智能系统是指基于AI等技术的带有智能特征的产品、服务、业态和产业等。

2. AI技术和智能系统的新特征给智能时代用户体验实践带来了一些新问题，包括智能系统的解释性和理解性、智能系统的有用性和可用性、用户的新需求、人机交互设计的新要求、人机关系的新变化等。

3. 目前的AI正进入一个"技术提升和应用＋以人为中心"的新阶段，因此为用户体验实践提供了新机遇。

4. 智能系统的用户体验设计需要遵循一系列基本原则，以便为用户提供最佳的用户体验。

5. 在开展智能系统的以用户为中心设计实践中，既要充分发挥现有以用户为中心设计方法的作用，同时又要更新和完善现有的以用户为中心设计方法，更好地为智能系统的用户体验设计服务。

6. 在以用户为中心设计的用户需求获取阶段，对智能系统用户需求的收集和定义除了考虑传统的用户研究方法，还可以采用AI、大数据等技术等来分析和确定产品的最佳落地体验和使用场景，获取用户的在线个性化行为和需求，进行动态化人机功能分析和分配。

7. 在以用户为中心设计的原型设计阶段，除了采用现有的人机交互设计方法，还应考虑采用"AI先行"的设计、基于用户需求差异性的实时动态个性化设计、基于用户上下文使用场景等在线信息的实时动态个性化设计，以及基于"以人为中心的ML"的设计。

8. 在以用户为中心设计的用户体验测评阶段，应该考虑采用基于WoZ设计原型的用户体验测评，考虑用户体验测评中用户的任务和测试场景，以及用户体验人员和AI团队在ML训练和测试中的协同合作。

9. 发明是利用自然规律解决生产、科研、实践中各种问题的新技术解决方案，比如一种全新的酿酒方法、一个新的产品特性，或是一个新的业务流程。

10. 创新的表现是，为用户和社会所接受，满足用户和社会的需求，从而产生社会价值。

11. 创新本质上就是持续地将用户体验（用户需求、使用场景等）和不断调整的技术达到最佳匹配的过程。创新使技术有用、易学、易用，从而为人创造一种能带来新体验的生活和工作方式。这种"实用性"创新过程本质上就是基于技术发明的用户体验驱动的创新，这正是以用户为中心设计所倡导的设计理念。

12. 用户体验驱动的三因素创新设计概念模型强调成功的创新设计是充分权衡用户、技术和环境这三个因素的结果。充分权衡用户、技术、环境这三个因素之后所获取的重叠区域就是创新设计解决问题方案的空间，即实现创新设计的最佳着陆区。

13. 用户体验驱动的创新设计方法包括四类：基于用户需求的创新设计、基于人机交互技术的创新设计、基于智能化人机合作的创新设计和基于整个体验流程的创新设计。

14. 基于用户需求的创新设计方法包括：基于当前用户痛点、基于差异化体验、基于潜在的用户需求和使用场景。

15. 基于人机交互技术的创新设计方法包括：基于现有人机交互技术、基于新的人机交互技术、基于多模态的人机交互技术。

16. 基于智能人机合作的创新设计方法包括：基于实时在线用户行为模型、基于用户操作实时在线的上下文场景信息。

17. 基于整个体验流程的创新设计的理念是：在社会技术系统的大环境中，采用"以用户为中心＋跨越整个体验流程＋优化所有触点"的方法。

复习思考题

1. 按照本章的内容，智能系统的定义是什么？

2. 智能时代的用户体验实践会碰到的新问题有哪些？请至少说出两个。

3. 概述智能系统中人与机器之间的合作关系。

4. 举出两个例子来说明在智能时代用户的新需求。

5. AI 的第三次浪潮的阶段特征是什么？

6. 举出在智能系统用户体验设计中要遵守的两项基本原则。

7. 在以用户为中心设计的用户需求获取阶段，除了采用传统的用户研究方法，还可以采用什么方法来获取用户需求？

8. 在以用户为中心设计的原型设计阶段，除了采用现有的人机交互设计方法，还可以采取什么样的设计思路和方法？

9. 在以用户为中心设计的用户体验测评阶段，鉴于智能系统的新特征，需要考虑的新问题有哪些？

10. 发明和创新的区别是什么？

11. 从用户体验的角度看，创新的本质是什么？

12. 简单描述用户体验驱动的三因素创新设计概念模型。

13. 用户体验驱动的创新设计方法包括哪些？

14. 基于用户需求的创新设计方法包括哪些？请描述其中一种方法的基本工作思路。

15. 基于人机交互技术的创新设计方法包括哪些？请描述其中一种方法的基本工作思路。

16. 基于智能化人机合作的创新设计方法包括哪些？请描述其中一种方法的基本工作思路。

17. 基于整个体验流程的创新设计的理念和基本工作思路是什么？

拓展学习

李四达．交互与服务设计：创新实践二十课．北京：清华大学出版社，2017.

罗仕鉴，朱上上．用户体验与产品创新设计．北京：机械工业出版社，2010.

张小龙，吕菲，程时伟．智能时代的人机交互范式．中国科学：信息科学，2018，48（4）：406-418.

范向民，范俊君，田丰，等．人机交互与人工智能：从交替浮沉到协同共进．中国科学：信息科学，2019，49（3）：361-368.

范俊君，田丰，杜一，等．智能时代人机交互的一些思考．中国科学：信息科学，2018，48（4）：361-375.

许为．三论以用户为中心的设计：智能时代的用户体验和创新设计．应用心理学，2019，25（1）：3-17.

许为．四论以用户为中心的设计：以人为中心的人工智能．应用心理学，2019，25（4）：291-305.

许为．五论以用户为中心的设计：从自动化到智能时代的自主化以及自动驾驶车．应用心理学，2020. http：//www. appliedpsy. cn/CN/abstract/abstract259. shtml.

文哲．伟大的小细节：互联网产品设计中的微创新思维．北京：机械工业出版社，2017.

FAROOQ U，GRUDIN J. Human computer integration. Interactions，2016，23（6）：26-32.

Harrison C. The HCI innovator's dilemma. Interactions，2018，25（6）：27-33.

XU W. Toward human-centered AI：a perspective from human-computer interaction. Interactions，2019，26（4）：42-46.

PASZTOR D. AI UX：7 principles of designing good AI products. (2018-04-17). https：//uxstudioteam. com/ux-blog/ai-ux/.

参考文献

安景瑞，张凌浩．（2018）．智能微波炉界面用户体验影响因素及设计原则探究．设计(3)，128-129.

巴克斯特，卡里奇，凯恩．（2017）．用户至上：用户研究方法与实践(第2版；王兰，杨雪，苏寅译)．北京：机械工业出版社.

百度AI交互设计院．（2018-12-25）．语音交互中的话术设计原则——百度DuerOS唤醒之旅workshop．搜狐．https://www.sohu.com/a/283504379_100180549

曹木丽，张昆，张宁，胡振明．（2017）．基于个性化需求的智能养生壶交互设计研究．包装工程，38(18)，237-241.

曹沁颖．（2015）．面向病患的穿戴式健康医疗产品设计研究(硕士论文)．沈阳航空航天大学.

曹小琴，邓韵，翟橙，魏晓．（2017）．数控机床操控器人机界面优化设计研究．包装工程，38(18)，126-130.

茶山．（2015）．服务设计微日记．北京：电子工业出版社.

陈东伟，翁省辉，林洁文，徐梓鹏，郭志洁．（2014）．基于移动平台的脑电波游戏设计与实现．信息技术(2)，160-162.

陈国鹏(主编)．（2005）．心理测验与常用量表．上海：上海科学普及出版社.

陈金亮，赵锋，张倩．（2018）．基于心流理论的健身APP设计研究．包装工程，39(18)，158-165.

陈骏，张朋朋．（2016）．面向小型工作室的智能化办公家具体验设计．包装工程，37(2)，121-124.

陈肖雅．（2014）．用于大触摸屏软键盘的大小自适应研究(硕士论文)．浙江理工大学，杭州.

陈晓航，夏彬阳．（2016）．基于智能家居系统的智能台灯设计与实践．现代工业经济和信息化，6(11)，73-75.

崔杰，党耀国，刘思峰．（2008）．基于灰色关联度求解指标权重的改进方法．中国管理科学，16(5)，141-145.

戴海崎，张峰，陈雪枫(主编)．（2011）．心理与教育测量(第3版)．广州：暨南大学出版社.

邓学雄，吴楚洲，熊志勇，李冰．（2016）．安防监控软件界面的设计研究．包装工程，37(6)，159-163.

邓雪，李家铭，曾浩健，陈俊羊，赵俊峰．（2012）．层次分析法权重计算方法分析及其应用研究．数学的实践与认识，42(7)，93-100.

邓子豪．（2018）．服务设计思维与工具在企业形象识别中的重要性研究．工业设计(2)，12-13.

丁学用，陈越艳，王旭龙，滕维乾．（2017）．一种自动感应及预防近视智能台灯设计．中国科技信息(24)，81-82，84.

丁宇珊，陈净莲．（2019）．基于老年人行为习惯的厨房设计研究．设计，32(2)，110-111.

董好杰．（2016）．基于移动端的体育竞技游戏APP用户界面情感设计．包装工程，37(20)，118-121.

董建明，傅利民，饶培伦，Stephanidis C，Salvendy G.（编著）.（2016）. 人机交互：以用户为中心的设计和评估（第5版）. 北京：清华大学出版社.

董占勋，许若楠，顾振宇.（2015）. 眼动交互在大屏手机操作中的应用趋势. 包装工程, 36(24), 57-60.

杜桂丹.（2018）. 手机游戏中人机界面交互设计的优化方向研究. 包装工程, 39(4), 245-250.

鄂东，刘静华，胡磊.（2015）. 医疗人机环境下的软件界面设计研究. 机械设计与制造(11), 5-7.

凡明坤，刘星，孙有朝，郭云东.（2018）. 不同仪表显示界面对飞行员工作负荷的影响. 航空计算技术, 48(1), 38-45.

范金城，梅长林（主编）.（2010）. 数据分析. 2版. 北京：科学出版社.

方倩恩.（2018）. 小微型传统制造业服务设计原则. 科技创新与应用(13), 84-85.

冯运卿，李雪梅，李学伟.（2014）. 基于熵权法与灰色关联分析的铁路安全综合评价. 安全与环境学报, 14(2), 73-79.

高广宇.（2018）. 手机游戏交互界面的设计与实现研究. 北京印刷学院学报, 26(9), 35-38.

高岩.（2013）. 基于大规模无约束数据的书写者自适应的中文手写识别系统研究（硕士论文）. 华南理工大学，广州.

葛列众（主编）.（2012）. 工程心理学. 北京：中国人民大学出版社.

葛列众，滑娜，王哲.（2008）. 不同菜单结构对语音菜单系统操作绩效的影响. 人类工效学, 14(4), 12-15.

葛列众，孙梦丹，王琦君.（2015）. 视觉显示技术的新视角：交互显示. 心理科学进展, 23(4), 539-546.

葛列众，王义强.（1995）. 直接操作界面的实验研究和理论探讨. 人类工效学, 1(2), 50-52.

葛列众，王义强.（1996）. 计算机的自适应界面——人-计算机界面设计的新思路. 人类工效学, 2(3), 50-52.

葛列众，魏欢，郑燕.（2012）. 焦点-背景技术对学习绩效的影响研究. 人类工效学, 18(3), 45-48.

葛列众，余晓雯，郑燕，刘宏艳.（2015）. 手机号码提示信息的排序方式对输入绩效的影响. 人类工效学, 21(5), 32-36.

葛列众，周川艳.（2012）. 语音菜单广度与深度研究. 人类工效学, 18(4), 73-76.

葛列众等.（2017）. 工程心理学. 上海：华东师范大学出版社.

宫殿坤，郝春东，王殿春.（2009）. 字体特征与搜索方式对视觉搜索反应时的影响. 心理科学, 32(5), 1142-1145.

宫勇，张三元，刘志方，沈法.（2016）. 颜色对图标视觉搜索效率影响的眼动研究. 浙江大学学报(工学版), 50(10), 1987-1994.

古德曼，库涅夫斯基，莫德.（2015）. 洞察用户体验：方法与实践（第2版，刘吉昆等译）. 北京：清华大学出版社.

关斯斯，于帆.（2019）. 基于眼动追踪的自动售货机人机界面设计研究. 包装工程, 40(8), 230-236.

郭芳，钟厦，耿飒.（2018）. 智能微波炉界面用户体验原则与设计策略探究. 机电产品开发与创新, 31(3), 45-48.

郭优，姜钧译，吕伟，王瑶.（2017）. 手机游戏用户体验评价量表与验证. 人类工效学, 23(4), 24-31.

韩静华，武丽莎.（2017）. 以用户体验为中心的阅读类APP设计研究. 包装工程, 38(24), 124-129.

汉森.（2004）. 大众传播研究方法（崔保国，金兼斌，童菲译）. 北京：新华出版社.

何胜，冯新翎，武群辉，熊太纯，李仁璞.（2017）. 基于用户行为建模和大数据挖掘的图书馆个性化服务研究. 图书情报工作, 61(1), 40-46.

胡凤培，滑娜，葛列众，王哲.（2010）. 自适应设计对语音菜单系统操作绩效的影响. 人类工效学, 16

（2），1－4.

胡信奎，葛列众，胡绎茜．（2012）．电脑控制式微波炉中傻瓜操作界面的可用性研究.人类工效学，18
（2），9－12，17.

黄保仔．（2013）．脑电波控制的网页游戏设计与实现(硕士论文).青岛大学.

黄升，张凌浩，曹鸣．（2015）．基于信息视觉逻辑的波轮洗衣机硬界面设计研究.装饰(3)，94－95.

黄升，张凌浩．（2015）．滚筒洗衣机硬界面视觉用户体验VUX系统设计研究.包装工程，36(20)，79－83.

黄希庭，张志杰(主编).（2010）.心理学研究方法.2版.北京：高等教育出版社.

黄兴旺，孙鹏，韩锐，刘春梅．（2016）．基于多屏协同的智能电视人机交互系统.计算机应用与软件，33
（11），49－56.

黄悦欣，宋端树，陈媛．（2017）．基于交互行为的适老性厨房设计研究.包装工程，38(8)，189－193.

黄展，刘芳．（2015）．自助服务终端交互界面的人性化设计研究.包装工程，36(22)，116－119，127.

霍顿．（1994）.图标设计指南：用于计算机系统和文档的可视符号(王立峰译).北京：学苑出版社.

季鸿，张云霞，何菁钦(编著).（2018）.服务设计+：通信应用实践.北京：清华大学出版社.

蒋建军，张力，王以群，彭玉元，李敏，伍大清……青涛.（2015）.基于人因可靠性的核电厂数字化人机
界面功能布局优化方法研究.原子能科学技术，49(9)，1666－1672.

蒋璐珺，巩淼森，蒋晓.（2018）.心流视角下网络购物平台交互体验设计研究.包装工程，39(2)，
214－218.

蒋文明，杨志新，蒋敏，李敏，田静，卢笛，崔雪平.（2015）.智能手机应用程序图标设计的可用性研究.
人类工效学，21(3)，21－24.

焦成远.（2019－06－05）.互联网产品决策秘笈：AB测试.网易. http://dy.163.com/v2/article/detail/
EGTQMNUG05376OPS.html

焦阳，龚江涛，史元春，徐迎庆.（2016）.盲人触觉图形显示器的交互体验研究.计算机辅助设计与图形
学学报，28(9)，1571－1576.

康卫勇，袁修干，柳忠起.（2008）.基于脑力负荷飞机座舱视觉显示界面优化设计.北京航空航天大学
学报，34(7)，782－785.

李帛钊.（2017）.基于用户使用习惯的移动终端界面自适应机制的研究与实现(硕士论文).北京邮电
大学.

李晨星.（2017）.基于微博的意图识别(硕士论文).西华大学，成都.

李瑶，干静，陈鸿益，罗建军，王剑范.（2017）.科学试验系统界面布局设计.包装工程，38(12)，
181－185.

李宏汀，江康翔，王琦君，葛列众.（2017）.基于视线追踪交互式突显技术对视觉搜索的影响研究.心理
科学，40(2)，15－22.

李宏汀，王笃明，葛列众.（2013）.产品可用性研究方法.上海：复旦大学出版社.

李静，熊俊浩，何丹，李永建.（2010）.网页字符显示密度的识别效率与可靠性.工业工程与管理，15
（5），86－90.

李久洲.（2013）.基于情境意识自适应界面的移动网站交互设计研究(硕士论文).北京邮电大学.

李开复，王咏刚.（2017）.人工智能.北京：文化发展出版社.

李林娜，姜伟，张亚男.（2014）.安全标识背景形状及背景色试验研究.中国公共安全(学术版)(1)，
117－120.

李明芬，贾杰，刘烨.（2012）.基于运动想象的脑机接口康复训练对脑卒中患者上肢运动功能改善的认
知机制研究.成都医学院学报，7(4)，519－523.

李鹏，马书根，李斌，王越超.（2009）.具有自适应能力管道机器人的设计与运动分析.机械工程学报，

45(1)，$154-161$.

李四达(编著)．(2017)．*交互与服务设计：创新实践二十课*．北京：清华大学出版社．

李晓军，肖忠东，孙林岩，李经纬．(2015)．可用性问题严重程度对交互过程用户皮肤电导水平的影响．*系统管理学报*，24(4)，$465-471$.

李晓英，周大涛，黄楚，孙淑娴．(2018)．基于眼动追踪的自助挂号机界面可用性设计研究．*机械设计与制造*，330(8)，$153-156$.

李亚飞．基于行为分析的冰箱设计研究(硕士论文)．山东大学，济南．

李彦宏等．(2017)．*智能革命：迎接人工智能时代的社会、经济与文化变革*．北京：中信出版集团．

李耀伟，钱锐，张洋．(2015)．一种装甲车辆乘员显控界面设计方法研究．*车辆与动力技术*(3)，$35-40$.

李英．(2016)．服务设计发展综述．*科技与创新*(10)，54.

李永锋，李慧芬，朱丽萍．(2015)．基于眼动追踪技术的车载信息系统界面设计研究．*包装工程*，36(12)，$65-68$.

林崇德，杨治良，黄希庭(主编)．(2004)．*心理学大辞典*．上海：上海教育出版社．

刘艳．(2014)．Web表单设计技巧探析．*电脑知识与技术*，10(12)，$2845-2846$，2856.

刘骅，葛列众．(2014)．鼠标控制显示增益的绩效研究．人类工效学，20(4)，$26-30$.

刘明蔚，贺雪梅．(2017)．地铁售票终端触控界面可用性分析．*工业设计*(7)，$44-45$.

刘胜航，邓昌智，朱嘉奇，罗雄飞，王宏安．(2016)．基于人机协同的潜在意图检测模型．*软件学报*，27(S2)，$82-90$.

刘司媛，李银霞．(2016)．智能电饭煲显控界面可用性评价指标体系研究．吉林大学学报(信息科学版)，34(2)，$110-114$.

刘唐志，梅子俊，陈明磊．(2014)．典型十字路口指路标志信息布局试验研究．*公路工程*，39(1)，$239-241$.

刘向前．(2018)．*基于SSVEP的便携式脑机接口系统构建方法与关键技术研究*(硕士论文)．厦门大学．

刘潇．(2018)．*面向任务的歼击机座舱工效评价指标体系*．*机械工程师*(6)，$88-90$.

刘晓．(2015)．*基于隐式反馈的电视剧推荐系统*(硕士论文)．浙江大学，杭州．

刘源，李世国．(2015)．面向老年人的智能手机场景式界面设计研究．*包装工程*，36(10)，$40-43$.

刘振兴．(2016)．隐式网络账号设计与研究．*互联网天地*(4)，$9-13$.

娄泽华，殷继彬．(2018)．人机交互中的手势设计原则分析．*软件导刊*，17(4)，$19-24$.

罗成，刘奕群，张敏，马少平，茹立云，张阔．(2014)．基于用户意图识别的查询推荐研究．*中文信息学报*，28(1)，$64-72$.

罗仕鉴，胡一．(2015)．服务设计驱动下的模式创新．*包装工程*，36(12)，$1-4$，28.

罗仕鉴，朱上上(编著)．(2010)．*用户体验与产品创新设计*．北京：机械工业出版社．

罗伟斌．(2013)．*儿童自然人机交互技术研究*(硕士论文)．浙江大学，杭州．

吕超，朱郑州．(2018)．一个基于用户画像的商品推荐算法的设计与应用．*中国科技论文在线*，11(4)，$339-347$.

孟祥旭，李学庆(编著)．(2004)．*人机交互技术：原理与应用*．北京：清华大学出版社．

孟昭兰(主编)．(1994)．*普通心理学*．北京：北京大学出版社．

明东，安兴伟，王仲朋，万柏坤．(2018)．脑机接口技术的神经康复与新型应用．*科技导报*，36(12)，$31-37$.

莫璐宇．(2019)．地震模拟系统的人机交互设计．*地震工程学报*，40(1)，$245-250$.

穆德，亚尔．(2007)．*赢在用户：Web任务角色创建和应用实践指南*(范晓燕译)．北京：机械工业出版社．

尼尔森．(2004)．*可用性工程*(刘正捷等译)．北京：机械工业出版社．

诺曼.（2010）.*设计心理学*(梅琼译).北京：中信出版社.

潘晓东，林雨.（2006）.逆光条件下交通标志的可视距离研究.*公路交通科技，23*(5)，118－120.

潘运娴，王琦君，蒋婷，葛列众，王丽.（2018）.自适应背景焦点显示技术在遥操作中的应用.*心理科学，41*(5)，1055－1061.

彭聃龄（主编）.（2012）.*普通心理学*(第4版).北京：北京师范大学出版社.

覃京燕，雷月雯.（2017）.基于智慧医疗理念的中医文化APP交互设计研究.*包装工程，38*(8)，128－132.

覃京燕，续爽.（2017）.基于强弱连接的社交类APP中情感交互设计研究.*包装工程，38*(14)，92－96.

全国人类工效学标准化技术委员会，中国标准出版社第四编辑室(编).（2009）.*人类工效学标准汇编：一般性指导原则及人-系统交互卷*.北京：中国标准出版社.

热娜古丽·艾赛提，王爱平，古丽扎·伯克力.（2013）.维-汉双语词句阅读顺序对阅读速度的影响.*心理学探新，33*(1)，34－37.

任金昌，赵荣椿，叶宇锋，夏晓清.（2002）.多模态界面技术及其在多媒体检索中的应用.*计算机应用研究，19*(1)，115－117.

任金昌，赵荣椿，郑江滨.（2003）.面向用户的多媒体检索中的多模态界面框架设计.*计算机应用与软件，20*(1)，38－40.

任宇飞，李金.（2014）.综合医院自助挂号机用户界面设计.*医疗卫生装备，35*(4)，63－65.

邵罗，路易斯.（2018）.*用户体验度量：量化用户体验的统计学方法*(第2版，顾盼译).北京：机械工业出版社.

沈模卫，朱祖祥，金文雄.（1990）.汉字的笔画宽度对判读效果的影响.见飞*机座舱电光显示工效学研究*(101－109，110－114页).杭州大学工业心理研究所.

施耐德，斯迪克多恩.（2015）.*服务设计思维：基本知识—方法与工具—案例*(郑军荣译).南昌：江西美术出版社.

施奈德曼.（2017）.*用户界面设计：有效的人机交互策略*(第2版，郎大鹏等译).北京：电子工业出版社.

施王辉，辛向阳.（2016）.公共终端界面的可用性研究.*包装工程，37*(6)，62－66.

石磊.（2013）.一种可交互式的穿戴设备——*翻译眼镜*(硕士论文).浙江大学，杭州.

宋端树，黄悦欣，许艳秋，侯宏平.（2018）.基于用户行为的老年人厨房设计研究.*包装工程，39*(18)，178－183.

宋国萍，张侃.（2009）.驾驶疲劳对听觉注意影响的ERP研究，*心理科学，32*(3)，517－520.

苏克利夫.（1991）.人-计算机界面设计(陈家正等译).西安：西安电子科技大学出版社.

孙博文，杨建明，孙远波，闫海伟，李赛赛.（2019）.基于眼动实验的车辆人机界面色彩设计研究.*包装工程，40*(2)，35－42.

孙岩，董石羽，徐伯初，向泽锐，魏峰.（2015）.基于人类行为学的触屏手机手势交互设计研究.*包装工程，36*(14)，55－59.

塔丽斯，艾伯特.（2016）.*用户体验度量：收集、分析与呈现*(第2版；周荣刚，秦宪刚译).北京：电子工业出版社.

谈卫，孙有朝.（2016）.面向显示界面工效研究的飞机座舱仿真系统.*计算机系统应用，25*(8)，41－47.

谭浩，冯安然.（2018）.基于手机使用情景的交互设计研究.*包装工程，39*(18)，237－240.

谭浩，李谟秧.（2015）.智能车载系统的音乐服务与交互设计研究.*包装工程，36*(8)，17－21.

谭丽芬，田志强，刘梁，王春慧.（2017）.语音交互技术在机械臂遥操作中的应用研究.*航天医学与医学工程，30*(4)，298－303.

唐玄辉. (2017-11-10). *设计思维与服务设计*. VIDE 创志. https://vide.tw/8540

陶嵘, 黄峰. (2012). 用户体验成熟度研究. 见 *UXPA 2012 中国研究报告*. 上海：中国用户体验专业协会.

汪海波, 胡芮瑞, 郭会娟, 王选. (2018). 基于认知负荷的老年智能电饭煲交互原型研究. *包装工程, 39*(22), 225-229.

汪颖, 吕富强. (2017). 基于眼动数据的 ATM 机界面可用性测试. *人类工效学, 23*(1), 48-54.

汪颖, 王萍萍. (2016). 面向老年用户的铁路售票自助终端界面可用性研究. *人类工效学, 22*(6), 64-69.

王波. (2015). 论移动游戏产品界面设计中的易用性设计策略. *包装工程, 36*(12), 49-53.

王才康. (1994). Stroop 其人和 Stroop 效应. *心理科学, 17*(4), 232-236.

王笃明, 胡信奎, 葛列众. (2009). 对称性信息呈现方式对道路交通标志视认绩效的影响. *人类工效学, 15*(4), 18-20.

王斐, 杨广达, 张丹. (2012). 脑机接口在机器人控制中的应用研究现状. *机器人技术与应用*(6), 12-15.

王璟. (2011). *手机菜单类型的工效学研究*（硕士论文）. 浙江理工大学, 杭州.

王淼, 马东明, 钱皓. (2019). 基于服务设计的"同道"个性化旅游 APP 设计研究. *包装工程, 40*(16), 232-238.

王铭叶. (2010). *智能家电产品界面的通用设计研究*（硕士论文）. 南昌大学.

王琦君, 季鸿, 李诞新, 李宏汀, 葛列众. (2017). 触屏手机按键设计新参数——最小按键中心距研究. *人类工效学, 23*(2), 1-5.

王琦君, 金昕沁, 王丽, 徐凤刚, 葛列众. (2017). 自适应气泡光标——基于用户的点击增强技术. *心理科学, 40*(1), 16-21.

王巍, 黄晓丹, 赵继军, 申艳光. (2014). 隐式人机交互. *信息与控制, 43*(1), 101-109.

王熙元, 张依云, 郑迪斐. (2018). 医疗监测设备人机交互界面情感化设计. *包装工程, 39*(2), 113-118.

王馨, 王峰. (2017). 基于 UCD 的直播类 APP 交互设计策略研究. *包装工程, 38*(8), 133-137.

王雪霜, 郭伏, 刘玮琳, 丁一. (2018). 基于事件相关电位的产品外观情感测量研究. *人类工效学, 24*(1), 20-26.

王娅. (2005). *基于脑机接口技术的偏瘫辅助康复系统的研制*（硕士论文）. 天津大学.

王晔等. (2019). *A/B 测试：创新始于试验*. 北京：机械工业出版社.

王昱. (2000). *语音识别自适应技术的研究与实现*（硕士论文）. 清华大学, 北京.

王兆. (2011). *目标导向设计中人物角色的应用与研究*（硕士论文）. 东华大学, 上海.

威肯斯, 李, 刘乙力, 贝克. (2007). *人因工程学导论*（第 2 版, 张侃等译）. 上海：华东师范大学出版社.

韦伟, 吴春茂. (2019). 用户体验地图、顾客旅程地图与服务蓝图比较研究. *包装工程, 40*(14), 217-223.

文哲（编著）. (2017). *伟大的小细节：互联网产品设计中的微创新思维*. 北京：机械工业出版社.

吴朝辉, 俞一鹏, 潘纲, 王跃明. (2014). 脑机融合系统综述. *生命科学, 26*(6), 645-649.

吴明, 张娟. (2017). 儿童安全座椅舒适度评价研究. *包装工程, 38*(22), 60-65.

吴明隆（编著）. (2003). *SPSS 统计应用实务：问卷分析与应用统计*. 北京：科学出版社.

吴书, 刘强, 王亮. (2016). 情境大数据建模及其在用户行为预测中的应用. *大数据*(6), 110-117.

吴耀丰. (2013). *虚拟环绕架构与立体声扬声系统之设计与实现*（硕士论文）. "中央"大学, 桃园.

武霞, 张崎, 许艳旭. (2013). 手势识别研究发展现状综述. *电子科技, 26*(6), 171-174.

夏春燕. (2018). 基于用户认知心理的洗衣机人机界面设计研究. *自动化应用*(4), 148-149.

项英华（编著）. (2008). *人类工效学*. 北京：北京理工大学出版社.

向宇. (2015). *基于机器视觉的意图识别研究*（硕士论文）. 河南科技大学, 洛阳.

肖康, 高虹霓, 李康. (2018). 基于认知特性的飞机仪表界面布局研究. *火力与指挥控制, 43*(1), 27-31.

肖元梅, 范广勤, 冯昶, 李伟, 姜红英. (2010). 中小学教师 NASA-TLX 量表信度及效度评价. 中国公共卫生, 26(10), 1254–1255.

谢丹. (2009). 用户界面设计的美感研究(硕士论文). 湖南师范大学, 长沙.

熊端琴, 王嫣嫣, 刘庆峰, 郭小朝, 姚钦, 杜健, 白玉. (2016). 战斗机多功能显示器显示菜单标识和编排格式对飞行员认知的影响. 人类工效学, 22(4), 1–4.

许树柏(编著). (1988). 实用决策方法: 层次分析法原理. 天津: 天津大学出版社.

许为, 葛列众. (2018). 人因学发展的新取向. 心理科学进展, 26(9), 1521–1534.

许为. (2003). 以用户为中心设计: 人机工效学的机遇和挑战. 人类工效学, 9(4), 8–11.

许为. (2005). 人-计算机交互作用研究和应用新思路的探讨. 人类工效学, 11(4), 37–40.

许为. (2017). 再论以用户为中心的设计: 新挑战和新机遇. 人类工效学, 23(1), 82–86.

许为. (2019a). 三论以用户为中心的设计: 智能时代的用户体验和创新设计. 应用心理学, 25(1), 3–17.

许为. (2019b). 四论以用户为中心的设计: 以人为中心的人工智能. 应用心理学, 25(4), 291–305.

许为. (2020). 五论以用户为中心的设计: 从自动化到智能时代的自主化以及自动驾驶车. 应用心理学. http://www.appliedpsy.cn/CN/abstract/abstract259.shtml

褚宇明, 傅小兰. (2004). 格式、偏好和性格对汉字网页关键词搜索的影响. 人类工效学, 10(2), 1–3.

薛庆, 王萌, 刘敏霞, 洪玮博. (2016). 车载武器界面多任务下的目标辨识绩效. 科技导报, 34(5), 91–94.

严晴, 乔治中, 王澍, 周夏, 邱玉祥. (2016). 基于层次分析法的信息系统用户体验评价模型. 人类工效学, 22(6), 40–44, 51.

杨洁. (2018). 智能手机 APP 用户界面设计的行为逻辑思维. 包装工程, 39(22), 253–257.

杨俊辉. (2018). 物联网技术在智能家居发展中的运用研究. 信息技术与信息化, 218(5), 124–126.

杨坤, 杜晶. (2018). 基于眼动指标的平视显示器字符颜色对平视显示器和下视显示器相容性影响分析. 科学技术与工程, 18(14), 101–106.

杨坤, 高温成, 白杰. (2016). 基于眼动指标的飞行仪表布局评估研究. 人类工效学, 22(3), 1–6.

杨芮. (2015). Web 用户行为数据收集统计系统的设计与实现(硕士论文). 北京交通大学.

吆喝科技. (日期未知). 招商信诺着陆页优化. http://www.appadhoc.com/blog/zhaoshangxinnuo-land-page/

叶坤武, 包涵, 魏思东. (2018). 基于视觉注意力分配的飞机驾驶舱人机界面布局优化. 南京航空航天大学学报, 50(3), 132–137.

Yiru. (2019–03–07). 搞不懂眼动仪? 看完这篇文章就全明白啦. 知乎. http://zhuanlan.zhihu.com/p/23164412.

殷晓晨, 姚能源. (2018). 基于可用性的智能手机键盘优化设计研究. 包装工程, 39(20), 178–182.

喻纯, 史元春. (2012). 基于自适应光标的图形用户界面输入效率优化. 软件学报, 23(9), 2522–2532.

约翰逊. (2009). GUI 设计禁忌 2.0 (盛海艳译). 北京: 机械工业出版社.

云眼. (日期未知). 什么是 AB 测试? https://www.eyeofcloud.com/2223.html

曾庆抒, 赵江洪. (2015). 电动汽车内室软硬人机界面的整合设计. 包装工程, 36(8), 47–50, 59.

张超, 赵江洪. (2015). 汽车导航多通道交互设计. 包装工程, 36(22), 67–70.

张超, 赵江洪. (2016). 基于情境意识的汽车导航界面设计研究. 包装工程, 37(2), 48–51.

张谷雨. (2015). 基于人机工程学的汽车座椅舒适性研究. 汽车与安全(7), 100–105.

张慧忠, 李世国. (2011). 产品的隐式交互界面研究. 包装工程, 32(16), 59–62.

张坤, 崔彩彩, 牛国庆, 景国勋. (2014). 安全标志边框形状及颜色的视觉注意特征研究. 安全与环境学报, 14(6), 18–22.

张丽霞，梁华坤，傅熠，宋鸿陟. (2011). 鱼眼菜单可用性研究. *计算机工程与设计*, *32*(2), 706-710.

张宁，刘正捷. (2013). 基于用户认知能力的自助服务终端界面交互设计方法. *计算机应用研究*, *30*(8), 2455-2460.

张琪，葛贤亮，王丽，葛列众. (2018). 基于和弦原理的触摸屏虚拟键盘. *人类工效学*, *24*(1), 66-73.

张瑞秋，褚原峰，乔莎莎. (2015). 基于用户心理模型的移动终端手势操作研究. *包装工程*, *36*(6), 63-67.

张婷婷. (2011). *图形用户界面中影响用户认知的图标设计因素研究*(硕士论文). 上海交通大学.

张燕军，刘群，谈卫，孙有朝，李竹峰. (2018). 全风挡平视显示的驾驶工效仿真系统研究. *计算机应用与软件*, *35*(6), 54-59.

张一芩. (2010). *人因工程学*(精华版). 台北：扬智文化事业股份有限公司.

张怡. (2012). *面向自媒体界面的网站用户体验度量研究*(硕士论文). 北京邮电大学.

章月. (2015). *大学生颜色偏好与情绪的关系研究*(硕士论文). 南昌大学.

赵军(主编). (2016). *产品创新设计*. 北京：电子工业出版社.

赵军喜，江南，孙庆辉，李响. (2015). 基于用户应用特征的导航电子地图要素分级体系构建. *测绘通报*, *462*(9), 44-47, 63.

赵丽，刘自满，崔世钢. (2008). 基于脑-机接口技术的智能服务机器人控制系统. *天津工程师范学院学报*, *18*(2), 1-4.

赵蕊. (2006). *听觉传输型音频定位系统研究*(硕士论文). 电子科技大学，成都.

赵晓枫，刘长青，蔡伟，乔滨，周亮. (2017). 夜视车载平显视场人机工效分析. *科学技术与工程*, *35*(17), 23-31.

赵洋帆，杜娜，许心明，顾全，王立鑫，高在峰，王慈. (2014). 用户运动信息反馈形式对体感操作用户体验的影响———项基于 Kinect 的可用性研究. *应用心理学*, *20*(4), 367-374.

赵志俊，张凌浩. (2017). 智能电饭煲界面用户体验原则与设计策略研究. *包装工程*, *38*(2), 156-160.

郑璐. (2011). *手机通讯录自适应与自定义的工效学研究*(硕士论文). 浙江理工大学，杭州.

郑燕，刘玉丽，王琦君，葛列众. (2014). 产品可用性评价指标体系研究综述. *人类工效学*, *20*(3), 83-87.

郑燕，王璟，葛列众. (2015). 自适应用户界面研究综述. *航天医学与医学工程*, *28*(2), 145-150.

中国心理学会(编). (2016). *心理学论文写作规范*(第 2 版). 北京：科学出版社.

周成. (2014). *基于云计算的推荐系统的研究*(硕士论文). 武汉理工大学.

周德民，廖益光，曾岗(主编). (2006). 社会调查原理与方法. 长沙：中南大学出版社.

朱建春. (2017). 基于用户分析的触屏手机交互设计研究. *包装工程*, *38*(12), 251-255.

朱婧茜，何人可. (2014). Android 手机应用界面布局的可用性测试研究. *包装工程*, *35*(10), 61-64.

朱丽萍，李永锋. (2017). 不同文化程度老年人对洗衣机界面图标的辨识研究. *包装工程*, *38*(14), 152-156.

朱祖祥，葛列众，张智君. (2000). *工程心理学*. 北京：人民教育出版社.

庄达民，王睿. (2003). 基于认知特征的目标辨认研究. *北京航空航天大学学报*, *29*(11), 1051-1054.

宗威，陈霖，凌杰豪. (2017). 车载智能信息终端的人机交互信息分类显示方式研究. *科技通报*, *33*(12), 221-224.

邹运. (2013). 标示牌等告知用信号中的颜色区别. *重庆科技学院学报(自然科学版)*, *15*(S1), 52-55.

Accenture. (2018). *Redefine your company based on the company you keep: Intelligent enterprise unleashed*. https://investor.accenture.com/~/media/Files/A/Accenture-IR/investor-toolkit/accenture-techvision-2018-tech-trends-report.pdf

Ahlström, D., Alexandrowicz, R., & Hitz, M. (2006). Improving menu interaction: A comparison of standard, force enhanced and jumping menus. In *CHI '06: Proceedings of the SIGCHI Conference on Human Factors in Computing Systems* (pp. 1067 - 1076). New York: Association for Computing Machinery.

Akao, Y. (1994). Development history of quality function deployment. In S. Mizuno & Y. Akao (Eds.), *QFD: Customer-driven approach to quality planning and deployment* (pp. 339 - 352). Tokyo: Asian Productivity Organization.

Akgun, M., Cagiltay, K., & Zeyrek, D. (2010). The effect of apologetic error messages and mood states on computer users' self-appraisal of performance. *Journal of Pragmatics*, *42*(9), 2430 - 2448.

Al-Omar, K., & Rigas, D. I. (2009). Comparison of adaptive, adaptable and mixed-initiative menus. In *CW '09: Proceedings of the 2009 International Conference on CyberWorlds* (pp. 292 - 297). Washington, DC: IEEE Computer Society.

Andrews, C., Endert, A., Yost, B., & North, C. (2011). Information visualization on large, high-resolution displays: Issues, challenges, and opportunities. *Information Visualization*, *10*(4), 341 - 355.

Annett, J. (2004). Hierarchical task analysis. In N. A. Stanton, A. Hedge, K. Brookhuis, E. Salas, & H. Hendrick (Eds.), *Handbook of human factors and ergonomics methods* (pp. 329 - 337). Boca Raton, FL: CRC Press.

Arhippainen, L., & Tähti, M. (2003). Empirical evaluation of user experience in two adaptive mobile application prototypes. In *Proceedings of the 2nd International Conference on Mobile and Ubiquitous Multimedia* (pp. 27 - 34). Norrköping, Sweden: Linköping University Electronic Press.

Badam, S. K., Chandrasegaran, S., Elmqvist, N., & Ramani, K. (2014). Tracing and sketching performance using blunt-tipped styli on direct-touch tablets. In *AVI '14: Proceedings of the 2014 International Working Conference on Advanced Visual Interfaces* (pp. 193 - 200). New York: Association for Computing Machinery.

Baddeley, A., Eysenck, M. W., & Anderson, M. C. (2009). *Memory*. New York: Psychology Press.

Bae, Y., Oh, B., & Park, J. (2014). Adaptive transformation for a scalable user interface framework supporting multi-screen services. In Y. Jeong, Y. Park, C. R. Hsu, & J. H. Park (Eds.), *Ubiquitous information technologies and applications* (pp. 425 - 432). Berlin: Springer.

Bafoutsou, G., & Mentzas, G. (2002). Review and functional classification of collaborative systems. *International Journal of Information Management*, *22*(4), 281 - 305.

Banfield, R., Walkingshaw. N., & Eriksson, M. (2017). *Product leadership: Chapter 1. What is product management*. O'Reilly. https://www.oreilly.com/library/view/product-leadership/9781491960592/ch01.html

Bargas-Avila, J. A., Oberholzer, G., Schmutz, P., de Vito, M., & Opwis, K. (2007). Usable error message presentation in the World Wide Web: Do not show errors right away. *Interacting with Computers*, *19*(3), 330 - 341.

Baricevic, D., Dujmic, H., Saric, M., & Dapic, I. (2008, September). *Optical tracking for QAVE, a CAVE-like virtual reality system*. Paper presented at the 16th International Conference on Software, Telecommunications and Computer Networks (SoftCOM 2008), Split, Croatia.

Baron-Cohen, S., Wheelwright, S., & Jolliffe, A. T. (1997). Is there a "language of the eyes"? Evidence from normal adults, and adults with autism or Asperger syndrome. *Visual Cognition*, *4*(3), 311 - 331.

Bathaee, Y. (2018). The artificial intelligence black box and the failure of intent and causation. *Harvard Journal of Law & Technology*, *31*(2), 890 - 938.

Bau, O., Poupyrev, I., Israr, A., & Harrison, C. (2010). TeslaTouch: Electrovibration for touch surfaces. In *UIST '10: Proceedings of the 23nd Annual ACM Symposium on User Interface Software and Technology* (pp. 283 - 292). New York: Association for Computing Machinery.

BCPE（Board of Certification in Professional Ergonomics）.（n. d.）. *About BCPE*. Retrieved November, 5, 2018, from https：//www. bcpe. org/about-bcpe/

Beaudry, A., & Pinsonneault, A.（2010）. The other side of acceptance：Studying the direct and indirect effects of emotions on information technology use. *MIS Quarterly*, *34*(4), 689−710.

Bederson, B. B.（2000）. Fisheye menus. In *UIST '00：Proceedings of the 13th Annual ACM Symposium on User Interface Software and Technology*（pp. 217−225）. New York：Association for Computing Machinery.

Belinda, B.（2017, April 21）. *How to get started in UX/UI design*. The UX Blog. https：//medium. theuxblog. com/how-to-get-into-ux-ui-design-6e07c876088d

Bell, K.（2015, May 30）. *Project Soli：Google's new experiment to put gesture controls everywhere*. Mashable. https：// mashable. com/2015/05/30/google-project-soli-analysis/

Bellis, M.（2018）. *The first computerized spreadsheet*. VisiCalc：Dan Bricklin & Bob Frankston.

Belmonte, O., Castañeda, M., Fernández, D., Gil, J., Aguado, S., Varella, E., ... & Segarra, J.（2010）. Federate resource management in a distributed virtual environment. *Future Generation Computer Systems*, *26* (3), 308−317.

Benbasat, I., & Todd, P.（1993）. An experimental investigation of interface design alternatives：Icon vs. text and direct manipulation vs. menus. *International Journal of Man-Machine Studies*, *38*(3), 369−402.

Bernin, A., Müller, L., Ghose, S., von Luck, K., Grecos, C., Wang, Q., & Vogt, F.（2017）. Towards more robust automatic facial expression recognition in smart environments. In *PETRA '17：Proceedings of the 10th International Conference on PErvasive Technologies Related to Assistive Environments*（pp. 37−44）. New York：Association for Computing Machinery.

Beyer, H., & Holtzblatt, K.（1998）. *Contextual design：Defining customer-centered systems*. Cambridge, MA：Morgan Kaufmann.

Bhise, V. D.（2014）. *Designing complex products with systems engineering processes and techniques*. Boca Raton, FL：CRC Press.

Bias, R. G., & Mayhew, D. J.（Eds.）.（2005）. *Cost-justifying usability：An update for the Internet age*. San Francisco, CA：Morgan Kaufmann.

Biederman, I.（1987）. Recognition-by-components：A theory of human image understanding. *Psychological Review*, *94*(2), 115−147

Bodmann, H. W.（1967）. Quality of interior lighting based on luminance. *Transactions of the Illuminating Engineering Society*, *32*(1_IEStrans), 22−40.

Borghetti, B, J., Giametta, J. J., & Rusnock.（2017）. Assessing continuous operator workload with a hybrid scaffolded neuroergonomic modeling approach. *Human Factors*, *59*(1), 134−146.

Boyce, P. R.（2012）. Illumination. In G. Salvendy（Ed.）, *Handbook of human factors and ergonomics*（4th ed., pp. 673−698）. Hoboken, NY：Wiley.

Brunner, R., Emery, S., & Hall, R.（2008）. *Do you matter? How great design will make people love your company*. Upper Saddle River, NJ：FT Press.

Burke, S. C.（2005）. Team task analysis. In N. A. Stanton, A. Hedge, K. Brookhuis, E. Salas, & H. Hendrick（Eds.）, *Handbook of human factors and ergonomics methods*（pp. 526−536）. London：CRC Press.

Burns, C. M., Skraaning Jr, G., Jamieson, G. A., Lau, N., Kwok, J., Welch, R., & Andresen, G.（2008）. Evaluation of ecological interface design for nuclear process control：Situation awareness effects. *Human Factors*, *50*(4), 663−679.

Buss, D. M.（Ed.）.（2005）. *The handbook of evolutionary psychology*. New York：Wiley.

Camisa, J. M., & Schmidt, M. J. (1984). Performance fatigue and stress for older VDT users. In E. Grandjean (Ed.), *Ergonomics and health in modern offices* (pp. 270 − 275). London: Taylor & Francis.

Canon. (n. d.). *Canon Camera Museum*. https://global. canon/en/c-museum/product/film159. html

Carlson, J. R., & Zmud, R. W. (1999). Channel expansion theory and the experiential nature of media richness perceptions. *Academy of Management Journal*, 42(2), 153 − 170.

Carver, C. S., & Scheier, M. F. (1998). *On the self-regulation of behavior*. New York: Cambridge University Press.

Casali, J. G. (2012). Sound and noise: Measurement and design guidance. In G. Salvendy (Ed.), *Handbook of human factors and ergonomics* (4th ed., pp. 638 − 672). Hoboken, NY: Wiley.

Casali, J. G., & Gerges, S. N. Y. (2006). Protection and enhancement of hearing in noise. *Reviews of Human Factors and Ergonomics*, 2(1), 195 − 240.

Cenfetelli, R. T. (2004, April). *Getting in touch with our feelings towards technology*. Papers presented at the 64th Annual Meeting of the Academy of Management Conference, New Orleans, LA.

Chan, L., Hsieh, C., Chen, Y., Yang, S., Huang, D., Liang, R., & Chen, B. (2015). Cyclops: Wearable and single-piece full-body gesture input devices. In *CHI '15: Proceedings of the 33rd Annual ACM Conference on Human Factors in Computing Systems* (pp. 3001 − 3009). New York: Association for Computing Machinery.

Chapanis, A. (1994). Hazards associated with three signal words and four colors on warning signs. *Ergonomic*, 37(2), 265 − 275.

Chen, C., & Tu, J. (2014). An implementation model of teaching evaluation questionnaire system based on cloud computing. *Mathematical Problems in Engineering*, Article ID 180528.

Chen, G., & Kotz, D. (2000). A survey of context-aware mobile computing research. *Open Dartmouth: Faculty Open Access Articles*. 3212. https://digitalcommons. dartmouth. edu/cgi/viewcontent. cgi?article =4201&context =facoa

Cheney, G. (1987, February). *The linkage of sacrifice and purpose in the rhetoric of the Challenger disaster: Media accounts and the reinforcement of a national "mission"*. Paper presented at the Annual Convention of the Western Speech Communication Association, Salt Lake City, UT.

Church, K. & de Oliveira, R. (2013). What's up with whatsapp?: comparing mobile instant messaging behaviors with traditional SMS. In *MobileHCI '13: Proceedings of the 15th International Conference on Human-Computer Interaction with Mobile Devices and Services* (pp. 352 − 361). New York: Association for Computing Machinery.

Citi, L., Poli, R., Cinel, C., & Sepulveda, F. (2008). P300-based BCI mouse with genetically-optimized analogue control. *IEEE Transactions on Neural Systems & Rehabilitation Engineering*, 16(1), 51 − 61.

Clark, H. H., & Brennan, S. E. (1991). Grounding in communication. In L. B. Resnick, J. M. Levine, & S. D. Teasley (Eds.), *Perspectives on socially shared cognition* (pp. 127 − 149). Washington, DC: American Psychological Association.

Cockburn, A., Gutwin, C., & Greenberg, S. (2007). A predictive model of menu performance. In *CHI '07: Proceedings of the SIGCHI Conference on Human Factors in Computing Systems* (pp. 627 − 636). New York: Association for Computing Machinery.

Collins, B., & Lerner, N. (1983). *An evaluation of exit symbol visibility*, NBSIR 83 − 2675. Washington, DC: National Bureau of Standards/Center for Building Technology. (Available from NTIS, Springfield, VA 22161.)

Coon, D., & Mitterer, J. O. (2015). *Introduction to psychology: Gateways to mind and behavior with concept maps* (14th ed.). Boston, MA: Cengage.

Cooper, A. (1999). *The inmates are running the asylum: Why high tech products drive us crazy and how to re-*

store the sanity. Indianapolis, IN: Sams.

Cooper, A. (2006). *The inmates are running the asylum: Why high-tech products drive us crazy and how to re-store the sanity* (2nd ed.). Indianapolis, IN: Sams.

Cooper, A., & Reimann, R. M. (2003). *About face 2. 0: The essentials of interaction design*. New York: Wiley.

Courage, C., Jain, J., Redish, J., & Wixon, D. (2012). Task analysis. In J. A. Jacko (Ed.), *The human-comput-er interaction handbook: Fundamentals, evolving technologies, and emerging applications* (3rd ed., pp. 955 - 982). Boca Raton, FL: CRC Press.

Cramer, M. D. (2013). *U. S. Patent No. 8, 543, 570*. Washington, DC: U. S. Patent and Trademark Office.

Crusco, A. H., & Wetzel, C. G. (1984). The Midas touch: The effects of interpersonal touch on restaurant tip-ping. *Personality & Social Psychology Bulletin*, *10*(4), 512 - 517.

Csikszentmihalyi, M. (1975). *Beyond boredom and anxiety*. San Francisco, CA: Jossey-Bass.

Csickszentmihalyi, M. (1988). *The flow experience and its significance for human psychology*. New York: Cam-bridge University Press.

Csikszentmihalyi, M. (1990). *Flow: The psychology of optimal experience*. New York: Harper & Row.

Csikszentmihalyi, M., Abuhamdeh, S., & Jeanne, N. (2005). Flow. In Elliot, J. Andrew, S. Carol, & V. Martin (Eds.), *Handbook of competence and motivation* (pp. 598 - 608). New York: Guilford.

Czaja, S. J., & Nair, S. N. (2012). Human factors enginnering and system design. In G. Salvendy (Ed.), *Handbook of human factors and ergonomics* (4th ed., pp. 38 - 54). Hoboken, NJ: Wiley.

Daft, R. L., & Lengel, R. H. (1986). Organizational information requirements, media richness and structural design. *Management Science*, *32*(5), 554 - 571.

Das, S., McEwan, T., & Douglas, D. (2008). Using eye-tracking to evaluate label alignment in online forms. In *NordiCHI '08: Proceedings of the 5th Nordic Conference on Human-Computer Interaction: Building Bridges* (pp. 451 - 454). New York: Association for Computing Machinery.

Debruyne, M. (2014). *Customer innovation: Customer-centric strategy for enduring growth*. London: Kogan Page.

Deci, E. L., & Ryan, R. M. (2000). The "what" and "why" of goal pursuits: Human needs and the self-de-termination of behavior. *Psychological Inquiry*, *11*(4), 227 - 268.

Desanctis, G., & Gallupe, R. B. (1987). A foundation for the study of group decision support systems. *Man-agement Science*, *33*(5), 589 - 609.

Desktop metaphor. (2019, November 10). In *Wikipedia*. https://en. wikipedia. org/w/index. php?title = Desktop_metaphor&oldid =923715945

DeVellis, R. F. (1991). *Scale development: Theory and applications*. Newbury Park, CA: SAGE.

Dey, A. K., Abowd, G. D., & Salber, D. (2001). A conceptual framework and a toolkit for supporting the rap-id prototyping of context-aware applications. *Human-Computer Interaction*, *16*(2 - 4), 97 - 166.

Donahoe, E. (2018, July 9). *Human centered AI: Building trust, democracy and human rights by design: An o-verview of Stanford's Global Digital Policy Incubator and the XPRIZE Foundation's June 11th Event*. Stanford Global Digital Policy Incubator (GDPi). https://medium. com/stanfords-gdpi/human-centered-ai-building-trust-democracy-and-human-rights-by-design-2fc14a0b48af

Dove, G., Halskov, K., Forlizzi, J., & Zimmerman, J. (2017). UX design innovation: Challenges for working with machine learning as a design material. In *CHI '17: Proceedings of the 2017 CHI Conference on Human Factors in Computing Systems* (pp. 278 - 288). New York: Association for Computing Machinery.

Drory, A., & Shinar, D. (1982). The effects of roadway environment and fatigue on sign perception. *Journal of*

Safety Research, *13*(1), 25 – 32.

Easterby, R. S. (1970). The perception of symbols for machine displays. *Ergonomics*, *13*(1), 149 – 158.

Editors of Phaidon. (2013). *The design book*. New York: Phaidon.

Egglesfield, L., Golbin, I., Cook, B., & Ani, T. (2018). *Explainable AI: Driving business value through greater understanding*. PwC (PricewaterhouseCoopers). https://www. pwc. co. uk/audit-assurance/assets/explainable-ai. pdf

Ekman, P., Friesen, W. V., & Hager, J. C. (2002). *The facial action coding system CD-ROM*. Salt Lake City, UT: Research Nexus.

Ernst, M. O., & Banks, M. S. (2002). Humans integrate visual and haptic information in a statistically optimal fashion. *Nature*, *415*(6870), 429 – 433.

Etzler, L., Marzani, S., Montanari, R., & Tesauri, F. (2008). Mitigating accident risk in farm tractors. *Ergonomics in Design*, *16*(1), 6 – 13.

Evans, H., Buckland, G., & Lefer, D. (2004). *They made America: From the steam engine to the search engine: Two centuries of innovators*. Boston, MA: Little Brown.

Eyal, N., & Hoover, R. (2014). *Hooked: How to build habit-forming products*. New York: Portfolio/Penguin.

Fallon, E. F. (2006). Allocation offunctions: Past, present, and future perspectives. In W. Karwowski (Ed.), *International encyclopedia of ergonomics and human factors* (2nd ed., pp. 581 – 589). Boca Raton, FL: CRC Press.

Farrell, S., & Nielsen, J. (2013). *User experience careers: How to become a UX pro, and how to hire one*. Nielsen Norman Group. https://media. nngroup. com/media/reports/free/User_ Experience_Careers. pdf

Farwell, L. A., & Donchin, E. (1988). Talking off the top of your head: toward a mental prosthesis utilizing event-related brain potentials. *Electroencephalography & Clinical Neurophysiology*, *70*(6), 510 – 523.

Feng, X., Chan, S., Brzezinski, J., & Nair, C. (2008). Measuring enjoyment of computer game play. In *Proceedings of the 14th Americas Conference on Information Systems* (*AMCIS 2008*) (306). Toronto, Canada: Association for Information Systems.

Ferwerda, B., & Tkalcic, M. (2018). Predicting users' personality from Instagram Pictures: Using visual and/or content features?. In *UMAP '18: Proceedings of the 26th Conference on User Modeling, Adaptation and Personalization* (pp. 157 – 161). New York: Association for Computing Machinery.

Ferwerda, B., Yang, E., Schedl, M., & Tkalcic, M. (2019). Personality and taxonomy preferences, and the influence of category choice on the user experience for music streaming services. *Multimedia Tools & Applications*, *78*(14), 20157 – 20190.

Findlater, L., & McGrenere, J. (2010). Beyond performance: Feature awareness in personalized interfaces. *International Journal of Human-Computer Studies*, *68*(3), 121 – 137.

Findlater, L., & McGrenere, J. (2004). A comparison of static, adaptive, and adaptable menus. In *CHI '04: Proceedings of the SIGCHI Conference on Human Factors in Computing Systems* (pp. 89 – 96). New York: Association for Computing Machinery.

Findlater, L., Moffatt, K., McGrenere, J., & Dawson, J. (2009). Ephemeral adaptation: The use of gradual onset to improve menu selection performance. In *CHI '09: Proceedings of the SIGCHI Conference on Human Factors in Computing Systems* (pp. 1655 – 1664). New York: Association for Computing Machinery.

Findlater, L., & Wobbrock, J. (2012). Personalized input: Improving ten-finger touchscreen typing through automatic adaptation. In *CHI '12: Proceedings of the SIGCHI Conference on Human Factors in Computing Systems* (pp. 815 – 824). New York: Association for Computing Machinery.

Finneran, C. M., & Zhang, P. (2003). A person-artefact-task (PAT) model of flow antecedents in computer-mediated environments. *International Journal of Human-Computer Studies*, *59*(4), 475–496.

Fischer, S., & Schwan, S. (2008). Adaptively shortened pull down menus: Location knowledge and selection efficiency. *Behaviour & Information Technology*, *27*(5), 439–444.

Fisher, A. M., Herbert, M. I., & Douglas, G. P. (2016). Understanding the dispensary workflow at the Birmingham Free Clinic: A proposed framework for an informatics intervention. *BMC Health Services Research*, *16*(1), 69.

Fitts, P. M. (Ed.). (1951). *Human engineering for an effective air-navigation and traffic-control system*. Washington, DC: National Research Council.

Flanagan, J. C. (1954). The critical incident technique. *Psychological Bulletin*, *51*(4), 327–358.

Flick, U. (Ed.). (2013). *The SAGE handbook of qualitative data analysis*. London: SAGE.

Follmer, S., Leithinger, D., Olwal, A., Hogge, A., & Ishii, H. (2013). inFORM: Dynamic physical affordances and constraints through shape and object actuation. In *UIST '13: Proceedings of the 26th Annual ACM Symposium on User Interface Software and Technology* (pp. 417–426). New York: Association for Computing Machinery.

Forlizzi, J., & Ford, S. (2000). The building blocks of experience: An early framework for interaction designers. In *DIS '00: Proceedings of the 3rd conference on Designing Interactive Systems: Processes, Practices, Methods, and Techniques* (pp. 419–423). New York: Association for Computing Machinery.

Foxall, G. R., & Goldsmith, R. E. (1995). *Consumer psychology for marketing*. London: Routledge.

Fulk, J., Schmitz, J., & Steinfield, C. (1990). A social influence model of technology use. In J. Fulk & C. Steinfeld (Eds.), *Organizations and communication technology* (pp. 71–94). Newbury Park, CA: SAGE.

Gajos, K., Christianson, D., Hoffmann, R., Shaked, T., Henning, K., Long, J. J., & Weld, D. S. (2005). Fast and robust interface generation for ubiquitous applications. In M. Beigl, S. Intille, J. Rekimoto, & H. Tokuda (Eds.), *UbiComp 2005: Ubiquitous computing* (pp. 37–55). Berlin: Springer.

Gajos, K. Z., Everitt, K., Tan, D. S., Czerwinski, M., & Weld, D. S. (2008). Predictability and accuracy in adaptive user interfaces. In *CHI '08: Proceedings of the SIGCHI Conference on Human Factors in Computing Systems* (pp. 1271–1274). New York: Association for Computing Machinery.

Gao, Z., Bentin, S., & Shen, M. (2015). Rehearsing biological motion in working memory: An EEG study. *Journal of Cognitive Neuroscience*, *27*(1), 198–209.

Garrett, J. J. (2000, March 30). *The elements of user experience*. www.jjg.net/elements/pdf/elements.pdf

Garrett, J. J. (2011). *The elements of user experience*. Indianapolis, IN: New Riders.

Gaver, W. W. (1986). Auditory icons: Using sound in computer interfaces. *Human-Computer Interaction*, *2*(2), 167–177.

Gibbons, S. (2016, July 31). *Design thinking 101*. Nielsen Norman Group. https://www.nngroup.com/articles/design-thinking/

Gilbreth, F. B. (1911). *Motion study*. Princeton, NJ: Van Nostrand.

Gould, J. D., Boies, S. J., Meluson, M., Rasamny, M., & Vosburgh, A. M. (1988). Empirical evaluation of entry and selection methods: For specifying dates. In *Proceedings of the 32nd Human Factors and Ergonomics Society Annual Meeting* (pp. 279–283). Los Angeles, CA: SAGE.

Gould, J. D., Boies, S. J., Meluson, A., Rasamny, M., & Vosburgh, A. M. (1989). Entry and selection methods for specifying dates. *Human Factors*, *31*(2), 199–214.

Graves, S. (2019, June 30). *How to do a competitive analysis: A step-by-step guide*. CXL. https://conversionxl.

com/blog/competitive-analysis/

Greenberg, S., & Witten, I. H. (1985). Adaptive personalized interfaces—a question of viability. *Behaviour & Information Technology*, *4*(1), 31 – 45.

Griffin, M. J. (1990). *Handbook of human vibration*. London: Academic Press.

Griffin, M. J. (2012). Vibration and motion. In G. Salvendy (Ed.), *Handbook of human factors and ergonomics* (4th ed., pp. 616 – 637). Hoboken, NY: Wiley.

Grover, D. L., King, M. T., & Kushler, C. A. (1998). *U. S. Patent No. 5, 818, 437*. Washington, DC: U. S. Patent and Trademark Office.

Grudin, J. (1994). Computer-supported cooperative work: History and focus. *Computer*, *27*(5), 19 – 26.

Guéguen, N., Meineri, S., & Charles-Sire, V. (2010). Improving medication adherence by using practitioner nonverbal techniques: A field experiment on the effect of touch. *Journal of Behavioral Medicine*, *33*(6), 466 – 473.

Hackos, J. T., & Redish, J. C. (1998). *User and task analysis for interface design*. New York: Wiley.

Hassenzahl, M. (2003). The thing and I: Understanding the relationship between user and product. In M. Blythe, C. Overbeeke, A. F. Monk, & P. C. Wright (Eds.), *Funology: From usability to enjoyment* (pp. 31 – 42). Dordrecht, Netherlands: Kluwer.

Hassenzahl, M. (2004). The interplay of beauty, goodness, and usability in interactive products. *Human-Computer Interaction*, *19*(4), 319 – 349.

Hassenzahl, M. (2008). User Experience (UX): Towards an experiential perspective on product quality. In *Proceedings of the 20th Conference on l' Interaction Homme-Machine* (pp. 11 – 15). New York: Association for Computing Machinery.

Hassenzahl, M. (2010). *Experience design: Technology for all the right reasons*. San Rafael, CA: Morgan & Claypool.

Hassenzahl, M., Diefenbach, S., & Gordita, A. (2010). Needs, affect and interactive products-facets of user experience. *Interacting with Computers*, *22*(5), 353 – 362.

Hassenzahl, M., & Tractinsky, N. (2006). User experience a research agenda. *Behaviour & Information Technology*, *25*(2), 91 – 99.

Heglin, H. J. (1973). *NAVSHIPS display illumination design guide: Section II. Human factors*. San Diego, CA: Naval Electronics Laboratory Center.

Heim, S. (2007). *The Resonant interface: HCI foundations for interaction design*. Reading, MA: Addison-Wesley.

Hekkert, P. (2006). Design aesthetics: Principles of pleasure in product design. *Psychology Science*, *48*(2), 157 – 172.

Hendrick, H. W., & Kleiner, B. M. (2001). *Macroergonomics: An introduction to work system design*. Santa Monica, CA: Human Factors and Ergonomics Society.

Hendrick, H. W., & Kleiner, B. M. (2002). *Macroergonomics: Theory, methods, and applications*. Mahwah, NJ: Erlbaum.

Heo, H., Lee, E. C., Park, K. R., Kim, C. J., & Whang, M. (2010). A realistic game system using multi-modal user interfaces. *IEEE Transactions on Consumer Electronics*, *56*(3), 1364 – 1372.

Hoffman, R. R., & Woods, D. D. (2000). Studying cognitive systems in context: Preface to the special section. *Human factors*, *42*(1), 1 – 7.

Hofstede, G., Hofstede, G. J., & Minkov, M. (2010). *Cultures and organizations: Software of the mind*. New

York: McGraw-Hill.

Hofstede Insights. (n. d.). *Country comparison.* https://www.hofstede-insights.com/country-comparison/

Hoggan, E., & Brewster, S. (2012). Nonspeech auditory and crossmodal output. In J. A. Jacko (Ed.), *The human-computer interaction handbook: Fundamentals, evolving technologies, and emerging applications* (3rd ed., pp. 211−232). Boca Raton, FL: CRC Press.

Hollnagel, E. (2012). Taskanalysis: Why, what, and how. In G. Salvendy (Ed.), *Handbook of human factors and ergonomics* (4th ed., pp. 385−396). Hoboken, NJ: Wiley.

Holtzblatt, K., & Beyer, H. (2015). *Contextual design: Evolved.* San Rafael, CA: Morgan & Claypool.

Holtzblatt, K., & Beyer, H. (2017). *Contextual design: Design for life* (2nd ed.). Cambridge, MA: Morgan Kaufmann.

Homer, B. D., Kinzer, C. K., Plass, J. L., Letourneau, S. M., Hoffman, D., Bromley, M., ... & Kornak, Y. (2014). Moved to learn: The effects of interactivity in a Kinect-based literacy game for beginning readers. *Computers & Education, 74,* 37−49.

Hoober, S. (2013, February 18). How do users really hold mobile devices? *UXmatters.* https://www.uxmatters.com/mt/archives/2013/02/how-do-users-really-hold-mobile-devices.php

Hoskins, D. (2016). *How to enhance the user journey in museums using technology.* Retrieved September 15, 2019, from http://davidhoskins.co.uk/uxmuseum/analysis

Howard, T. (2014). Journey mapping: A brief overview. *Communication Design Quarterly Review, 2*(3), 10−13.

Hutchins, E. L., Hollan, J. D., & Norman, D. A. (1985). Direct manipulation interfaces. *Human-Computer Interaction, 1*(4), 311−338.

Interface metaphor. (2019, November 10). In *Wikipedia.* https://en.wikipedia.org/w/index.php?title=Interface_metaphor&oldid=904144412

IEEE Std. 610-12. (1990). *IEEE standard glossary of software engineering terminology.* New York: Institute of Electrical and Electronics Engineers.

IEEE (Institute of Electrical and Electronics Engineers). (2019). *Ethically aligned design: A vision for prioritizing human well-being with autonomous and intelligent systems.* New York: Institute of Electrical and Electronics Engineers.

ISO 9241-11. (1998). *Ergonomic requirements for office work with visual display terminals—Part 11: Guidance on usability.* International Organization for Standardization, Geneva, Switzerland.

ISO 9241-210. (2010). *Ergonomics of human-system interaction—Part 210: Human-centered design for interactive systems.* International Organization for Standardization (ISO), Geneva, Switzerland.

ISO 9241-220 (Review Version). (2018). *Ergonomics of human-system interaction—Part 220: Processes for enabling, executing and assessing human-centered design within organizations.* International Organization for Standardization, Geneva, Switzerland.

ISO/IEC 40500. (2012). *Information technology—W3C Web Content Accessibility Guidelines (WCAG) 2.0.* International Organization for Standardization, Geneva, Switzerland.

ISO/IEC 9126-1. (2001). *Software engineering—product quality—Part 1: Quality model.* International Organization for Standardization, Geneva, Switzerland.

ISO (International Organization for Standardization). (n. d.). *Standards by ISO/TC 159: Ergonomics.* https://www.iso.org/committee/53348/x/catalogue/p/1/u/0/w/0/d/0

Isokoski, P. (2000). Text input methods for eye trackers using off-screen targets. In *ETRA '00: Proceedings of the 2000 Symposium on Eye Tracking Research & Applications* (pp. 15 − 21). New York: Association for Computing Machinery.

Jacob, R. J. K., Girouard, A., Hirshfield, L. M., Horn, M. S., Shaer, O., Solovey, E. T., & Zigelbaum, J. (2008). *Reality-based interaction.* Retrieved November 10, 2019, from http://hci. cs. tufts. edu/rbi/

Jakob, R. (1998). The use of eye movements in human-computer interaction techniques: What you look at is what you get. In M. T. Maybury & W. Wahlster (Eds.), *Readings in intelligent user interfaces* (pp. 65 − 83). San Francisco, CA: Morgan Kaufmann.

Jetter, H. C., & Gerken, J. (2006). A Simplified model of user experience for practical application. In *Proceedings of the 4th Nordic Conference on Human-Computer Interaction: Changing Roles* (pp. 106 − 111). New York: Association for Computing Machinery.

Johnson, J. (1995). Chaos: The dollar drain of IT project failures. *Application Development Trends*, 2(1), 41 − 47.

Joinson, A. N. (2008). Looking at, looking up or keeping up with people?: Motives and use of Facebook. In *CHI '08: Proceedings of the SIGCHI Conference on Human Factors in Computing Systems* (pp. 1027 − 1036). New York: Association for Computing Machinery.

Ju, W., & Leifer, L. (2008). The design of implicit interactions: Making interactive systems less obnoxious. *Design Issues*, 24(3), 72 − 84.

Kafadar, H. (2012). Cognitive model of problem solving. *New/Yeni Symposium Journal*, 50(4), 195 − 206.

Kalat, J. W. (2015). *Biological psychology* (12th ed.). Belmont, CA: Cengage.

Kalbach, J. (2016). *Mapping experiences: A complete guide to creating value through journeys, blueprints, and diagrams.* Sebastopol, CA: O'Reilly Media.

Kane, S. K., Wobbrock, J. O., & Smith, I. E. (2008). Getting off the treadmill: Evaluating walking user interfaces for mobile devices in public spaces. In *MobileHCI '08: Proceedings of the 10th International Conference on Human Computer Interaction with Mobile Devices and Services* (pp. 109 − 118). New York: Association for Computing Machinery.

Kaplan, K. (2016, July 31). *When and how to create customer journey maps.* Nielsen Norman Group. Retrieved September 15, 2019, from https://www. nngroup. com/articles/customer-journey-mapping/

Katz, E., Blumler, J. G., & Gurevitch, M. (1973). Uses and gratifications research. *Public Opinion Quarterly*, 37(4), 509 − 523.

Keil, M., Cule, P. E., Lyytinen, K., & Schmidt, R. C. (1998). A framework for identifying software project risks. *Communications of the ACM*, 41(11), 76 − 83

Kendon, A. (1989). Nonverbal communication. In E. Barnouw, G. Gerbner, W. Schramm, T. L. Worth, & L. Gross (Eds.), *International encyclopedia of communications* (Vol. 3). New York: Oxford University Press.

Khwaja, M., Ferrer, M., Iglesias, J. O., Faisal, A. A., & Matic, A. (2019). Aligning daily activities with personality: Towards a recommender system for improving wellbeing. In *RecSys '19: Proceedings of the 13th ACM Conference on Recommender Systems* (pp. 368 − 372). New York: Association for Computing Machinery.

Kiguchi, K., & Hayashi, Y. (2012). An EMG-based control for an upper-limb power-assist exoskeleton robot. *IEEE Transactions on Systems, Man, and Cybernetics*, 42(4), 1064 − 1071.

Kiili, K. (2005). Digital game-based learning: Towards an experientialgaming model. *Internet & Higher Education*, 8(1), 13 − 24.

Kim, H., Suh, K. H., & Lee, E. C. (2017). Multi-modal user interface combining eye tracking and hand gesture recognition. *Journal on Multimodal User Interfaces*, 11(3), 241 − 250.

Kirwan, B., & Ainsworth, L. K. (1992). *A Guide to task analysis*. Philadelphia, DA: Taylor & Francis.

Kitson, L. (2011, March 17). User-led does not equal user-centered. *UX Magazine*. Retrieved 2018, May 29, from https://uxmag.com/articles/user-led-does-not-equal-user-centered

Kreuger, R. (1994). *Focus groups: A practical guide for applied research*. Thousand Oaks, CA: SAGE.

Knapp, M. L., Hall, J. A., & Horgan, T. G. (2014). *Nonverbal communication in human interaction* (8th ed.). Boston, MA: Wadsworth.

Kosinski, M., Bachrach, Y., Kohli, P., Stillwell, D., & Graepel, T. (2014). Manifestations of user personality in website choice and behaviour on online social networks. *Machine Learning*, *95*(3), 357 – 380.

Kramer, R. H., & Davenport, C. M. (2015). Lateral inhibition in the vertebrate retina: The case of the missing neurotransmitter. *PLoS Biology*, *13*(12), e1002322.

Kreitzberg, C. B., & Shneiderman, B. (2001). Making computer and Internet usability a priority. In R. J. Branaghan (Ed.). *Design by people for people: Essays on usability* (pp. 7 – 20). Chicago, IL: Usability Professionals' Association.

Kitzinger, J. (1994). The methodology of focus groups: The importance of interaction between research participants. *Sociology of Health & Illness*, *16*(1), 103 – 121.

Kumar, P., Verma, J., & Prasad, S. (2012). Hand data glove: A wearable real-time device for human-computer interaction. *International Journal of Advanced Science & Technology*, *43*, 15 – 26.

Kurosu, M., & Kashimura, K. (1995). Apparent usability vs. inherent usability: Experimental analysis on the determinants of the apparent usability. In *CHI '95: Conference Companion on Human Factors in Computing Systems* (pp. 292 – 293). New York: Association for Computing Machinery.

Lacerda, T. C., & von Wangenheim, C. G. (2018). Systematic literature review of usability capability/maturity models. *Computer Standards & Interfaces*, *55*, 95 – 105.

Lahey, B., Girouard, A., Burleson, W., & Vertegaal, R. (2011). PaperPhone: Understanding the use of bend gestures in mobile devices with flexible electronic paper displays. In *CHI '11: Proceedings of the SIGCHI Conference on Human Factors in Computing Systems* (pp. 1303 – 1312). New York: Association for Computing Machinery.

LaViola Jr., J. J., Kruijff, E., McMahan, R. P., Bowman, D., Poupyrev, I. P. (2017). *3D user interfaces: Theory and practice* (2nd ed.). Boston, MA: Addison-Wesley.

Law, E. L., Roto, V., Hassemzahl, M., Vermeeren, A. P. O. S., & Kort, J. (2009). Understanding, scoping and defining user experience: A survey approach. In *CHI '09: Proceedings of the SIGCHI Conference on Human Factors in Computing Systems* (pp. 719 – 728). New York: Association for Computing Machinery.

Lebson, C. (2016a). *The UX careers handbook*. Boca Raton, FL: CRC Press.

Lebson, C. (2016b, June 2). AI bots and user research. *UX Magazine*. https://uxmag.com/articles/ai-bots-and-user-research

Lee, D. S., & Yoon, W. C. (2004). Quantitative results assessing design issues of selection-supportive menus. *International Journal of Industrial Ergonomics*, *33*(1), 41 – 52.

Lee, H., Lim, S. Y., Lee, I., Cha, J., Cho, D. C., & Cho, S. (2013). Multi-modal user interaction method based on gaze tracking and gesture recognition. *Signal Processing: Image Communication*, *28*(2), 114 – 126.

Lee, J. (2018, March 19). *How we are getting + 150k people to use our chatbot*. GrowthBot. https://blog.growthbot.org/how-we-are-getting-105k-people-to-use-our-chatbot

Levy, J. (2015). *UX strategy: How to devise innovative digital products that people want*. Sebastopol, CA: O'Reilly.

Lewis, J. R. (1995). IBM computer usability satisfaction questionnaires: Psychometric evaluation and instructions for use. *International Journal of Human-Computer Interaction*, 7(1), 57 – 78.

Li, F. F., & Etchemendy, J. (2018, October 19). *A common goal for the brightest minds from Stanford and beyond: Putting humanity at the center of AI*. Stanford Institute for Human-Centered Artificial Intelligence. https://hai. stanford. edu/news/introducing-stanfords- human-centered-ai-initiative

Li, Q., Long, R., Chen, H., & Geng, J. (2017). Low purchase willingness for battery electric vehicles: Analysis and simulation based on the fault tree model. *Sustainability*, 9(5), 809.

Liang, S. F. M. (2013). Control with hand gestures in home environment: A review. In *Proceedings of the Institute of Industrial Engineers Asian Conference 2013* (pp. 837 – 843). Singapore: Springer.

Lin, H., Tov, W., & Qiu, L. (2014). Emotional disclosure on social networking sites: The role of network structure and psychological needs. *Computers in Human Behavior*, 41, 342 – 350.

Lindgaard, G., & Dudek, C. (2003). What is this evasive beast we call user satisfaction?. *Interaction Computing*, 15(3), 429 – 452.

Ling, J., & van Schaik, P. (2006). The influence of font type and line length on visual search and information retrieval in web pages. *International Journal of Human-Computer Studies*, 64(5), 395 – 404.

Ling, J., & van Schaik, P. (2007). The influence of line spacing and text alignment on visual search of web pages. *Displays*, 28(2), 60 – 67.

Liu, P., Glas, D. F., Kanda, T., & Ishiguro, H. (2018). Learning proactive behavior for interactive social robots. *Autonomous Robots*, 42(5), 1067 – 1085.

Lovejoy, J., & Holbrook, J. (2017, July 10). *Human-centered machine learning: 7 steps to stay focused on the user when designing with ML*. Medium. https://medium. com/google-design/human-centered-machine-learning-a770d10562cd

Lund, A. M. (2001). Measuring usability with the USE Questionnaire. *Usability Interface*, 8(2), 3 – 6.

Lv, Z., Feng, L., Feng, S., & Li, H. (2015). Extending touch-less interaction on vision based wearable device. In *Proceeding of 2015 IEEE Virtual Reality (VR)* (pp. 231 – 232). New York: Institute of Electrical and Electronics Engineers.

Magain, M., & Chambers, L. (2014). *Get started in UX: The complete guide to launching a career in user experience design* (Kindle ed.). Reservoir (VIC), Australia: UX Mastery.

Mager, B., & Evenson, S. (2008). Art of service: Drawing thearts to inform service design and specification. In B. Hefley & W. Murphy (Eds.), *Service science, management and engineering education for the 21st century* (pp. 75 – 76). New York: Springer.

Mahmood, T., & Shaikh, G. M. (2013). Adaptive automated teller machines. *Expert Systems with Applications*, 40(4), 1152 – 1169.

Mansur, D. L., Blattner, M. M., & Joy, K. I. (1985). Sound graphs: A numerical data analysis method for the blind. *Journal of Medical Systems*, 9(3), 163 – 174.

Marcus, A. (2005). User interface design's return on investment: Examples and statistics. In R. G. Bias & D. J. Mayhew (Eds.), *Cost-justifying usability* (2nd ed., pp. 17 – 39). San Francisco, CA: Elsevier.

Marcus, A., & Gould, E. W. (2000). Crosscurrents: Cultural dimensions and global Web user-interface design. *Interactions*, 7(4), 32 – 46.

Marcus, A., & Gould, E. W. (2003). Globalization, localization, and cross-cultural user-interface design. In J. A. Jacko (Ed.), *The human-computer interaction handbook: Fundamentals, evolving technologies, and emerging applications* (3rd ed., pp. 341 – 364). Boca Raton, FL: CRC Press.

Margono, S., & Shneiderman, B. (1993). A study of file manipulation by novices using commands vs. direct manipulation. In B. Shneiderman (Ed.), *Sparks of innovation in human-computer Interaction* (pp. 39 – 50). Norwood, NJ: Ablex.

Mascord, D. J., & Heath, R. A. (1992). Behavioral and physiological indices of fatigue in a visual tracking task. *Journal of Safety Research*, *23*(1), 19 – 25.

McCrindle, R. J., Williams, V. M., Victor, C. R., Harvey, A. P., Nyman, S. R., Barrett, J., ... & Edelmayer, G. (2011). Wearable device to assist independent living. *International Journal on Disability & Human Development*, *10*(4), 349 – 354.

Merton, R. K., Fiske, M., & Kendall, P. L. (1956). *The focused interview: A report of the bureau of applied social research*. New York: Free Press.

Merton, R. K., & Kendall, P. L. (1946). The focused interview. *American Journal of Sociology*, *51*(6), 541 – 557.

Metaphor. (2019, November 10). In *Wikipedia*. https://en. wikipedia. org/w/index. php?title = Metaphor& oldid = 925465489

Miaskiewicz, T., & Kozar, K. A. (2011). Personas and user-centered design: How can personas benefit product design processes?. *Design Studies*, *32*(5), 417 – 430.

Mifsud, J. (n. d.). *Paper prototyping as a usability testing technique*. Usability Geek. https://usabilitygeek. com/paper-prototyping-as-a-usability-testing-technique/

Mileti, D. S., Gillespie, D. F., & Haas, J. E. (1977). Size and structure in complex organizations. *Social Forces*, *56*(1), 208 – 217.

Militello, L. G., & Hutton, R. J. B. (1998). Applied cognitive task analysis (ACTA): A practitioner's toolkit for understanding cognitive task demands. *Ergonomics*, *41*(11), 1618 – 1641.

Miller, R. B. (1953). *A method for man-machine task analysis* (Tech. Rep. No. 53 – 137). Dayton, OH: Wright Air Force Development Center.

Miller, T., Howe, P., & Sonenberg, L. (2017, December 5). *Explainable AI: Beware of inmates running the asylum*. arXiv. https://arxiv. org/pdf/1712. 00547. pdf

Mitchell, R. K., Agle, B. R., & Wood, D. J. (1997). Toward a theory of stakeholder identification and salience: Defining the principle of who and what really counts. *Academy of Management Review*, *22*(4), 853 – 886.

Miyake, A., & Shah, P. (1999). *Models of working memory: Mechanisms of active maintenance and executive control*. Cambridge, UK: Cambridge University Press.

Modaff, D., & DeWine, S. (2002). *Organizational communication: Foundations, challenges, and misunderstandings*. Los Angeles, CA: Roxbury.

Monroe, M. A., & Chronister, M. (2015, August 12). *Journey mapping the customer experience: A USA. gov case study*. Digital. gov. Retrieved September 15, 2019, from https://digital. gov/2015/08/12/journey-mapping-the-customer-experience-a-usa-gov-case-study/

Moseley, M. J., & Greffin, M. J. (1986). Effects of display vibration and whole-body vibration on visual performance. *Ergonomics*, *29*(8), 977 – 983.

Mulder, S., & Yaar, Z. (2006). The user is always right: A practical guide to creating and using personas for the web. *Information Research*, *55*(1), 74 – 76.

Murray, H. A. (1938). Explorations inpersonality: A clinical and experimental study of fifty men of college age. *American Sociological Review*. *4*(4), 576 – 583.

Nabi, R. L., & Krcmar, M. (2004). Conceptualizing media enjoyment as attitude: Implications for mass media effects research. *Communication Theory*, *14*(4), 288 – 310.

Newell, A., & Simon, H. (1972). *Human problem solving*. Englewood Cliffs, NJ: Prentice-Hall.

Nielsen, J. (1993a). *Usability engineering*. New York: Academic Press.

Nielsen, J. (1993b). Noncommand user interfaces. *Communications of the ACM*, *36*(4), 83 – 99.

Nielsen, J. (1994, April 24). *10 usability heuristics for user interface design*. Nielsen Norman Group. https://www.nngroup.com/articles/ten-usability-heuristics/

Nielsen, J. (2000, March 18). *Why you only need to test with 5 users*. Nielsen Norman Group. https://www.nngroup.com/articles/why-you-only-need-to-test-with-5-users/

Nielsen, J. (2006a, April 23). *Corporate UX maturity*: Stages 1 – 4. Nielsen Norman Group. https://www.nngroup.com/articles/ux-maturity-stages-1-4/

Nielsen, J. (2006b, April 30). *Corporate UX maturity*: Stages 5 – 8. Nielsen Norman Group. https://www.nngroup.com/articles/ux-maturity-stages-5-8/

Nielsen, J., & Molich, R. (1990). Heuristic evaluation of user interfaces. In *CHI '90*: *Proceedings of the SIGCHI Conference on Human Factors in Computing Systems* (pp. 249 – 256). New York: Association for Computing Machinery.

Nijboer, F., Furdea, A., Gunst, I., Mellinger, J., McFarland, D. J., Birbaumer, N., & Kübler, A. (2008). An auditory brain-computer interface (BCI). *Journal of Neuroscience Methods*, *167*(1), 43 – 50.

Norcio, A. F., & Stanley, J. (1989). Adaptive human-computer interfaces: A literature survey and perspective. *IEEE Transactions on Systems, Man, and Cybernetics*, *19*(2), 399 – 408.

Norman, D. A. (1986). Cognitive engineering. In D. A. Norman & S. W. Draper (Eds.), *User centered system design*: *New perspective on human-computer interaction* (pp. 31 – 61). Mahwah, NJ: Erlbaum.

Norman, D. A. (1988). *Design of everyday things*. New York: Doubleday.

Norman, D. A. (1999). *The invisible computer*: *Why good products can fail, the personal Computer is so complex, and information appliances are the solution*. Cambridge, MA: MIT Press.

Norman, D. A. (2007). *The design of future things*. New York: Basic Books.

Norman, D. A. (2013). *The design of everyday things* (Revised and expanded ed.). New York: Basic Books.

Norman, D. A., & Fisher, D. (1982). Why alphabetic keyboards are not easy to use: Keyboard layout doesn't much matter. *Human Factors*, *24*(5), 509 – 519.

Notess, M. (2004). Applying contextual design to educational software development. In A. Armstrong (Ed.), *Instructional design in the real world*: *A view from the trenches* (pp. 74 – 103). London: Information Science.

Nowak, K. L., Watt, J., & Walther, J. B. (2009). Computer mediated teamwork and the efficiency framework: Exploring the influence of synchrony and cues on media satisfaction and outcome success. *Computers in Human Behavior*, *25*(5), 1108 – 1119.

NTSB (National Transportation Safety Board). (2017, September 12). *Collision between a car operating with automated vehicle control systems and a tractor-semitrailor truck near Williston, Florida, May 7, 2016* (Highway Accident Report NTSB/HAR – 17/02). Washington, DC: National Transportation Safety Board.

Ohm, C., Bienk, S., Kattenbeck, M., Ludwig, B., & Müller, M. (2016). Towards interfaces of mobile pedestrian navigation systems adapted to the user's orientation skills. *Pervasive & Mobile Computing*, *26*, 121 – 134.

Ohno, T., & Hammoud, R. I. (2008). Gaze-based interaction. In R. I. Hammoud (Ed.), *Passive eye monitoring*: *Algorithms, applications and experiments* (pp. 181 – 194). Kokomo, IN: Springer.

Oppermann, R. (1994). Adaptively supported adaptability. *International Journal of Human-Computer Studies*, *40*(3), 455 – 472.

Öquist, G., & Goldstein, M. (2003). Towards an improved readability on mobile devices: Evaluating adaptive rapid serial visual presentation. *Interacting with Computers*, *15*(4), 539 – 558.

Ornelas, J., Silva, J., & Silva, J. L. (2016). USS: User support system. In *Proceedings of 2016 11th Iberian Conference on Information Systems and Technologies (CISTI)* (pp. 1 – 6). Piscataway, NJ: Institute of Electrical and Electronics Engineers.

Papadopoulos, C., Petkov, K., Kaufman, A. E., & Mueller, K. (2014). The Reality Deck—an immersive gigapixel display. *IEEE Computer Graphics & Applications*, *35*(1), 33 – 45.

Parhi, P., Karlson, A. K., & Bederson, B. B. (2006). Target size study for one-handed thumb use on small touchscreen devices. In *Mobile HCI '06: Proceedings of the 8th conference on Human-computer Interaction with Mobile Devices & Services* (pp. 203 – 210). New York: Association for Computing Machinery.

Partala, T. (2011). Psychological needs and virtual worlds: Case Second Life. *International Journal of Human-Computer Studies*, *69*(12), 787 – 800.

Partala, T., & Kallinen, A. (2012). Understanding the most satisfying and unsatisfying user experiences: Emotions, psychological needs, and context. *Interacting with Computers*, *24*(1), 25 – 34.

Pásztor, D (2018, April 17). *AI UX: 7 principles of designing good AI products*. uxstudio. https://uxstudioteam. com/ux-blog/ai-ux/

Pearl, C. (2016). *Designing voice user interfaces: Principles of conversational experiences*. Sebastopol, CA: O'Reilly.

Pelto, P. J. (2013). *Applied ethnography: Guidelines for field research*. Walnut Creek, CA: Left Coast.

Penzo, M. (2006, July 12). Label placement in forms. *UXmatters*. https://www.uxmatters.com/mt/archives/2006/07/label-placement-in-forms.php

Pfeuffer, K., Alexander, J., Chong, M. K., & Gellersen, H. (2014). Gaze-touch: Combining gaze with multitouch for interaction on the same surface. In *UIST '14: Proceedings of the 27th Annual ACM Symposium on User Interface Software and Technology* (pp. 509 – 518). New York: Association for Computing Machinery.

Pinker, S. (1997). *How the mind works*. New York: Norton.

Pirttiniemi, T. (2012). *Usability of natural user interface buttons using Kinect* (Unpublished master's thesis). Tampere University, Finland.

Plotnik, R., & Kouyoumdjian, H. (2010). *Introduction to psychology* (9th ed.). Boston, MA: Wadsworth.

Poels, K., de Kort, Y. A. W., & IJsselsteijn, W. A. (2007). *D3.3: Game Experience Questionnaire: Development of a self-report measure to assess the psychological impact of digital games*. Eindhoven: Technische Universiteit Eindhoven.

Poulton, E. C. (1967). Searching for newspaper headlines printed in capitals or lower-case letters. *Journal of Applied Psychology*, *51*(5, Pt. 1), 417 – 425.

Poulton, E. C. (1978). A new look at the effects of noise: A rejoinder. *Psychological Bulletin*, *85*(5), 1068 – 1079.

Powell, R. A., Single, H. M., & Lloyd, K. R. (1996). Focus groups in mental health research: Enhancing the validity of user and provider questionnaires. *International Journal of Social Psychiatry*, *42*(3), 193 – 206.

Prothero, J. D., Draper, M. H., Furness 3rd, T. A., Parker, D. E., & Wells, M. J. (1999). The use of an independent visual background to reduce simulator side-effects. *Aviation, Space, & Environmental Medicine*, *70*(3, Pt. 1), 277 – 283.

Pruitt, J., Adlin, T., & Ebrary, I. (2005). *The persona life cycle: Keeping people in mind throughout product design*. San Francisco, CA: Morgan Kaufmann.

Quinn, P., & Cockburn, A. (2008). The effects of menu parallelism on visual search and selection. In *Proceedings of the 9th Conference on Australasian User Interface* (Vol. 76, pp. 79 – 84). Sydney: Australian Computer Society.

Qvarfordt, P., & Zhai, S. (2005). Conversing with the user based on eye-gaze patterns. In *CHI '05: Proceedings of the SIGCHI Conference on Human Factors in Computing Systems* (pp. 221 – 230). New York: Association for Computing Machinery.

Rabolini, J. (n. d.). *User flow for sketch.* Sketch App Resources. https://sketchappresource. com/downloads/user-flow-for-sketch/

Rasmussen, J. (1974). *The human data processor as a system component: Bits and pieces of a model* (Risø-M-1722). Roskilde: RisøNational Laboratory.

Rasmussen, J. (1983). Skills, rules, and knowledge; signals, signs, and symbols, and other distinctions in human performance models. *IEEE Transactions on Systems, Man, and Cybernetics, 13*(3), 257 – 266.

Read, G. J., Salmon, P. M., Lenné, M. G., & Jenkins, D. P. (2015). Designing a ticket to ride with the cognitive work analysis design toolkit. *Ergonomics, 58*(8), 1266 – 1286.

Reagan, I. J., & Kidd, D. G. (2013). Using hierarchical task analysis to compare four vehicle manufacturers' infotainment systems. In *Proceedings of the 57th Human Factors and Ergonomics Society Annual Meeting* (pp. 1495 – 1499). Los Angeles, CA: SAGE.

Reason, J. T., & Brand, J. J. (1975). *Motion sickness.* London: Academic Press.

Redish, J., & Wixon, D. (2002). Task analysis. In J. A. Jacko (Ed.), *The human-computer interaction handbook: Fundamentals, evolving technologies, and emerging applications* (3rd ed., pp. 992 – 940). Boca Raton, FL: CRC Press.

Reichheld, F. F. (2003). The one number you need to grow. *Harvard Business Review, 81*(12), 46 – 55.

Reis, H. T., Sheldon, K. M., Gable, S. L., Roscoe, J., & Ryan, R. M. (2000). Daily well-being: The role of autonomy, competence, and relatedness. *Personality & Social Psychology Bulletin, 26*(4), 419 – 435.

Ren, Z., Meng, J., Yuan, J., & Zhang, Z. (2011). Robust hand gesture recognition with Kinect sensor. In *MM '11: Proceedings of the 19th ACM International Conference on Multimedia* (pp. 759 – 760). New York: Association for Computing Machinery.

Richard, S. K., & Muter, P. (1984). Reading of continuous text on video screens. *Human Factors, 26*(3), 339 – 345.

Robbins, S. R. (1983). *Organization theory: The structure and design of organizations.* Englewood Cliffs, NJ: Prentice-Hall.

Rogers, Y., & Lindley, S. (2004). Collaborating around vertical and horizontal large interactive displays: Which way is best?. *Interacting with Computers, 16*(6), 1133 – 1152.

Rogers, Y., Sharp, H., & Preece, J. (2011). *Interaction design: Beyond human computer interaction* (3rd ed.). West Sussex, UK: Wiley.

Romero, D., Bernus, P., Noran, O., Stahre, J., & Fast-Berglund, Å. (2016). The Operator 4. 0: Human cyber-physical systems & adaptive automation towards human-automation Symbiosis work systems. In I. Nääs, O. Vendrametto, J. M. Reis, R. F. Goncalves, M. T. Silva, G. v. Cieminski, & D. Kiritsis (Eds.), *Advances in production management systems: Initiatives for a sustainable world* (pp. 677 – 686). New York: Springer.

Rönnberg, J., Rudner, M., & Lunner, T. (2011). Cognitive hearing science: The legacy of Stuart Gatehouse. *Trends in Amplification, 15*(3), 140 – 148.

Roto, V. (2006, October). *User experience building blocks.* Paper presented at the 2nd COST294-MAUSE Workshop on User Experience—Towards a Unified View, in Conjunction with NordiCHI '06 Conference, Oslo, Norway.

Ryan, R. M., & Deci, E. L. (2008). Self-determination theory and the role of basic psychological needs in personality and the organization of behavior. In O. John, R. Roberts, & L. A. Pervin (Eds.), *Handbook of personality: Theory and research* (pp. 654 – 678). New York: Guilford.

Ryu, D., Hwang, C. S., Kang, S., Kim, M., & Song, J. B. (2005). Teleloperation of field mobile manipulator with wearable haptic-based multi-modal user interface and its application to explosive ordnance disposal. *Journal of Mechanical Science & Technology*, *19*(10), 1864 – 1874.

Sacks, H., Schegloff, E. A., & Jefferson, G. (1978). A simplest systematics for the organization of turn taking for conversation. In J. Schenkein (Eds.), *Studies in the organization of conversational interaction* (pp. 7 – 55). London: Academic Press.

Saffer, D. (2013). *Microinteractions: designing with details*. Sebastopol, CA: O'Reilly.

Salisbury K. (1995, November 10). Haptics: The technology of touch. *HPCwire Special*, http://www.sensable.com/products/datafiles/phantom_ghost/Salisbury_Haptics95. pdf

Sapolsky, R. M. (2017). *Behave: The biology of humans at our best and worst*. New York: Penguin.

Sauro, J., & Lewis, J. R. (2009). Correlations among prototypical usability metrics: Evidence for the construct of usability. In *CHI '09: Proceedings of the SIGCHI Conference on Human Factors in Computing Systems* (pp. 1609 – 1618). New York: Association for Computing Machinery.

Schilit, B., Adams, N., & Want, R. (1994). Context-aware computing applications. In *WMCSA '94: Proceedings of the 1994 1st Workshop on Mobile Computing Systems and Applications* (pp. 85 – 90). Washington, DC: IEEE Computer Society.

Schmidt, A. (2000). Implicit human computer interaction through context. *Personal Technologies*, *4*(2 – 3), 191 – 199.

Sears, A., & Shneiderman, B. (1994). Split menus: Effectively using selection frequency to organize menus. *ACM Transactions on Computer-Human Interaction (TOCHI)*, *1*(1), 27 – 51.

Seidelman, W., Lee, M., Kent, T. M., Carswell, C. M., Fu, B., & Yang, R. (2014). Development of a hybrid reality display for welders through applied cognitive task analysis. In *Proceedings of the Human Factors and Ergonomics Society Annual Meeting* (Vol. 58, No. 1, pp. 1174 – 1178). Los Angeles, CA: SAGE.

Serenko, A., & Turel, O. (2010). Rigor and relevance: The application of the critical incident technique to investigate email usage. *Journal of Organizational Computing & Electronic Commerce*, *20*(2), 182 – 207.

Shedroff, N. (2005, May 28). *An evolving glossary of experience design*. Retrieved July 4, 2010, from http://www.nathan.com/ed/glossary/index.html.

Shneiderman, B. (1983). Direct manipulation: A step beyond programming languages. *IEEE Computer*, *16*(8), 57 – 69.

Shneiderman, B., Plaisant, C., Cohen, M., Jacobs, S., & Elmqvist, N. (2016). *Designing the user interface* (6th ed.). New York: Pearson.

Short, J., Williams, E., & Christie, B. (1976). *The Social psychology of telecommunications*. London: Wiley.

Smith, D. C., Irby, C., Kimball, R., & Verplank, W. L. (1982). Designing the Star user interface. *Byte*, *7*, 242 – 282.

Smith, P. A. (1996). Towards a practical measure of hypertext usability. *Interacting with Computers*, *8*(4), 365 – 381.

Smyk, A. (n. d.). *Contextual UX—building relevant and customized experiences*. Paul Olyslager. https://www.

paulolyslager. com/contextual-ux-building-relevant-customized-experiences/

Sommerville, L. (Ed.). (2000). *Software engineering* (6th ed.). Boston, MA: Addison-Wesley.

Stanton, N. A. (2006). Hierarchical task analysis: Developments, applications, and extensions. *Applied Ergonomics*, 37(1), 55-79.

Stanton, N. A., Baber, C., & Harris, D. (2008). *Modelling command and control: Event analysis of systemic teamwork*. Aldershot, UK: Ashgate.

Stanton, N. A., Salmon, P. M., Rafferty, L. A., Walker, G. H., Baber, C., & Jenkins, D. P. (2013). *Human factors methods: A practical guide for engineering and design* (2nd ed.). Boca Raton, FL: CRC Press.

Stanton, N. A., Salmon, P. M., Walker, G. H., & Jenkins, D. P. (2018). *Cognitive work analysis: Applications, extensions and future directions*. Boca Raton, FL: CRC Press.

Stephens, K. K. (2007). The successive use of information and communication technologies at work. *Communication Theory*, 17(4), 486-507.

Stone, R. J. (2001). Haptic feedback: A brief history from telepresence to virtual reality. In S. Brewster & R. Murray-Smith (Eds.), *Haptic Human-Computer Interaction: 1st International Workshop* (pp. 1-16). Berlin: Springer.

Strauss, A. T., Martinez, D. A., Garcia-Arce, A., Taylor, S., Mateja, C., Fabri, P. J., & Zayas-Castro, J. L. (2015). A user needs assessment to inform health information exchange design and implementation. *BMC Medical Informatics & Decision Making*, 15(1), Article 81.

Sun, Z., Ji, Z., Zhang, P., Chen, C., Qian, X., Du, X., & Wan, Q. (2017). Automatic labeling of mobile apps by the type of psychological needs they satisfy. *Telematics & Informatics*, 34(5), 767-778.

Szabo, P. W. (2017). *User experience mapping*. Birmingham, UK: Packt.

Talbott, D. (1997). Coming to our senses: Multi-modal user interfaces. *Design Management Journal*, 8(3), 33-40.

Taylor, F. W. (1911). *The Principles of scientific management*. New York: Harper.

TechSmith. (2008). *Morae—understand your customer*. https://assets. techsmith. com/Docs/pdf-morae/morae3_datasheet. pdf

Tedesco, D., & Tullis, T. (2006, June). *A comparison of methods for eliciting post-task subjective ratings in usability testing*. Paper presented at the Usability Professionals Association (UPA) 2006 Annual Conference, Broomfield, CO.

Theis, D. (1990). Display technologie. In C. Müller-Schloer & B. Schallenberger (Eds.), *Vom arbeitsplatzrechner zum ubiquitären computer* [*From the desktop PC to the ubiquitous computer*] (pp. 205-238). Berlin: VDE.

Thursky, K. A., & Mahemoff, M. (2007). User-centered design techniques for a computerised antibiotic decision support system in an intensive care unit. *International Journal of Medical Informatics*, 76(10), 760-768.

Tkalcic, M., Kunaver, M., Tasic, J., & Kosir, A. (2009). Personality based user similarity measure for a collaborative recommender system. In *Proceedings of the 5th Workshop on Emotion in Human-Computer Interaction-Real World Challenges* (pp. 30-37). Stuttgart: Fraunhofer Verlag.

Tomori, Z., Keŝa, P., Nikorovie, M., Kaňka, J., Jákl, P., Šery, M., ... & Zemánek, P. (2015). Holographic Raman tweezers controlled by multi-modal natural user interface. *Journal of Optics*, 18(1), 015602-11.

Tompkins, P. K. (2005). *Apollo, Challenger, Columbia: The decline of the space program—a study in organizational communication*. Los Angeles: Roxbury.

Tractinsky, N., Katz, A. S., & Ikar, D. (2000). What is beautiful is usable. *Interacting with Computers*, 13

(2), 127 – 145.

Tsui, C. S. L., Jia, P., Gan, J. Q., Hu, H., & Yuan, K. (2007). *EMG-based hands-free wheelchair control with EOG attention shift detection.* In *Proceedings of IEEE International Conference on Robotics and Biomimetics* (*ROBIO 2007*) (pp. 1266 – 1271). Piscataway, NJ: Institute of Electrical and Electronics Engineers.

Tullis, T. S. (1983). The formatting of alphanumeric displays: A review and analysis. *Human Factors*, *25*(6), 657 – 682.

Tzeng, J. Y. (2006). Matching users' diverse social scripts with resonating humanized features to create a polite interface. *International Journal of Human-Computer Studies*, *64*(12), 1230 – 1242.

UPA (Usability Professionals Association). (2010). *Glossary.* Usability Body of Knowledge. http://www. usabilitybok. org/glossary.

Väänänen-Vainio-Mattila, K., Olsson, T., & Häkkilä, J. (2015). Towards deeper understanding of user experience with ubiquitous computing systems: Systematic literature review and design framework. In J. Abascal, S. Barbosa, M. Fetter, T. Gross, P. Palanque, & M. Winckler (Eds.), *Human-computer interaction-INTERACT 2015* (pp. 384 – 401). Cham: Springer.

van Velsen, L., van Der Geest, T., Klaassen, R., & Steehouder, M. (2008). User-centered evaluation of adaptive and adaptable systems: A literature review. *The Knowledge Engineering Review*, *23*(3), 261 – 281.

Vicente, K. J. (1999). *Cognitive work analysis: Towards safe, productive and healthy computer-based work.* Mahwah, NJ: Erlbaum.

Vilpola, I., Väänänen-Vainio-Mattila, K., & Salmimaa, T. (2006). Applying contextual design to ERP system implementation. In *CHI EA '06: CHI '06 Extended Abstracts on Human Factors in Computing Systems*(pp. 147 – 152). New York: Association for Computing Machinery.

Vinodhini, M. A., & Vanitha, R. (2016). A knowledge discovery based big data for context aware monitoring model for assisted healthcare. *International Journal of Applied Engineering Research*, *11*(5), 3241 – 3246.

Vogel, D., & Baudisch, P. (2007). Shift: A technique for operating pen-based interfaces using touch. In *CHI '07: Proceedings of the SIGCHI Conference on Human Factors in Computing Systems* (pp. 657 – 666). New York: Association for Computing Machinery.

Vredenburg, K., Isensee, S., & Righi, C. (2002). *User-centered design: An integrated approach.* Upper Saddle River, NJ: Prentice Hall.

Wayman, J., Jain, A., Maltoni, D., & Maio, D. (2004). *Biometric systems: Technology, design and performance evaluation.* New York: Springer.

Wei, J., & Salvendy, G. (2006). Development of a human information processing model for cognitive task analysis and design. *Theoretical Issues in Ergonomics Science*, *7*(4), 345 – 370.

Wei, L. (2017). Tracking user behavior with big data: A model for detecting pain points in the user experience. *User Experience Magazine*, *17*(3). Retrieved from https://uxpamagazine. org/tracking-user-behavior/

Weibel, R., & Hansman, R. J. (2004, September). *Safety considerations for operation of different classes of UAVs in the NAS.* Paper presented at the AIAA 4th Aviation Technology, Integration and Operations (ATIO) Forum, Chicago, IL.

Wiesendanger, M. (2001). *Squeeze film air bearings using piezoelectric bending elements*(Unpublished doctoral dissertation). EPFL(L'Ecole polytechnique fédérale de Lausanne), Switzerland.

Willott, J., & Lister, J. (2003). The aging auditory system: Anatomic and physiologic changes and implications for rehabilitation. *International Journal of Audiology*, *42*(S2), 2S3 – 2S10.

Wobbrock, J. O., Rubinstein, J., Sawyer, M., & Duchowski, A. T. (2007). Not typing but writing: Eye-based text entry using letter-like gestures. In *Proceedings of the Conference on Communications by Gaze Interaction* (*COGAIN*) (pp. 61 – 64). Frederiksberg, Denmark: The COGAIN Association.

Wolf, C. G., & Rhyne, J. R. (1987). A taxonomic approach to understanding direct manipulation. In *Proceedings of Human Factors Society 31st Annual Meeting* (pp. 576 – 580). Baltimore, MD: Human Factors Society.

Wolpaw, J. R. (2007). Brain-computer interfaces (BCIs) for communication and control. In *Assets '07: Proceedings of the 9th International ACM SIGACCESS Conference on Computers and Accessibility* (pp. 1 – 2). New York: Association for Computing Machinery.

Xu, W. (2014). Enhanced ergonomics approaches for product design: A user experience ecosystem perspective and case studies. *Ergonomics*, *57*(1), 34 – 51.

Xu, W. (2019). Toward human-centered AI: A perspective from human-computer interaction. *Interactions. 26* (4), 42 – 46.

Xu, W., Furie, D., Mahabhaleshwar, M., Suresh, B., & Chouhan, H. (2019). Applications of an interaction, process, integration, and intelligence (IPII) design approach for ergonomics solutions. *Ergonomics*, *62*(7), 954 – 980.

Yang, G. H., Lee, W., & Kang, S. (2018). Development of vibrotactile pedestal with multiple actuators and application of haptic illusions for information Delivery. *IEEE Transactions on Industrial Informatics*, *15*(1), 591 – 598.

Ye, S. (2017, August 9). *High-fidelity & low-fidelity prototyping: What, how and why.* Mockplus. https://www.mockplus.com/blog/post/high-fidelity-and-low-fidelity

Yee, N. (2006). Motivations for play in online games. *Cyber Psychology & Behavior*, *9*(6), 772 – 775.

Yfantidis, G., & Evreinov, G. (2006). Adaptive blind interaction technique for touchscreens. *Universal Access in the Information Society*, *4*(4), 328 – 337.

Yik, M. S. M., Russell, J. A., Ahn, C., Fernandez-Dols, J. M, & Suzuki, N. (2002). Relating the five-factor model of personality to a circumplex model of affect: A five language study. In R. R. McCrae & J. Allik (Eds.), *The five-factor model of personality across cultures* (pp. 79 – 104). New York: Kluwer.

You, I. K. (2009). *Cognitive style and its effects on generative session comparing Korean and European participants* (Unpublished master's thesis). KAIST (Korea Advanced Institute of Science and Technology), Daejeon, KR.

Zajicek, M., & Hewitt, J. (1990). An investigation into the use of error recovery dialogues in a user interface management system for speech recognition. In *INTERACT '90: Proceedings of the IFIP TC13 3rd International Conference on Human-Computer Interaction* (pp. 755 – 760). Amsterdam, Netherlands: North-Holland.

Zhang, Y., & Rau, P. L. P. (2015). Playing with multiple wearable devices: Exploring the influence of display, motion and gender. *Computers in Human Behavior*, *50*, 148 – 158.

Zhao, X., Xie, H., & Zou, X. (2012). Gaze-gesture interaction for mobile phones. In K. D. Kwack, S. Kawata, S. Hwang, D. Han, & F. Ko (Eds.), *2012 7th International Conference on Computing and Convergence Technology* (*ICCCT 2012*) (pp. 1030 – 1033). Piscataway, NJ: Institute of Electrical and Electronics Engineers.

Zhou, J, & Chen, F. (2018). 2D transparency space-bring domain users and machine learning experts together. In J. Zhou & F. Chen (Eds.), *Human and machine learning: Visible, explainable, trustworthy and transparent* (pp. 3 – 19). New York: Springer.

图书在版编目（CIP）数据

用户体验：理论与实践/葛列众，许为主编 . -- 北京：中国人民大学出版社，2020.5
新编 21 世纪心理学系列教材
ISBN 978-7-300-28012-7

Ⅰ.①用…　Ⅱ.①葛…②许…　Ⅲ.①工程心理学—高等学校—教材
Ⅳ.①TB18

中国版本图书馆 CIP 数据核字（2020）第 054484 号

新编 21 世纪心理学系列教材
用户体验：理论与实践
葛列众　许　为　主编
Yonghu Tiyan：Lilun yu Shijian

出版发行	中国人民大学出版社		
社　　址	北京中关村大街 31 号	**邮政编码**	100080
电　　话	010 - 62511242（总编室）		010 - 62511770（质管部）
	010 - 82501766（邮购部）		010 - 62514148（门市部）
	010 - 62515195（发行公司）		010 - 62515275（盗版举报）
网　　址	http://www.crup.com.cn		
经　　销	新华书店		
印　　刷	天津鑫丰华印务有限公司		
规　　格	185 mm×260 mm　16 开本	**版　　次**	2020 年 5 月第 1 版
印　　张	28	**印　　次**	2022 年 4 月第 2 次印刷
字　　数	642 000	**定　　价**	68.00 元

关联课程教材推荐

书号	书名	第一作者	定价（元）
978-7-300-30450-2	工程心理学（第 2 版）	葛列众	59.90
978-7-300-27100-2	普通心理学（第 2 版）	张钦	65.00
978-7-300-26722-7	心理学（第 3 版）	斯宾塞·拉瑟斯	79.00
978-7-300-30451-9	认知心理学（第 3 版）	丁锦红	58.00
978-7-300-25882-9	生理心理学（第 2 版）	隋南	49.90
978-7-300-24309-2	实验心理学（第 2 版）	白学军	59.90
978-7-300-24280-4	社会心理学（第 3 版）	乐国安	52.00
978-7-300-24134-0	发展心理学（第 4 版·数字教材版）	雷雳	58.00
978-7-300-25616-0	心理与教育科学研究方法	杨丽珠	49.80
978-7-300-27971-8	心理学研究方法：从选题到论文发表	王轶楠	45.00
978-7-300-26322-9	心理学研究方法（第 9 版）	尼尔·萨尔金德	68.00
978-7-300-26721-0	心理与教育论文写作（第 2 版）	侯杰泰	38.00

配套教学资源支持

尊敬的老师：

衷心感谢您选择使用人大版教材！相关配套教学资源，请到人大社网站（http：//www. crup. com. cn）下载，或是随时与我们联系，我们将向您免费提供。

欢迎您随时反馈教材使用过程中的疑问、修订建议并提供您个人制作的课件。您的课件一经入选，我们将有偿使用。让我们与教材共成长！

联系人信息：

地址：北京海淀区中关村大街 31 号 206 室　　龚洪训 收　　邮编：100080

电子邮件：gonghx@crup. com. cn　　电话：010 - 62515637　　QQ：6130616

如有相关教材的选题计划，也欢迎您与我们联系，我们将竭诚为您服务！

选题联系人：张宏学　电子邮件：zhanghx@crup. com. cn　电话：010 - 62512127

人大社网站：http：//www. crup. com. cn

心理学专业教师 QQ 群：259019599

欢迎您登录人大社网站浏览，了解图书信息，共享教学资源

期待您加入专业教师 QQ 群，开展学术讨论，交流教学心得